生物质新材料研发与制备技术丛书

李坚　郭明辉　主编

仿生智能生物质复合材料
制备关键技术

张明　王成毓　著

U0387867

化学工业出版社

·北京·

内容简介

仿生智能生物质材料是利用仿生原理，以自然界生物质资源为原料，设计开发的具备特殊优异性能的功能和智能材料，属于材料科学最先进的发展方向之一。全书共 7 章，包括仿生智能生物质复合材料的研究与发展、仿生智能生物质复合材料的常用表征与分析方法、多功能特殊润湿性木质复合材料的仿生制备关键技术、多功能特殊润湿性棉纤维复合材料的仿生制备关键技术、多功能特殊润湿性纳米纤维素复合材料的仿生制备关键技术、智能生物质复合材料的仿生制备关键技术等，在内容上紧密联系先进材料的发展前沿。受自然界具有特殊优异性能的生物材料的启发，本书从生物质特征、生物质资源结构与组成出发，以生物质的高值化利用为目的，对仿生智能生物质复合材料的设计理念、结构与功能关系、智能响应机理及在不同领域的应用进行了系统介绍。

本书可供木材科学、林产化工、生物质资源化学、新能源材料、高分子材料、环境工程、碳素材料、纳米材料等专业的研究、开发、生产和管理人员阅读参考。

图书在版编目（CIP）数据

仿生智能生物质复合材料制备关键技术/张明，王成毓著.
—北京：化学工业出版社，2022.10
（生物质新材料研发与制备技术丛书/李坚，郭明辉主编）
ISBN 978-7-122-41943-9

Ⅰ.①仿… Ⅱ.①张…②王… Ⅲ.①仿生材料-生物材料-复合材料-材料制备 Ⅳ.①Q81

中国版本图书馆 CIP 数据核字（2022）第 139376 号

责任编辑：邢　涛	文字编辑：丁海蓉
责任校对：宋　夏	装帧设计：韩　飞

出版发行：化学工业出版社（北京市东城区青年湖南街 13 号　邮政编码 100011）
印　　装：北京科印技术咨询服务有限公司数码印刷分部
710mm×1000mm　1/16　印张 29　字数 554 千字　2022 年 10 月北京第 1 版第 1 次印刷

购书咨询：010-64518888　　　　　售后服务：010-64518899
网　　址：http://www.cip.com.cn
凡购买本书，如有缺损质量问题，本社销售中心负责调换。

定　　价：198.00 元

前 言

我国农林生物质资源丰富，但高值化利用率较低。因此，改善产业结构，促进产品升级，发展高附加值、高科技含量的农林生物质复合产品势在必行。仿生智能生物质复合材料是以农林生物质及其废弃物为原料，引入"仿生"理念，即模仿自然界生物独特的结构、性状、行为以及对生存环境的响应机制，采用纳米技术、智能仿生技术、信息技术、生物技术以及多种技术相结合，设计开发的具备特殊优异性能的功能和智能材料，属于材料科学最先进的发展方向之一。

本课题组自 2011 年开始，相继获得国家自然科学基金面上项目（31770605、32171693）、吉林省科技厅优秀青年项目（20190103110JH）、吉林省自然科学基金项目（YDZJ202201ZYTS441）、吉林省教育厅科学技术研究项目（JJKH20210050KJ）、科技部国家重点实验室开放基金（K2019-08）、教育部重点实验室开放基金（SWZ-MS201910）、吉林市科技局杰出青年项目（20200104083）的资助。在全国林业工程学科同仁的支持下，做了大量的实验尝试，坚持了十年的预研和立项研究工作，以仿生智能生物质复合材料的制备关键技术为核心，坚持学科交叉融合的科学理念，并结合未来的生产技术与工业应用需求，编写了《仿生智能生物质复合材料制备关键技术》一书。其主要特点如下：

（1）研究对象全部是农林生物质及其废弃物

书中介绍的实验原材料全部是农林生物质（例如：木材、竹材、木/竹材加工剩余物、农作物秸秆、棉花等），它们具备来源广、环境友好、可降解、可再生、生物相容性好、成本低等优点，为进一步实现这些农林生物质及其废弃物的高附加值、高科技含量利用，提供新的解决途径。

（2）聚焦基于农林生物质的仿生智能化制备技术

通过滴涂技术、自组装技术、溶胶-凝胶技术、化学沉积技术、水热法、真空-高压浸渍技术、磁控溅射技术、静电纺丝技术、原位聚合技术、高压喷涂技术、相分离技术等，以及不同技术的交叉融合，获得了一系列性能仿生的多功能生物质复合材料和对环境刺激响应的智能生物质复合材料。

（3）注重学科交叉融合、研究内容前沿，具先进性

本书注重多学科的科学理论交叉融合以及先进分析表征手段和具体制备技术的运用；综述了仿生智能生物质复合材料在工业废水净化、海上油污处理、海水淡化、药物递送等领域的研

究新进展，并重视研究内容的先进性、前瞻性和实践性。

感谢本课题组的研究生邸鑫、杜西领、于倩倩、石燕花、杨青峰和安聪聪，他们在本书的编写过程中积极、热情地做了许多有益的工作。 向关心和支持本书编写的所有同仁表示由衷的感谢！ 对书中所引用文献资料的作者表示诚挚谢意！

限于时间和笔者水平，书中欠妥和疏漏之处恳请读者不吝赐教，谨致谢忱！

张　明
2022 年 5 月

目 录

第7章 智能生物质复合材料的仿生制备关键技术   400

第1章

概　　论

1.1　仿生材料的概念

存在于自然界的生物体经过数亿年的进化，其结构与功能已然趋近完美，例如：荷叶的滴水不沾、棉花的轻柔飘逸、海鞘的环境响应、贝壳的层级结构、孔雀羽毛的结构色、壁虎的"飞檐走壁"、候鸟和海龟的"千里迁徙"和"万里洄游"、树根的自我修复、木材的分级多孔结构与智能性调湿调温等。因此，学习自然，模仿生物体，实现相似甚至超越自然生物体结构与功能的新型材料的仿生构筑与智能操纵，是人类发展的永恒课题。

"仿生学"最早是由美国人 Jack Ellwood Steele 取自拉丁文"bio"（生命方式）和词尾"nic"（具有……性质的）；后来，"biomimetics"（模仿生物）、"bioinspired"（受生物启发而研制的材料或进行的过程）等相继出现。仿生学是通过研究自然界生物的结构、性状、行为以及与生存环境的响应机制，继而为工程技术提供新的设计思想、工作原理和系统构成的技术科学；而受自然界生物体启发或者模仿自然界生物体的各种结构与功能而开发的材料称为仿生材料，仿生材料学是仿生学的一个重要分支，是材料学、化学、生物学、物理学等学科的交叉。

1.2　仿生材料的特殊润湿性

润湿性是日常生活中液体在固体表面所展现的极为常见的界面现象，自"荷叶效应"、猪笼草蠕动组织与蝴蝶翅膀的"定向输水能力"、水黾"水面上自由行走"、"昆虫复眼的防雾功能"、"鱼鳞不沾油污"等特殊润湿性现象与研究陆续公之于众，通过在固体材料表面构建微/纳二元分级结构，并以低/高表面能物质加以修饰来制备特殊润湿性材料成为科学界的共识。表面润湿性是固体材料一个重要的物理化学性质，它是由材料表面的化学组成和微观几何结构共同决定的。表面润湿性一般指在标准状况下，液体（通常为水）在固体表面的铺展能力，一般用接触角或材料的本征接触角 θ 作为衡量标准。

1.2.1 固体表面润湿性机理与模型

（1）固体表面润湿过程

润湿性是固体表面的重要特征之一，也是自然界中最常见的界面现象之一，无论在工业生产中，还是人们的日常生活中，均有着极其重要的应用价值，而一般情况下，该特性由接触角（θ）来衡量。接触角 θ 定义为：假设存在绝对光滑的平面，将一滴液体滴在该平面处，当液滴在固体表面达到稳定状态（三相表面张力平衡，总界面能最小）时，所形成的一定角度。具体以固/液/气三相交点为起点对液滴作切线，切线与固液界面之间的夹角即为液体与固体之间的接触角，如图 1-1 所示。

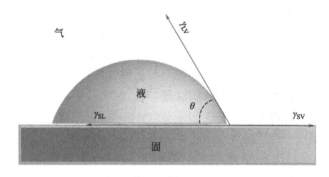

图 1-1 接触角示意图

按照液滴在固体材料表面的接触角的大小，可以将材料分为如下几类：

① 接触角 $\theta \leqslant 10°$，即液体可以完全铺展并浸润表面，被称为超亲液表面。

② 接触角 $10° < \theta < 90°$，即液体可以浸润表面，被称为亲液表面。θ 角越小，亲液性越好。

③ 接触角 $90° \leqslant \theta < 150°$，即液体不易浸润表面，被称为疏液表面。

④ 接触角 $150° \leqslant \theta$，即液体难以浸润表面，且随着 θ 值越大，液滴收缩成球的效果越明显，被称为超疏液表面。

当液滴在平滑固体表面并达到平衡时，由三相表面张力三力平衡可得接触角与三相表面张力的关系，即 Young's 方程：

$$\gamma_{SV} = \gamma_{SL} + \gamma_{LV}\cos\theta \tag{1-1}$$

整理得：

$$\cos\theta = \frac{\gamma_{SV} - \gamma_{SL}}{\gamma_{LV}} \tag{1-2}$$

式中　γ_{SV}——固气界面的表面张力；

　　　γ_{SL}——固液界面的表面张力；

　　　γ_{LV}——气液界面的表面张力。

　　表面张力产生的原因：物质分子之间都存在相互吸引力；表面层相邻两相的密度差。吸引力主要来源于范德华力（Vanderwaals forces）。范德华力是一种分子或原子之间存在的短程相互作用力，包含极性作用力与非极性作用力，如取向力、诱导力和色散力。图 1-2 为范德华力示意图。

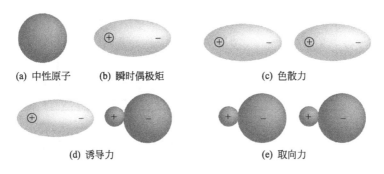

(a) 中性原子　　(b) 瞬时偶极矩　　　　　(c) 色散力

(d) 诱导力　　　　　　　(e) 取向力

图 1-2　范德华力示意图

　　① 色散力（非极性分子之间，瞬时偶极矩）：任何分子相互靠拢时，所产生的瞬时偶极矩会使分子之间产生相互靠近的吸引力，这种吸引力称为色散力。非极性分子之间的吸引力来自色散力，色散力又被称为伦敦力，主要与分子变形性有关。

　　② 诱导力（非极性分子与极性分子之间）：当极性分子与非极性分子靠近时，由于非极性分子受极性分子极性的影响而发生电子云变形从而产生诱导偶极，诱导偶极与极性分子固有偶极之间相互吸引，所产生的吸引力叫作诱导力。

　　③ 取向力（极性分子之间）：当两个极性分子相互接近时，由于它们同性偶极相斥，异性偶极相吸，两个分子必将发生相对转动。这种偶极子的互相转动就使偶极子的相反的极相对，叫作"取向"。这种由于极性分子的取向而产生的分子间的作用力，叫作取向力。

　　由于范德华力的存在，处在液体表面层与液体内部的分子所受的力场不同（如图 1-3 所示）。处在液体内部的分子（例如 P 点处分子）从统计学上来说其所受到的分子间作用力是完全对称的，即分子整体在各个方向上受到的范德华力相互抵消。而处在液体表面的分子（例如 O 点处的分子）因受到的内部液体分子的引力 F 明显高于外部气体分子的引力 f，所以在气液界面上的液体分子因受到的指向液体内部并垂直于表面的合力 f_a，表面层部分分子被拉进液体内部，因此表层分子逐渐稀疏直至受力平衡，如图 1-3(a)。因此表面张力定义 [如图 1-3(b)]，在液体表面 O 处沿液面曲面画一条线段，由于液体两侧对其均有分子间作用力 $F(F_1)$，使其朝 MN 两侧收缩，即存在表面张力的作用，该力与线段垂直且与液面相切，一般用 γ 表示。

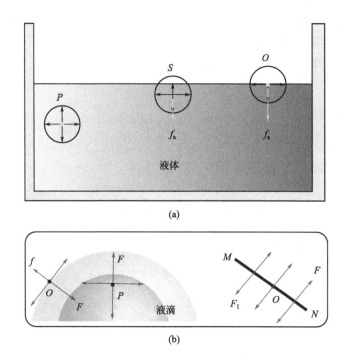

图 1-3　液滴任意点处受力示意图（a）与液滴表面张力示意图（b）

　　从能量角度分析，液体分子从液体内部转移到液体分子表面需要克服这种分子间引力而做功，导致系统自由焓增加；反之，表层分子移入液体内部，系统自由焓下降。系统内部能量越低越稳定，因此液体表面层内分子有挤入液体内部的趋势，即液面具有收缩趋势，以减少液体的表面积。体积一定时，球体的表面积最小，宏观上表现为液体表面张力促使液体收缩为球状。

　　表面张力与表面能的关系可通过肥皂液膜实验推导得出。如图 1-4，一个一边可以自由移动的金属线框中有一层肥皂液膜。将 mn 边匀速、等温、无摩擦地向右移动 Δx 至 m_1n_1 处，由于液体表面具有收缩特性（表面张力作用），在沿着液膜的切线方向上存在一个外力 F 与表面张力所形成的合力 F_1 大小相等而方向相反，且垂直于液膜边缘。因此根据表面张力方程式，外力 F 的大小满足表面张力方程。

$$F = 2\gamma l \tag{1-3}$$

式中　γ——表面张力，表示液体单位长度直线段上的表面张力，N/m；

　　　l——液膜边缘的长度，由于肥皂膜有两个面，所以液膜边缘总长度为 $2l$。

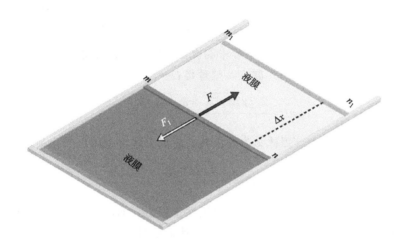

图 1-4　肥皂液膜力学分析

当向外侧（右侧）匀速滑动时，肥皂膜被拉伸，外力 F 对其做功使其内能增加。在外力 F 作用下，金属丝边向右移动了 Δx，则所做的功为：

$$W = F\Delta x = 2\gamma l \Delta x = \gamma \Delta S \tag{1-4}$$

其中 $\Delta S = 2l\Delta x$（膜有两面，因此系数为 2），为 AB 向外侧移动过程中面积的增量。外力克服液体内部分子间引力做功使液体表面能增加，若用 ΔE 表示表面能增量，则：

$$\gamma = F/(2l) = W/\Delta S = \Delta E/\Delta S \tag{1-5}$$

由公式可以得出，此处表面张力 γ 可以被解释为系统增加单位面积所需的可逆功，单位为 J/m^2，也可以解释为增加单位液体面积时，所增加的表面自由能，简称表面能。通过量纲分析，γ 的单位 J/m^2 与 N/m 在测量上是等同的。

如同液体表面张力为气体与液体间的界面张力一样，固体表面的原子或分子所受的外力不均衡，这便使得固体表面具有了表面自由能，简称表面能。固体表面自由能（又称表面张力）为气体或液体与固体界面张力的一般定义，即在一定温度和压力下，增加单位新面积时所消耗的等温可逆功或增加单位液体面积时所增加的表面自由能。由于固体分子几乎是无法移动的，其表面不像液体那样易于伸缩变形，因此它的表面能在更大程度上取决于材料本身。

Fowke 认为在界面理论中，固液界面的总自由能等于界面处不同分子产生的表面张力之和，主要包含极性作用力（取向力、氢键）和非极性作用力（色散力）。即固液界面张力可以表示为：

$$\gamma_{SV} = \gamma_{SL} + \gamma_{LV} - 2\sqrt{\gamma_{SV}^d \gamma_{LV}^d} - 2\sqrt{\gamma_{SV}^h \gamma_{LV}^h} \tag{1-6}$$

式中　γ_{SV}^d——固液界面处固体组分中的非极性力所产生的表面张力；

γ_{LV}^d——固液界面处液体组分中的非极性力所产生的表面张力；

γ_{SV}^h——固液界面处固体组分中的极性力所产生的表面张力；

γ_{LV}^h——固液界面处液体组分中的极性力所产生的表面张力。

与 Young's 方程式(1-1) 联立，整理得：

$$\cos\theta = \frac{2\sqrt{\gamma_{SV}^d \gamma_{LV}^d} + 2\sqrt{\gamma_{SV}^h \gamma_{LV}^h}}{\gamma_{LV}} - 1 \tag{1-7}$$

当只考虑非极性力（固体多为非极性）时，上述方程可以简化为：

$$\cos\theta = \frac{2\sqrt{\gamma_{SV}^d \gamma_{LV}^d}}{\gamma_{LV}} - 1 \tag{1-8}$$

一般而言，水的表面张力主要源自极性作用力，油质多主要来自非极性作用力，极性力大多可以忽略不计（表 1-1）。因此根据式(1-7) 可以得出固-油接触角 ［式(1-9)］与固-水接触角 ［式(1-10)］。

表 1-1　不同液体表面能

液体	表面能/(mN/m)	极性组/(mN/m)	非极性组/(mN/m)
正癸烷	23.4	0	23.4
十二烷	24.9	0	24.9
十六烷	27.1	0	27.1
豆油	45.5	2.5	43.0
水	72.1	50.8	43.0

$$\cos\theta_O = \frac{2\sqrt{\gamma_{SV}^d \gamma_{OV}^d}}{\gamma_{OV}} - 1 \tag{1-9}$$

$$\cos\theta_W = \frac{2\sqrt{\gamma_{SV}^d \gamma_{WV}^d} + 2\sqrt{\gamma_{SV}^h \gamma_{WV}^h}}{\gamma_{WV}} - 1 \tag{1-10}$$

根据上述公式可以得出通过控制不同固体表面的表面能制备出具有不同润湿特性表面的固体材料的结论。当液体浸润固体表面时，固体表面能越大，液体的接触角越小，表现为固体材料表面越易被液体润湿。一般液体（水银除外）的表面张力在 100mN/m 以下，因此可以将固体简单地分为两类：

① $\gamma > 100\text{mJ/m}^2$，该固体材料具备较高的表面能，易被一般液体浸润。

② $\gamma < 100\text{mJ/m}^2$，该固体材料具备较低的表面能，该表面的润湿特性与液固两相的表面组成以及性质密切相关。

对于固体材料而言，可以选择在其表面引入表面能更低的官能团或直接引入其他原子，从而实现改变材料表面润湿性的目的。

(2) 气/液/固三相体系润湿性模型

一般固体材料表面润湿性是指在空气条件下液体与固体接触时，沿着固体表面扩展的情况。根据 Young's 方程可知，对于理想固体材料，只有通过降低其表面能方式才能增强材料表面性能。研究表明，由表面能最低的材料构建的光滑平面上的水接触角仍小于 120°，而自然界中有许多动植物的表面具有超疏水的特性，其表面接触角大于 150°，如荷叶、水蝈的脚、西瓜叶片等。这表明固体材料表面的疏水特性不是仅受材料表面能的影响，Young's 方程在实际应用中存在一定限制。

事实上，真实的固体表面组分并不均一且表面存在一定的粗糙结构，且利用低表面能改性剂对真实的固体材料表面进行处理后其接触角可达到超疏水的效果，即接触角不小于 150°，大于 Yong's 方程所导出的理论值（120°）。因此针对此类固体表面的润湿特性，Wenzel 认为由于实际固体表面是粗糙的，固液界面完全接触时，液体始终能填满粗糙表面的凹槽（图 1-5），其实际接触面积大于投影面积。通过引入粗糙因子 r（固液实际接触面积与投影接触面积之比），Wenzel 将接触角与粗糙因子关联起来，并对 Young's 方程进行了修正：

$$r(\gamma_{SV} - \gamma_{SL}) = \gamma_{LV}\cos\theta_r \tag{1-11}$$

式中，θ_r 为粗糙表面的表观接触角；r 为粗糙因子。对式(1-11)进行整理后得到一般 Wenzel 方程形式：

$$\cos\theta_r = r(\gamma_{SV} - \gamma_{SL})/\gamma_{LV} \tag{1-12}$$

与 Young's 方程式［式(1-2)］联立得：

$$\cos\theta_r = r\cos\theta \tag{1-13}$$

从能量角度对 Wenzel 方程进行推导，假设液体始终能填满粗糙表面的凹槽，在恒温恒压下，当接触线向干燥固体表面前进时，液体发生微小的变化而引起系统自由能的变化为：

$$dE = r(\gamma_{SL} - \gamma_{SV})dx + \gamma_{LV}dx\cos\theta_r \tag{1-14}$$

由于 Wenzel 方程设定固液界面完全被液体润湿，凹凸结构中无气体存在［图 1-5(a)］，因此液体与固体的实际接触面积始终大于投影面积，即粗糙因子 r 始终大于 1。

dE 为接触线有一无限小量 dx 移动时所需要的总能量。平衡时 $dE = 0$，整

仿生智能生物质复合材料制备关键技术

理式(1-14) 并与 Young's 方程式(1-2) 联立可得 Wenzel 方程：

$$\cos\theta_r = r(\gamma_{SV} - \gamma_{SL})/\gamma_{LV} - r\cos\theta \tag{1-15}$$

由于粗糙因子 r 总是大于 1，因此通过 Wenzel 方程可以得到如下规律：

① 当 $\theta < 90°$ 时，表面粗糙度越高，表观接触角 θ_r 越小，即随着粗糙度的增加表面亲水性能增强；

② 当 $\theta > 90°$ 时，表面粗糙度越高，表观接触角 θ_r 越大，即随着粗糙度的增加表面疏水性能增强。

然而，Wenzel 方程只适用于化学组成单一且粗糙的固体材料表面，并不是所有的粗糙表面均符合 Wenzel 假设。因此当液体滴落于该类材料表面时，液体必须克服材料表面由起伏不平所造成的势垒，即液滴无法达到 Wenzel 方程所要求的平衡状态。

Cassie 和 Baxter 在研究了大量自然界的有关超疏水现象后，于 1944 年提出了复合接触面的概念（区别于 Wenzel-Cassie），即认为在液体浸润固体表面时将粗糙不均匀的表面看作一个复合表面，液滴与其接触方式为复合接触。假定复合表面只由两种不同的组分 1 与组分 2 组成，且这两种组分以极小块的形式均匀分布在固体表面，液滴对于这两种组分的本征接触角分别用 θ_1 和 θ_2 表示，θ_{CB} 为 Cassie-Baxter 条件下的表观接触角，两种组分所占的面积比例分数为 f_1 和 f_2，$f_1 + f_2 = 1$。假设液体在固体表面铺展时 f_1 与 f_2 的大小（表面组分可以是空气或者其他物质）不发生变化，由界面微小扰动所引起的系统自由能的变化为：

$$dE = f_1(\gamma_{SL} - \gamma_{SV})_1 dx + f_2(\gamma_{SL} - \gamma_{SV})_2 dx + \gamma_{LV} dx \cos\theta_{CB} \tag{1-16}$$

当体系达到平衡时，$dE = 0$，有：

$$f_1(\gamma_{SV} - \gamma_{SL})_1 dx + f_2(\gamma_{SV} - \gamma_{SL})_2 dx = \gamma_{LV} dx \cos\theta_{CB} \tag{1-17}$$

与 Young's 方程联立得出：

$$f_1\cos\theta_1 + f_2\cos\theta_2 = \cos\theta_{CB} \tag{1-18}$$

该方程为 Cassie-Baxter 方程。此方程也适用于超疏水材料表面。如图 1-5(b) 所示，在润湿超疏水材料表面时，液体在固体表面发生全不湿接触，我们可以看作水滴与基底和固体凹槽中截留的空气两相形成复合接触。此时定义 f_1 为固液接触表面积分数，f_2 为液滴与气孔或截留气层接触表面积分数（$f_1 + f_2 = 1$），θ_1 为水滴在光滑表面的本征接触角，θ_2 为水滴与空气的接触角，一般认为液滴与空气的接触角为 $180°$，则上述方程变换即可得到 Cassie-Baxter 方程：

$$\cos\theta_{CB} = f_1\cos\theta_1 - f_2 = f_1\cos\theta_1 + f_1 - 1 \tag{1-19}$$

由上述方程可知，对于本征接触角 θ_1 大于 $90°$ 的光滑疏水材料表面，当 f_2 增加时，即液滴与空气接触所占的比重增加时，表观接触角 θ_{CB} 增大，材料表面疏水性增强，这为我们制备超疏水材料表面提供了一定的理论指导。应该指出

Cassie-Baxter 方程中，液滴接触的固体部分仍然为光滑的理想表面，而实际的固体材料表面并非绝对光滑，且液-固表面的润湿状态一般介于 Wenzel 态和 Cassie-Baxter 态之间 [图 1-5(c)]。

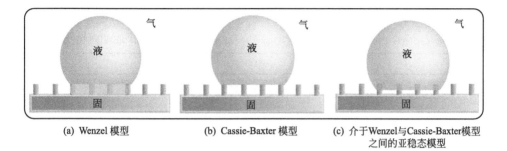

| (a) Wenzel 模型 | (b) Cassie-Baxter 模型 | (c) 介于Wenzel与Cassie-Baxter模型
之间的亚稳态模型 |

图 1-5 表面润湿性理论模型

事实上，若已知表面粗糙因子 r_1，可根据 Cassie-Baxter 方程对其进行修正，修正式为：

$$\cos\theta_{CB} = r_1 f_1 \cos\theta_1 - f_2 = r_1 f_1 \cos\theta_1 + f_1 - 1 \tag{1-20}$$

此方程表示处于亚稳态时的 Cassie-Baxter 方程。当 $f_1 = 1$ 时，凹槽被液体完全浸润，空气被完全排除，此时 Cassie-Baxter 状态完全转换为 Wenzel 态。根据上述理论模型可知，固体表面润湿性是由固体表面化学组成以及表面粗糙结构共同决定的。即对于不同表面形貌但粗糙度相同的表面，其润湿性能也不尽相同。以上述方程作为具有一定参考价值的理论模型可推得，一般有两种方法可以提高固体表面的水接触和疏水性。其一，改变固体表面的化学组成，降低其表面自由能。其二，改变疏水固体表面（接触角大于 90°）三维结构，提高表面的粗糙程度。

（3）液/液/固三相体系润湿性模型

由上述 Young's 方程为气/液/固三相体系，同样该体系可推广至液/液/固三相体系中去。

如图 1-6 所示，互不相溶液相 L_a 与液相 L_b 在相同的固相 S 材料表面满足 Young's 方程：

$$\gamma_{SV} = \gamma_{SL_a} + \gamma_{L_aV}\cos\theta_a \tag{1-21}$$

$$\gamma_{SV} = \gamma_{SL_b} + \gamma_{L_bV}\cos\theta_b \tag{1-22}$$

式中，V 代表气相；θ_a 为液体 a 在空气中对材料表面的接触角；θ_b 为液体 b 在空气中对材料表面的接触角。

若将固相浸没在液相 L_b 中（L_a 密度大于 L_b 密度），则在该环境条件下液滴 L_a 满足如下方程。

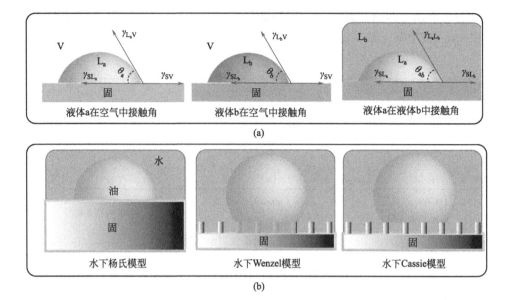

图1-6　三相体系中液体的接触角示意图（a）与水下表面润湿性理论模型（b）

$$\gamma_{SL_b} = \gamma_{SL_a} + \gamma_{L_a L_b} \cos\theta_{ab} \tag{1-23}$$

联立式(1-21)～式(1-23)即可得到如下方程：

$$\cos\theta_{ab} = (\gamma_{L_a V} \cos\theta_a - \gamma_{L_b V} \cos\theta_b) / \gamma_{L_a L_b} \tag{1-24}$$

式中，θ_{ab}代表液体 a 在液/液/固三相体系中对固体表面的接触角。该方程表示在绝对光滑的无变形且各向同性的液/液/固三相体系中的润湿行为。

同样地，气/液/固三相体系方程可以推广应用于真实表面存在粗糙结构如水下油接触角的推断，由 Wenzel 方程与 Cassie-Baxter 方程可知：

Wenzel：

$$\cos\theta'_{OW} = r(\gamma_{SL_W} - \gamma_{SL_O}) / \gamma_{L_O L_W} = r\cos\theta_{OW} \tag{1-25}$$

Cassie：

$$\cos\theta''_{OW} = f'_1 \cos\theta_{OW} - f'_2 = f'_1 \cos\theta_{OW} + f'_1 - 1 \tag{1-26}$$

式中　r——固体表面粗糙因子；

f'_1——液滴 a 与材料表面接触表面积分数；

f'_2——液滴 a 与液体 b 在孔隙处或截留缝隙处接触表面积分数，$f'_1 + f'_2 = 1$；

θ_{OW}——在 Young's 状态下油滴浸没在水中光滑表面上的接触角；

θ'_{OW}——在 Wenzel 状态下油滴浸没在水中粗糙表面上的接触角；

θ''_{OW}——在 Cassie 状态下油滴浸没在水中粗糙表面上的接触角。

若材料表面的粗糙因子为 r_1，可根据 Cassie-Baxter 方程对其进行修正，修正式为：

$$\cos\theta''_{OW} = r_1 f'_1 \cos\theta_{OW} - f'_2 = r_1 f'_1 \cos\theta_{OW} + f'_1 - 1 \tag{1-27}$$

当 $f'_1 = 1$ 时，凹槽被液体完全浸润，空气被完全排除，此时水下 Cassie-Baxter 状态完全转换为水下 Wenzel 态。根据上述理论模型可知，水下固体表面润湿性是由固体表面化学组成以及表面粗糙结构共同决定的。

1.2.2 特殊润湿性材料简介

固体表面的接触角测量值界定了液体在其表面的亲疏性质：当 $\theta < 90°$ 时，固体表面为亲液性；当 $90° < \theta < 180°$ 时，固体表面为疏液性。而更进一步的划分界定了特殊润湿性固体表面：当 $\theta < 10°$ 时，固体表面为超亲液性；而当 $150° < \theta < 180°$ 时，固体表面为超疏液性。例如：超亲水性、超疏水性、超亲油性、超疏油性、超双亲性、超双疏性、超亲水-(水下)超疏油性、超疏水-超亲油性、超疏水-超亲水性或超亲油-超亲油性在特定情况下的相互转换等。基于特殊润湿性材料的特殊性能，已经挖掘的应用领域包括降低细菌黏附性、自清洁表面、抗结冰、水收集、微流控、医学传感、海水淡化、减阻、防污、太阳能电池、防雾、油水分离。

（1）超疏水-超亲油性表面

超疏水-超亲油性表面是指在空气中既是超疏水性表面也是超亲油性表面，多被用于表油水分离领域。1996 年，Satoshi 等提出了超疏水概念，通过提高材料表面的粗糙度和降低材料表面能，即可制得超疏水材料，其接触角可达 $174°$。2004 年，江雷课题组首次制备并应用了超疏水-超亲油不锈钢网过滤材料。其制备原理是通过喷涂的方式用低表面能的聚四氟乙烯（PTFE）对具有微纳米粗糙结构的铜网表面进行包裹。最终制备得到了对水接触角为 $156.2°$，对油接触角约为 $0°$ 的超疏水-超亲油不锈钢网材料。当不溶性油水混合物接触到网状材料时，混合物中的水分被完全阻挡无法穿过超疏水-超亲油不锈钢网，油相则完全可以穿过超疏水-超亲油不锈钢网，最终实现油水分离。

氟化聚合物因其极低的表面能特性经常被用于作为疏水基底材料或表面改性试剂来制备表面疏水材料。J. Y. Huang 等通过水热反应将 TiO_2 颗粒原位生长到织物材料表面增强其表面粗糙度，而后通过三乙氧基-1H,1H,2H,2H-十三氟正辛基硅烷（PTOS）或者 1H,1H,2H,2H-全氟十七烷三甲基氧硅烷（PTES）对其进行改性处理，即可得到具有自清洁功能、抗紫外线辐射且可用于油水分离的多功能超疏水织物。Du 课题组通过浸泡法制备得到聚四氟乙烯（PTFE）超疏水滤纸；Ju 课题组制备得到表面附载经甲基三甲氧基硅烷（MTMS）改性处理的微纳米二氧化硅的超疏水聚偏氟乙烯（PVDF）膜；Zhang

课题组利用聚苯胺（PANI）和$1H,1H,2H,2H$-全氟十七烷三甲基氧硅烷（PTES）对棉织物进行改性处理，从而制得具有微纳米粗糙结构的超疏水棉织物。上述膜材料均可通过其亲油且阻水特性对互不相溶型油水分离材料进行分离。

超疏水-超亲油吸附材料方面，Wang 等将 3D 多孔材料聚氨酯海绵浸没在含有胶黏剂与 PTES-TiO_2（低表面能纳米颗粒）的乙醇均匀混合液中，取出样品挤净样品中的溶液后于 90℃下烘干 60min，即可得到超疏水-超亲油的聚氨酯海绵。该海绵材料因其具备连续疏松多孔结构，结合其超疏水-超亲油特性，使其具备了良好的吸油效率与阻水特性。并且该材料可以通过设计的真空泵吸油方式，即当液体表面含有浮油时，聚氨酯海绵由于其超亲油特性在极小的压力作用下可将表面浮油吸附并收集起来；而当表面浮油被收集完全后，由于聚氨酯海绵表面超疏水特性且不完全浸没于水中，使其直接吸附外界空气而无法将水吸附起来。在一定程度上可以实现连续吸附表面浮油，显示聚氨酯海绵所具备的重要实用价值。然而值得注意的是，该快速分离法多适用于低黏度的有机试剂，难以处理黏度较高的油。除了氟化聚合物以外，其他的低表面能改性聚合物也同样被用于制备超疏水-超亲油吸附材料。如 Li 等利用十八烷基三氯硅烷（OTS）制备的超疏水聚氨酯海绵，Ke 等利用聚二甲硅氧烷处理棉花制备得到超疏水-超亲油棉花和 Wang 等使用十二烷基三甲氧基硅烷（DTMS）处理木棉后得到超疏水-超亲油木棉材料。

（2）超双疏性表面

超双疏性表面是指在空气中既是超疏水性也是超疏油性的表面，多被用于表面防水渍或者油渍污染。由 Cassie-Baxter 的公式可知：

$$\cos\theta_{CB} = f_1\cos\theta_1 + f_1 - 1 \tag{1-28}$$

传统制备方法一般为提高材料表面的粗糙结构以及降低其表面能。目前已知正癸烷的表面能为 23.8mN/m，远低于水的表面能 72.3mN/m，而对于某些含氟溶剂其表面能最低可达 1mN/m。因此在制备超双疏材料时，低表面能材料或者化合物应选择表面能极低的材料，而目前已知含氟基团化合物可以有效地降低粗糙材料表面能，如 $1H,1H,2H,2H$-全氟辛基三乙氧基硅烷（PFOP）、$1H,1H,2H,2H$-全氟辛烷磺酸（PFOA）、$1H,1H,2H,2H$-全氟辛基三氯硅烷（PFOTS）、全氟十二烷基三氯硅烷（PFDTS）、$1H,1H,2H,2H$-全氟十二烷硫醇（PFDSH）和全氟十二烷基三氯硅烷（PFDAE）等。同样也可以选取具有低表面能的材料并利用材料本身构建二元粗糙结构，如 Zhao 课题组利用刻蚀技术在硅晶片上制备规则排列的树突结构。

但是上述方法所阐述的超双疏性表面并不能对表面能极低的有机溶剂具有排斥性。由 Cassie-Baxter 公式(1-28)可知，若使接触角 θ_{CB} 恒大于 150°，考虑极限情况即材料完全亲水（$\theta_1 = 0$），则液固接触比例理论值应小于 6.5%，即在该状态下外界液体与固体表面的实际接触面积小于 6.5%，而与空气的实际接触面积大于 94%，根据液体的疏气特性，则在该情况下的粗糙表面具有超疏液特性（液体需满足疏气特性）。2004 年，Liu 等利用具有亲水性能的硅材料设计了一种伞状微纳米表面结构，使得该材料具备了超双疏特性，并且对所有的溶液（完全疏气液体）均具有超疏液性能。由于这些伞状结构的存在，液体与表面固体的直接接触面积仅有 5%，从而实现了超双疏性能。该方法不依赖表面化学成分，完全通过结构制备得到了超双疏材料表面，极大地拓展了特殊润湿性的研究领域。

（3）超亲水-超疏油性表面

超亲水-超疏油性表面是指在空气中既是超亲水性也是超疏油性的表面。由公式：

$$\cos\theta = \frac{2\sqrt{\gamma_{SV}^d \gamma_{LV}^d} + 2\sqrt{\gamma_{SV}^h \gamma_{LV}^h}}{\gamma_{LV}} - 1 \tag{1-29}$$

$$\cos\theta = \frac{2\sqrt{\gamma_{SV}^d \gamma_{LV}^d}}{\gamma_{LV}} - 1 \tag{1-30}$$

可知，当材料表面同时具有较低的极性力组分以及较高的非极性力时，有可能实现在空气中亲水疏油。Pan 课题组通过在二氧化钛纳米颗粒表面成功接枝上自组装聚合物链段［该聚合物同时含有氟硅烷基团以及强极性基团（羧酸钠）］，其中该聚合物链段头部的极性基团极性强于氟硅烷基团而与纳米颗粒表面非常接近，从而增强了二氧化钛纳米颗粒表面的亲水性，使其在接触到水时更容易表现为亲水性，链段尾端为非极性的氟硅烷基团，使二氧化钛颗粒表面外围空间的表面能极低（非极性力极强），从而使纳米颗粒表面展现出超疏油特性。将该聚合物链段喷涂到 300 目❶不锈钢网表面，该不锈钢网具备了重力条件下分离植物油水混合物的能力；将该类聚合物链段喷涂到海绵表面，该海绵可以从油水混合物中吸取水分而不被油污染。

（4）超亲水-水下超疏油性表面

超亲水-水下超疏油性表面是指在空气中是超亲水性，但在水下是超疏油性的表面。2009 年，江雷课题组在观测鱼表皮的表面润湿性时，发现在空气条件下鱼皮表面具有超亲水、超亲油特性，而将鱼皮置于水中时鱼皮表面表现为水下超疏油特性。研究发现鱼皮表面存在的规则排列的微纳米粗糙亲水结构将水牢牢

---

❶ 筛目，简称目，即每平方英寸筛网上孔的数目。如 300 目即 1 平方英寸的筛网上有 300 个孔。1 英寸＝2.54cm。下同。

地吸附在鱼皮表面以及凹陷处,是使鱼皮表面具有水下超疏油的关键。根据文献可知,此时鱼皮表面应满足 $\gamma_{L_OV}\cos\theta_O < \gamma_{L_wV}\cos\theta_W$,从而使得鱼皮表现为水下疏油。见表 1-2。

表 1-2 不同三相体系中多种界面润湿特性汇总表

固/气/水三相体系	固/气/油三相体系	固/水/油三相体系
亲水	亲油	若 $\gamma_{L_OV}\cos\theta_O < \gamma_{L_wV}\cos\theta_W$,则疏油;若 $\gamma_{L_OV}\cos\theta_O > \gamma_{L_wV}\cos\theta_W$,则亲油
	疏油	$\gamma_{L_OV}\cos\theta_O < \gamma_{L_wV}\cos\theta_W$,疏油
疏水	疏油	若 $\gamma_{L_OV}\cos\theta_O < \gamma_{L_wV}\cos\theta_W$,则疏油;若 $\gamma_{L_OV}\cos\theta_O > \gamma_{L_wV}\cos\theta_W$,则亲油
	亲油	$\gamma_{L_OV}\cos\theta_O > \gamma_{L_wV}\cos\theta_W$,亲油

注:γ_{L_OV} 与 γ_{L_wV} 分别为油与水的表面张力;θ_O 与 θ_W 分别为油与水滴在固体表面的接触角。

依据此原理,2011 年江雷课题组以不锈钢网为基底,利用水凝胶前驱体溶液(包括丙烯酰胺单体、交联剂 N,N'-乙烯基双丙烯酰胺、光引发剂 2,2-二乙氧基苯乙酮以及数均分子量为 3000000 的胶黏剂聚丙烯酰胺)在 365nm 的紫外线诱导下以原位自由基聚合方式制备得到了聚丙烯酰胺水凝胶包覆的不锈钢网膜材料。在聚合过程中凝胶在金属网表面随机聚合使该金属网具备一定的纳米级粗糙结构,结合水凝胶本身的亲水特性,从而赋予了合成材料表面具备超亲水-水下超疏油特性,再加上机械强度优良的不锈钢网结构与合适的孔径大小(平均孔径 50μm),使该金属复合材料同时具备了耐油污性能、可循环利用性能以及高效的油水分离性能。利用重力法分离互不相溶的油水混合物(针对油密度小于水的密度)过程中,当混合液体接触到网膜表面时,水组分会被牢牢地吸附在水凝胶膜表面并形成一层水膜,使得大量的水组分轻易通过网膜,而油组分因为油水不互溶所表现的水下疏油性能而被逐渐截留于水膜之上。因为水的密度大于油,因此不溶性油水混合物最终被完全分离开来,分离效率高于 99%。

Yang 课题组通过在聚丙烯微孔过滤膜表面共沉积多巴胺和聚乙烯亚胺,使该膜材料亲水性显著提高,水下接触角达到 164.9°±2.8°,并实现了对水包二氯乙烷乳液的分离,分离后水溶液中油去除率高于 98%。Jin 课题组通过表面引发原子转移自由基聚合法将单体甲基丙烯酰乙基磺基甜菜碱(MAPS)接枝聚合到聚偏氟乙烯(PVDF)表面,使得 PVDF 膜由表面疏水(水接触角约 130°)的膜材料变为表面亲水(水接触角约 11°)且水下超疏油(水下油接触角约 158°)的膜材料(PMAPS-g-PVDF)。该膜材料(PMAPS-g-PVDF)可重复性好,抗油性好,对水包油乳液单次分离效率较高。2016 年,Tian 课题组成功建立关于水下超亲油-油下超亲水理论模型,该理论模型具有合理设计的特殊倒角结构,且

水本征接触角 θ 在 $56°\sim74°$ 区间时，该材料即可表现为油下疏水-水下疏油结构（图 1-7）。

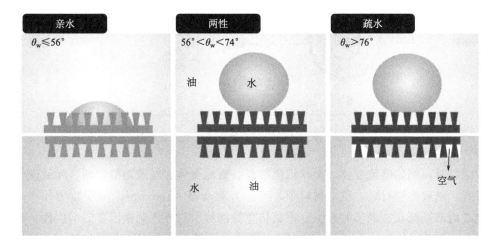

图 1-7　所观测到的三种润湿模式的机理图（上侧：水滴在油中；下侧：油滴在水中）

1.3　仿生材料的智能性

　　智能材料是一类基于仿生学概念发展起来的新型刺激响应性材料，其智能性体现在材料能够感知外界环境变化，根据外界环境变化做出判断，进而调整自身结构和性能以适应外界环境。例如：变色龙根据周围环境（光线、温度以及情绪）改变身体颜色；向日葵的茎干细胞生长素因惧光聚集于茎干背光部分，继而产生"向阳"现象；猪笼草蠕动组织通过不对称的楔形微沟槽发展了定向水传输能力等。仿生智能材料可以概括为感知、驱动与控制三要素（如图 1-8 所示），目前已经成为航空航天、国防军事、机械电子、生物医学与工程等高端产品领域最有价值、不可或缺的部分。仿生材料的智能性具体表现为能够在接收外界环境刺激后，包括 pH 值、温度、光、压力、声波、电场、电信号、磁场、盐浓度、某化学物质等刺激因素，完成诸如相、颜色、形状、尺寸、位移、质量、润湿性能、表面自由能、导电/热性等定向变化。

　　仿生智能材料根据在工作时发挥的作用可分为两大类：其一，刺激感知性智能材料，例如特殊润湿性材料、电感材料、声发射材料、光导纤维、压电材料、电阻应变材料、光敏材料、热敏材料、湿敏材料、气敏材料等，可作为传感器（sensor）用于对外界环境变化与系统工作状态的信息记录；其二，刺激驱动性

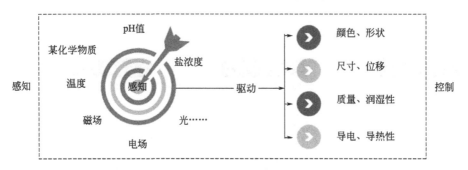

图 1-8 智能材料的三要素及其相互关系简图

智能材料，例如电流变体、形状记忆材料、磁流变体、电致伸缩材料、光致变色材料、磁致伸缩材料、压电材料等，可作为驱动器（actuator）用于监测外界环境或内部系统状态的实时开关。根据仿生智能材料对外界刺激因素的响应性，还可分为温度响应性智能材料、pH 响应性智能材料、光响应性智能材料、电场响应性智能材料、磁场响应性智能材料、盐浓度响应性智能材料、某化学物质响应性智能材料等。而根据智能材料自身特点，则可分为智能薄膜、智能水凝胶、智能纤维、智能微球或纳米颗粒等。

1.3.1 pH 响应性

pH 响应性是指材料能够随着外界 pH 的变化而发生自身颜色、尺寸、形态等的改变。通常，pH 响应性材料是通过在基材表面或多孔结构内接枝主链或侧链上含有可离子化酸性或碱性基团（羧基、叔氨基、磺酸基等）的聚电解质获得的，常用聚电解质为丙烯酸及其衍生物、4-乙烯基吡啶、蛋白质或肽类等。智能材料的 pH 响应性主要由接枝聚电解质的离子化程度决定，即当外界 pH 变化时，聚电解质的酸性或碱性基团会发生相应的解离或重组，从而导致聚合物链异构化现象，并引起材料的颜色变化、不连续溶胀、体积或溶解度的改变，进而显示出材料宏观上各种性质的变化。根据接枝聚电解质带有的酸性基团或碱性基团，pH 响应性智能材料主要分为阴离子 pH 响应性智能材料、阳离子 pH 响应性智能材料和两性离子 pH 响应性智能材料。阴离子 pH 响应性智能材料的可离子化基团来源于接枝聚电解质的酸性基团，例如羧基和磺酸基。当材料被置于 pH 值较低的溶液中时，酸性基团会处于收缩状态，但随着溶液 pH 值的增大，这些酸性基团开始电离，而电离的材料因内部负电荷之间的排斥作用，其内部网络结构中的孔径相应增大，进而显示出材料宏观上各种性质的变化。与阴离子

pH 响应性智能材料的作用机理恰好相反，阳离子 pH 响应性智能材料的可离子化基团来源于接枝聚电解质的碱性基团，例如氨基。当材料被置于 pH 值较高的溶液中时，碱性基团会处于收缩状态，但随着溶液 pH 值的减小，这些碱性基团开始电离，而电离的材料因内部正电荷之间的排斥作用，其内部网络结构中的孔径相应增大，进而显示出材料宏观上各种性质的变化。

至于两性离子 pH 响应性智能材料，即接枝的聚电解质同时含有酸性基团和碱性基团。当材料被置于 pH 值较低的溶液中时，碱性基团开始电离，材料整体带正电；而当材料被置于 pH 值较高的溶液中时，酸性基团开始电离，材料整体带负电，致使两性离子 pH 响应性智能材料在高、低 pH 值的变化最明显，而中间的 pH 值范围的变化次之，这是由于正负电荷之间的中和作用。Zhou 等以 1,2,4-三氨基苯和尿素作为前驱体，通过快速微波辅助水热法制备得到了具有橙色荧光发射的碳量子点。研究发现，在 pH 值为 5～9 的范围内，该碳量子点表现出优异的 pH 依赖性荧光比色双重响应特性，即随着碳量子点溶液 pH 值的增加，紫光灯下的荧光强度逐渐增强，同时，碳量子点溶液在自然光下的颜色由红色逐渐转变为黄色。基于这一独特的光学性能，该碳量子点能够作为一种潜在的伤口 pH 检测探针。考虑到碳量子点溶液本身不利于实际应用，该课题组成员巧妙地将合成得到的橙色荧光碳量子点水溶液直接滴涂在医用棉布上，结果发现，由于碳量子点与棉纤维之间的氢键作用，负载碳量子点的棉布不仅具有优异的抗流失性，同时表现出增强的黄色荧光发射现象。体外实验表明，当模拟伤口的 pH 值由 5 增加至 9 时，该荧光复合材料表现出比碳量子点溶液本身更加显著的比色荧光双重响应特性，如图 1-9 所示。迄今，pH 响应性智能材料在酶的固

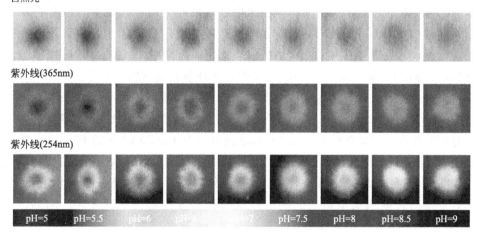

图 1-9　设计得到的伤口探针在长期储存后的 pH 检测效果

定、药物控制释放、生化物质的分离提纯、水处理、人工器官、化学传感器或化学阀等领域具有十分广阔的应用前景及极大的开发与研究价值。

1.3.2 温度响应性

温度响应是日常生活中最常接触的一种响应，温度变化不仅在自然界存在，靠人工也很容易实现，所以对温度响应材料的研究具有非常重要的现实意义，在信息存储、太阳能电池、能量储存与转换、传感器、生物医学等领域应用前景广阔。温度响应材料存在最低临界溶解温度（lower critical solution temperature, LCST），即在 LCST 以下能与溶剂混溶，而在 LCST 以上会形成不混溶的两相，即稀释相和浓缩相。以温度响应聚合物为例，聚合物相在 LCST 下的脱水是由于聚合物-聚合物之间的相互作用，它伴随着聚合物链的坍塌，从膨胀细长的螺旋到收缩坍塌的小球。因此，温度响应的相变通常称为线圈到小球的相变，反之亦然，即其结构从收缩的坍塌小球转换为膨胀的细长螺旋。目前研究最多的温度响应聚合物是聚（N-异丙基丙烯酰胺）（PNIPAM），它同时具有亲水性酰胺基团和疏水性异丙基侧链，其 LCST 为 32℃，即在水环境下：当温度高于 LCST 时，PNIPAM 发生皱缩，与水不相溶，形成分子内氢键；当温度低于 LCST 时，水分子通过与酰胺氧形成分子间氢键，促进 PNIPAM 在水中溶解。然而，PNIPAM 的显著缺点是加热和冷却行为之间存在广泛的滞后现象，而且 N-异丙基丙烯酰胺单体具有急性细胞毒性，合成的聚合物需要进行纯化，使研究者们将眼光转向其他种类的温度响应聚合物。聚（N-乙烯基己内酰胺）（PNVCL）是一种无毒、可生物降解、生物相容性好、水解稳定的温度响应性聚合物，能够表现出明确的温度诱导相变。与 PNIPAM 相比，PNVCL 的 LCST 也接近生理温度，但其单体在水中的溶解能力较差。由于 NVCL 特殊的七元环结构，其聚合反应的难度与成本较高，具有细胞毒性，导致其研究受限。此外，常见的温度响应聚合物还有聚甲基丙烯酸 N,N-二甲基氨基乙酯（PDMAEMA）、聚乙烯吡咯烷酮（PVP）、聚环氧乙烷（PEO）等。

Bayley 等通过设计非均匀收缩的纳米级预凝胶液滴的网络组件来改变整体结构的形状。亲水性聚乙二醇（PEG）基交联剂可增加 PNIPAm 的 LCST，以含有亚甲基双（丙烯酰胺）（MBA）的液滴和含有 PEGDAAm 的 PNIPAm 的液滴组成液滴对 [图 1-10（a）]。光聚合后，由于 PEGDAAm-PNIPAm 结构域的收缩程度小于 MBA-PNIPAm 结构域，水凝胶结构在加热过程中发生非均匀收缩。笔者根据两种液滴类型组成的网络，预编程温度控制的形状变化。例如，将 MBA-PNIPAm 液滴链与 PEGDAAm-PNIPAm 液滴链黏附形成平行的双液滴条，可获得在加热和冷却时经历可逆卷曲运动的水凝胶结构 [图 1-10（b）]。笔者还设计了另一种更复杂的两条平行的液滴链，其中每一条链的一半由 PEG-DAAm-PNIPAm 液滴组成，另一半由 MBA-PNIPAm 组成 [图 1-10(c)]。水凝胶形成后，在加热过程中发生可逆的双卷曲运动。由于两种水凝胶类型的溶胀不同，初始结构有一个小的负曲率 [图 1-10(d)]。在加热时结构达到高正曲率，冷却时返回到初始形状。

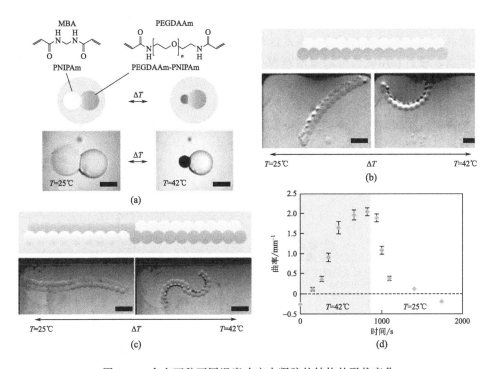

图 1-10 含有两种不同温度响应水凝胶的结构的形状变化

1.3.3 磁场响应性

pH 值、温度等外部刺激变化需调整材料所处溶液来实现，但同时溶液的组成以及自身特性也会被改变，而利用光、电、磁等外场刺激可以避免上述负面影响。磁场具备较强穿透性，在生物医学领域，利用磁性纳米颗粒，结合生物高分子透明质酸，使其具有肿瘤靶向作用，采用成腙键的方法将抗癌药物阿霉素连接到磁性纳米颗粒上，可制备出磁场响应性药物载体。通过低频旋转磁场的外场扰动，磁响应纳米颗粒能有效破坏细胞溶酶体，实现阿霉素的逃逸，最终提高肿瘤细胞的抑制效果。利用磁场刺激来改变响应材料的性能一般会采用两种方法：一种是通过在材料中加入各向异性的纳米磁性颗粒，这些磁性颗粒会在磁场作用下发生位移导致材料本身性能发生变化；另一种是直接在材料表面固定一层具有磁响应性基体的改性方式。磁性纳米粒子和复合微球可以通过化学沉积法和单体聚合法等方法制得，但这些方法存在一定局限，即制备过程复杂、粒径不均匀、溶胶毒性大等。另外，当磁性纳米粒子在接触细胞时，存在胞吞作用，这会复杂化这类磁响应性材料的特性，限制其潜在应用。

邸鑫等以杨木粉为原料，制备了疏水-亲油 Fe_3O_4/木粉复合材料，实验结果显示，该复合物具有较高的选择润湿性和磁性，在与不含表面活性剂的油包水乳状液混合后，通过磁力搅拌，该复合材料可以快速、选择性地吸附乳液中的微米级液滴，最后利用磁铁将油吸附颗粒与水相进行彻底分离，如图 1-11 所示。此外，通过减压抽滤过程，将疏水-亲油磁性木粉颗粒均匀地铺展在尼龙滤膜上，随后在其上覆盖另一片尼龙滤膜，构成了尼龙/磁性木粉夹层复合膜。通过分离油包水乳液测试发现，该复合膜可以有效地将水从各种含油乳液中分离出来。由于该复合膜原料廉价环保，制备工艺简单以及分离乳液的能力，其在油水乳液分离中具备广阔的应用前景。

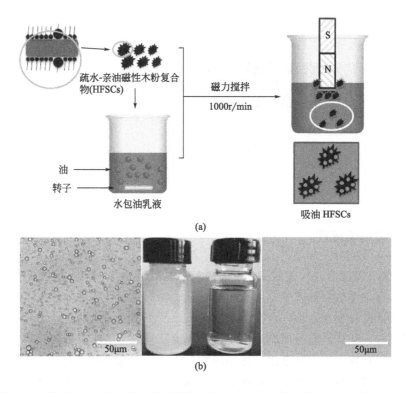

图 1-11　使用疏水磁性木粉在磁力搅拌下分离水包甲苯乳液的机理流程图（a）和
无乳化剂型水包甲苯乳液分离前后图片以及相关光学显微镜观测照片（b）

1.3.4 光响应性

光刺激的优点在于无损、易于获得、可快速应用、强度可调、价格便宜且可在系统外部控制等，光响应聚合物的制备则是将光响应性材料（如光致变色化合物）加入聚合物基质中。光致变色化合物一般分为无机和有机两种：无机光致变色化合物包括 V_2O_5、TiO_2、ZnO、WO_3 等；有机光致变色化合物包括偶氮苯、螺吡喃等。根据材料的光响应性原理，可将光响应性材料分为四类：一是光敏基团二聚化；二是光敏基团内部键断裂或者成键；三是光敏基团异构化；四是光敏基团断裂。偶氮苯作为研究最广泛的一种光敏分子，是两个苯环通过氮氮双键键接的化合物，存在两种异构体，一种是亚稳态的拐状顺式异构体，另一种是稳定的平面反式异构体，两种异构体在光照下可完成转变，且过程迅速可逆。螺吡喃作为一种光响应分子，非离子状态下能够可逆转变为亲水极性，紫外线照射下转变为两性离子菁异构体，可见光照射下恢复原状。TiO_2 无毒性、化学稳定性高、生物相容性好，作为宽禁带的半导体，具有较独特的光学响应性质。TiO_2 在紫外线照射的条件下，其表面终端羟基会增多，从而表现出光致超亲水性。经紫外线照射处理，这些材料可以从非极性到极性，从无色到有色，从不溶性到可溶性，在药物输送、组织工程及渗透率可控的膜、传感器等智能系统的开发方面极具吸引力。

Han 等开发出一种新型聚磺酸酯合成路线，成功制备出系列多功能光响应聚磺酸酯。该聚合路线以简单易得的磺酸和炔卤为原料，无需催化剂，在常温下空气氛围中一锅法高效制备聚磺酸酯，原子利用率为 100%，产率高达 94%（图 1-12）。与传统的光响应聚合物合成方法相比，该方法无需光敏单体，反应时间短，操作简单而且条件极其温和。该方法不仅提供了新的光响应聚合物合成策略，还丰富了光响应聚合物的种类。由于这类聚磺酸酯具有灵敏的光响应性、良好的成膜能力和固态发光的性质，是制备荧光二维或三维图案的优异材料，并在先进光电子器件中具有重要潜在应用。聚合物薄膜在短时间紫外线照射下发生光降解，长时间紫外线照射下被光漂白，因此利用单一聚合物材料便可制备复杂的双色荧光二维图案或者荧光三维图案，同时可以调控聚合物的折射率（图 1-13）。

1.3.5 电场响应性

电场是最常见的外场刺激源，其不仅可以用来刺激生物材料的表面性质变化，对生物分子自身也有一定的调控作用。由于电活性聚合物（electro active polymer，EAP）可以通过改变其尺寸或形状来响应外加电场，近年来，在传感

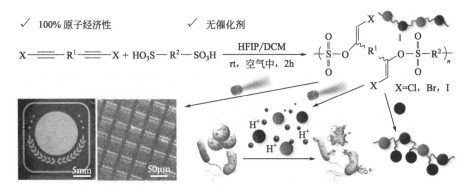

图 1-12　利用磺酸和炔卤单体的聚合反应原位构筑光响应聚磺酸酯

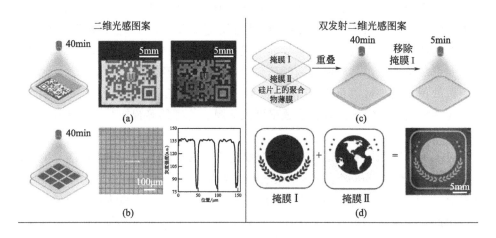

图 1-13　聚磺酸酯 P1a/2a 在光刻图案化中的应用

器和执行器、机器人和人工肌肉、光学系统、药物输送、空间、海洋和能量收集等领域吸引了越来越多的科研工作者。EAP 主要分为两种类型：①离子型 EAP，包括导电聚合物、离子聚合物和聚合物凝胶以及所谓的离子聚合物-金属复合材料（IPMC），其电响应性是由电场驱动的自由离子迁移率引起的，即改变溶液中或材料中离子的局部浓度；②电介质 EAP，包括介电弹性体和电致伸缩聚合物，其变形是由在溶液中形成的静电（库仑）力而引起的两个电极。主链和侧链液晶聚合物是另一种电响应材料，然而，液晶畴的排列导致其电刺激效应较弱，通常在这些聚合物中添加离子或电子化合物，可以有效增强其电场响应性。

吡咯单体（Py）是一种碳氮五元杂环分子，吡咯被氧化时，失去一个电子，从而形成阳离子自由基，接着阳离子自由基结合形成二聚体、三聚体，链长逐步增长，最终聚合成聚吡咯（PPy）。为了使聚合物表现出半导体或导体的特性，需要使其共轭结构生成缺陷，掺杂是最常用的激发方法，掺杂是在共轭结构高分子上发生的氧化还原反应或者电荷转移。聚吡咯多是氧化还原掺杂，聚合过程中，聚吡咯失去电子转变为正电性的氧化状态，阴离子会采用电荷补偿的形式与聚吡咯主链结合，使膜层整个保持中性状态而不会影响聚合物本身的氧化还原状态，聚吡咯中的掺杂物质会随着外界电场的变化通过掺杂和脱掺的方式出入聚合物膜表面。因此，PPy作为一种较常见的导电聚合物，比之其余聚合物，其本身具有本征导电性，且有物理化学性稳定、生物相容性良好、表面性质可控性高的优点，在药物控制释放方面存在较大的潜力。

1.3.6 双（多）重响应性

智能响应性材料在传感器领域、药物制备领域及人工肌肉等方面显现出巨大的应用价值。随着科学技术的迅猛发展与生活水平的逐步提高，单一刺激因素的响应材料已经无法满足人们的需求，为满足人们对整体化、精准化、智能化产品的需求，设计开发多重刺激响应性材料势在必行。针对以单一刺激响应性聚合物作为原材料，可采用可逆加成-断裂链转移聚合（RAFT）、原子自由基聚合（ATRP）、氮氧自由基聚合（NMP）和开环复分解聚合（ROMP）等技术手段进一步制备双（多）重智能响应材料。例如：pH值与温度双重响应聚合物可通过将PNIPAM与丙烯酸共聚；温度和离子强度双重响应聚合物可通过ATRP法将PNIPAM与离子液体共聚；温度场和电场双重响应材料可以DAV作交联剂，将PNIPAM与BVIm-Br共聚；将NIPAM与2-(4-苯基偶氮苯氧基)乙基丙烯酸酯（PAPEA）作为单体，利用RAFT法可以聚合成PNIPAM-b-PPAPEA嵌段共聚物，获得温度和光双重响应材料。此外，三重刺激智能响应材料的研究也取得一定进展，例如：Guo等合成了三重刺激响应性聚｛DMAEMA-co-6-O-甲基丙烯酰-d-半乳吡喃糖-b-聚[4-(4-甲氧基苯偶氮)苯氧基甲基丙烯酸酯]｝含糖聚合物，该共聚物对温度、pH值和光照响应。

甘文涛等通过水热法制备得到荧光磁性γ-Fe_2O_3@YVO_4：Eu^{3+}纳米粒子，随后将其和聚甲基丙烯酸甲酯混合，浸入脱去木质素的白木材细胞腔后，如图1-14所示，制备得到具有发光、透明和优异磁性能的荧光透明磁性木材。其中，由于透明树脂完全浸入木材细胞腔中，减少了光折射，导致制备的荧光透明磁性木材具有了出色的透光性和力学性能。由于纳米粒子和透明树脂的混合，制备的荧光透明磁性木材同时具有优秀的荧光性和磁性。如图1-15所示，淡黄色的原始木材是光学不透明的；去除木质素后，木材明显变白；当PMMA浸入白木材后，木材变得十分透明；在引入荧光磁性纳米粒子后，木材呈现出淡红色且具有高的透明度；在波长为 254nm 紫外灯照射下，荧光透明磁性木材被激发，发射出紫红色荧光，展示了其在光学器件、防伪检测等方面的应用前景。

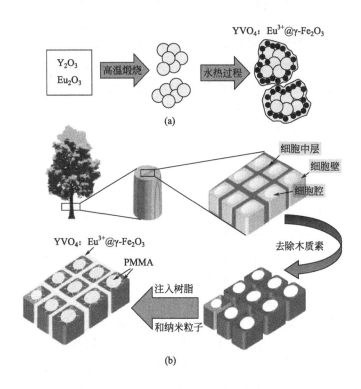

图 1-14　荧光磁性透明木材的制备流程图

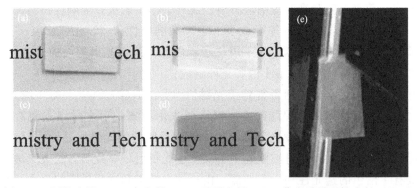

图 1-15　原始木材（a）、白木材（b）、透明木材（c）、荧光透明磁性木材（d）和荧光透明磁性木材（e）在 254nm 紫外灯激发下的宏观照片

第 2 章

仿生智能生物质复合材料的研究与发展

2.1 生物质资源的特征

2.1.1 生物质的特征

生物质（biomass）是地球上最广泛存在的物质。根据国际能源机构（International Energy Agency，IEA）的定义，生物质是指通过光合作用而形成的各种有机体，即一切有生命、可以生长的有机物质统称为生物质，包括动植物和微生物。生物质的广义概念，包括所有的植物、微生物以及以植物、微生物为食物的动物及其生产的废弃物，如农作物、农作物废弃物、木材、木材废弃物、动物、动物粪便；其狭义概念主要指农林业生产过程中除粮食、果实以外的秸秆、树木等木质纤维素、农产品加工业下脚料、农林废弃物及畜牧业生产过程中的废弃物和禽畜粪便等。

各种生物质都具有一定的能量，它们一般来源于太阳。生物质能是太阳能以化学能的形式储存在生物中的一种能量形式，而生物质是太阳能最主要的吸收器和储存器，即生物质通过光合作用把太阳能积聚并储存于有机物中。具体地，生物质（植物）利用叶绿素通过光合作用，把 CO_2 和 H_2O 转化为葡萄糖，并把光能储存在其中，然后进一步把葡萄糖聚合成淀粉、纤维素、半纤维素、木质素等构成植物本身的物质。研究结果显示，植物光合作用所消耗的能量占太阳照射到地球总辐射量的 0.2%，但由光合作用转化的太阳能是目前人类能源消费总量的 40 倍。据估计，木质素和纤维素——植物生物质的主要成分，每年以约 1640 亿吨的速度再生，如以能量换算，相当于石油产量的 15～20 倍。显然，生物质能是一种巨大的能源，更是人类发展所需资源与能量的源泉和基础。另外，生物质源于空气中的 CO_2，燃烧后再生成 CO_2——最主要的温室效应气体（greenhouse effect gas，对全部温室效应的贡献为 26%，对大气中除水蒸气外各种气体引起的温室效应的贡献约为 65%），利用生物质作为能源不会增加大气中的 CO_2 含量，即碳中性（carbon neutral），比矿物质能源更为清洁，且取之不尽，用之不竭。

2.1.2　生物质资源的结构与组成

生物质资源大体可分为植物与非植物两大类，其中，植物类包括森林、农作物、草类、水草、藻类等。植物类生物质主要由纤维素、半纤维素和木质素以及少量的提取物组成，其中，纤维素和半纤维素由碳水化合物构成，木质素、淀粉、植物油则由碳水化合物通过一系列生物化学反应合成。欲进一步了解植物类生物质的结构，还需从碳水化合物谈起。碳水化合物分为单糖、低聚糖和多糖三大类。单糖为多羟基醛或酮，是不能再溶解为更小分子的碳水化合物，例如葡萄糖、果糖、阿拉伯糖等，它们是晶体，溶于水，且绝大多数有甜味。而低聚糖可水解生成 2~10 个单糖，例如蔗糖是 1 分子葡萄糖与 1 分子果糖构成的二糖。多糖是水解时能生成 10 个以上单糖的碳水化合物，例如多糖淀粉、粗纤维素。

纤维素分子是重复单元（葡萄糖）简单、均一的线型高聚物，是植物细胞壁的重要组成，例如：棉花中的纤维素含量为 88%~96%，木材与甘蔗渣的纤维素含量约 50%。纤维素基生物质主要来源于农业废弃物（稻秆、秸秆等）与林业加工废弃物（木材加工剩余物）。纤维素基生物质材料具有可再生、可降解、结构独特和表面化学性质活泼等优点。纯纤维素呈白色丝状，不溶于水、稀酸、稀碱和有机溶剂，但可以酸水解降解、氧化降解、碱性降解、微生物降解、热降解和机械降解。以纤维素热降解为例，在 25~50℃ 时物理吸附的水进行解吸；150~240℃ 时结构中部分葡萄糖基开始脱水；240~400℃ 时结构中糖苷键开始断裂，并产生一些新的产物和低分子挥发性化合物；400℃ 以上时，结构中残余物进行芳环化，并逐步形成石墨结构。

植物生物质中的另外两个重要组成部分半纤维素和木质素，它们一起作为细胞间质填充于细胞壁和微细纤维之间，同时也存在于细胞间层，它们将相邻的植物细胞连接在一起，发挥木质化的作用。而木质化的植物细胞壁不但增加了自身强度，而且更能抵抗其他生物的侵蚀，提高细胞壁的透水性。半纤维素（聚合度 150~200）可分为三类，即聚木糖类、聚甘露糖类和其他类半纤维素，它们中绝大部分不溶于水，而可溶于水的呈胶体溶液。而木质素是结构更为复杂的有机聚合物，含量仅次于纤维素，其单体是一类具有苯丙烷骨架的多羟基化合物，单体间通过 C—C 键或者 C—O 键形成复杂的无定型聚合物。木质素在酸（除亚硫酸与硫酸以外）中十分稳定，可以此将其与其他成分分离；在碱和氧化剂中的稳定性逊色于纤维素。

　　非植物类生物质包括甲壳素、壳聚糖、动物蛋白、透明质酸、紫虫胶、核酸、磷脂等。甲壳素是节肢动物、软体动物和真菌类植物中的结构高分子，是地球上第二大生物质资源。甲壳素是线型氨基多糖聚合物，其化学结构与纤维素只有轻微差异，即纤维素在 C2 位上的羟基被乙酰氨基取代。在节肢动物外壳（如虾皮和蟹壳）中，甲壳素呈高度结晶的反平行链结构，也叫 α-甲壳素微纤丝，进一步由直径为 2～5nm，长度约 300nm 的纳米纤丝构成。壳聚糖是甲壳素N-脱乙酰基的产物，即甲壳素在 C2 位上的乙酰氨基被氨基所代替，甲壳素、壳聚糖、纤维素三者的化学结构非常相近。甲壳素和壳聚糖具有良好的生物降解性、明显的细胞亲和性和生物效应，尤其是含有游离氨基的壳聚糖，是天然多糖中唯一的碱性多糖。相比于甲壳素，壳聚糖氨基基团的反应活性更强，赋予其更优异的生物学功能，并更易于完成化学修饰。

2.2　生物质资源的高值化利用

　　我国每年有 7 亿多吨农作物秸秆（相当于 3.5 亿吨标准煤炭），其中约 2 亿吨秸秆被就地焚烧，严重污染环境，同时破坏当地土壤生态结构，影响后续的农作物生长。农作物秸秆由大量有机物和少量无机物及水所组成，其中，有机物的主要成分是纤维素类碳水化合物（即纤维素类物质和可溶性糖类），以及少量粗蛋白质和粗脂肪。纤维素类物质是植物细胞壁的主要成分，具体包括纤维素、半纤维素和木质素等。纤维素在作物秸秆中的含量达 40%～50%，主要以微纤维组成的结晶形状存在。半纤维素在秸秆的木质部含量很高，主要是木聚糖和葡萄糖醛酸的缩合物，其比例是（6～12）:1。小麦秸秆中半纤维素主要是糖醛酸、阿拉伯糖和木糖缩合体（1:1:23）。秸秆中的木质素与半纤维素、纤维素镶嵌在一起形成细胞壁，木质素在细胞之间作为一种黏合剂起支架的作用，还可以缓和水通过细胞壁向内渗透，防止微生物的侵袭。另外，秸秆中还存在含量约 6%的硅酸盐和其他少量微量元素，尤其稻草中的硅酸盐含量高达 12%以上。

　　玉米秸秆是大宗粮食作物中高产的秸秆资源，玉米秸秆的产量几乎能达到我国农业生产秸秆资源总量的 1/3。在资源与能源危机大背景下，加快秸秆资源的回收、处理与再利用，减少玉米秸秆处理不当造成的环境污染和破坏，具有显著的现实意义。目前，玉米秸秆的分化利用主要分为五种，即饲料化、肥料化、燃料化、基料化、原料化。

① 饲料化。由于玉米秸秆富含碳水化合物（30％）、蛋白质（2％～4％）、脂肪（0.5％～1％）、矿物质，对于食草动物，2kg 玉米秸秆增重净能相当于1kg 的玉米籽粒，特别是经青贮、黄贮、氨化及糖化等处理后。利用先进的批量生产线技术制成饲料，相对于传统的青贮饲料更适合养殖场使用，具有良好的经济效益和市场化的应用价值。

② 肥料化。直接还田，即将收获后的秸秆进行粉碎，然后采用深松作业将其翻入土壤与其充分混合，腐败后与土壤融合，可有效提高土壤中的养分和有机质含量。还可将粉碎后的秸秆覆盖于耕地表面以保护水土，其部分降解产物还可为土壤提供养分，一举多得。过腹还田，即通过牲畜在田间食用秸秆或收集后在棚圈中食用，排出的粪便作为肥料还田。另外，还可加入腐败添加剂，使玉米秸秆加速腐败成为适宜的肥料还田使用，更直接地为田地中的农作物提供养分和有机元素。

③ 燃料化。玉米秸秆富含淀粉、木质素、有机质，它们均具有很高的热量值（单位重量的玉米秸秆燃烧所能产生的热量可以达到标准燃煤燃烧热量的0.6～0.7 倍）。玉米秸秆通过现代化机械加工能够被制造成密度大、热值高、易于燃烧、成本低、环保卫生的良好燃料。玉米秸秆集中用于沼气发酵，所产生的沼气是绿色能源气体，为农村提供了充足的生活燃气供给。

④ 基料化。玉米秸秆经过机械粉碎可作良好的种苗和食用菌栽培基质，其营养成分优于传统木材基质，且易于获取、成本更低。目前，通过玉米秸秆基质栽培了杏鲍菇、木耳、香菇等，产品的品质与经济价值更高，市场前景广阔。

⑤ 原料化。将玉米秸秆提取、加工成工业生产原材料。a. 作为复合材料的增强材料，用于生产办公用纸、生活用纸和一次性餐具等；b. 通过化学处理用秸秆制造酒精试剂，用于工业生产、医学和生活使用；c. 利用秸秆中的淀粉、木质素替代部分塑料制品添加剂，用于生产秸秆餐具、菜板、筷子等；d. 通过粉碎处理，用以加工木质板材，用于居民生活使用。

绿色、体量大、韧性好、耐冲击、可再生、易降解的木材，由各种不同的组织结构、细胞形态、孔隙结构和化学组分构成，是一类层次分明、构造有序的聚合物基天然复合材料，从米级的树干，分米、厘米级的木纤维，毫米级的年轮，微米级的木材细胞，直到纳米级的纤维素分子，具有极其精妙有序的多尺度分级结构。无数形态、大小、排列各不相同的木材细胞（导管/管胞、纤维、薄壁细胞、木射线等）通过有序地紧密结合构成了木材，继而造就了其独特的孔道（空隙）结构。根据木材中空隙的尺度大小可将其分为宏观空隙、微观空隙和介观空隙：a. 宏观空隙是指肉眼能够看到的空隙，例如木材细胞（宽度为 50～1500μm，长度从 0.1～10mm 不等）、导管（20～400μm）、管胞（15～40μm）、胞间道（50～300μm）；b. 微观空隙则是以分子链断面数量级为最大起点的空隙，例如纤维素分子链的断面数量级的空隙；c. 介观空隙是指三维、二维或一维尺度在纳米量级（1～100nm）的空隙，例如存在于针叶树材的具缘纹孔塞缘小孔（10nm～8μm）、单纹孔纹孔膜小孔（50～300nm）、干燥或湿润状态下木材细胞壁空隙（2～10nm）、润胀状态下微纤丝间隙（1～10nm）。这些轴向与径向组合排布的孔道（空隙）结构赋予木材重要的各向异性与三维孔道连通性。

废弃木质材料（包括木材枝丫、造材剩余物以及淘汰的家具、地板、一次性木筷等废旧木制品）被国外称为"第四种资源"，是倒在地上的森林，在资源和能源危机的大背景下，开发利用这类绿色、可再生、可持续木质资源具有极为深远的战略意义。因此，充分研究木材组织结构与化学组成，系统解析木质材料与其他物质的复合机理，建立基于木质材料的多元复合与组装体系，成为实现废弃木质资源回收、重组、高值利用的先决条件。木材细胞壁（孔道壁）是由纤维素（约45%，β-D-葡萄糖组成的线型聚合物）作为支撑骨架，半纤维素（约30%，不同类型单糖构成的异质多聚体）进行黏结，最后以木质素（约25%，苯基丙烷单元组成的复杂、非结晶性、三维网状酚类聚合物）贯穿，从纤维素单分子（约0.52nm）、基原纤丝（2～3nm）、微纤丝（10～30nm）、大纤丝（约10μm）、细胞壁片层（初生壁，次生壁S1、S2和S3层）逐步组装而成（图2-1）。综上，具有独特孔道（空隙）结构与精细化学组成的木材，除了应用于传统的建筑装饰和家具行业外，同时也为仿生制备高性能、高附加值、多功能型新材料提供重要的基材与模板，而功能化、纳米化、智能化木质复合材料的开发势必为分离提纯、选择吸附、催化剂装载、光电器件和传感器等新材料领域创造无限潜能。

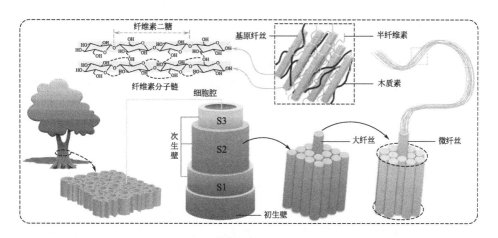

图 2-1　木材细胞壁结构与化学组成

2.2.1 人造板

人造板包括胶合板、刨花（碎料）板和纤维板等三大类产品，其延伸产品和深加工产品达上百种。人造板是将形态多变、材质不均的废弃木料或其他非木材植物（如秸秆）分解成更细小的碎料或纤维状单元材料，然后通过施加或不施加胶黏剂和其他添加剂重新整合形成大幅面板材或特殊形状模压制品。距今，人造板的工业化生产已经有 70 年以上的历史，其工艺技术已经十分成熟。据统计，$1m^3$ 人造板可替代 $3\sim5m^3$ 原木生产的板材，而生产 $1m^3$ 人造板只需 $1.5m^3$ 左右的木材原料。另外，人造板还具有幅面大、结构性好、施工方便、膨胀收缩率低、弯曲成型性能好、尺寸稳定、材质更均匀、不易变形开裂、厚度级及密度级范围较宽、适用性强、可做各种功能性处理的优点。显然，人造板弥补了实体木材体积与性能上的局限性，大力发展人造板工业成为解决木材短缺的重要举措之一。随着科技水平的迅猛发展，针对原料特性开发的各种新型人造板不断涌现，形成更先进、功能多样、原料利用率更好、操作更为简单的人造板生产工艺。

2.2.2 木质复合材料

木质复合材料指利用聚乙烯、聚丙烯和聚氯乙烯等高分子聚合物代替树脂胶黏剂，与超过 50% 以上的木粉、稻壳、秸秆等废弃植物纤维混合成新的木质材料，再经挤压、模压、注射成型等塑料加工工艺，生产出的板材或型材，也称为木塑复合材料（wood-plastic composites，WPC）。这种新型复合材料兼具木材与塑料的双重优点，另外，具有良好的可加工性能、较强的力学性能、优良的耐水/耐腐蚀性能、使用寿命长、良好的抗紫外线性与着色性，可替代实体木材应用于各个领域，尤其在建筑产品方面，占木塑复合用品总量的 75%。在资源与能源危机背景下，有针对性地利用木材加工剩余物和废弃塑料制造木塑复合材料，可以有效提高木材综合利用率，减少"白色垃圾"的积累，形成真正的绿色环保产品。

2.2.3 木质活性炭

木质活性炭是以优质的薪材、木屑、木块、椰壳、果壳等为原材料，采用物理法、磷酸法、氯化锌法等加工生产而成，具有吸附容量大、过滤速度快、强度高、灰分低、孔径分布合理、着火点高等优点。其中，木质柱状活性炭比传统的煤质柱状炭灰分低、杂质少、气相吸附值高、四氯化碳（CTC）占绝对优势，同时使用寿命可达普通煤质活性炭的 4~5 倍，可广泛应用于气体与水体的净化与分离。例如：用于化工原料气体、化工合成气体、制药工业用气体、饮料用二氧化碳气体及氢气、氮气、氯化氢、乙烯、乙烷、裂化气、惰性气体等的净化及原子设施排气等的净化、分离和精制；用于饮用水的净化、脱臭；用于酿造业、催化剂及载体、医药及化学药品的脱色精制；用于制备军用防毒面具、矿用过滤式自救器干燥剂的载体、滤毒通风装置等。随着国家对能源的重视、煤资源的整合、资源税的开征，煤质炭的成本在不断上升，采用林产化工"三剩物"为原料制备高性能木质柱状活性炭，必将逐步取代煤质活性炭并完全替代进口煤炭产品。

2.2.4　纤维素气凝胶

纤维素气凝胶是一种绿色可降解的纳米多孔材料，超越了无机气凝胶和有机气凝胶，凭借其高比表面积、良好的生物相容性和可降解性，不但在制药业、化妆品等方面有许多应用，而且在替代石油化工催化剂、吸收剂、燃料、热或电绝缘材料等领域有广阔的潜在应用前景。纤维素气凝胶可分为再生纤维素气凝胶和纳米纤丝化纤维素气凝胶。其区别主要在于纤维素原料的处理：纳米纤丝化纤维素气凝胶的制备过程中，对棉花、木材、蔗渣、秸秆、细菌纤维素、椰壳、废纸浆等原料采用酸解、酶解、碱解或机械处理，得到的纳米纤丝化纤维素具备优异的力学性能，其杨氏模量可达 150GPa，还兼具良好的生物相容性、大比表面积、表面含有大量羟基、高亲水性、高热稳定性、易于加工成型、超精细结构及独特光学特性；而在再生纤维素气凝胶的制备过程中，首先需要将纤维素原料溶解在氢氧化钠溶液、N-甲基吗啉-N-氧化物（NMMO）、氢氧化锂-尿素、氢氧化钠-尿素、硫氰酸钙或离子液体中，随后再生沉淀。随后均可通过进一步超临界干燥、叔丁醇冷冻干燥、冷冻干燥制得纤维素气凝胶。相比之下，纳米纤丝化纤维素气凝胶的制备过程中几乎不用任何有害试剂，在环保方面更具优势。

2.2.5　再生纤维素纤维

再生纤维素纤维指以棉、麻、竹子、树、灌木等纤维素类生物质为原料，在不改变其化学结构，仅改变物理结构基础上制造的再生纤维素纤维。在耕地减少和石油资源日益枯竭的背景下，再生纤维素纤维有效缓解了人们对天然纤维与合成纤维的过度依赖。常见再生纤维素纤维包括：Tencel 纤维，即以针叶树为主的木浆、水和溶剂 NMMO 混合，加热至完全溶解（溶解过程不产生衍生物和化学作用），经除杂直接纺丝制得；Modal 纤维，是第二代再生纤维素纤维，其原料来自木材，价格是 Tencel 纤维的 1/2，使用后可以自然降解；竹纤维，可分为竹素纤维（以毛竹为原料，在竹浆中加入功能性助剂，经湿法纺丝加工而成）和竹原纤维（将毛竹经天然生物制剂处理后所制取的纤维），是继大豆蛋白纤维之后我国自行开发研制并产业化的新型再生纤维素纤维；甲壳素纤维，具有更为优良的生物活性、生物降解性、生物相容性和吸湿保湿功能，是以甲壳素、壳聚糖与纤维素混合通过常规的湿纺工艺制成的纤维；铜氨纤维，是将棉短绒等天然纤维素原料溶解于氢氧化铜或碱性铜盐的浓氨溶液中制成纺丝液，在凝固浴中，铜氨纤维素分子化合物分解、再生出纤维素，经后加工即得到铜氨纤维。

2.2.6　生物质基荧光碳材料

木质素在植物细胞壁中占比很大，含有丰富的芳环结构、脂肪族和芳香族羟基以及醌基等活性基团，且具有自缔合和荧光特性，使其可以用作生物质基发光纳米材料。碳量子点是一种碳基零维新型材料，粒径小于 10nm，可通过生物质材料（例如木质素、壳聚糖、橘皮、木糖醇、海藻酸等）利用化学氧化法、燃烧法、水热合成法、微波合成法等制备而成。由于碳量子点具有光致发光（photoluminescene，PL）特性、低毒性、生物相容性以及来源丰富等优点，在新材料领域占有重要地位，可作为荧光探针用于细菌成像，检测亚硝酸盐，或用于传感器与能源转换等领域。另外，碳量子点在紫外光区有较强的吸收峰（260～320nm），不但可以激发出可见的荧光，而且可以有效吸收 UV-A（315～400nm）与 UV-B（280～315nm）波段的紫外线，作为新型紫外线吸收剂具有巨大的潜力。另外，碳量子点很容易被功能化，其表面可由各种生物分子修饰改性，据此，它还在医学成像技术、环境监测、化学分析、催化剂制备、能源开发等领域具有重要应用价值。

2.2.7　磁性木材

地球是一个大磁场，人类和地球上的全部生物体的繁衍生息全处于地球磁场之中，地磁场提供给生物体在地球上生活所必需的安定性磁力，受生物体磁场感应特征的启发而被开发利用的趋磁性木材是一种新型的功能性材料。模仿趋磁细菌的生物矿化过程，将木材浸泡在钴铁金属离子溶液中，利用木材优良的吸湿性，汲取含铁矿物质溶液，随后在木材细胞腔内矿化，在木材细胞壁内原位合成磁性纳米晶，利用这种方法制备的磁性木材不仅保留了木材天然的纹理结构、高强重比、易加工和温湿度调控功能，而且在外界磁场作用下能够表现出较好的磁力。利用微波辅助合成策略，在木材细胞腔内合成超顺磁性纳米材料，制得具有磁各向异性木材，研究发现，木材细胞壁内部形成的 Fe_3O_4 纳米晶可以形成相互连接的导电网络，使磁性木材在外界磁场作用下获得最大的介电损耗和磁损耗，从而导致磁性木材具有出色的电磁屏蔽性能。目前，磁性木材的应用局限于电磁波吸收，对木材的磁-光现象和磁热效应关注较少，系统研究它们之间的相互作用，发掘木材磁学的科学内涵，有助于深化对"木材与环境"之间关系的理解，推动木材仿生科学向智能化方向发展。

2.2.8　能量储存木材

大自然的生存规则启发我们，能源的获取和高效利用是生存的必要条件，也是推动社会发展和进化的基础，而树木在长期的进化过程中获得了卓越的化学合成和物质转化能力，在地球物质和能量循环中起着不可替代的关键作用，发掘和提高木材的能量储存能力，对提高能源生产和使用效率，增加低碳和非碳燃料的使用，缓解大气中 CO_2 浓度增长极具战略意义。利用木材良好的力学性能和丰富的孔道结构，将相变材料填充于其内部进行复合，仿生构建相变储能木材，具体地，当相变材料熔化时，产生从固态到液态的相变，并伴随着吸收储存大量的能量；反之，当相变材料冷却时，储存的热量要散发到周围环境中，进行从液态到固态的逆相变，可以应用于节能建筑。利用木材独特的孔道结构，以炭化后活性木炭作为导电负极，以横向切割木材薄片为隔膜，以电沉积活性电容材料的木炭为正极，可以自组装超级电容器，不但极大降低了超级电容器的构造成本，而且增加了电容器件的环保性。此外，以源于木材的木质纤维素为原料，制备再生纤维素气凝胶材料用于能源存储设备的正、负极材料和隔膜材料，为使用生物质资源解决传统超级电容器中普遍存在的能量密度小、寿命短、环保性差和安全性低等问题提供了新的思路。

2.2.9　智能变色木材

将磷钼酸包裹于壳聚糖/聚乙烯基吡咯烷酮混合物中，并进一步固定在木材表面，可制得一种可见光响应变色木材，即随着可见光辐照时间逐渐增加到90min，该木材样品的总色差值从0.7增加到42.5，在传感器、智能家居、太阳能转换等领域具有广阔的应用前景。还可以将光响应层状花型三氧化钼（MoO_3）负载于木材表面，制得一种紫外线响应变色木材，该木材样品对365nm处紫外线的刺激反应良好，颜色变化显著。此外，采用乙醇作为诱导剂，利用简单的低温水热合成法可以在木材表面原位生长无机 WO_3 纳米片，制备的 WO_3/木材具有明显的光响应智能变色功能，即在紫外线照射下，

WO_3/木材的明亮指数 L^* 从 50.3 降至 46.4，红绿指数 a^* 从 -5.0 降至 -15.3，黄蓝指数 b^* 从 -14.9 升至 -11.2，总色度指数 ΔE^* 为 11.62，表明了试件优良的变色功能。将负载在 3-氨丙基三乙氧基硅烷上的温敏变色材料接枝到聚乙烯中，并将此与木材复合得到温度响应智能变色木材，该木材具有优异的正向可逆温度响应特性，变色响应速率快，对促进木质材料产品结构调整，推动行业进步与技术升级具有重要的理论和现实意义。

2.2.10 生物质基柔性应变传感器

在可穿戴电子器件快速发展背景下，柔性应变传感器在健康监测、生物医疗、运动管理和电子皮肤等领域崭露头角，如手腕脉冲监测器、体温检测、血糖分析等。虽然柔性生物传感器在人体健康监测领域发展迅速，但仍然存在生物相容性和生物可降解性差，无法建立完善的传感器与临床医疗反馈机制的问题。在能源危机和环境问题日益严峻的当下，凭借轻质、比表面积大、柔韧性好、成本低、绿色环保、可再生、富含羟基、结构稳定及生物相容性好等优点，纳米纤维素在柔性超级电容器的快速发展中扮演着重要角色，即作为基底或骨架支撑材料使用、起稳定剂与分散剂的作用、为电解质提供良好的传导通道。采用聚多巴胺还原氧化石墨烯（PGO）纳米片插层微晶纤维素，并调控纳米纤维素在其表面有序自组装形成二维导电纤维素纳米片（PGC bio-nanosheets），并以此为基础单元组装得到了具有良好柔性、生理环境稳定性、导电性和细胞/组织亲和力的导电纤维素水凝胶（PGCNSH）。这种纳米纤维素导电水凝胶在长期体内植入或者水环境中浸泡后均表现出良好的电学和力学稳定性，为多功能柔性电子皮肤和可植入式电子器件的设计开发提供重要依据。

除上面介绍的生物质材料高值化利用方法外，近年来，专家与研究人员还相继开发了木材/无机纳米复合材料、木材/金属复合材料、木材/半导体复合材料、木材/碳纳米复合材料、木材/聚合物纳米复合材料、透明木材、荧光生物质复合膜材料、轻质高强特种木材、光热管理木材、木质陶瓷、智能生物质复合材料、生物质压缩成型固体燃料、纳米纤丝化甲壳素膜/水凝胶/气凝胶/大孔泡沫、生物质基炭气凝胶、纳米纤丝化纤维素膜/水凝胶/大孔泡沫等。下面笔者将进一步介绍仿生智能生物质复合材料的相关研究与应用进展。

2.3 仿生智能木质复合材料的水体净化研究进展

水是生命之源，工业迅猛发展以及人口急剧增长引起严重的水体污染问题，加之全球淡水资源稀缺，如何处理来自工业（如冶金、采矿、化工、制革、电池等）、核能、农业、航运等不同领域的污染废水是目前亟需解决的重要研究课题。目前，常用水污染处理材料有活性炭、膨润土、硅藻土、地质聚合物、粉煤灰、树脂等，但它们普遍存在价格昂贵、处理速度慢、循环使用性差、对亲水性污染物去除效率差、处理污染物种类单一、吸附容量小、易造成二次污染、易氧化等问题。木材独特的孔道结构极有利于流体流动通过，同时吸附拦截流体中的微小颗粒，加之其绿色、质轻、韧性好、耐冲击、可再生等特点，在高通量废水处理领域潜力巨大。在全球资源与能源危机背景下，以天然木材为原料，经功能化处理制备新型木质复合滤膜与吸附材料用以去除废水中重金属离子、微生物、有机物染料、油污等污染物，无疑对生态保护、资源回收与再利用有着重大而积极的意义。笔者综述了功能化木材针对水中重金属离子、微生物、有机染料处理以及油水分离应用方面的研究概况，全面分析新型木材基滤膜与吸附材料的制备工艺、改性方法对水体中污染物去除效果与处理机制的影响，重点阐明木材在水污染净化领域的优势与作用原理，分析了当前在水污染净化领域存在的问题，并对未来研究方向进行了展望，以期功能化木材实现工业化生产，加速其污水净化应用的推进与推广。

木材由各种不同的组织结构、细胞形态、孔隙结构和化学组分构成，是一类层次分明、构造有序的聚合物基天然复合材料，具有明显的各向异性。

2.3.1 重金属离子吸附

由于重金属离子在水中的良好溶解性与稳定性，以及生态系统中的高毒性、不可降解性、生物富集性等特点，倘若未经处理即排放到外界必将对人类健康与其他生物体安全造成严重危害。目前，从废水中去除重金属离子的常用方法包括化学沉淀、石灰凝结、离子交换、反渗透和溶剂萃取等方法，但它们普遍存在操作复杂、成本较高等问题。因此，对重金属离子使用吸附剂进行处理使其成为水体深度净化的理想选择，而作为吸附剂应满足以下标准：a. 成本低廉且可重复使用；b. 吸收和释放过程有效且迅速；c. 对重金属离子的吸收和释放过程应具备选择性，以及经济可行性。

木材的微观结构中含有大量的中空细胞，这些细胞连接在一起，最终形成相互连接的通道即木材独特孔道结构，从而使其具有一定的水通量。而且木材是一种典型的多基配位体，能够通过吸附废水中的多种重金属离子污染物以净化水体：

① 木材（W）表面的 O^-、COO^- 会与重金属离子（M^{n+}）产生化学反应。

$$nW—O^- + M^{n+} \longrightarrow M(W—O)_n$$

$$nW—COO^- + M^{n+} \longrightarrow M(W—COO)_n$$

② 木材表面的—OH、—NH、—OCH$_3$、—C≡O 中的极性键负极会与重金属离子之间发生静电吸引。

$$\begin{array}{ccc} W—O^{\delta-} + M^{n+} & \longrightarrow & W—O^{\delta-} \cdots\cdots M^{n+} \\ | & & | \\ H^{\delta+} & & H^{\delta+} \end{array}$$

$$\begin{array}{ccc} W—N^{\delta-} + M^{n+} & \longrightarrow & W—N^{\delta-} \cdots\cdots M^{n+} \\ | & & | \\ H^{\delta+} & & H^{\delta+} \end{array}$$

$$\begin{array}{ccc} W—O^{\delta-} + M^{n+} & \longrightarrow & W—O^{\delta-} \cdots\cdots M^{n+} \\ | & & | \\ {}^{\delta+}CH_3 & & {}^{\delta+}CH_3 \end{array}$$

$$\begin{array}{l} W—C^{\delta+}{=}O^{\delta-} + M^{n+} \longrightarrow W—C^{\delta+} \\ \qquad\qquad {=}O^{\delta-} \cdots\cdots M^{n+} \end{array}$$

③ 木材表面的—OH、—COOH 会与重金属离子之间发生离子交换，H$^+$ 将被释放到水中。

$$nW—OH + M^{n+} \longrightarrow M(W—O)_n + nH^+$$
$$nW—COOH + M^{n+} \longrightarrow M(W—COO)_n + nH^+$$

废弃木屑价格低廉，含有大量纤维素与木质素，能够吸附多种重金属离子，在废水处理领域具有广泛的应用前景。Ahmad 等将木屑研磨成粉（粒度为 $100\sim150\mu m$），然后利用甲醛进行甲基化反应，洗涤干燥后制得吸附剂。研究表明：该吸附材料在 pH 值为 6.6 的水体环境中时，对 Cu^{2+} 最大去除率为 99.39%；在 pH 值为 7.0 的水体环境中时，对 Pb^{2+} 最大去除率为 94.61%。pH 值过高或过低均会使材料吸附能力下降，这是由于离子交换和氢键是该吸附材料去除重金属离子的关键，即：在较低 pH 值的水体环境下，H$^+$ 与重金属阳离子竞争吸附材料上的吸附点位；在较高 pH 值的水体环境下，OH$^-$ 会与重金属阳离子形成可溶性羟基络合物，从而减弱重金属阳离子与吸附材料之间的静电作用。陈玲以甲醛和硫酸溶液改性速生桉树皮（MEUB）制得吸附剂，研究发现：MEUB 对废水中的 Pb^{2+}、Ni^{2+}、Cr^{6+} 的作用机理各不相同，即对 Pb^{2+} 和 Ni^{2+} 的吸附属于物理吸附（升高温度后无影响），对 Cr^{6+} 的吸附需要克服一定的活化能，属于化学吸附（升高温度可以促进）反应。

为了提高木材作为吸附剂的吸附容量、吸附效率与选择性，还可以进一步在其孔道内部接枝其他官能团或者负载无机纳米材料。杨资利用巯基（—SH）修饰巴沙木材制得巯基功能化木材膜（SH-Wood），作为多位点金属捕集器应用于废水处理。但由于非均相改性导致的木材膜内部—SH 基团分布不均匀问题，需通过多层组装增加—SH 基团与重金属离子的接触机会，而 SH-Wood 装置的多层叠加设计正好方便替换吸附饱和层，充分利用部分吸附饱和材料（图 2-2）。

结果显示：组装三层的 SH-Wood 膜（每层厚度 5mm）可以在水处理速率为 $1.3 \times 10^3 L/(h \cdot m^2)$ 时，对 Cu^{2+}、Pb^{2+}、Cd^{2+}、Hg^{2+} 的去除率达 95.5% 以上，对应最大吸附容量分别为 169.5mg/g、384.1mg/g、593.9mg/g、710.0mg/g；而经 SH-Wood 装置处理后的水体，其重金属离子浓度降低至符合世界卫生组织饮用水标准（$Cu^{2+} \leqslant 1mg/L$，$Pb^{2+} \leqslant 0.01mg/L$，$Cd^{2+} \leqslant 0.003mg/L$，$Hg^{2+} \leqslant 0.001mg/L$）。经进一步研究发现，该 SH-Wood 膜可重复使用至少 8 次，废水处理成本约为每吨 1 美元，具有良好的经济实用潜力。显然，相比于传统重金属离子吸附剂（活性炭、黏土等）存在易受外界影响、处理效果不稳定、循环使用次数较少等问题，该 SH-Wood 装置更具发展潜力。

图 2-2　SH-Wood 膜去除废水中重金属离子的示意图

蔡晓慧采用溶剂热法将一种具有光催化活性的金属-有机框架（MOFs）材料 UiO-66-NH$_2$ 原位合成于木材孔道内部，制备 UiO-66-NH$_2$/Wood 复合滤膜。将三层复合滤膜组装在一起进行过滤试验，与杨资的研究结果对比，该装置对于含有 Cu^{2+}、Hg^{2+} 的模拟废水的处理速率为 $1.3 \times 10^2 L/(h \cdot m^2)$，对 Cu^{2+}、Hg^{2+} 的去除率均为 90% 以上（图 2-3），且处理后的水体仍能达到饮用水标准。王然然以松木为模板，通过浸渍-煅烧法仿生制备金属氧化物（NiO 和 NiO/Al$_2$O$_3$），研究表明，NiO 和 NiO/Al$_2$O$_3$ 对含有 Pb^{2+} 的模拟废水均具有较好的吸附效果，其去除率均可达 99% 以上。Vitas 等通过优化酸酐酯化反应条件制备了 3mmol/g —COOH 基团的改性山毛榉木，研究发现，制得的改性山毛榉木可作为生物吸附剂去除 95% 的 Cu^{2+}（溶液浓度为 100~500mg/L）。拉曼光谱和能谱成像确定了—COOH 大多位于木材细胞壁内，这在一定程度上限制了—COOH 与 Cu^{2+} 的相互作用。

2.3.2　消毒杀菌

据世界卫生组织统计，每年约 160 万人因缺乏安全饮用水和基础卫生设施而

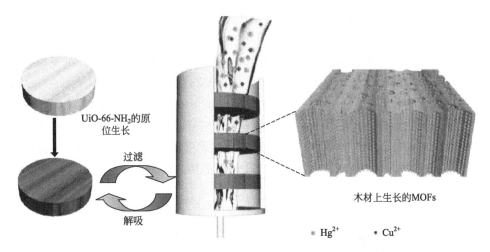

图 2-3 UiO-66-NH₂/Wood 膜的制备及其水处理模型

死于腹泻疾病。饮用水的杀菌消毒处理能够有效预防疾病通过水介质传播。20
世纪初，化学消毒法被普遍应用，但后来研究者发现化学消毒剂会与水中污染物
形成副产物，依然会给人体带来一系列健康问题。据此，不产生有毒副产物的物
理消毒技术与新型绿色、高效的抗菌材料的研发成为当今的研究热点。木材的孔
道结构对体积较大的菌落具有天然屏障作用，再结合具有抗菌能力的纳米粒子
（如银纳米粒子 AgNPs），可以制得细菌去除能力突出的木材水过滤器。例如，
Ag 通过内吞途径以颗粒形式进入细菌等微生物细胞并持续释放 Ag^+，而这些
Ag^+ 会破坏细菌等微生物细胞的 DNA 分子与细胞合成酶：a. Ag^+ 导致 DNA 分
子产生交联，或催化形成自由基，致使蛋白质变性，抑制 DNA 分子上的供电子
体，使 DNA 分子链断裂；b. Ag^+ 与细胞内的巯基、氨基结合，破坏细胞合成
酶的活性，以上均会使细菌等微生物丧失分裂繁殖能力而致死，待其死亡，
Ag^+ 又会游离出来，重复杀菌。Boutilier 等通过去除树皮的松树树枝，并选取
运输组织丰富的部分（木质部）插入导管中，利用木材自身结构的物理屏障制备
了废水过滤器。研究表明，该过滤器能有效滤除水中的细菌，对细菌的去除率超
过 99.9%，其过滤除菌过程主要发生在木材木质部的前 2～3mm 部分。而且平
均 1cm² 的过滤区域，每天可以获得约 4L 的净化水，足以满足一个人的正常饮
用水需求。Che 等通过在木材孔道中原位合成 AgNPs，制备了抗菌性 AgNPs/
Wood 过滤器。实验结果显示，当该过滤器中的 AgNP 质量分数为 1.25% 时，
除了能够有效去除水中的大肠杆菌（6.0 个数量级）和金黄色葡萄球菌（5.2 个
数量级），而且还可以有效去除阳离子水溶性有机染料亚甲基蓝（MB，
98.5%）。相较于常见水的杀菌消毒方法（氯杀菌、紫外线消毒、膜过滤等）存

在致癌副产物产生、成本高、维护困难等问题，功能化木材用于水的杀菌消毒具有高效、简单、稳定、成本低、绿色环保等特点。

电穿孔杀菌技术是将脉冲强电场作用于细菌等微生物，继而破坏其细胞膜（穿孔），细菌通过孔发生物质交换，从而引发细胞膜内外渗透不平衡，最终导致细菌的死亡，即杀菌过程无有毒副产物的产生。由于该技术的高能耗和高危险性使其在废水处理领域受到一定限制，但研究者发现，在导电材料中引入一维纳米材料可以解决能耗与安全性问题。如图 2-4 所示，杨资通过浸渍法将 AgNPs 均匀地负载于木材孔道内部，再经过高温管式炉炭化得到保持天然木材三维孔道结构的 Ag NPs/炭化木材膜（3D AgNPs/WCM）复合材料。结果显示，炭化后木材中的纳米纤维结构更加清晰，施加电压时会使纳米纤维产生尖端效应大大增强其周围的电场，从而破坏细菌细胞膜导致其失活。而且电穿孔后，破坏的细菌细胞膜更加利于炭化木材孔道中 AgNPs 的入侵，促进杀菌进程，即该 3D AgNPs/WCM 复合材料可以在低电压（4V）、低能耗（2J/L）、高通量 $[3.8\times10^3 L/(h\cdot m^2)]$ 条件下使用，且具备良好的杀菌性（去除率超过 99.999%）与稳定性（连续使用12h后，性能没有明显下降）。与传统电穿孔杀菌技术相比，该木质复合材料不仅避免了高能源消耗，也减少了操作的安全风险，是一种绿色、经济、快速、可再生、高通量的水处理杀菌材料。

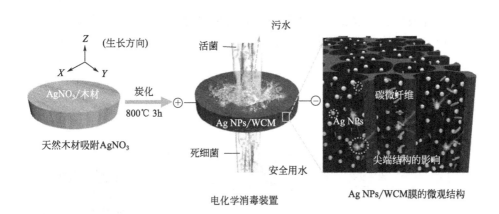

图 2-4　3D AgNPs/WCM 的合成及其饮用水杀菌示意图

2.3.3　有机染料去除

印染废水中含有大量有机染料，是极难处理的工业废水之一，具有颜色深、化学需氧量（COD）高、生化需氧量（BOD）高、组成复杂多变、排放量大、分布广、难降解等特点，若不经处理直接排放将给生态环境带来严重危害。目前，有机染料的常用去除方法包括生物法、电化学法、化学氧化法、化学混凝法、物理吸附法、膜分离法、磁分离法、超声波法等。木材天然、丰富的三维孔道结构对废水中的有机染料有着很强的物理吸附作用。另外，印染废水流经木材的孔道时，其流体力学效应增强，在木材孔道内部负载功能纳米材料或者接枝官能团，可以增加有机染料与孔道内部纳米材料或者官能团的接触时间与机会，继而进行吸附、催化、降解以提高废水中有机染料的去除效率。

Chen 等通过水热法在椴木孔道内部原位合成了 PdNPs，继而制得 PdNPs/Wood 膜，其中，具有丰富羟基的纤维素可以固定 PdNPs，木材由开始的黄色转变为黑色，这是由于固定在木材孔道表面的 PdNPs 产生的等离子效应吸收了大量光线。当含 MB 废水流经该木材膜的孔道时，废水中的 MB 被 PdNPs 催化降解，颜色由蓝色变成无色，MB 降解效率大于 99.8%。MOFs 和有机染料之间的相互作用可用于处理废水中不同的有机染料。Guo 等以 ZrCl$_4$、对苯二甲酸和乙酸为前驱体，采用水热反应法在木材三维孔道中原位合成 UiO-66 MOF 纳米颗粒，得到 UiO-66/Wood 膜。根据实际需要改变 UiO-66/Wood 膜的大小和层数可以得到用于废水处理的 3D MOF/Wood 膜过滤器（图 2-5）。实验表明，三层木材膜组装的过滤器的处理速率为 $1.0 \times 10^3 \, \mathrm{L/(m^2 \cdot h)}$ 时，阳离子水溶性有机染料罗丹明 6G（Rh6G）、普萘洛尔、双酚 A 的去除率均超过 96%，为该领域提供了一种快速、多效、可循环的去除有机染料的方法。Wang 等以 3-氯-2-羟丙基三甲基氯化铵为单体，接枝改性硬木制得阳离子接枝改性木片，用来吸附

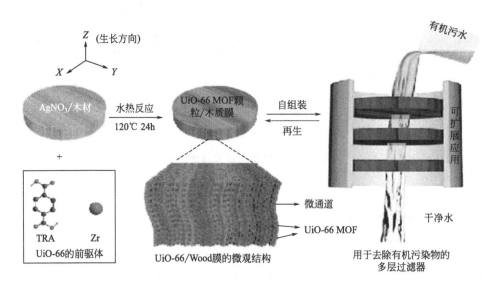

图 2-5　UiO-66/Wood 膜的组装及其水处理示意图

处理废水中的阴离子水溶性有机染料活性红 X-3B。结果显示，接枝率为 8.9%、pH 值为 10.8、过滤速率为 $9.36×10^4 L/(m^2·h)$ 时，阴离子接枝改性木片对于活性红 X-3B 的脱色率保持在 90% 以上。Goodman 等采用真空浸渍法将木质素处理后的石墨烯纳米片（GnPs）固定于多孔椴木中，制备 GnP 木质过滤器。研究表明，水通量为 $364L/(m^2·h)$ 时，该过滤器对 10mg/L 的 MB 溶液中 MB 的吸附容量高达 46mg/g。进一步探究发现，通过溶剂交换法可以有效去除使用后 GnP 木质过滤器中的有机染料以及吸附后产生的废料，从而再生，即使重复使用 5 个吸附循环，该材料的处理效率依然大于 80%。

然而，利用导管或者管胞孔道的木基废水处理装置处理高浓度有机染料时效率普遍较低。据此，何帅明在垂直于树材生长方向分布的木射线、纹孔和纳米孔结构，以及沿着树材生成方向分布的导管或管胞结构中均匀负载 PdNPs，继而获得具有三维相互交联微观多孔网络结构，能够进行交叉错流的木基过滤装置。该装置充分利用尺寸较小的木射线、纹孔和纳米孔结构，进一步增大对有机染料的扰动从而利于高浓度有机染料的催化降解。实验表明，该"H"交叉错流木材基滤膜对于 MB 溶液（质量浓度为 45mg/L）的降解效率可达 99.8%，降解速率为 $8×10^4 L/(m^2·h)$，对比该条件下制得的非"H"形凹槽设计载 PdNPs 过滤木膜，其降解速率可以提高约 40 倍。通常，实际废水中还共存着水溶性污染物与不溶性油，Cheng 等在轻木中原位合成 AgNPs 制备了可以同时进行有机染料去除和油水分离的双功能 Ag/Wood 过滤器（图 2-6），解决了常见活性炭吸附剂去除污染物速率慢、对于亲水性污染物的去除效率低的缺点。研究表明，锚定在木材通道表面的 AgNPs 充当水中 MB 降解的催化位点，Ag/Wood 的超亲水性和水下超疏油性使其能够高效地进行油水分离。仅重力驱动下，水通量为 $2600L/(h·m^2)$ 时，6mm 厚的 Ag/Wood 过滤器对 MB 的去除效率可达 94.0%，油水分离效率高于 99%。

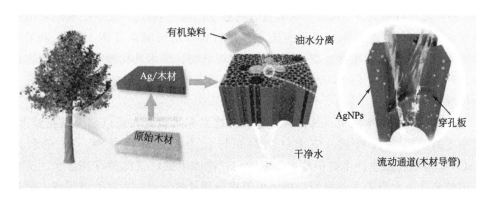

图 2-6 双功能 Ag/Wood 过滤器的组装及其水处理示意图

2.3.4 油水分离

废水中的油污主要来源于石油、化工、钢铁、焦化、煤气发生站等工业部门，其质量浓度一般为5000~10000mg/L。这些油污多漂浮于河流与海洋表面上形成油膜致使水体缺氧，造成水生生物大量死亡，即使被冲到海滩，也会对海滩上的其他生物造成严重危害。木材对含油废水同样具有良好的处理效果，其纹孔结构十分有利于油水乳化液的破乳。在油水混合液的过滤与分离过程中，固体材料的润湿性能起着决定性作用，特殊润湿性材料更是成为该领域发展的加速器，而制备特殊润湿性材料的关键，即在基材表面仿生构建微纳分级结构并利用低/高表面能物质进行修饰，或直接利用低/高表面能物质在基材表面仿生构建微纳分级结构。由于木材表面—OH、—NH_2等亲水基团的存在，可以通过进一步负载纳米材料得到超亲水-水下超疏油性木质纳米复合材料；或者脱除木材中的木质素组分再进行聚合物回填、硅烷化处理获得疏水-亲油性木质纳米复合材料，继而达到高效、高精度、高度可控地油水分离的预期目标。

除了富含羟基的纤维素外，木材中还存在木质素和半纤维素，它们同样含有一定的—NH_2、—OH基团，表现出良好的亲水性。而当木材用水浸润形成一层亲水阻油的水膜，油水混合液进一步滴在木材表面时，混合液中的水将与水膜相融合，而将油排除在外，从而表现出水下超疏油性。Blanco等直接以1mm厚的云杉木作为分离材料，在重力作用下进行高通量[3500L/($m^2 \cdot h$)]与高效率（>99%）简单油水混合液的分离处理。利用AgNPs负载木材可以进一步提高木材表面的亲水性，继而制备超亲水-水下超疏油性木质纳米复合材料。王浩利用一步水热法制得AgNPs/Wood膜（图2-7），研究发现，AgNPs的负载增加了木材的微/纳粗糙程度，更有利于水包油型乳化液的破乳，即使油水分离循环使用10次，其水包油型乳化液分离效率依然大于90%，且在5min内，该材料对MB的催化降解率为97.21%，具有良好的稳定性与高效性。Zhao等通过聚甲基硅氧烷（POMS）改性木材得到超疏水多孔材料（水接触角可达153°），POMS改性木材具有很好的吸油性能，同时对油水混合物、油水乳化液和油盐混合物具有良好的分离性能，但POMS改性木材准确过滤效率以及循环使用性有待进一步的探讨。

保留纤维素基本框架，选择性去除半纤维素和木质素，可以制得高孔隙率、低密度的层级多孔模板，使木材更易于转化为多孔吸附材料。Fu等利用$NaClO_2$溶液将巴尔沙木材中的木质素脱去，冷冻干燥，获得具有高亲水、疏油性能的多孔脱木质素木材模板。将该模板进行环氧树脂/胺/丙酮溶液浸渍、固化后，制得一种保留巴尔沙木独特孔道结构的疏水-亲油性木质复合产品（图2-8）。

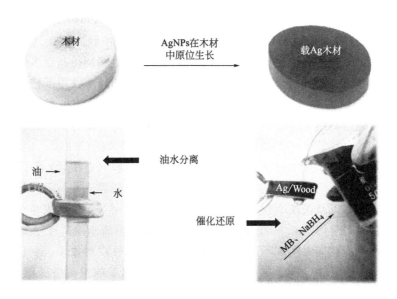

图 2-7 AgNPs/Wood 的制备及油水分离应用示意图

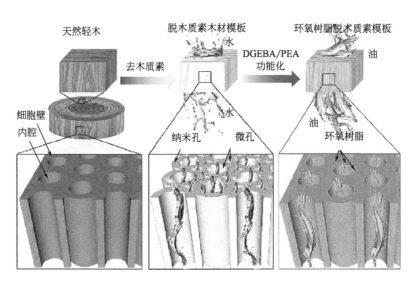

图 2-8 天然轻木、脱木质素木材模板、环氧树脂脱木质素
复合木材的油水分离示意图

该产品展示了突出的压缩强度（263MPa）和吸油效果（15g/g），而且能够同时吸收水面和水底的油污。王开立在脱木质素木材膜单面涂覆十八硫醇溶液，经紫外线辐射诱导制得具有单向水运输能力的非对称润湿性Janus型木材膜，适用于选择性分离轻油/水和重油/水的混合物（分离效率均高于99.3%）。Guan等选择性去除木质素和半纤维素后未做进一步填充处理，直接制得高度多孔的疏水性木质海绵，再经甲基硅烷化改性，获得机械弹性增强的疏水性甲基硅烷化"木质海绵"（SWS）。优良的力学性能以及低密度、高孔隙率和疏水亲油的特性，赋予"木质海绵"高达41g/g的吸油能力以及优秀的再循环能力，而且组装后的过滤器可以从水中连续分离含油污废水，其通量高达84.7L/(h·g)。Chao等则利用脱木质素、半纤维素木材膜，原位辅助修饰光热材料（石墨烯）与透明疏水材料，制得一种可压缩回弹光热气凝胶。利用原油黏度随温度升高而降低的特性增加原油流动性，以及天然木材气凝胶孔道的毛细力作用，实现对流动性原油的收集，其饱和吸附量可达0.801g/cm^3。该气凝胶的透明疏水涂层赋予其对油相的选择吸附性，能够同时实现不同温度下原油相的智能性浸润效果，而且该材料可压缩循环再生的特殊结构，可使其吸附的原油通过简单的机械挤压释放、收集，能够重复使用10次以上，且其饱和吸附量与表面疏水性未发生明显的衰减（图2-9）。上述功能化木材均在一定程度上解决了传统油水分离方法（重力分离、离心、空气浮选、原位燃烧、生物修复与絮凝等）所面临的高能源消耗、分离过程复杂、处理效果不理想和造成二次污染等问题。

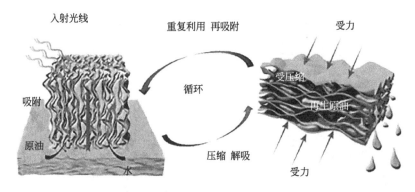

图2-9　光热诱导的原油吸附过程与原油挤压再生过程

2.3.5　结语与展望

木材天然的三维孔道结构为其在水污染净化领域奠定了坚实基础，加之其来源广、体量大、质轻、韧性好、耐冲击，具有良好的生物相容性、可再生及可生物降解能力，经官能团和无机纳米材料修饰后，对重金属离子、有机染料、微生物的吸附和催化降解作用显著，十分适用于高通量与大吸附容量的工业废水处理。迄今，功能化木材作为滤膜与吸附剂在工业废水净化领域的探究已经取得了巨大突破与进展，但在其真正走向商业化的道路上仍面临诸多挑战。目前存在的问题主要有：a. 实际工业废水中的污染物种类复杂，功能化木材针对污染物的处理种类比较单一，处理废水的影响因素及变化规律了解仍不够深入，应用范围受限；b. 木材种类繁多，孔道结构与化学组成差异较大，存在木材孔道（即细胞壁）内部的修饰可控性低（即官能团与纳米材料分布不均、稳定性不足）的问题；c. 改性条件与试剂要求严格，难以进行大规模工业化生产，例如，目前木材在脱除半纤维素和木质素制备木材海绵、脱木质素木材模板等油水分离材料的过程中，多采用水热反应、冷冻干燥等技术，操作要求与能源消耗较高，迫切需要新技术予以替代。

木材功能化的研究将朝 3 个方向发展：

① 加强木材的多方位处理与多功能改良。通过对木材进行合理的宏观结构设计、孔道（细胞壁）纳米材料负载与官能团修饰，赋予木材更多的功能性，并充分利用木材的三维孔道结构（沿着木材生长方向的导管或管胞结构与垂直于木材生长方向的木射线、纹孔和纳米孔结构），继而丰富功能化木材在水体净化过程中的污染物处理种类，优化功能化木材产品的结构设计，拓宽其适用范围。

② 深化功能化木材的复合界面研究，寻找简单可行、绿色环保的技术手段。深入探索流体在木材孔道内的移动路径，研究不同半纤维素/木质素脱除技术与干燥手段对木材孔道结构与干缩各向异性的影响，阐明木材脱除半纤维素和木质素的作用机制以及木材孔道结构的变化规律，旨在优化木材宏观与微观结构，寻求简单可控、绿色可行、低能低耗、适用于规模化生产的先进技术手段。

③ 加强功能化木材在水污染净化领域的实际应用研究与经济有效性分析。木材固有的物理和化学特性在水污染净化领域极具优势，为其进一步规模化商业应用奠定了坚实的基础，但功能化木材在该领域的应用研究尚处于探索阶段，急需对各类木材的多功能性改良结果与污水净化效果进行系统性评估，加强其实际应用情况及经济有效性数据的积累，建立完备的功能化木材发展体系。

2.4 仿生智能木质复合材料的海水淡化研究进展

随着人口的激增，同时由于气候变换、工业废水排放加剧、水体污染的情况愈发复杂，治理成本和难度也逐年加大。尽管诸如反渗透（RO）、海水淡化技术和闪蒸（MSF）技术等已被用于实现海水淡化，但这些传统海水淡化技术同样存在一些难以克服的缺陷，例如过高的能耗和运营成本，对电力等基础设施的高要求，使得传统的海水淡化难以克服地理及经济上的普遍适用性，限制了其在未来大规模应用及覆盖偏远落后地区。太阳能作为一种取之不尽用之不竭的天然无污染可再生能源，在缓解当前人类面临的能源和水资源短缺方面具有广阔的发展前景，例如太阳能海水淡化，生活用水加热和发电等。然而，将所有太阳能全部用于加热水体，实现水体由液态向气态的相变是其能否真正实现海水淡化的关键因素。同时光热转换效率主要受阳光吸收和热管理的双重限制。因此，同时寻求有利于有效光子吸收和减少多余热损失的合理材料和系统设计势在必行。

通常在太阳光海水淡化的过程中，太阳首先被光热转换材料捕获，从而由光能转换为热能，进而由转换的热能来克服海水由液态向气态转变的相变潜热。对于光热转换材料在工作流体中的位置，太阳能蒸汽发生系统可以分为两类：a. 光热转换材料分散在大量水中，称为体积加热系统；b. 界面太阳能蒸发系统，在这种系统中，光热转换材料与水体之间由低热导率材料隔离，使得更多的光热被用来对顶部流体进行加热从而减少了热量损失，同时底部的水由低热导率的基底材料中的管道利用毛细作用持续泵向顶部的光热转换层。综上，界面太阳能蒸发系统是目前研究人员研究的重点方向。

树木是世界上最为广泛的资源之一，并且不同的树木具备各自不同的特点，使得木材之间的结构与功能也千差万别。针叶材中没有导管，主要由管胞和木射线组成，而管胞的直径较小，壁厚、腔小，故又称为无孔材。此外，其内部细胞排列均匀，木射线常为单列，早晚材区别明显。阔叶材主要由导管、木射线、木纤维和薄壁细胞组成，而导管约占阔叶材总体积的20％，并且直径较大，壁薄、腔大，故又称为有孔材。另外，其内部细胞排列不均匀，木射线常为多列。研究发现，导管的存在更有利于水的输送，由于其蒸腾能力，可以将水泵送到100m以上的高度，因此垂直于生长方向切割的木材可以成为理想的海水淡化材料。同时研究人员通过对树木代谢和光合作用两大主要活动的观察，发现树木内部是通过木质部的导管和腔体进行蒸腾作用以及对阳光吸收；通过树木根部吸收的水分，90％都通过蒸腾作用散发到空气中。尽管由于导管是沿生长方向排列，木材的热导率沿导管方向 [0.35W/(m·K)] 和垂直于导管方向 [0.11W/(m·K)] 是高度各向异性的，但两者的热导率都较低，十分利于隔绝光热层与海水之间不必要的热量交换，从而提高热量管理以进一步增大蒸发效率。

2.4.1　直接炭化木材

通过炭化处理得到的样品，不仅可以保留原始木材的基本形貌和结构，同时在高温、高压炭化处理的过程中，还可以使表面及内部颜色变深，并且伴随内部糖类降解,继而导致部分孔径收缩,加强其毛细管作用,为表面蒸发提供充足的水分。Xue 等将木材切割成圆柱体后置于酒精火焰上预处理,抛光后,再置于酒精火焰上处理,然后迅速将其直接浸入室温下的冷水中快速淬火,即得到表面炭化的木材。该样品表现出超高吸光度、低导热性和良好的亲水性,并在仅 $1kW/m^2$ 的光照条件下显示出高达 72% 的太阳能热效率。Zhu 等同样受树木蒸腾作用的启发,设计出一种双层结构的太阳能蒸发装置 [图 2-10(a)]。首先将垂直于木材生长方向切割的木材进行简单炭化(500℃ 下处理 0.5min),即在木材表面得到厚度仅约 3mm 的炭化层,可直接用于海水淡化。结果显示:a. 经过炭化的木材上表面可达到 99% 的光吸收 [图 2-10(b)];b. 在 10 个太阳光($10kW/m^2$)照下,其光热转换效率为 87%;c. 在 10 个太阳光照射下,水蒸发量保持线性增长;d. 在 5 个太阳光强度下照射 100h 后,样品仍可以保持稳定使用,无腐蚀、日光降解等情况出现;e. 样品可在海水中长期保持稳定,其表面没有盐分积累;f. 可以直接从地面(沙子和土壤)成功提取水分。

Kuang 等同样采用上述方法炭化木材,不同之处在于他们在炭化之前先使用电钻在木材表面钻出些许孔洞,随后用砂纸打磨表面炭化层,并用压缩空气去除残留炭 [图 2-10(c)]。结果显示,在 1 个太阳光强度照射下,将样品置于 20%(质量分数)NaCl 溶液中连续运行 6h 后,相较于无空洞样品表面完全被沉淀盐覆盖,该样品表面无明显盐分沉积,具有出色的自清洁能力,优势显著。这是由于木材细胞壁上的凹坑、微米级木材通道和毫米级钻孔通道之间的快速盐交换 [图 2-10(d)~(f)],可以随时稀释天然木材通道中增加的盐浓度,使其在蒸发浓盐水的过程中不堵塞蒸汽排出孔道。在长时间的蒸发过程中始终保持稳定,并且在 1~5 个太阳光照强度下都有优异的表现,甚至在 6 个太阳光强度照射下将其放置在 15%(质量分数)的高浓度盐水中依然获得了 $6.4kg/(m^2 \cdot h)$ 的蒸发速率,同时表现了出色的稳定性和耐久性。

2.4.2 碳纳米材料与木材复合

纳米材料通常会展现出一些独特的电子和光学性质。在石墨烯类同素异形体中,大量的共轭 π 键使得几乎每个太阳光谱波长都能激发电子,从而产生各种 π-π* 跃迁并呈现黑色外观。当输入光能量与分子内的电子跃迁相匹配时,电子吸收光并从最高占据分子轨道(HOMO)提升到最低未占据分子轨道(LUMO)。激发的电子通过电子-声子耦合而弛豫,能量从激发的电子转移到整个原子晶格的振动过程,导致材料的宏观温度上升。此外,其他碳纳米光热转换材料 [如:碳纳米管(CNTs),碳量子点(LCQDs),石墨烯,氧化石墨烯(GO),还原氧化石墨烯(rGO)等] 也是较好的界面水蒸发光吸收材料。

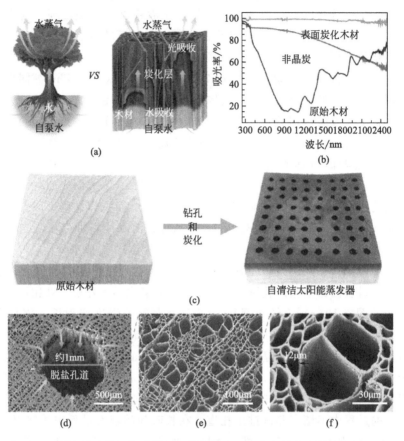

图 2-10 树木蒸腾作用与受其启发制备的表面炭化木材蒸发器示意图（a），表面炭化木材、非晶炭和天然木材的吸收光谱（b），表面炭化木材蒸发器整体结构和通道阵列设计图（c）及蒸发器顶部结构 SEM 图像（箭头表示盐分转移方向）（d）～（f）

Liu 等通过在木材横切面上滴筑氧化石墨烯得到 Wood-GO 新型双层复合材料，其拉曼光谱显示的 GO 特征 G 波段验证了木材表面成功负载了 GO。将 Wood-GO 复合材料和原始木材分别置于干燥和水面两种环境进行照射（光强度为 5kW/m²）后，不论是在干燥状态下还是水面漂浮状态下，Wood-GO 都表现出较大的温度升高（$\Delta_{干燥}=43℃$，$\Delta_{漂浮}=33℃$），而原始木材的温度变化则较小。此外，将 Wood-GO 复合材料置于盐度为 3％的模拟海水中，进一步以 12 个模拟太阳光（12kW/m²）对其进行照射，结果发现，开始的前几十秒内其温度即可达到 67℃并保持恒定，并且在其表面可明显看到水蒸气产生，其蒸发效率与光热转换效率分别可达 14.02kg/(m² · h) 和 82.8％，与原始木材 [10.08kg/

(m²·h)，59.5％］相比存在较大提升。Chao 等利用天然木材的低曲度孔管结构与各向异性的热传导特性，将脱木质素处理后的木材作为太阳能蒸发体系基底；通过一锅法将脱除的木质素经过化学改性等处理，制备具有一定光热转换效果的木质素基衍生碳量子点，并原位循环修饰至脱木质素木材内，实现了全木组分的高效循环利用［图 2-11(a)］。研究表明，制得的太阳能蒸发体系在一个自然光强度（1kW/m²）下，其蒸发速率为 1.09kg/(m²·h)，同时具有 79.5％的光热转换利用率。该体系不仅实现了对可再生太阳能的有效利用，同时也实现了对木质基材料体系内循环全利用。此外，该课题组还利用天然木材纤维定向排列的结构特点，通过选择性去除木质素、半纤维素，并进一步在其表面修饰光热涂层（rGO），制备得到了同时能够定向高效收集海水、可弯折卷曲、高效进行光热转换激发海水蒸发的木材衍生天然气凝胶材料［图 2-11（b）］。一个自然光强度（1kW/m²）下，将该材料悬挂于海水水槽之间进行"连接桥"式的海水淡化实

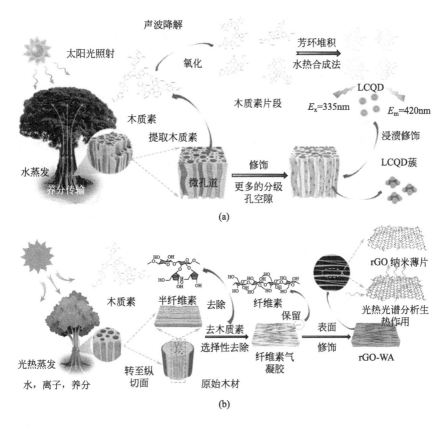

图 2-11　天然树木及木基太阳能蒸发器蒸腾示意图（a）和天然木材蒸腾作用及木质 rGO 气凝胶制备流程图（b）

验，结果显示，其蒸发速率为 $1.351kg/(m^2 \cdot h)$，光热转换利用率为 90.89%，相较于传统的"紧密接触"式太阳能蒸发，避免了光热蒸发材料与水相紧密接触造成的热损失与光能利用率的下降，极大地提升了光能利用率。

2.4.3 半导体材料与木材复合

半导体材料的带隙能决定其对光的吸收能力。从光照射到半导体表面的瞬间开始，能带中的载流子（电子或空穴）浓度将不断增加。当被激发的电子最终返回到低能级状态时，能量会通过光子形式的辐射弛豫或声子形式的非辐射再弛豫，转移到材料的表面悬空键而释放，从而影响其光热转换能力。Song 等将 Fe_3O_4/PVA 混合液涂敷于脱木质素的椴木表面，得到 Fe_3O_4/PVA 复合脱木质素木质蒸发器。聚乙烯醇（PVA）的加入增强了木材基质与半导体之间的结合力，保证了蒸发器在长期应用过程中不会因光热层脱落而受影响。在 1 个太阳光照（$1kW/m^2$）下，天然木材的表面温度在 10min 内从 $26℃$ 增加到 $34℃$，而 Fe_3O_4/PVA 复合脱木质素木材的平衡温度达到了 $63℃$，比未脱木质素的 Fe_3O_4/PVA 复合木材表现出更高的温度，进一步说明脱木质素的必要性。此外，脱木质素木材比原始木材的亲水性能更好。

He 等将山毛榉、雪松、松树、白蜡树、橡树、杨树和柘木等多种木材浸于单宁酸（TA）溶液获得 Wood-TA，再将 Wood-TA 浸入 $Fe_2(SO_4)_3$ 溶液中得到 Wood-TA-Fe^{3+} [图 2-12(a)]。但处理聚丙烯（PP）多孔膜、聚酯织物和聚氨酯（PU）海绵等材料时，它们表面的颜色呈蓝灰色而非黑色，但对于本身含有丰富单宁酸的拓木，仅用 Fe^{3+} 进行简单处理就足以将其转化为黑色。另外，通过对比原始杨木、Wood-TA 和 Wood-TA-Fe^{3+} 的 SEM 图像，发现由于掺入的 TA 和表面 Fe^{3+} 之间的配位作用，Wood-TA-Fe^{3+} 表面出现纳米节点，而粗糙的木材表面和丰富的孔道结构进一步降低光反射带来的能量损失。研究结果表明，Wood-TA-Fe^{3+} 经 pH 值为 $2\sim12$ 的溶液浸泡 24h，放入海水（黄海）以 3000r/min 的速度搅拌 100h，超声 2h 和 100 次循环冷冻解冻等一系列测试后，其表面光热吸收层没有发生明显变化 [图 2-12(b)]。并且，如图 2-12(c) 所示，Wood-TA-Fe^{3+} 具有良好的抗污性能，在面对各类复杂的水质过程中可有效避免油滴附着在材料表面，堵塞水道从而导致降低蒸发效率。此外，研究人员还事先对杨木表面开凿许多沟槽以评估表面不平整的 Wood-TA-Fe^{3+} 的实验效果 [图 2-12(d)]。结果表明，在一个太阳光强度照射下，表面改进后的 Wood-TA-Fe^{3+} 的水分蒸发速率达到 $1.85kg/(m^2 \cdot h)$，是未经表面改造 Wood-TA-Fe^{3+} 的 4 倍。

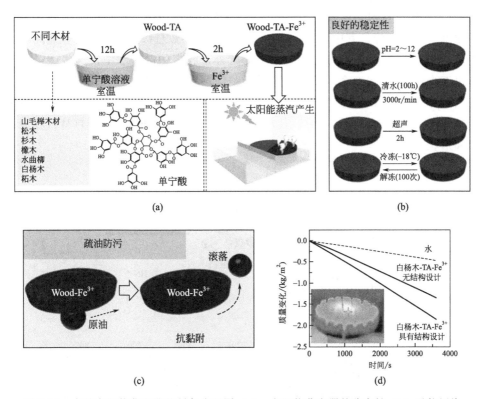

图 2-12　木基太阳能蒸发器的制备流程图（a），太阳能蒸发器的稳定性（b）及抗污染
性能测试（c），以及不同设计结构的太阳能蒸发器的蒸发速率（插图为具有沟壑状
结构的太阳能蒸发器）（d）

2.4.4　高分子聚合物与木材复合

聚多巴胺（PDA）可在碱性条件下通过多巴胺单体的自聚合制备而成，具
有良好的黏附性能，且从紫外线（UV）到近红外线（NIR）光区均具有吸收光
谱，是一种理想的光热涂层材料。Yuan 等将多巴胺和精氨酸水溶液混合得到黑
色沉淀物（APDA）[图 2-13(a)]，并将其涂覆于樟木表面制得 APDA-Wood 光
热转换材料 [图 2-13(b)]。与传统 PDA 相比，APDA 带隙更窄，表现的光吸收
能力更强，符合密度泛函理论（DFT）。此外，在 365nm、500nm 和 808nm 激
发下，APDA 没有明显发光，表明非辐射跃迁过程占主导地位，即 APDA 吸收
的光会更快速有效地转化为热能，从而使 APDA 温度升高。在 1 个模拟太阳光
照下，APDA-Wood 表面的温度比纯木材和水的温度升高更迅速，即 APDA-
Wood 表面温度可以在 5min 内达到 38℃，并稳定在 40℃ [图 2-13(c)]，蒸发速

率可达 0.91kg/(m² · h)。为验证海水淡化的实际效果,以 3.5%(质量分数)NaCl 溶液模拟海水,结果表明,经 APDA-Wood 淡化后,模拟海水中的主要离子浓度均明显下降。其中,Na⁺ 浓度减少了约 4 个数量级,其他主要金属离子如 Ca²⁺、Mg²⁺ 和 K⁺ 的浓度也明显下降。此外,收集的冷凝水中,这些离子的数量也至少减少了 2~3 个数量级,远低于美国环境保护署(EPA)和世界卫生组织(WHO)确定的盐度水平。另外,该 APDA-Wood 表现出优越的使用稳定性,即使经 100 次脱盐循环后,其水蒸发率没有明显下降,表面光热材料亦无剥落和形状变化。

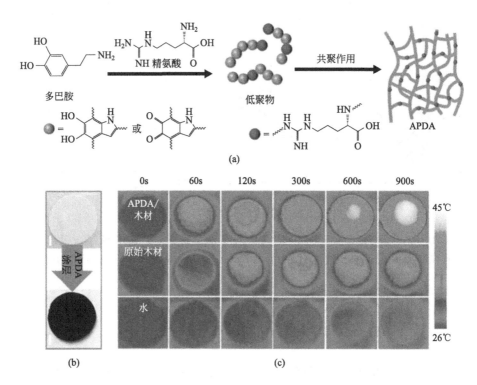

图 2-13　APDA 合成路线图(a),天然木材和 APDA/木材照片(b),以及 1 个模拟太阳光强度下 APDA/木材、原始木材和水表面温度随时间变化的红外图像(c)

聚吡咯(PPy)在整个太阳光谱中展现出 90.8% 的高吸收率,可与纤维素的羟基通过氢键结合,继而在不阻塞孔道的基础上于木材腔体表面均匀、稳定负载。结果显示,在木质基材和 PPyNPs 的协同作用下,PPy-Wood 在 250~2500nm 的光谱范围内表现出几乎全光谱的光吸收和低入射角敏感度,其对光的吸收率增至 97.5%。此外,木材自身的物理特性赋予 PPy-Wood 优异的隔热和输水性能,PPy 原位聚合到木材的方式保证了木材孔道的通畅与耐盐性能。

Huang 等配制吡咯（Py）溶液，并将木块浸入，待完全吸附后，自然干燥。然后将其浸入提前配制好的 APS（硫酸铵）和 HCl 的混合溶液中，经进一步超声清洗，获得黑色 PPy-Wood。对比 PPy-Wood 和原始木材在 250～2500nm 光谱范围内的光学特性发现，原始木材的光吸收率（44.9%）远低于 PPy（90.8%）。更重要的是，在 PPy 与木材的协同作用下，PPy-Wood 在整个光谱范围内的光吸收率高达 97.5%。在 1、3、5、7 和 10 个太阳光照强度下，PPy-Wood 的蒸发率分别为 1.33kg/(m² · h)、3.47kg/(m² · h)、5.85kg/(m² · h)、8.38kg/(m² · h) 和 11.77kg/(m² · h)，远高于相同条件下纯水的蒸发速率 [0.50kg/(m² · h)、0.78kg/(m² · h)、1.19kg/(m² · h)、1.66kg/(m² · h) 和 2.31kg/(m² · h)]。此外，经强酸（pH=2）、强碱（pH=10）、高温（100℃）和超声处理的 PPy-Wood 没有表现出 PPy 涂层的明显脱落，验证了 PPy-Wood 良好的结构稳定性。另外，由于木材粗糙表面减小了光的多重散射，PPy-Wood 在多个角度（0°～60°）下均保持高于 93% 的光吸收效率。Wang 等以巴沙木为基底，通过原位聚合的方式将光热转换材料 PPy 负载其上制备了 PPy-Wood。在 1 个太阳光照强度下照射 1h 后，水、木材和 PPy-Wood 蒸发系统表面温度分别为 28.2℃、32.8℃ 和 41.0℃。制得注意的是，PPy-Wood 表面温度在光照 5min 内即可达到 39.6℃，而纯水和原始木材的表面温度仅略微升高（Δ纯水 ≈1.9℃，Δ原始木材 ≈6.5℃），进一步证实了 PPy 涂层在太阳能热转换中的重要作用。该研究还评估了 PPy-Wood 装置的重复使用性，即在 7 个使用周期内的蒸发率 [约 1.0kg/(m² · h)] 和效率（超过 70%）几乎没有发生变化。另外，经过 45 天长期存放，PPy-Wood 的蒸发率和效率均无明显变化。

2.4.5　贵金属材料与木材复合

在一些金属纳米材料中，当光频率与金属表面电子的振荡频率匹配时，会发生共振光子诱导的相干振荡，进而产生局部表面等离子体共振（LSPR）效应。LSPR 效应可引发近场增强、热电子生成和光热转换等现象。等离子体辅助光热效应发生在金属纳米粒子被其共振波长的光照射时引起的电子气体振荡中。电子从已占据态激发到未占据态，形成热电子，而这些热电子通过电子散射重新分布热电子能量，从而迅速提高金属粒子的局域表面温度。LSPR 效应与金属粒子的形状、尺寸、介电涂层或介质和组装状态都密切相关。一般情况下，空心结构或形状不对称会使激光 LSPR 谱带变宽，而颗粒大小或周围介质的变化会引起激光 LSPR 谱带偏移，并可能使吸收谱带变宽。目前，Au 和 AgNPs 在等离激元共振和化学稳定性方面表现出优异的性能，是用于太阳能蒸发最常见的等离激元金属。

　　Zhu 等认为木材太厚将导致蒸发层吸收的水分不足以产生蒸汽，从而降低蒸发率，反之，吸收的热量不能被限制在木材顶部，以此确定最优木材厚度为 2cm，并在木材上负载 PdNPs、AuNPs 及 AgNPs［图 2-14(a)～(d)］。与分离双层结构的 Wood-GO 不同（GO 层和木材表面之间的空隙会导致蒸发层吸水量下降，降低水分蒸发率），由此方法制备的重金属纳米粒子复合木材具有良好的一体式结构［图 2-14(e)］。研究表明，所制备的金属木基光热转换材料仍保持良好的亲水性，其密度仅为 0.52g/cm³，仍可以漂浮在水面之上。在 LSPR 效应下，金属木基光热转换材料对 250～2500nm 波长的光的吸收率高达 99％以上；得益于木材独特的微通道排列结构中多次光反射、散射和吸收，金属木基光热转换材料在多个光线入射角（0°到 60°）范围内，保持了 98％以上的高光吸收率［图 2-14(f)～(i)］。与较脆的石墨烯气凝胶、氧化铝箔等材料相比，金属木基光热转换材料表现出与天然木材几乎相同的高力学性能；经不同酸碱溶液处理后，锚定在木材上的金属粒子没有发生脱落，展现出良好的化学稳定性。此外，得益于木材内部的开放微通道结构，制得的金属木基光热转换材料具有优异的盐分自清洁能力。在 5 个太阳光照强度（5kW/m²）下，该木材上表面的盐水浓度不断增加并逐渐形成盐晶体；关闭灯光模拟夜晚时，表面形成的盐晶体逐渐被溶解在微孔道的盐水中，继而回流到海水中。即使经过 8h 的盐分积累，金属木基光热转换材料中的微通道始终保持通畅，相比之下，商用的 AAO 膜中小纳米通道在

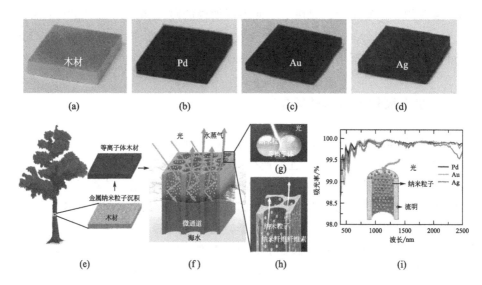

图 2-14　天然木材及经金属纳米材料装饰后木材图像 (a)～(d)；木基金属纳米复合蒸发器 (e) 及其进行光热转换产生蒸汽示意图 (f)；两个相邻金属纳米粒子的等离子体效应示意图 (g)；水分沿木材细胞壁微通道运输示意图 (h)；木基金属（Pd、Au、Ag）纳米复合材料在 250～2500nm 宽波长范围内的吸收谱图 (i)

阳光照射几个小时后就会堵塞。

2.4.6 结语与展望

利用纳米材料的独特光学效应，木材的低热导率与独特孔道结构优势，基于全光谱太阳光利用的木基复合界面蒸发系统（诸如贵金属、半导体、高聚物、碳纳米木基复合材料以及直接炭化木材）得到了长足发展。但目前仍有些许问题亟待解决：

① 表面炭化工艺尽管简化了木基界面蒸发系统的制备流程，但炭化后的木材机械强度明显下降，恶劣环境中更易发生结构坍塌。另外，木材的各向异性特点使其炭化过程与结构难以控制，不利于后续集成化生产。

② 以贵金属金、钯为代表的木基金属纳米复合材料虽然在光热转换效率和水蒸发速率上都取得不错进展，但其自身过高的成本势必影响其在海水淡化领域的大规模应用。

③ 碳纳米材料作为光热转换材料在具有高热转换率的同时也存在着生产工艺复杂、成本高、与生物质基材结合性差、亲水性差问题。

④ 高聚物因其优异的光吸收性及简单成熟的制备工艺受到广泛关注，但由于高聚物光降解的影响，制备的高聚物木基复合太阳能蒸发器的使用寿命及蒸发效率将有所下降。

未来对于制备综合性能优异的木基太阳能界面蒸发系统的研究还可以从以下几个方面开展：

① 综合上述光热转换材料的利弊，寻求更新的产品开发策略，扬长避短，发挥各自优势，更可控地制备简单可行、成本低、复合良好、光热转换率高、使用寿命长的木基太阳能界面蒸发系统。

② 太阳能界面蒸发效率与入射光照强度有很大关系，但太阳辐射具有间歇性、方向性等特点，目前绝大多数的界面太阳能蒸发装置只是单纯被动接受光照。减小木基太阳能界面蒸发系统的表面光反射，并开发具有刺激响应性的产品，对提高太阳能蒸发效率具有重大意义。

③ 木材在高湿度、高盐分的复杂海水生态环境中，会因腐蚀而降低其使用寿命。常见方法是引入银改性木材从而达到抑菌目的。未来应从多方面、多角度改善和提高木材的耐盐碱性、耐腐蚀性、抗油污性及抑菌等性能。

④ 尽管产品的蒸发效率很高，但在实际海水淡化应用过程中，界面太阳能蒸发器受有限空间内蒸气压的影响，蒸发过程受抑制，淡水生产率与体积加热的传统太阳能蒸馏器相比提升较小。因此，未来的研究不应仅仅关注蒸发过程本身，而应该更多地关注蒸汽生成和冷凝循环，提高淡水产量。

综上，基于全光谱太阳光利用的木基复合界面蒸发系统依然存在挑战，但这项技术充分发挥可再生资源利用的优势，且可持续地为居民生产生活提供清洁、绿色、环保的用水，为解决偏远地区用水，缓解能源过耗、环境污染等问题提供全新思路。

2.5 仿生智能生物质复合材料的药物递送研究进展

人类最早使用的医用材料就是天然生物高分子材料。早在公元前，古埃及人就用棉纤维和马鬃缝合伤口；印第安人用木片来修补颅骨。20世纪50年代中期，由于合成高分子的发展和广泛研究，曾使天然生物高分子材料的研究和应用退居次要地位。然而，天然生物高分子材料仍具有许多不可替代的优势，例如：可再生、来源广泛、可生物降解、无毒、与生命体有着较好的相容性等。在化石资源日益枯竭、环境污染问题日趋严重的今天，对绿色环保的天然生物高分子材料的开发和利用面临着新的发展机遇和挑战。目前，应用于生物医用领域的天然生物高分子材料主要包括蛋白质（胶原蛋白、明胶、蚕丝蛋白等）和多糖（纤维素、甲壳素、壳聚糖、海藻酸钠等）两大类。

2.5.1 蛋白质类高分子材料

① 胶原：即胶原蛋白（collagen），胶原单体是长圆柱状蛋白质，长度约为280nm，直径为1.4～1.5nm，它是由三条肽链缠绕而成的螺旋型纤维状蛋白质，按发现顺序分为Ⅰ型胶原、Ⅱ型胶原、ⅠM型胶原等，最常见的类型为Ⅰ型胶原。胶原是动物体内含量最多、分布最广的一种蛋白质。在哺乳动物体中，胶原蛋白占蛋白质总量的25%～30%，它主要存在于动物体的骨、肌腱、血管和皮肤等部位。胶原蛋白纤维是细胞外基质的重要组成部分，保证细胞外基质的三维空间结构和生物性能。在生物医用领域，胶原蛋白是最重要也是应用最为广泛的一种天然高分子。在临床上，它具有止血和创伤修复能力，因而经常用于制备人工敷料和人工皮肤。目前已有商品化的基于胶原蛋白材料的人工皮肤。另外，胶原蛋白具有骨介入活性，被广泛用于骨修复工程。它也具有良好的生物相容性和低免疫原性，被广泛应用于药物载体制备或人造血管、瓣膜等人工组织器官的材料构建。

② 明胶（gelatin）：是胶原蛋白的水解产物，也是一种大分子聚合物质，分子量约50000～100000，相对密度1.3～1.4，不溶于水。如果投入水中，可吸收5～10倍自身重量的水而膨胀、软化；如果加热，明胶将溶解成胶体，待冷却至

35～40℃以下，会重新形成凝胶状；但如果将其于水中长时间煮沸，冷却后明胶将不再形成凝胶。明胶的改性大体上可通过三种途径，即纯物理改性、共混改性和化学改性，常用共混改性。例如：纤维素衍生物加于照相明胶涂层中可以提高显影后银的遮盖力，明胶与甲壳素的混合物可制成创伤敷膜或在生物工程中制作支架，参与明胶共混的天然高分子化合物还有卡拉胶、果胶、甲壳素、海藻酸钠、丝素蛋白、透明质酸等。明胶的化学组成与胶原蛋白十分相似，是一种模拟胶原蛋白化学组成较好的替代物。由于明胶是一种变性的蛋白质，在水解过程中减少了潜在的病原体，因而使其具有弱免疫原性。作为一种天然高分子材料，明胶可以用来制备药物载体、海绵和支架材料等。Gelfoam 是一种商业化的吸收性明胶海绵，可以作为软骨细胞体外培养的良好支架，海绵上植入骨髓干细胞后具备修复骨缺损的能力。

③ 丝素蛋白（silk fibroin）：是来自蚕丝和蜘蛛丝的纤维蛋白质，如图 2-15 所示。早在几个世纪前，蚕丝作为一种生物材料已经被人们广泛使用。丝素本身具有良好的力学性能和理化性质，如良好的柔韧性和抗拉伸强度、透气透湿性、缓释性等，而且经过不同处理可以得到不同的形态，如纤维、溶液、粉、膜以及凝胶等。众多研究表明，丝蛋白还具备优良的生物相容性。丝蛋白溶液经过再生，与纤维素、聚氨酯、聚乙烯氧化物、聚乙烯基吡咯烷酮、海藻酸钠、明胶、聚丙烯酰胺等共混改性，或与甲基丙烯腈、酸酐、2-羟基-4-丙烯酰氧二苯酮等接枝改性，或与环氧氯丙烷、聚乙二醇、二缩水甘油基乙醚等交联，可以做成各种形态的材料用于生物医用领域，如水凝胶、膜、海绵和支架材料。丝蛋白分子链上具有众多的氨基酸基团，经过化学修饰后，可以使细胞更好地在材料上黏附和再生。

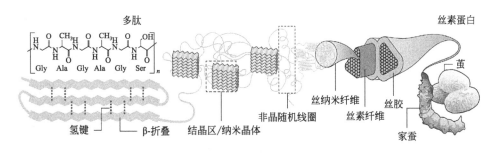

图 2-15　丝素蛋白的结构组成示意图

④ 纤连蛋白（fiberonectin）：又称为纤维连接蛋白，由两个亚基通过 C 末端的二硫键交联形成，整个分子呈 V 形。纤连蛋白是 1974 年发现的一种高分子糖蛋白，主要以三种形式存在，即由肝细胞或内皮细胞生成的血浆纤连蛋白，由成

纤维细胞、早期间充质细胞分泌合成的细胞纤连蛋白，以及胎盘、羊膜组织中的胎儿纤连蛋白。纤连蛋白广泛存在于动物组织和组织液中，具有迁移细胞、修复受损细胞、激活活力不足细胞及促进细胞增殖的生物学特性，经常用于细胞培养所在基体表面的修饰、伤口修复与愈合、癌症的诊断和治疗等。另外，纤连蛋白在美容护肤方面亦可发挥积极的作用，例如：再生修复表皮、真皮、纤维、神经、血管、色素等细胞，增强细胞活力；刺激细胞分泌超氧化物歧化酶、过氧化氢酶等抗氧化酶，清除体内过多的自由基，延缓衰老；激活细胞分泌胶原纤维、弹性蛋白、网状纤维等，减少皱纹形成等。

2.5.2 多糖类高分子材料

① 甲壳素（chitin）：又称甲壳质、几丁质，是由 β-1,4 连接的 2-乙酰氨基-2-脱氧-D-吡喃葡聚糖组成的线型多糖，能溶于 8% 氯化锂的二甲基乙酰胺或浓酸溶液，不溶于水、稀酸、碱、乙醇或其他有机溶剂。在工业上，甲壳素可做布料、衣物、染料、纸张和水处理等；在农业上，甲壳素可做杀虫剂、植物抗病毒剂；渔业上，做养鱼饲料；在化妆品行业，甲壳素可做美容剂和毛发保护、保湿剂等。甲壳素主要来源于虾、蟹、昆虫等甲壳类动物的外壳与软体动物的器官，以及真菌类的细胞壁等，如图 2-16 所示，是自然界中含量仅次于纤维素的第二大天然高分子，可以在自然界和生物体内降解。甲壳素还具有抗菌和创伤修复性能，制备的甲壳素凝胶、膜、支架材料在生物医药领域有着较为广泛的应用前景，可以用于制备创伤敷料、隐形眼镜、人工皮肤、缝合线、人工透析膜和人工血管等。

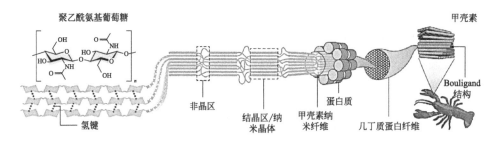

图 2-16　甲壳素的结构组成示意图

② 壳聚糖（chitosan）：是甲壳素经脱乙酰化得到的一种多糖，由 β-(1-4)-连接的 2-氨基-2-脱氧-d-葡萄糖和 2-乙酰氨基-2-脱氧-d-葡萄糖单元组成。自 Rouget 提取获得壳聚糖后，这种天然高分子所具有的良好的生物相容性、血液相容性、无毒、可生物降解性等诸多优良性能被各行各业广泛关注，特别适合用

于生物医学和药物制剂，已被广泛用作仿生细胞外基质和非病毒药物载体。壳聚糖在其主链上携带游离氨基和羟基，从结构上看，壳聚糖是一种潜在的 pH 响应聚合物，壳聚糖的氨基在酸性条件下可以被质子化并带正电荷，使壳聚糖成为一种水溶性阳离子聚电解质，而在碱性条件下，这些氨基发生去质子化，聚合物失去电荷，变得不溶。壳聚糖作为生物医用材料的潜力来源于其阳离子特征，该特征使壳聚糖可以与许多阴离子聚合物配合用于运送活性聚阴离子，因此，壳聚糖及其衍生物是制备药物载体和基因载体的常用材料。此外，壳聚糖也是一种止血剂，它能促进基体自发地止血和凝血。同时，它能逐步降解释放出 N-乙酰-D-氨基葡萄糖以促进创伤处成纤维细胞的生长，并有助于胶原蛋白的沉积，刺激机体透明质酸的合成。另外，壳聚糖及其衍生物具有广谱抗菌活性，对大肠杆菌、金黄葡萄球菌等常见菌种具有良好的抑制作用，可用于制备抗菌敷料。

③ 海藻酸盐：是一种天然的阴离子多糖，通过加入充当交联剂的二价阳离子很容易形成凝胶。藻酸盐水凝胶代表了一类杰出的生物医学应用材料，其高含水量和软稠度，再加上其生物相容性、低毒性、高生物含量和相对低成本，使其在组织工程或药物输送等领域得到广泛应用。海藻酸钠（alginate）又名褐藻酸钠，来源于藻类或菌类。它是由 1,4-聚-β-D-甘露糖醛酸（M 单元）和 α-L-古罗糖醛酸（G 单元）组成的天然多糖。海藻酸钠具有很多独特的性能：水溶液相对惰性；在常温下易溶解在水中或其他常见溶剂中；其水凝胶具有较高的孔隙率，能够使大分子物质在其内部较快地扩散。这些性能使海藻酸钠广泛用于蛋白质、核酸物质和细胞的包埋和传递。海藻酸钠的商业化始于 1927 年，全世界产能约 30000t/a，并被美国食品药品管理局定义为一种安全的化合物。另外，海藻酸钠也是生物相容性较好的材料，可用于创伤敷料和牙科修复材料。

④ 纤维素（cellulose）：是自然界中分布最广泛、资源最丰富的一种天然高分子材料，由 D-葡萄糖以 β-1,4 糖苷键组成，一部分来源于植物的细胞壁，另一部分来源于微生物合成。由于纤维素上具有许多羟基，这些羟基很容易被化学修饰，因此纤维素具有很大的化学改性潜力。纤维素及其衍生物有较好的生物相容性，它们的力学性能与生物组织达到了很好的匹配，因此可用于制备透析膜和生物反应器，并用于药物缓释系统和组织工程研究。早在第二次世界大战期间，人们就成功将一种氧化的再生纤维素用于止血和包扎。另外，再生纤维素水凝胶已被报道可用于人体植入材料，它们能够起组织连接作用，并且在体内能长时期保持性质和形态的稳定。CRV 就是一种粘胶法产生的商品化纤维素水凝胶，在整形外科手术中，已经作为一种植入材料使用。人们常常提起的膳食纤维，即是从天然食物（魔芋、燕麦、荞麦、苹果、仙人掌、胡萝卜等）中提取的多种类型的高纯度纤维素，主要功能为：治疗糖尿病、预防和治疗冠心病、降压作用、抗癌作用、减肥治疗肥胖症、治疗便秘等。另外，从植物纤维素还衍生出多种常用

纤维素材料，例如：多聚合纤维素、木质素纤维、纤维素醚、甲基纤维素、羟丙基甲基纤维素、羟乙基纤维素、羧甲基纤维素等。

⑤ 果胶（pectin）：是植物中的一种酸性多糖，广泛存在于植物的细胞壁和细胞内层，对细胞起着支撑和保护作用。果胶的结构难以解析，原因在于其结构和组成会随着植物的种类、储藏期和加工工艺的不同而不同，而且果胶中还存在其他杂质，常用制备方法有酸提取法、醇沉淀法、盐析法、离子交换法、膜分离技术、微波法、酶解法、微生物法等。目前，根据果胶分子主链和支链结构可分为四类：同型半乳糖醛酸聚糖（homogalacturonan，HG）、鼠李半乳糖醛酸聚糖Ⅰ（rhamngalacturonan Ⅰ，RG Ⅰ）、鼠李半乳糖醛酸聚糖Ⅱ（rhamngalacturonan Ⅱ，RG Ⅱ）和木糖半乳糖醛酸聚糖（xylogalacturonan，XG）。果胶分子量约为5万～30万，具有较好的水溶性，是一种安全的添加剂，广泛应用于食品和医药行业。在医用领域，果胶作为一种凝胶剂、增稠剂和乳化剂，常用来制备胶囊、栓剂、软膏等。由于果胶能免于被上消化道中的蛋白酶和淀粉酶消化，而仅被结肠部位的果胶酶消化，这个特点使果胶成为结肠定位药物载体的最佳选择材料。

⑥ 琼脂糖（agarose）：也是一种线型多糖，可从大型海洋藻类石花菜、紫菜、江篱等提取分离制得，其基本结构为D-半乳糖和3,6-脱水半乳糖通过β-1,4和α-1,3连接交替形成重复双糖单位。琼脂糖在水中一般加热到90℃以上溶解，温度下降到35～40℃时形成良好的半固体状的凝胶。琼脂糖的凝胶性是由存在的氢键所致，凡是能破坏氢键的因素都能导致凝胶性的破坏。琼脂糖具有亲水性，并几乎完全不存在带电基团，对敏感的生物大分子极少引起变性和吸附，是理想的惰性载体。琼脂糖因为有良好的生物相容性、特殊的胶凝性质、显著的稳固性、滞度和滞后性、易吸收水分、特殊的稳定效应，已经广泛应用于临床化验、生化分析和生物大分子分离。纯制的琼脂糖常在生物化学实验室中，作为电泳、色谱分离等技术中的半固体支持物，用于生物大分子或小分子物质的分离和分析。

⑦ 淀粉（starch）：是由α-1,4糖苷键连接的葡聚糖，主要由农作物通过光合作用将太阳光能、二氧化碳和水转化而成，例如玉米淀粉、马铃薯淀粉、绿豆淀粉、小麦淀粉、红薯淀粉、木薯淀粉等，是一种来源广泛、可生物降解的天然多糖类高分子，主要分为直链淀粉和支链淀粉两类。前者为无分支的螺旋结构；后者由24～30个葡萄糖残基以α-1,4-糖苷键首尾相连而成，在支链处为α-1,6-糖苷键。变性淀粉是指利用物理（γ射线、超高频辐射、机械研磨、湿热处理等）、化学（酸解、氧化、交联、酯化、醚化处理等）或酶的手段，改变淀粉分子结构和理化性质而产生新的性能与用途的淀粉或淀粉衍生物，例如预糊化淀粉、酸变性淀粉、氧化淀粉、交联淀粉、酯化淀粉、醚化淀粉、功能性淀粉等。

在医药工业中，淀粉是生产各类片剂和药物载体的主要原料。近年来，随着组织工程的发展，由于淀粉良好的生物相容性、价廉，且可生物降解，被广泛应用于制备组织工程支架材料和药物释放载体。

2.5.3　生物质复合气凝胶的药物递送应用

药物载体材料的正确选择关系到药物递送系统的顺利合成，近年来，选用可再生、廉价、生物相容性优异、可生物降解的天然生物高分子聚合物，如壳聚糖、海藻酸盐、纤维素等，作为药物载体材料引起了国内外学者的广泛关注和研究。目前，这些天然生物高分子聚合物加工成气凝胶、微粒、水凝胶和薄膜等形式后，再应用于药物递送领域。

气凝胶具有较大的表面积和相互连接、开放的三维网络及孔隙率，可以作为药物载体构建药物缓释系统。将药物引入气凝胶主要有以下两种方法：a. 在凝胶形成前的反应混合物中添加，缺点是药物组分可能会与凝胶形成所用的前体或试剂产生某些反应；b. 超临界沉积，在该方法中超临界 CO_2 不仅去除了孔隙内的溶剂，而且起到了抗溶剂的作用，使药物沉淀在气凝胶孔隙中。

纤维素的稳定性、可再生性、可降解性、良好的改性潜力、较高的拉伸强度等，及气凝胶本身具备的特性使纤维素气凝胶作为药物载体吸引了更多的关注。纤维素气凝胶可以归纳为三种：纳米纤维素气凝胶、再生纤维素气凝胶和纤维素衍生气凝胶。其优点在于：a. 纤维素是可再生生物聚合物，可从多种来源中提取；b. 纤维素链的羟基通过分子内的氢键以及分子间的物理交联作用，构建气凝胶的三维网络结构，几乎不需要交联剂，制备过程简单；c. 通过纤维素的化学改性或物理共混，更易改善纤维素气凝胶的结构特性。目前，纤维素气凝胶已被用于生物医学领域封装药物（甲硝唑、纳多洛尔和酮洛芬）、聚合物（聚乙二醇、环糊精、多元醇、海藻酸盐）和生物材料（红细胞、DNA、血小板和脂质体）。

当前有几种将药物分子引入气凝胶的方法：a. 在凝胶化之前将药物添加到反应混合物中（优点：相对简单和灵活；缺点：药物成分可能与凝胶形成的前体或试剂发生反应）；b. 在凝胶后添加药物分子，在溶剂交换过程中扩散到凝胶的孔中（药物分子在凝胶孔中的扩散速度将花费更长的时间，负载药物的凝胶采用超临界 CO_2 干燥可以节省施工时间和成本）；c. 药物溶液与纤维素气凝胶紧密接触，使药物分子扩散到纤维素气凝胶的孔中。研究表明：a. 纤维素气凝胶孔隙率增加，载药量会增加；b. 纤维素气凝胶的结构、组成和润湿性决定药物在气凝胶基质中的分散性，以及药物在加载过程中吸附溶剂的能力；c. 纤维素气凝胶的表面积越大，药物扩散越快，溶解度也就越高；d. 药物负载量与纤维素气凝胶中的活性位点正相关；e. 与药物结合的过程中，形成的诸如氢键、范德华力和静电吸引之类的非共价键合力会促进药物装载；f. 纤维素气凝胶的载药特性取决于这些特性之和。

药物载体的比表面积是控制药物溶解速率及其在体内吸收的最重要参数之一，预期装载有气凝胶的药物分子将表现出较低的溶解特性，这有益于药物长期递送。在亲水性载有药物的气凝胶中，药物释放速度快，这主要是因为在亲水性气凝胶孔隙内部产生的表面张力在水溶液中易于塌陷；载有药物的疏水性气凝胶的药物释放速率较慢，主要是因为疏水性气凝胶的孔结构在水中更稳定。Valo等研究发现，红辣椒制成的纳米纤维素气凝胶药物释放较快，以细菌纤维素、木瓜种子和 TEMPO 氧化桦木为原料制备的气凝胶可以持续释放药物，其载药量为载体质量的 3.55％～12％，释放时间仅为 150min 左右，持续释放时间较短。Haimer 等使用细菌纤维素制备气凝胶并负载 D-泛醇和 L-抗坏血酸，发现气凝胶释放曲线与载药量无关，而与气凝胶的厚度密切相关。Zhao 等将聚乙烯亚胺（PEI）接枝到纤维素纳米纤维表面制备了 CNFs-PEI 气凝胶，以水溶性水杨酸钠作药物模型研究 CNFs-PEI 气凝胶的载药量和释放特性，完善了药物输送系统，以准确地定位目标区域并将药物输送到特定区域。

刘忠明等以羟丙基甲基纤维素（HPMC）为原料，N-异丙基丙烯酰胺（NIPAM）为单体，通过自由基聚合反应，制备了半互穿网络 HPMC-NIPAM 温度响应性智能纤维素气凝胶。研究表明，NIPAM 单体的引入，有利于增强纤维素分子间的交联，实现气凝胶结构的高效构筑，形成的 HPMC-NIPAM 温度响应性智能纤维素气凝胶具有较高的孔隙率和较低的密度，同时具有良好的热稳定性能；随着 NIPAM 添加量的增加，HPMC-NIPAM 温度响应性智能纤维素气凝胶的密度增大，药物负载量由 152.7mg/g 增加到 157.5mg/g；在同样释放时间 300min 下，在 37℃时药物释放速度明显快于 25℃时，具有良好的温度响应性能；药物释放动力学研究结果表明，HPMC-NIPAM 温度响应性智能纤维素气凝胶的药物缓释过程符合 Korsmyer-Peppas 模型的 Fick 扩散释放作用规律。该课题组基于 HPMC-NIPAM 温度响应性智能纤维素气凝胶的构建方法，采用电荷密度更高、具有羧基活性位点的羧甲基纤维素（CMC）基体，进一步构建了具有温度和 pH 响应的 CMC/PNIPAM 纤维素气凝胶。通过阳离子 Ca^{2+} 调控 CMC/PNIPAM 气凝胶的网络结构和载药性能，制得孔隙率、体积密度、表面电荷密度和压缩性能明显提高的 $CMC/Ca^{2+}/PNIPAM$ 载药纤维素气凝胶。进一步引入碳纳米管（CNT）和氧化石墨烯（GO），即可制得孔隙结构更致密、载药性能和缓释性能更好的 CNT 和 GO 杂化 $CMC/Ca^{2+}/PNIPAM$ 纤维素气凝胶。研究表明，该气凝胶的载药量为 240.59mg/g，药物缓释时间为 480min，且具有突出的温度和 pH 响应性能。

2.5.4　其他生物质复合材料的药物递送应用

壳聚糖的主链上携带着游离氨基和羟基，在酸性条件下，这些氨基可以被质子化并带正电荷，使壳聚糖成为一种水溶性阳离子聚电解质；在碱性条件下，这些氨基发生去质子化，聚合物失去电荷，变得不溶。Işıklan 等以 5-氟尿嘧啶（5-FU）为模型药物，开发了具有温度、pH 双响应性的壳聚糖包覆果胶接枝聚（N,N-二乙基丙烯酰胺）（Pec-g-PDEAAm/CS）微载体。通过改变接枝率、药物/共聚物的比例、壳聚糖和交联剂的浓度等参数对材料溶胀度和 5-FU 释放度的影响探究，结果表明，接枝果胶与聚（N,N-二乙基丙烯酰胺）可以保证 5-FU 的持续/控制和热/pH 响应释放，所制备的微载体可以作为潜在的药物递送载体。

海藻酸盐通过加入充当交联剂的二价阳离子很容易形成凝胶，这种温和的策略已广泛应用于形成可逆的离子交联藻酸盐网络。藻酸盐水凝胶代表了一类杰出的生物医学应用材料，其高含水量和软稠度，再加上其生物相容性、低毒性、高生物含量和相对低成本，使其在组织工程或药物输送等领域得到广泛应用。候冰娜等基于动态亚胺键合成了一种具有自修复性能的氧化海藻酸钠-羧甲基壳聚糖水凝胶（OSA-CMCS）。具体通过氧化海藻酸钠的糖醛酸，合成了氧化海藻酸钠（OSA），再与羧甲基壳聚糖的席夫碱反应制备具有不同交联度的自修复 OSA-CMCS 水凝胶。研究表明，OSA-CMCS 水凝胶具有高度孔隙化且孔隙之间相互连通的结构特点，孔径大小为 $20\sim100\mu m$；室温条件下，OSA-CMCS 水凝胶在无外界刺激时 6h 内能够实现自修复；随着氧化海藻酸钠与羧甲基壳聚糖配比的增加，水凝胶的交联度逐渐增加，溶胀比逐渐减小；OSA-CMCS 水凝胶具有可降解性，随着交联度的增大，降解速度减慢；OSA-CMCS 水凝胶对水溶性药物吉西他滨具有缓释作用，药物释放时间可达 4 天。

基于纤维素纳米纤维的药物释放给药主要有两类：外部给药和内部给药。内给药途径主要有口服给药途径，外给药途径主要有局部和经皮给药途径。经皮给药系统（TDDS）是使药物通过皮肤进入全身循环，达到治疗浓度。其主要优点包括避免口服时胃肠道和肝脏代谢，并提供低剂量的治疗效果。因此，这将减少副作用或在胃肠道反应的情况下消除它们。Kolakovic 等通过过滤技术获得载药量在 $20\%\sim40\%$ 之间的纳米纤维素薄膜状基质系统，并研究了对于吲哚美辛、伊曲康唑和倍氯米松作为经皮贴剂的持续递送过程。研究表明，CNF 是一种有吸引力的材料，可以控制难溶性药物的释放，且药物可以持续释放长达三个月。Sarkar 等制备了 CNF/壳聚糖透皮膜用于酮咯酸三甲胺的缓释，研究结果显示，在配方中添加 1%（质量分数）的 CNF 后，10h 内可以释放 40% 的药物。Guo

等制备了 CNF/海藻酸钠和 MCC/海藻酸钠微球，用于盐酸二甲双胍（MH）的释放。研究结果表明，在 pH=7.4 的条件下，MCC/海藻酸盐（0.3％MCC）在最初 60min 内累积释放 56％，随后迅速释放。虽然 CNF/海藻酸钠微球（0.3％CNF）的累积释放量比 MCC/海藻酸钠的初期高 10％，但在随后的 240min 内显示出可持续的释放。Hou 等将棕榈酰氯和乙二醛接枝到羧甲基纤维素上，制备了对 pH 和氧化还原双重响应的纤维素基纳米凝胶，用于农药释放，然而，在 pH 和氧化还原刺激下，改性纳米凝胶的载药量为 38.5％。

Liang 等设计并制备了一种新型的生物质基温度和 pH 双响应智能纳米纤维（CNF-PEI-NIPAM）。即通过两次氧化将纤维素上 C2、C3 和 C6 的羟基部分氧化为羧基得到 CNF-COOH；用 NIPAM 对支链 PEI 进行改性，得到温度和 pH 双重响应聚合物 PEI-NIPAM；通过羧基与氨基的缩合反应在 CNF-COOH 上引入 PEI-NIPAM，可以可逆地改变 CNF-PEI-NIPAM 的疏水和亲水模式。另外，该课题组通过对 E. coli 的抗菌实验探究了其改性前与改性后不同 pH 条件下的抗菌性能（抗菌率超过 99％）；通过急性全身毒性、体外细胞毒性、皮肤刺激与皮肤致敏等四种测试探究了 CNF-PEI-NIPAM 的生物相容性（细胞存活率为 85.34％）；还选用两种亲水性药物[阿霉素（DOX）、水杨酸钠（NaSA）]和一种疏水性药物莫西沙星（MOXF）作为药物代表，探究了 CNF-COOH 和 CNF-PEI-NIPAM 的载药性能（DOX、NaSA 与 MOXF 的最大负载量分别为 330.12mg/g、82.99mg/g 与 125.77mg/g）和缓释性能（DOX、NaSA 与 MOXF 的释放率分别达到 59.45％、69.36％与 91.96％）。

2.5.5 结语与展望

综上，仿生智能生物质复合材料凭借其优异的生物相容性、化学稳定性、可再生性、可降解性、良好的改性潜力、较高的拉伸强度、智能响应性等优点，先后被加工成气凝胶、微粒、水凝胶和薄膜等形式，通过引入新的官能团接枝/改性、刺激响应高分子材料共聚/共混、功能纳米材料复合/掺杂等手段，实现其药物递送领域的重要应用。目前，仿生智能生物质复合材料的制备与药物递送的相关研究已取得较大进展。但由于生物材料的复杂性与生物分子的多样性，大部分相关研究仍旧不够深入，现对后续研究工作提出以下建议：

① 温敏响应材料 NIPAM 和 pH 响应材料 PEI 作为原料的相关研究十分普遍，可以考虑开发其他具有温度响应和 pH 响应的试剂作为原料的仿生智能生物质复合材料产品。

② 仿生智能生物质复合材料还无法达到药物精准释放的目的。以温度和 pH 响应智能纤维素气凝胶为例，温度和 pH 响应的气凝胶根据人体微环境的变化，

其孔隙结构和溶胀性能会发生显著变化，进而影响药物的释放速度和释放量。另外，人体微环境比较复杂，体外模拟释放存在误差。应加强纤维素气凝胶在不同环境下结构改变的灵敏度，同时通过动物实验，更精准地检测产品的药物释放速度及其他性能参数。

③ 仿生智能生物质复合材料的活性位点不足，在与药物结合的过程中，形成的诸如氢键、范德华力和静电吸引之类的非共价键合力有所欠缺，导致药物装载量受限，难以达到治疗疾病的目的。解决上述问题的方法：以仿生智能纤维素气凝胶为例，可通过引入氨基、羧基等官能团增加气凝胶的活性位点，增强气凝胶与药物分子之间的非共价键；添加具有更多活性位点的刺激响应性单体或聚合物，不但可以增加药物的负载，而且可以在某些条件下控制药物的释放。

④ 大部分相关研究只做了前期和十分基础的载药与药物释放性能研究，距离仿生智能生物质复合材料产品能够真正应用在生物医学领域中还需要很长的一段路，基于某一病理组织的应用还需进一步探讨。

第3章

仿生智能生物质复合材料的常用表征与分析方法

3.1 微观形貌

在电子扫描显微镜出现之前，普遍流行的是光学显微镜的使用，它是利用可见光作为光源来实现的。为了能够观察和获取更加精细的信息，光学显微镜也因为光源的限制，可见光的波长相对较长，导致其分辨率无法突破200nm，科研工作者根据波粒二象性的特点，提供了一种新的光源，即加速电子，以此为基础，制备了电子显微镜，先后出现了透射电子显微镜（TEM）和扫描电子显微镜（SEM），两者基于不同的成像原理被广泛应用于各个领域。

3.1.1 扫描电子显微镜

扫描电子显微镜（SEM）是一种具有高分辨率的电子显微镜，用来观察和分析各种样品的微观形态，简称扫描电镜。扫描电镜以电子枪发射的电子束作为光源，经过聚焦后再扫描样品，使电子和样品相互发生作用来产生一些信息，通过收集这些信息，再利用计算机技术进行处理，可以获得样品表面的特征。扫描电镜的试样制备简单，有高放大倍率、高分辨率和立体感强的特点。目前，扫描电镜在科研领域和工业生产中已被广泛地使用，是一种十分重要的电子光学仪器。扫描电镜的构成一般包括电子光学系统、真空系统、计算机操作系统、信号收集和显示系统。其工作原理为：为避免能量的损失和样品污染，保持在真空状态下，当电子枪发射出高能电子束后，经过扫描线圈发生偏转并进行扫描，能够激发出多种信号，经过信号收集和显示系统的处理，进行放大观察，调制图像。

这些信号发出的信息包括二次电子、背散射电子、吸收电子、X射线和阴极荧光等信息，扫描电镜通过分析各种电子信号来观察各种物质的表面超微结构。

SEM能够直接观察样品的原始表面，因此它的样品制备相对于其他光学电镜而言是最简单的，样品可以有多种形态，像粉末、块状、断口等，同时对于不同的样品也需要不同的处理方法。在样品观察之前，要仔细查看样品表面，防止发生污染和锈蚀，对于已经污染的样品，要做好清洗处理。样品如果处于导电状态下，无需进行处理，直接观察即可。不导电状态下，则需要在表面进行导电膜层喷涂，才能进行观察。随着近些年来的发展，出现了能够特殊处理的扫描电镜，如低压扫描电镜（LVSEM）和环境扫描电镜（ESEM），能够解决样品不导电等问题，快速简便地进行观察，加强了扫描电镜的功能，扩大了扫描电镜的使用范围。扫描电镜凭借着优势在各个领域具有广泛的应用。在材料学中，通过观察纳米材料的表面形态，分析其特性，更好地进行复合材料的增强，还可以对金属材料的磨损腐蚀情况进行分析。在食品科学，能够利用扫描电镜观察不同大豆蛋白的凝胶形貌，分析得出不同品种大豆对蛋白凝胶的影响。在电子器件领域，利用扫描电镜观察晶体管或显示器的表面状态，测得其性能的稳定性。在考古学领域，利用扫描电镜观察保存已久的文物的表面形貌，根据特点进行文物修复和保存。

X射线能谱仪（EDS）是现代扫描电镜不可或缺的辅助仪器，有很多重要应用。扫描电镜的功能在于能够精细观察材料的表面形态和结构，为了能够更好地分析成分，能谱仪发挥着重要作用。通常X射线能谱仪包括探测头、放大器、信号处理显示系统和多道脉冲高度分析器。其工作原理为：发射X射线照射到试样上，激发出不同元素的特征X射线，由探测头将特征X射线光子信号转换为电脉冲信号，经过放大器放大，多道脉冲高度分析器根据脉冲高度进行分区，再将信号发送到计算机进行处理，最后显示出不同元素的能谱图，进行定性和定量分析。一般而言，X射线能谱仪只能准确地分析$_{11}$Na-$_{92}$U之间的元素，其他区间范围不稳定，结果相差较大，一般不采用。X射线能谱仪能够简单快速地对试样进行定性、定量和点面分析，具有样品损失较小、操作简单、分析效率高的优点，目前被大量使用。在未来的研究中，扫描电镜还会不断扩展组件，实现更多的功能，更全面的发展。

本课题组联合扫描电镜以及与之连接的X射线能谱仪分析所制备的Ag@Wood木基复合过滤器的微观形貌与化学组成。如图3-1所示，由（a）和（b）可知原始木材呈现出很多的蜂窝状管孔，有着独特的孔道结构；（c）和（d）为经过放大的扫描电镜图像，表明原始木材孔道内壁表面十分光滑；（e）能够观察到木材孔道内部表面开始表面粗糙，表明了AgNPs被负载在孔道表面；（i）为通过EDS观察C、O、Ag、Au四种元素的能谱图，得出Ag的含量以及与其他元素的比例，证明 $Ag(NH_3)^{2+}$ 被还原成 AgNPs，并成功锚定于木材管道内壁。

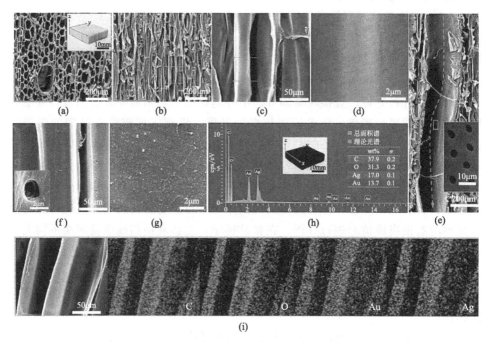

图 3-1　原始巴沙木与 Ag@Wood 的 SEM

（a）和（b）原始巴沙木的俯视图和侧视图；（c）和（d）导管的微通道及其表面；
（e）～（g）Ag@Wood 的导管、相互连接的穿孔板及其表面的纹孔形态；（h）和（i）
Ag@Wood 的 EDS 谱图及其相应元素映射

3.1.2　透射电子显微镜

为了突破光学显微镜的波长限制，能够观察到更加细微的结构，透射电子显微镜应运而生。透射电子显微镜（TEM）是一种以电子束作为照明光源，再使用电磁透镜对透射电子聚焦成像的电子光学仪器。具有高放大倍数，高分辨率的优点。与光学显微镜相比，电子束波长短于可见光，大约是可见光的千分之一，因而分辨率最多可达 0.2nm，同时两者的光路基本一致，主要区别在于照明光源和透镜不同。但是由于电子束在照射过程中容易发生能量的缺失，导致试样穿透率过低，所以对切片的制作需要特殊处理，否则会影响观察效果。目前，透射电镜大多应用于纳米材料、生物样品的观察。

透射电子显微镜一般包括电源与控制系统、电子光学系统和真空系统三部分。其中核心部分是电子光学系统，主要由照明系统、成像系统和记录系统组成。照明系统提供了能够发射加速电子的电子枪和汇聚电子束的聚光镜，保障稳定的照明光源和高亮度；成像系统提供三层透镜，将反映样品信息的透射电子综合放大成像，显示在荧光屏上。成像系统通常有两种成像操作：一种是成像操作，将图像投影到荧光屏上；第二种是电子衍射操作，将衍射花样透射到荧光屏上。真空系统能够避免透射过程中能量的损失，像电子束与试样发生作用的同时会与空气中的分子碰撞或者使试样污染等，影响最后的成像质量。电源与控制系统提供了两种电源：一种是高压电源，用于电子枪加速电子；另一种是低压电源，用于电磁透镜的磁场。

透射电子显微镜的基本工作原理是在加速电场中，由电子枪发射出电子束，经过聚光镜汇聚，进行调节，作用于样品上，透过薄层样品的电子能够根据样品的表面信息反映样品的内部结构信息，透射电子在经过物镜初级放大之后，再经过中间镜、投影镜两次放大成像，最后将图像透射到荧光屏上显示出试样的组织结构等。透射电子显微镜的试样要经过特殊处理，根据不同的材料使用不同的方法，尽可能薄一些。常见的方法有研磨法、化学减薄法、双喷电解减薄法和离子减薄法等。对于粉末型样品或者稍大块状颗粒，可研磨成细小颗粒，放入液体（酒精、水、甘油等）中，使用超声进行分散，再取液滴附着在微栅上等待干燥后进行观察。一般不需破坏原样，简单制备，即可观察到粒子的形状、分布等状态，但耗时较长。化学减薄法通常利用像盐酸、硝酸等强酸溶液对样品进行溶解逐渐使得样品变薄，溶解之前，注意要在切片边缘涂耐酸漆，避免薄膜面积过小，此方法制备速度较快，但不易控制，溶液破坏样品。双喷电解减薄法能够通过电解液对样品进行腐蚀，使样品变薄，但仅局限于像金属类的导电材料。对于一些矿物、陶瓷等非金属块状材料，使用离子减薄法通过氩离子流轰击样品来达到目的，此方法易于控制，但时间相对较长，一般需要 10h 以上。

透射电子显微镜以其高分辨率在材料、生物、化学等领域有着广泛的应用。在纳米材料中，观察制备的纳米尺度薄膜，去研究纳米材料的微观形貌和结构，以此探究材料的物理化学性质。在生物学领域，透射电镜在植物学、昆虫学、微生物学、土壤学和环境科学等相关学科起着至关重要的作用。在化学方面，能够凭借高分辨率辅助研究化学反应机理，尤其是近年来出现的原位透射电镜能够直接在原子层次观察样品和化学反应的微结构，对样品进行表征。

本课题组为了更好地观察超亲水性细菌纤维素/钯复合膜（BCMPs）的结构和进一步确定 PdNPs 的成功负载，除了对 BCMPd 进行扫描电镜（SEM）检测[图 3-2(a)～(d)] 外，还增加了透射电镜（TEM）观察和分析。在 BCMPd 的 TEM 图像中可以观察到纤维素的网络结构上负载了大量的 PdNPs [图 3-2(e)]，PdNPs 的平均直径为 10.6nm [图 3-2(f)]。纤维素网络的平均孔径为 110.2nm [图 3-2(g)]，膜孔径远小于微米级乳液的乳滴直径，因此可以起到阻挡油滴的作用，这为 BCMPd 应用于乳液分离中提供了必要条件。通过对 PdNPs 的高分辨率透射电子显微镜（HRTEM）图像［图 3-2(h)］的观察发现，面心立方的 PdNPs 的（111）晶格条纹宽度为 0.24nm。

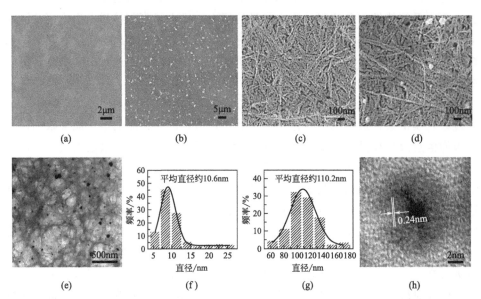

(a)　　　　　(b)　　　　　(c)　　　　　(d)

(e)　　　　　(f)　　　　　(g)　　　　　(h)

图 3-2　BCM（a）和 BCMPd（b）表面的 SEM 图像是分别对应于（a）和（b）的放大倍数的扫描电镜图像（c）和（d），BCMPd 的 TEM 图像（e），PdNPs 的大小分布（f）和纤维素膜的孔径分布（g），BCMPd 中 PdNPs 的 HRTEM 图像（h）

3.2　化学组成与晶体结构

3.2.1　红外光谱

红外光谱（infrared spectra，IR）又称为分子振动光谱，其工作原理是将一束不同波长的红外射线照射到物质的分子上，某些特定波长的红外射线会被分子所吸收，通过检测吸收的情况能够得到该物质的红外吸收光谱。红外光谱分析则是利用红外吸收光谱来鉴别和分析物质结构的一种有效手段，依靠其高特征性、样品用量较少等特点，广泛应用于物理、化学、天文、生物医学和环境科学等领域，是目前鉴别未知化合物的有力手段。

17 世纪中期，牛顿发现了白光由不同颜色的可见光组成，提出了"光谱"一词，成为光谱科学的开端。直到 19 世纪初，英国科学家 W. Herschel 利用温度计从太阳的辐射中得到一种可见光区末端以外的射线光谱，被称为红外线。

1889 年，Angstrem 首次利用红外线照射相同原子构成的 CO 和 CO_2 却得到不同的光谱图，证明了红外吸收是在分子的基础上产生的，之后建立了分子光谱学科。到 20 世纪初，开始系统研究了几百种有机化合物和无机化合物的红外吸收光谱，发现了某些吸收谱带与分子基团之间存在相互关系。随后出现了第一代以棱镜作为单色器的红外分光光度计，由于受到棱镜材料的限制，分辨率较低，之后研制出了以光栅作为单色器的第二代红外分光光度计，色散能力比棱镜高。随着计算机技术的发展，在 20 世纪 70 年代出现了第三代干涉型分光光度计，即傅里叶变换红外光谱仪（fourier transform infrared，FTIR），不再使用棱镜或者光栅分光，用干涉仪得到干涉图，再进行变换得到光谱。近年来，不断研制出具有高灵敏度和高分辨率的第四代激光红外光谱仪，但目前尚未得到普及。

红外光谱位于可见光和微波区之间，介于 $0.75 \sim 1000 \mu m$ 范围之内，一般将整个红外光谱划分为三个区域，即近红外区域（$0.75 \sim 2.5 \mu m$）、中红外区域（$2.5 \sim 25 \mu m$）和远红外区域（$25 \sim 1000 \mu m$）。近红外光区主要测量含氢官能团（如 O—H、N—H、C—H）的倍频、合频吸收，近红外光谱的利用在近些年来发展速度较快，延伸出来了现代近红外光谱技术，它的波数范围在 $12500 \sim 4000 cm^{-1}$，具有分析速度快、效率高、成本低、不破坏样品和无需预先处理等优点，缺点是灵敏度相对较差。中红外光区波数范围为 $4000 \sim 400 cm^{-1}$，属于振动光谱区，涉及分子的基频振动，基频振动是红外光谱中吸收最强的振动类型，绝大多数有机物和无机物的基频吸收带都出现在中红外区，通常所说的红外光谱也指中红外光谱。根据吸收峰的来源，中红外光谱可分为 $4000 \sim 1500 cm^{-1}$ 的特征频率区（$2.5 \sim 7.7 \mu m$）和 $1500 \sim 400 cm^{-1}$ 的指纹区（$7.7 \sim 16.7 \mu m$）两个区域。特征频率区比较稳定，主要由基团的伸缩振动产生，可以利用这一区域的红外吸收谱带去鉴别可能存在的官能团。指纹区除了有单键的伸缩振动外，还有因为变形振动而产生的红外吸收带，该区与整个分子的结构有关，结构不同的分子显示不同的红外吸收谱带，相当于每个人有不同的指纹，因此称其为指纹带，可以通过该区域的光谱来识别特定的分子结构。远红外光区波数范围为 $400 \sim 10 cm^{-1}$，主要由气体分子中的纯转动跃迁、振动-转动跃迁、液体和固体中重原子的伸缩振动、某些变角振动、骨架振动以及晶体中的晶格振动引起，应用极少。

红外吸收光谱的基本原理如下。当红外线照射分子时，会引起分子振动能级的跃迁，从而产生红外吸收光谱。同时必须具备两个条件，一个是红外辐射应该具有恰好能够满足能级跃迁所需要的能量，即物质的分子中的某一个基团的振动频率刚好等于该红外光的频率。也就是说，当用红外线照射分子时，红外线的能量如果恰好等于分子振动能级跃迁所需要的能量，就可以被分子所吸收。第二个条件是物质分子在振动过程中应有偶极矩的变化。即在红外线的作用下，只有偶极矩发生变化的振动，才会被红外吸收。这种振动被称为红外"活性"振动，其吸收带在红外光谱中是可见的。在振动过程中，偶极矩不发生改变的振动被称为"非活性"振动，这种振动不吸收红外线，无法记录其吸收带，在红外光谱中无法被找到。如双原子 N_2、O_2、H_2 等同核的非极性分子，在振动过程中偶极矩不会发生变化，因此它们的振动不产生红外吸收谱带。

任何物质的分子都是由原子通过化学键联结起来组成的，这些原子和化学键都处于不断的运动中，包括原子外层价电子的跃迁、分子中原子的振动和分子的转动。这些运动形式会吸收外界能量引起振动能级的跃迁，每个振动能级包含很多转动分能级，因此，在分子振动能级跃迁时，同时会发生转动能级的跃迁，无法测得纯振动光谱，这种光谱简称为振转光谱。一般而言，振动分为两种，伸缩振动和弯曲振动。伸缩振动是指原子沿着键轴的方向发生伸缩，使键长发生周期性的变化的振动。伸缩振动包括对称伸缩振动和不对称伸缩振动。像双原子分子的振动，通常可以近似地看成沿轴线方向的简谐振动，双原子也称为谐振子，它的振动频率取决于化学键的力常数和原子的质量，化学键越强，原子量越小，振动频率越高。如氢气，分子量很小，所以氢原子单键的振动频率出现在中红外的高频率区。弯曲振动又叫变形或变角振动，一般指基团键角发生周期性的变化的振动或者分子中原子团对其余部分做相对运动，可分为面内弯曲振动和面外弯曲振动。弯曲振动的力常数比伸缩振动的小，同一基团的伸缩振动常在高频区出现吸收，而同一基团的弯曲振动在低频区出现吸收。多原子的振动比双原子的复杂得多，双原子分子只有伸缩振动，因而只产生一个基本振动吸收峰，多原子分子伴随着原子数目的增加，吸收峰的数目也会随之增加，这些峰的数目与分子的振动自由度有关。通常在研究多原子分子时，会把复杂的振动分解为许多简单的基本振动，这些基本振动的数目称为分子的振动自由度。分子的振动自由度数目越大，则红外吸收光谱中的峰数也就越多。红外吸收峰的强度是由分子振动时的偶极矩变化引起的，根据量子理论，红外吸收峰的强度与分子振动时偶极矩变化的平方成正比。偶极矩变化越大，吸收强度越强。

本课题组即采用红外光谱对以杨木粉为原料制备和改性的 CNF/壳聚糖 (CS)/Ag@TiO$_2$ 复合膜进行化学组成分析。图 3-3 是杨木粉、CNF、CNF/CS 以及 CNF/CS/Ag@TiO$_2$ 复合薄膜经 OTS 改性前后的红外光谱图。如图 3-3 所示，$1738cm^{-1}$ 处的吸收峰源于半纤维素的乙酰基、酯基与羧基酯键，以及木质素的对香豆酸。木质素的特征吸收峰出现在 $1640cm^{-1}$（侧链上的羰基）和 $1600 \sim 1450cm^{-1}$（苯环）处。$1246cm^{-1}$ 处的吸收峰源于半纤维素的 C—O 伸缩振动，$1050cm^{-1}$ 处的吸收峰源于纤维素与半纤维素的伯、仲醇的特征振动。经提取、纯化后 CNF 的红外光谱图中，上述吸收峰消失，但保留了 $3450 \sim 3200cm^{-1}$（O—H 伸缩振动）、$2979 \sim 2850cm^{-1}$（C—H 伸缩振动）、$1637cm^{-1}$

（C＝O 伸缩振动）、1435～1400cm⁻¹（CH₂、—OCH 与—OH 弯曲振动）、890cm⁻¹（纤维素中葡萄糖之间 β-糖苷键的 C1—H 变形振动）处的吸收峰，这表明半纤维素与大部分木质素已经被去除。相比于 CNF 红外谱图，CNF/CS 在 3450～3200cm⁻¹（N—H/O—H 伸缩振动）和 1435～1400cm⁻¹（CH₂、—OCH 与—OH 弯曲振动）处存在更宽的吸收峰，在 750～650cm⁻¹（O—H 面外弯曲振动）处存在更强烈的吸收峰，表明壳聚糖的存在，以及纳米纤维素与壳聚糖之间的氢键作用。由于 Ag@TiO₂ NPs 添加较少，其特征峰未被发现。在改性 CNF/CS/Ag@TiO₂ 复合薄膜的红外谱图中，785cm⁻¹ 处的吸收峰源于 Si—O—Si 的对称伸缩振动，验证了 OTS 成功接枝于 CNF/CS/Ag@TiO₂ 复合薄膜表面。综上，CNF、CS 与 Ag@TiO₂ NPs 成功复合为具备微/纳分级结构、孔隙以及特殊润湿性能的 CNF/CS/Ag@TiO₂ 复合薄膜。

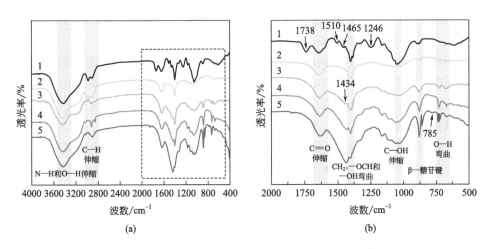

图 3-3　CNF/CS/Ag@TiO₂ 复合膜的红外光谱图

1—杨木粉；2—CNF；3—CNF/CS；4—CNF/CS/Ag@TiO₂；5—改性 CNF/CS/Ag@TiO₂

3.2.2　拉曼光谱

与红外光谱不同，拉曼光谱是一种散射光谱。当光照射使物质分子相互作用时，少数的入射光会激发分子发生振动出现非弹性散射，引发能量交换，即为拉曼散射。拉曼光谱分析法是一种基于拉曼光谱研究分子结构的分析方法，通过分析与入射频率不同的散射光谱得到分子的振动、转动等信息。现如今，基于拉曼散射的原理，已有多种拉曼光谱技术不断出现，常见的有受激拉曼光谱、表面增强拉曼光谱等。

1928年印度科学家拉曼在实验中观察到，当光穿过透明介质时，光发生散射，造成频率发生变化，称为拉曼散射。在透明介质的散射光谱中，与入射光频率 ν_0 相同的散射称为瑞利散射，对称分布在 ν_0 两侧的谱线称为拉曼光谱，靠近瑞利线两侧范围的光谱称为小拉曼光谱，远离瑞利线两侧范围的光谱称为大拉曼光谱。频率 $\nu_0 - \nu_1$ 的成分称为斯托克斯线，频率 $\nu_0 + \nu_1$ 的成分称为反斯托克斯线。由于反斯托克斯线起源于受激振动能级，处于这种能级的粒子数比较少，造成反斯托克斯线的强度比斯托克斯线的小，因此，拉曼光谱分析中斯托克斯线占主要应用。

拉曼光谱的原理是当激光照射到物质发生散射时，发生弹性散射和非弹性散射。在弹性散射中散射光与入射激光波长相同，无能量变换，仅改变方向。在非弹性散射中，散射光与入射激光的波长不同，方向和能量发生变化，此时发射的 $\nu_0 - \nu_1$ 的光子会使物质中的分子从基态跃迁到高能态，发射 $\nu_0 + \nu_1$ 的光子使物质中的分子从高能态跃迁到低能态，在跃迁过程中，与转动能级有关的是小拉曼光谱，与振动-转动能级有关的称为大拉曼光谱。

拉曼光谱技术具有很多优势，可以检测极性和非极性分子，无须特殊制备，快速简单，定量分析小面积的样品，不会损伤样品。拉曼光谱能够利用可见光去扫描，因此可以用普通玻璃、塑料等进行包封。对于混合气体，不需进行组分分离，直接在线监测。对于水溶液的生物样品，拉曼散射会很微弱，可以直接用来分析，相对于红外光谱分析更加方便。与此同时，拉曼光谱和红外光谱能够相互补充，在一些电荷对称分布的化学键中，如 H—H、C—C 等，红外吸收的光谱很微弱，但是拉曼光谱可以很好地表现，能够检测出一些红外光谱无法检测的信息。

拉曼光谱分析能够通过光的散射知道分子的振动、转动情况，有广泛的实际应用，可以用来鉴别毒品，对白色固体粉末进行分析，监测农作物附着残留的农药，定量分析农作物和农药的特征谱线。在骨科疾病中能够检测细胞代谢的过程，获得样本中的物质信息。在有机化学、生物领域得到很好的应用。近些年来，随着激光技术、纳米科技和计算机技术的发展，拉曼散射能够利用共振和表面增强来解决散射较弱，不够灵敏的缺点，不断发展和完善拉曼光谱分析技术，使其在更多的领域得到应用。

张慧洁等利用拉曼光谱技术对桑葚中的三种花色素苷 [矢车菊素-3-O-葡萄糖苷（C3G）、矢车菊素-3-O-芸香糖苷（C3R）、天竺葵素-3-O-葡萄糖苷（P3G）] 进行定性与定量分析。如图 3-4 所示，三种色素苷与混合色素苷标准溶液在波数 545cm^{-1}、634cm^{-1}、737cm^{-1}、1335cm^{-1} 和 1612cm^{-1} 附近均存在较强的拉曼峰，分别归结于 C—C 面内弯曲、C—C—O 面内弯曲和内环 C—C 拉伸。与原始桑葚拉曼光谱相比，由于成分多且相互影响，桑葚的谱峰较多，造成某些特征峰的波数与混合花色素苷对比发生偏移，偏移范围大约为 $10cm^{-1}$。由于在 $1341cm^{-1}$ 和 $612cm^{-1}$ 处的峰强较弱，选择波数在 $545cm^{-1}$、$634cm^{-1}$ 和 $737cm^{-1}$ 处的峰作为桑葚花色素苷的拉曼特征峰，研究表明，通过这 3 处特征峰值强度的高低，可以判断桑葚中是否含有花色素苷，并判定总花色素的含量。

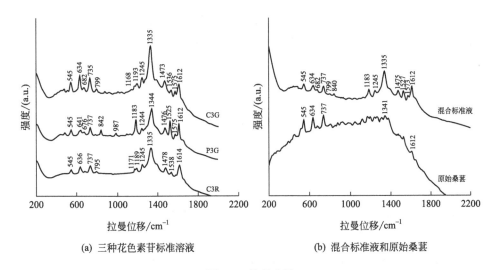

(a) 三种花色素苷标准溶液　　　　(b) 混合标准液和原始桑葚

图 3-4　拉曼光谱

3.2.3　X射线衍射分析

X 射线衍射分析（XRD）是一种利用晶体排列规则具有周期性结构的特点，通过 X 射线产生衍射去分析物质的组成及其分布状态。同时借助于 X 射线衍射仪，对材料进行 X 射线衍射，分析获得材料的结构形态等信息。当前，X 射线衍射分析在科研领域已被普遍采用，具有简单、快捷、精确和无污染的优点，在材料、化工、药物、食品等领域得到广泛应用。

X 射线是由德国物理学家伦琴在 1895 年研究阴极射线发现的，X 射线的发现标志着现代物理学的诞生，同时伦琴也因此获得了首届诺贝尔物理学奖。1912年，德国物理学家劳厄发现了 X 射线通过晶体时会产生衍射现象。随后，布拉格通过测定 NaCl 晶体，推导出了布拉格方程，X 射线衍射技术得到了很大的发展。当 X 射线照射到物质上时，会相互作用，发生能量的转换，一部分被散射，一部分被吸收，还有一部分透过物质沿着原来的方向传播。X 射线也会因为散射和吸收的影响被减弱。在散射过程中，包括相干散射和不相干散射。当入射 X 射线与物质中的电子发生碰撞时，散射线的波长等于入射线的波长，只改变了光子的方向，没有能量消耗，即为相干散射，同时相干散射也是引起晶体产生衍射线的根本原因。与此相反，当入射 X 射线与物质中的电子发生碰撞后，一部分能量传递给电子，一部分能量使电子运动，改变了前进的方向，散射光子的波长与入射线不同，即为不相干散射。对于吸收部分，主要是由原子内部的电子跃迁造成的，因此 X 射线消耗了一部分能量，强度被衰减。

X 射线衍射分析（XRD）的原理如下。将具有一定波长的 X 射线照射到结晶性物质时，X 射线会在结晶内遇到规则排列的原子或者离子从而发生散射，X 射线在某些方向上相位得到加强，从而显示与结晶结构相对应的衍射现象。衍射 X 射线满足布拉格（W. L. Bragg）方程：

$$2d\sin\theta = n\lambda$$

式中，λ 为 X 射线的波长；θ 为衍射角；d 为结晶面间隔；n 为整数。

由上述方程可知，在一定条件下，当波长为 λ 的 X 射线照射到晶体时，晶体中满足 $d > \lambda/2$ 的晶面才能产生衍射。X 射线束入射到样品表面后产生衍射，检测器收集衍射 X 射线信息。当入射波长 λ、样品与 X 射线束夹角 θ 及样品晶面间距 d 满足布拉格公式时，检测器可以检测到最强的信息。因此采集入射和衍射 X 射线的角度信息及强度分布，可以获得晶面点阵类型、点阵常数、晶体取向、缺陷和应力等一系列有关材料结构的信息，确定点阵参数的主要方法是多晶 X 射线衍射法。

本课题组对原始木材与制得的 Ag@Wood 过滤器进行了 XRD 谱图分析。如图 3-5(a) 所示，原始木材在衍射角（2θ）为 16°、22°和 35°处显示出典型的结晶纤维素晶面。由图 3-5(b) 可知，Ag@Wood 在 38.1°、44.3°、64.4°和 77.7°处出现了新的特征衍射峰，与粉末衍射标准联合委员会（JCPDS 4-783）标准卡对

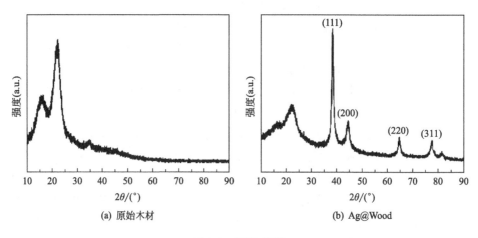

(a) 原始木材　　　　　　　　(b) Ag@Wood

图 3-5　XRD 光谱

比可知，分别对应面心立方 Ag 晶体的（111）、（200）、（220）和（311）晶面。显然，巴尔沙木不仅仅起到了载体的作用，也将银氨离子在木材基质中原位还原为 AgNPs。Ag@Wood 过滤器的 Ag 粒子为面心立方晶系 Ag，根据 Scherrer 公式：

$$D = \frac{0.89\lambda}{B\cos\theta}$$

式中，D 为晶粒垂直于晶面方向的平均厚度，nm；B 为样品衍射峰半高宽度（双线校正和仪器因子校正），rad；θ 为衍射角，rad；λ 为 X 射线波长，为 0.154056nm。

经初步计算可知，Ag 粒子尺寸约为 15.6nm。

根据 X 射线的原理可知，物质的 X 射线衍射与物质内部的晶体结构有关，每种晶体物质都有特定的结构参数，与其 X 射线衍射图谱有着一一对应的关系，即没有两种结晶物质能够找出相同的衍射花样。通过分析待测样品的 X 衍射花样，能够知道物质的化学组成成分，进行定性分析。根据 X 射线衍射花样的强度还能够进行结晶物质的定量分析，除此之外，还能测量晶粒大小，进行取向分析，掌握元素的存在状态等。近年来 X 射线衍射技术越来越先进，用途越来越广泛，在晶体材料和纳米材料的分析与研究中占据重要的地位。

3.2.4　X 射线光电子能谱

X 射线光电子能谱（XPS）能够测得材料表面的组成元素，分析出元素的化学状态信息，在实验时对样品的表面受辐照损伤较小，能够检测周期表中除了 H 和 He 以外的所有元素，尤其是对于固体材料的分析，具有样品量小、不需预处理、速度快、范围广的优势，是目前表面分析使用最广的技术手段之一。20世纪 60 年代瑞典科学家西格巴恩及其研究小组对 XPS 进行研究并不断发展，在光电子能谱理论和技术上做出卓越的贡献，最终在 1981 年，获得了诺贝尔物理学奖。之后 XPS 得到了不断的推广和发展，已成为化学元素定性分析、表面元素定性、半定量分析以及元素化学价态分析的重要手段，广泛应用于多个领域，是一种主要的表面分析工具。

X 射线光电子能谱（XPS）的基本原理如下：原子中的不同能级的电子具有不同的结合能，当一束能量为 $h\nu$ 的入射 X 射线与样品中的原子发生作用时，会将能量作用于原子中某壳层上的一个受束缚的电子，当 X 射线的能量大于电子的结合能 E_b 时，电子会脱离束缚，多余的能量会转化为动能使电子发射出去，成为自由电子，原子也会成为激发态的离子。对于气体样品而言，电子的结合能 E_b 可以由光子的入射能量 $h\nu$ 以及测得的电子的动能 E_k 求出：

$$E_b = h\nu - E_k$$

对于固体材料，电子的结合能 E_b 为电子从所在的能级转移到费米能级所需要的能量，同时，电子从费米能级跃迁到真空能级所需要的能量需要克服功 W_s，此时电子结合能为：

$$E_b = h\nu - W_s - E_k$$

由于原子和分子的不同轨道的结合能是一定的，因此，借助 XPS 得到结合能 E_b，就可以得出原子或者元素的组成和官能团类别。

由于原子中的某个内壳电子的结合能 E_b 同时受核内电荷和核外电荷分布的影响，当这些电荷发生变化时，结合能 E_b 也随之发生变化。同种原子所处化学环境不同，引起内壳层电子结合能的变化，称为化学位移，实质上就是结合能的变化。通常 XPS 基本结构包括 X 射线激发源、真空系统、能量分析系统、计算机操作系统等。本课题组对 OTS 改性前后的 CNF/CS/Ag@TiO$_2$ 复合膜进行 EDS 谱图与 XPS 谱图分析。图 3-6（a）表明改性前的 CNF/CS/Ag@TiO$_2$ 复合膜中分别存在 C、O、Ag、Ti 元素，由于在扫描电镜测试后进行，大量 Au 元素覆盖了原本含量较少的 N 元素（源于壳聚糖）。对改性后复合膜进行 XPS 检测，并对 N 1s 的窄谱 [图 3-6（e）] 进行分析发现，402.66eV 处的 C—N 和 400.24eV 处的 N—H 来源于壳聚糖中的氨基。而由图 3-6（b）可知，Ag3d、Si2s 和 Si2p 三个元素峰的存在表明 OTS 已经成功负载于 CNF/CS/Ag@TiO$_2$ 复合膜表面。图 3-6（c）中 C 元素的存在，源于复合膜中的 CNF、CS、OTS。根据 Ag 3d 的窄谱分析 [图 3-6(d)]，374.58eV 和 368.62eV 分别是 Ag^0 的不同位置，能够证明复合膜中含有 AgNPs。显然，经过联合红外、EDS 与 XPS 谱图分析，能够更全面地解析希望处理或所得材料的化学组成与结构。

X 射线光电子能谱法最多的应用是元素定性分析和定量分析，此外还包括化合物结构鉴定和固体表面分析等。定性分析主要用来鉴定除 H 和 He 以外的所有元素及其化学状态，通常先进行全面扫描，再具体对某个元素进行分析，如果需要获取元素更多更详细的信息，可以借助于离子枪溅射剥离再进行。要注意的是，对于绝缘样品，观察之前要进行校准。对于元素定量分析，影响的因素较多，准确度相对较低，主要反映了原子的含量或相对浓度。化合物结构鉴定方面，射线光电子能谱法对于内壳层电子结合能化学位移的精确测量，能提供化学键和电荷分布方面的信息。固体表面分析，包括分析表面的元素组成和化学组成、原子价态、表面能态分布，测定表面原子的电子云分布和能级结构等。总的来说，电子能谱包含样品表面电子结构的很多信息，是一种用途广泛的现代分析实验技术和表面分析的重要工具，能够应用在化学、催化、材料科学、物理学和微电子技术等学术研究和其他领域。

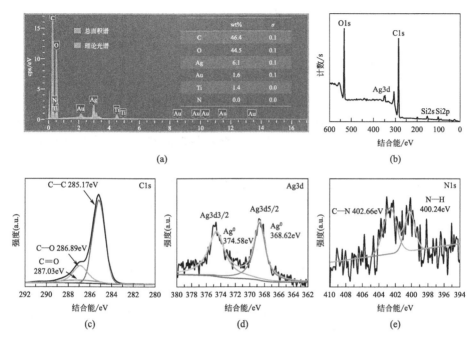

图 3-6　CNF/CS/Ag@TiO₂ 复合膜的 EDS 谱图（a），改性后的 CNF/CS/Ag@TiO₂
复合膜的 XPS 全元素扫描能谱图（b），以及 C 1s（c）、Ag 3d（d）和 N 1s（e）的
XPS 能谱图

3.3　比表面积及孔隙率分析

多孔材料具有高孔隙率、高比表面积的特点，广泛应用于化工、建筑、电池和橡胶等领域，因此，测定相关材料的比表面积和它们的孔隙特征，对其活性、吸附等性能研究显得尤为重要。

通常比表面积一般包括材料的外部表面积和内部表面积，是单位质量的粉体物质所具有的表面积之和。对于理想的非孔性材料，只有外比表面积，像硅酸盐水泥。而对于多孔材料，包括内外比表面积，像石棉纤维等。材料的比表面积与颗粒的大小成反比，颗粒越小比表面积越大，同时颗粒表面的形貌特征也会影响比表面积的大小。当前比表面积的测定有很多方法，其中气体吸附法可信度较高，是最有代表性、使用最多的方法。

孔隙率是指不同孔隙的容积随着孔径尺寸的变化率。根据其大小一般分为三类：孔隙平均半径小于 2nm 的叫作微孔；大于 50nm 的称为大孔；介于 2～50nm 的叫作中孔。与外表面相通的气孔称开气孔，其余的为闭气孔。测定气孔的方法很多。微气孔可以用气体吸附法测定；过渡气孔和宏观气孔可用压汞法，或用光学显微镜和电子显微镜测定。

3.3.1 气体吸附法

吸附通常包括化学吸附和物理吸附。当吸附质以化学键的作用与固体物质相互结合，对物质的性质产生一定影响即为化学吸附。物理吸附中吸附质与固体通过较弱的范德华力相互结合，一般不会影响各自的特性，吸附速率较化学吸附快。

气体吸附法测定比表面积的基本原理如下。在低温环境下，固体物质由于外部原子较少，会吸附周围空气中的气体分子，发生吸附作用。一直以来，比表面积的测定方法主要有两种：一种是根据吸附剂吸附气体的量确定，包括连续流动法和容量法；另外一种是计算比表面积的理论方法，分为直接对比法、Langmuir 法和 BET 法。两种方法之间相互联系。连续流动法是依靠持续保持流动的吸附剂流过样品颗粒表面去进行吸附，测得氮气吸附的容量大小，方法操作较为简单，但是误差较大。容量法是在封闭真空系统中置入气体，样品对气体吸附后，容器压强发生改变，测得吸附气体的容量来获取比表面积。直接对比法即通过标准样品和测试样品进行对比，控制其他条件相同，使用连续流动的方式对样品分别进行吸附和脱附，无需计算，快速地进行测定，效率很高，但往往仅限于和标准样品相似的情况。Langmuir 方程基于单分子层吸附理论，认为气体与固体物质表面接触会在其表面覆盖一层气体分子，达到饱和状态，吸附停止。此方法要建立在假设的基础上进行，通常在计算之前要进行修正。更为实际的方法是多层吸附理论的 BET 方法，也是目前最广为流行的，它提出了物质吸附并不是单层进行的，而是多层吸附，假定了固体表面均匀分布，吸附质分子间无相互作用，多层分子去吸附气体，并且吸附剂的微孔和毛细管里面会冷凝，测试结果更加准确可靠。在气体吸附法中大多数采用饱和蒸气压低的气体作为吸附剂，有数据表明，当材料的比表面积小于 $1m^2/g$ 的时候，可以采用氪气进行测量较为准确，比表面积大于 $1m^2/g$ 时，两者无大的差别。

气体吸附法测定孔径分布利用的是毛细冷凝现象和体积等效交换原理，即将被测孔中充满的液氮量等效为孔的体积。随着通入气体分子的增多，多层吸附和毛细凝聚能够同时进行，对于一定尺寸的孔径而言，当相对压力达到某一特定值时，毛细凝聚现象才会出现，孔越大所需要凝聚的压力也就越大，由毛细冷凝理论 IP 可知，在不同的 p/p_0 下，随着 p/p_0 值的增大，能够发生毛细冷凝的孔半径也随之增大。对应于一定的 p/p_0 值，存在一个临界孔半径 R，半径小于 R 的所有孔皆会发生毛细冷凝，液氮会在其中填充。通常利用 BJH 法进行计算，得到平衡气体的半径。图 3-7 为磁性疏水性纤维素气凝胶的 N_2 吸附-脱附曲线和 BJH 孔径分布曲线。由图 3-7 可知，该纤维素气凝胶的等温线属于 IV 型，即为介孔材料，且其孔径多分布在 $3\sim10nm$ 之间，比表面积为 $126m^2/g$。经计算，其密度为 $0.015g/cm^3$，孔隙率为 99.02%。当磁性疏水性纤维素气凝胶用于吸附油类或有机溶剂时，高的比表面积和多孔特性可以提供较多的吸附位点和存储空间。

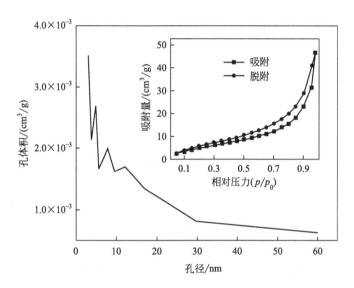

图 3-7　磁性疏水性纤维素气凝胶的 N_2 吸附-脱附曲线和 BJH 孔径分析

3.3.2　压汞法

压汞法（mercury intrusion method）是测定部分中孔和大孔孔径分布的方法。其原理是：汞以液态存在，但无法润湿固体，欲使汞进入孔中，需施加外压；外压越大，汞能够进入的孔半径越小；测量不同外压下进入孔中汞的量，即可知相应孔的孔体积。一般的压汞仪使用压力最大约 200MPa，可测孔径范围为 $0.0064\sim950\mu m$。压汞法目前在煤、混凝土、水泥、催化剂和有机质页岩等进行比表面积和孔隙率检测中发挥着重要的作用。

压汞法测量根据瓦什伯恩方程，原理简单，测量过程中只需要记录压力和体积变化量，再通过数学模型换算出孔径分布等数据，结果直观、可靠。压汞法只能测量开口的孔，在测量时，施加的外部压力达到孔隙孔道的毛细管压力阈值后，汞才能被注入空隙中。使用压汞法测量要保持管内的真空度很高，样品保持干燥，孔隙中不含可挥发水分。通常为了减少测量的误差，尽可能地避免一些影响因素，试样要具有一定的代表性，尽可能地小一些，通常保持在 3～4mm，但是不能影响材料的孔结构特征。另外，要保持汞的纯净，汞的纯度会影响试样的接触角和汞的表面张力。要注意的是，进行试验前的起始压力会影响孔隙率结果，但是不会影响孔径分布的结果。

压汞法测量材料的孔径分布有很多优势，但对纳米级别的孔径测定准确度较差，在高压情况下，会使结果偏离理论值。目前所使用的压汞仪，其原理就是借助于压汞法，采用压汞法所用的汞须无化学杂质，即未受物理污染，因为汞的污染会严重影响本身的表面张力以及与待测材料的接触角。汞具有导电性能，通过测定注入汞的体积即可测得样品的比表面积和孔隙率。随着压力的增大，处于孔隙中的汞产生的电信号通过传感器输入计算机去进行处理，最终模拟出相关的图谱，计算出其孔隙率和比表面积。

何盛等以毛竹和樟子松木材为试验材料，采用压汞法对材料的孔隙率、孔体积、孔径分布、比表面积等参数进行定量测试，分析材料的孔隙结构特征。如图 3-8（a）所示，毛竹在孔径 11.3～100μm 范围内汞压入量较为明显（曲线斜率较大），这部分汞体积增量主要对应材料断面上细胞腔（导管、竹纤维、薄壁细胞等）开孔的汞压入量；而当汞通过细胞腔开孔向相邻细胞渗透时，由于毛竹组织细胞间相互连通的孔隙（细胞壁上纹孔、纹孔膜上小孔）较少，汞向相邻细胞渗透的速度降低，即体现在图 3-8（a）的孔径 50～11319nm 区间内汞压入量缓慢增加。根据相关研究结果，绝干木材细胞壁中存在永久孔隙，其孔径分布范围为 1～30nm。在不同的润湿程度下，细胞壁孔隙的直径保持不变，但孔隙数量增加，细胞壁内产生瞬时孔隙。随着压力继续增大，汞可通过细胞壁孔径更小的孔隙（12～50nm）进入细胞壁内部，汞压入量继续增加。竹材与木材的细胞化学组成基本相同，即毛竹细胞壁内孔隙孔径可能也分布在该范围内。

如图 3-8（b）所示，樟子松木材的孔径分布与毛竹不同。从汞压入曲线可知，樟子松木材孔隙孔径更大，主要分布在 183～25904.5nm，且 183～434.3nm 孔的数量多于 434.3～25904.5nm 的孔（183～434.3nm 曲线斜率大于434.3～25904.5nm）。根据相关研究结果，管胞直径一般大于 2μm，而管胞纹孔部位孔隙的孔径在 80～2000nm。例如：管胞纹孔塞缘上小孔直径范围一般在0.1～0.7μm，纹孔开口直径可达微米级，细胞壁上微毛细管孔径小于80nm。综上，樟子松木材中 434.3～25904.5nm 范围内汞压入量主要源自管胞腔及纹孔区域孔隙的渗透；183～434.3nm 范围内汞压入量主要源于汞通过纹孔塞缘上孔隙的渗透；孔径小于183nm 的孔隙主要位于细胞壁上，孔隙数量相对毛竹较少。

从毛竹与樟子松木材的退汞曲线可知，随着压力的下降，退汞曲线并未沿汞压入曲线返回，汞压入量产生了明显的迟滞现象，这说明毛竹及樟子松木材的孔

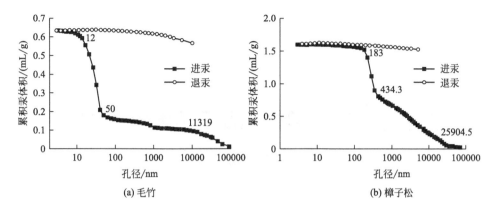

图 3-8　毛竹及樟子松木材累积孔体积与孔径关系

隙相互串联，形成了瓶颈状孔隙通道，该结构利于材料内部流体聚集，但不利于流体的排出。

　　压汞法实验操作简单，所用时间较短，广泛应用于多孔材料的孔隙特征和分布等方面的研究。通过压汞法，还可以研究石油储层岩石的孔隙结构特征和退汞效率等，可有效评估该储层的石油储量和产油能力；分析混凝土材料的中卫半径，可评价材料的渗水性；研究材料某些孔径所占百分比，可评价材料的力学性能和耐久性等。这些研究对于保护材料结构、延长其结构寿命、评估产品结构的安全性等有着至关重要的作用。

第4章

多功能特殊润湿性木质复合材料的仿生制备关键技术

4.1 特殊润湿性生物质复合材料的仿生制备方法

自"荷叶效应"与自然界其他生物有机体的特殊润湿性研究陆续公之于众，通过在固体材料表面构建微/纳二元分级结构，并以低/高表面能物质加以修饰来制备特殊润湿性材料成为科学界的共识。随着纳米技术与仿生科学的蓬勃发展，世界各地的科学家与学者们纷纷涌向特殊润湿性材料的合成与多功能性设计领域，期间探索了多种高端技术手段，例如：静电纺丝技术、溶胶-凝胶技术、辐射接枝法、聚合物成膜技术、刻蚀技术、化学气相沉积技术、模板法、电化学沉积技术、相分离技术、层层自组装技术、熔融-冷却凝固成型技术等。

4.1.1 滴涂法

中国国家林业和草原局公布的第八次全国森林资源清查（2009～2013 年）结果显示，全国森林面积达到 2.08 亿公顷，森林覆盖率 21.63%，森林蓄积 151.37 亿立方米，人工林面积 0.69 亿公顷，蓄积 24.83 亿立方米，继续居世界首位。但是，我国森林覆盖率远低于全球 31% 的平均水平，人均森林面积仅为世界人均水平的 1/4，人均森林蓄积只有世界人均水平的 1/7，森林资源总量相对不足、质量不高、分布不均的状况仍未得到根本改变。然而国人对木材的加工使用具有悠久历史，尤其在建筑材料和家具材料方面更加青睐木材，这是因为木材美丽的自然纹理、柔和温暖的视觉和触觉感受、优雅的气味等特点是其他材料所无法替代的，而且木材还有安抚人的情绪，保持人体健康等神秘作用。而我国是世界人口大国，面对如此庞大的木材需求，我国的森林资源相对短缺。因此，目前国内的木材供应主体还是来自人工林。但人工林材存在材质疏松、密度低和干燥时容易开裂的缺陷。另外，由于木材的主要组分（纤维素、半纤维素和木质素）具有较强的吸水性，若长期处于潮湿的环境中会因吸水湿胀而变形，再干燥时可能会发生开裂、扭曲等破坏，进一步降低木材材料的各项性能。因此，目前迫切需要解决的问题应该是加强对木材的改良，提高木材的尺寸稳定性、耐久性和耐磨性，赋予木材防水、防蛀、防腐、阻燃等性能，以实现木材的高效利用。

本课题组通过滴涂法，将聚苯乙烯（PS）和亚微米二氧化硅粒子（SiO_2NPs）复合作用于木材表面，制得超疏水性木材。改性的二氧化硅粒子通过 Stöber 法合成得到。首先，将 10mL 正硅酸乙酯、10mL 氨水以及 0.6mL 十八烷基三氯硅烷加入 100mL 无水乙醇中。然后，将该混合液在常温下磁力搅拌 1h 混合均匀，接着静置陈化 12h。最后，把得到的凝胶用无水乙醇重复离心分离三次，洗净收集得到改性的二氧化硅粒子。通过扫描电镜观察得到：该二氧化硅粒子的形貌呈球状，单个粒子的直径在 200～300nm 之间，且数个粒子之间发生了一定的团聚现象，如图 4-1 所示。

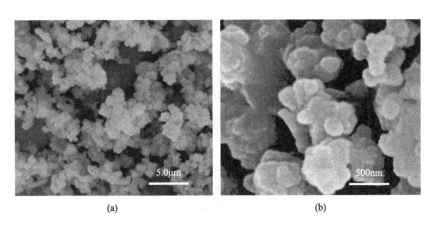

(a)　　　　　　　　　　　　　　　　(b)

图 4-1　改性二氧化硅粒子在低倍（a）和高倍（b）下的扫描电镜图片

超疏水木材表面的合成：室温条件下，将 0.2g 聚苯乙烯超声分散在 10mL 的四氢呋喃（THF）中，然后将一定量的改性二氧化硅粒子加入聚合物溶液中，超声搅拌分散均匀后，得到聚苯乙烯/改性二氧化硅粒子混合溶液。将该混合溶液滴涂在木材表面，通过流延法均匀成膜，当溶剂彻底挥发后，制备得到超疏水聚苯乙烯/改性二氧化硅粒子薄膜。

图 4-2 为原始杨木以及处理后杨木表面的扫描电镜图片。由图 4-2(a) 可知，杨木是一类各向异性多孔材料，组织中管胞平行于轴线方向，其宽度大概在

$40\sim60\mu m$ 之间。通过接触角测量发现，原始木材表面是亲水的，其接触角大小为 $66°$。经改性 SiO_2/PS 复合处理后，木材表面被一层致密、均匀的纳米复合涂层所覆盖，涂层表面存在大量空隙或凹槽结构。由图 4-2(c) 可知，大量的乳突状粒子（$1\sim5\mu m$）随机地分布在木材表面，而这些微米尺寸的乳突状粒子是由数个粒径为 $200\sim300nm$ 的亚微米级球状粒子构成的，这种微米/亚微米的二维多级粗糙结构与荷叶表面的微观结构十分相似。

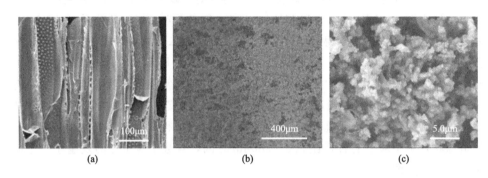

图 4-2　SEM 图像

(a) 未处理杨木；(b) 和 (c) 超疏水性杨木

图 4-3 中 a 和 b 曲线为改性 SiO_2 NPs 和超疏水复合涂层的红外吸收光谱图。在高频区，两组样品同时在 $2917cm^{-1}$ 和 $2850cm^{-1}$（C—H 的非对称和对称伸缩振动）处显示出了吸收峰，表明疏水的长链烷基的存在。在低频区，$1060\sim1050cm^{-1}$ 和 $800\sim790cm^{-1}$ 分别对应于 Si—O—Si 的反对称和对称伸缩振动。图 4-3(b) 出现了两个新的吸收峰（$1452cm^{-1}$ 和 $696cm^{-1}$），它们为 PS 中苯环的特征峰。显然，SiO_2 已被十八烷基三氯硅烷改性，该超疏水复合涂层由 SiO_2 与 PS 组成。改性 SiO_2 NPs 和超疏水复合涂层的化学状态及组成由 XPS 谱图分析得到。图 4-3 中 c 和 d 曲线清晰地表明了 Si 2p、Si 2s、C 1s 和 O 1s 的存在，对于改性 SiO_2 NPs，Si/C/O 的原子比例为 27.4/20.3/52.3，而超疏水涂层中的比例为 16.5/52.5/30.0，C 元素含量的增加说明改性 SiO_2 NPs 与 PS 基质发生了较好的复合。

图 4-4 分别代表水滴在未处理木材表面、纯的聚苯乙烯涂层表面以及超疏水木材表面的接触角图像。从图 4-4(a) 中可以明显地看出木材是一类亲水性的材料，其表面与水滴的接触角大小为 $66°$。对于光滑平整的聚苯乙烯涂层，水滴在其表面的接触角大小为 $93°$ [图 4-4(b)]。然而，负载了二氧化硅粒子/聚苯乙烯复合涂层的木材，其表面与水的接触角为 $153°$，滚动角小于 $5°$，具有良好的超疏水性能 [图 4-4(c)]。

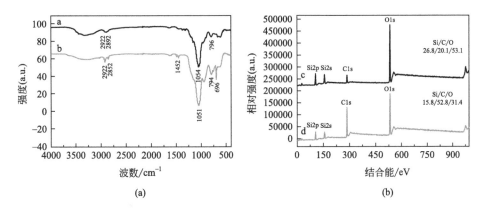

(a)　　　　　　　　　　　(b)

图 4-3　改性 SiO_2 NPs 与超疏水复合涂层的 FTIR 图谱（a
和 b）与 XPS 光谱（c 和 d）

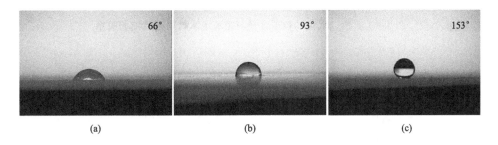

(a)　　　　　　　　　　　(b)　　　　　　　　　　　(c)

图 4-4　5μL 水在不同表面上的接触角图片

（a）原始木片；（b）纯聚苯乙烯；（c）改性二氧化硅/聚苯乙烯复合涂层处理的木材表面

在实验过程中，当改性二氧化硅粒子在混合溶液中的含量过低（如 1%，质量分数）时，木材表面不能达到超疏水性。当含量过高（如 6%，质量分数）时，复合涂层跟木材表面的附着力大大下降，易脱落或被破坏。图 4-5 为改性二氧化硅粒子含量跟超疏水木材润湿性的关系图像，即改性二氧化硅粒子的最佳浓度范围为 2%~5%（质量分数）。

此外，笔者对木材表面超疏水复合涂层进行了稳定性和耐久性的测试。当把超疏水木材暴露在空气环境中 3 个月时，表面的接触角大小几乎没有变化，这表明试样具有良好的空气稳定性。经 pH 值为 0~14 水溶液浸泡处理后，其表面与水的接触角都在 140°以上，如图 4-6 所示。另外，当超疏水木材浸入水、甲苯、乙醇、正己烷等溶剂中处理 12h 后，其表面与水的接触角依然维持在 150°以上，如图 4-7 所示。

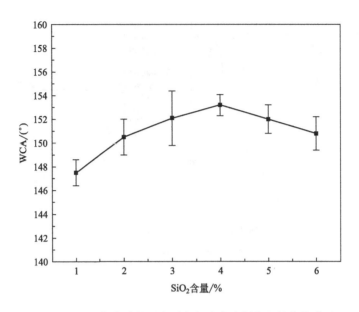

图 4-5　改性二氧化硅粒子含量与超疏水木材润湿性能的关系

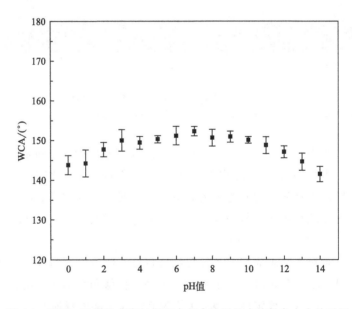

图 4-6　不同 pH 值的水滴与超疏水复合涂层的水接触角大小关系图

综上，笔者通过滴涂法制备了超疏水木材。结果分析表明，微米/亚微米分级结构的粗糙度跟聚苯乙烯低表面能的协同作用导致了木材表面复合涂层的超疏

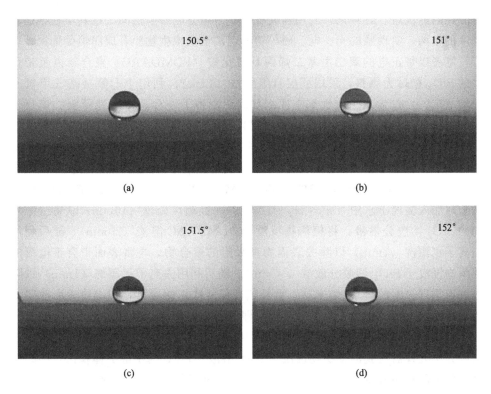

图 4-7　超疏水木片经过不同溶剂浸泡 12h 后的接触角图片
(a) 去离子水；(b) 乙醇；(c) 甲苯；(d) 正己烷

水性。超疏水木材表面的可湿性可以通过控制体系中改性二氧化硅粒子的含量来调节。原始杨木是一类亲水性的材料，与水的接触角为 66°。然而，当木片表面经过超疏水处理后，其表面由原来的亲水性转变为了超疏水性，接触角高达153°，滚动角小于 5°。此外，超疏水木材具有良好的稳定性、优良的抗酸碱性能以及在水中或常见有机溶剂中具有很好的耐久性。该超疏水木材的成功研制将会为林木资源的高值利用提供重要参考。

4.1.2　自组装法

自组装（self-assembly）是指基本结构单元（分子、纳米材料、微米或更大尺度的物质）自发形成有序结构的一种技术。自组装的过程并不是大量原子、离子、分子之间弱作用力的简单叠加，而是若干个体之间同时自发地发生关联并集合在一起形成一个紧密、稳定而又有序的整体，是一种整体的复杂的协同作用。

自组装法简便易行，无需特殊装置，通常以水为溶剂，具有沉积过程和膜结构分子级控制的优点。近年来，利用连续沉积不同组分制备膜层间二维甚至三维比较有序的结构，实现膜的光、电、磁等功能，甚至模拟生物膜合成而倍受重视。

笔者以带正电的聚二甲基二烯丙基氯化铵（PDMDAAC）聚合物以及带负电的 SiO_2 微球为原料，采用层层自组装法（LBL），利用十七氟癸基三甲氧基硅烷（FAS）作为疏水改性剂在棉织物表面制备了一种超疏水性薄膜。该超疏水性棉织物的成功制得归因于：由层层自组装法制备而成的 SiO_2 薄膜所提供的微米/亚微米级粗糙结构、低表面能材料 FAS 于薄膜表面的成功接枝。具体制备方法如下：将 PDMDAAC 浓溶液与去离子水（m_1∶m_2＝1∶20）混合，经超声处理（10min）获得混合均匀的 PDMDAAC 溶液；将溶胶-凝胶法制得的 SiO_2 纳米球加入去离子水中（m_3∶m_2＝1∶100），经超声处理（10min）获得分散均匀的 SiO_2 溶胶分散液；将棉织物浸没于 PDMDAAC 溶液（20min），随后利用去离子水漂洗（1min）以除去表面物理吸附的聚合物，再将表面带有正电荷的棉织物浸没于 SiO_2 溶胶分散液（10min），随后利用去离子水漂洗（1min）以除去表面物理吸附的 SiO_2 纳米球；重复该过程两次，便可以在棉织物表面获得由 PDMDAAC 和 SiO_2 组成的多层薄膜，即方法一；将棉织物浸没于 SiO_2 溶胶分散液（20min），随后利用去离子水漂洗（1min），即方法二；在室温下，将上述两种方法处理后得到的棉织物浸没于 FAS 溶液（1%，与甲醇的体积比）中改性1h，随后利用甲醇洗涤，经 N_2 吹干，最后于60℃烘箱中干燥12h。

SiO_2 纳米球是通过经典的 Stöber 法制备而成，具体包括正硅酸乙酯的水解过程与凝结过程。众所周知，SiO_2 纳米球的粒径对"荷叶效应"具备十分重要的影响，因此，本实验对合成 SiO_2 的反应温度及氨水的用量进行了严格的控制。如图 4-8 所示，制得的 SiO_2 平均粒径为 266.7nm，且大多数的 SiO_2 粒径分布于 250～300nm，充分表明了该 SiO_2 纳米球良好的单分散性能。这对形成纳

 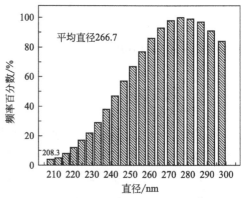

图 4-8 SiO_2 的 SEM 图像与粒度分布图

米级粗糙结构，从而在棉织物表面获得超疏水性薄膜起着至关重要的作用。

图 4-9 为扫描电子显微镜观测下的未处理及处理后棉织物表面微观结构图像。图 4-9(a) 向我们展现了棉织物自身规整的编织结构与少数伸展出来的纤维结构，而图 4-9(b) 则表明高度交织的棉纤维（直径为 $10 \sim 20 \mu m$）之间同时存在一定的空隙，且每根棉纤维表面还存在大量细小的原生纤维结构。这一发现证明了棉织物表面本身具备一定的粗糙结构。图 4-9(c) 和 (d) 分别为使用及未使用阳离子聚合物（PDMDAAC）所制得的超疏水性棉织物表面的扫描电子显微镜图像。由图可知，经过 PDMDAAC 处理的棉纤维表面覆盖了一层致密的 SiO_2 纳米球，而未经 PDMDAAC 处理的棉纤维表面只附着了少量的 SiO_2 纳米球。综上所述，棉织物在浸没于阳离子聚合物稀溶液中时，PDMDAAC 可以均匀地附着于棉织物表面，并通过静电作用大大加强了 SiO_2 球体（带负电荷）与棉织物（带负电荷）的黏附能力。

如图 4-9(c) 和 (d) 所示，棉纤维表面附着的 SiO_2 球体创造了大量的间隙和孔洞，在不同程度上增大了棉织物表面的粗糙程度。而相关研究表明，为使亲水性材料获得超疏水性能，须于固体材料表面构建二维分级结构（微米级/亚微米级）并对其进行低表面能物质的修饰，其中分级结构更是成功制得超疏水性材料的关键。如图 4-9(c) 和 (d) 所示，相较于未采用 PDMDAAC 处理的棉织物，经 PDMDAAC 处理过的棉织物明显具有更为粗糙的结构表面。而经阳离子聚合物、SiO_2 纳米球及 FAS 处理的棉织物具有更为稳定的超疏水性能，与水的接触角为 $155° \pm 2°$，充分证实了上述观点。

图 4-10a 和 b 分别为经 PDMDAAC 和 SiO_2 纳米球层层自组装处理的棉织物表面薄层，以及层层自组装处理后并进一步通过 FAS 改性的棉织物表面薄层 X 射线光电子能谱（XPS）谱图。a 中所对应 Si2s、Si2p、N1s、C1s 和 O1s 的五组特征峰位则充分证明了 SiO_2 纳米球及 PDMDAAC 已经通过层层自组装法成功地黏附于棉织物表面，这与张连斌的博士论文中利用石英晶体微量天平验证的结论一致。而从 b 中可以看出，除了上述五组特征峰外，经过进一步改性后棉织物表面薄层的 XPS 谱图中还出现了 F1s 和 FKLL 两组特征信号峰，这表明水解后的 FAS 已经成功地接枝于 SiO_2 多层膜表面。

值得注意的是，棉织物虽具备规整的编织结构，但其表面仍存在许多突出的纤维，因而在测量其表面与水的接触角时很难确定棉织物与水滴的交界线。另外，参照物、照明及焦距也会对接触角的测量造成一定影响。据此，本实验给出了棉织物与 $5 \mu L$ 水滴的接触角范围。

大量事实表明棉织物的表面是亲水的，与水的接触角为 $0°$，如图 4-11(a) 所示。其原因在于棉织物的编织结构存在大量的空隙，且每根纤维表面存在大量的亲水基团——羟基。图 4-11(b) 为经过 SiO_2 与 PDMDAAC 层层自组装处理

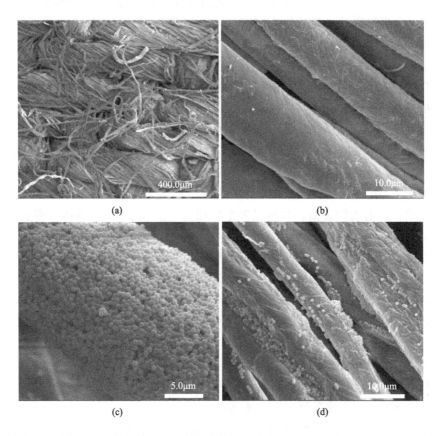

图 4-9　SEM 照片：未处理棉织物在低放大倍数（a）和高放大倍数（b）下的微观形貌；
超疏水棉织物（c）和未经 PDMDAAC 处理改性棉织物（d）的微观形貌

后的棉织物与水的接触角照片，而其接触角同样为 0°，这是由于 SiO₂ 微球表面同时存在羟基和烷氧基两种亲水基团。然而，经 FAS 改性后，棉织物的表面实现了由亲水向超疏水的转换，其接触角分别为 157°±2°［图 4-11(c)］和 147°±2°［图 4-11(d)］。显然，未经 PDMDAAC 处理的棉织物无法满足超疏水性标准，这表明阳离子聚合物 PDMDAAC 的存在不仅增大了棉织物的表面粗糙程度，同时还增大了棉织物与水的接触角的大小。该结果不但符合 Cassie-Baxter 理论，而且进一步证实了表面粗糙结构的构建及低表面能物质的修饰对亲水材料向超疏水性材料的转变起着至关重要的作用。

事实上，超疏水性材料的耐久性是评价其实际应用价值的重要指标。因此，我们对超疏水性棉织物的耐久性做了进一步的试验，例如将其曝露于户外一个月，浸没于自来水中 24h，或者根据 ISO 6330：2000 标准进行机洗。结果表明，曝露于户外一个月的棉织物其疏水性没有明显变化，与水的接触角仍大于 150°。

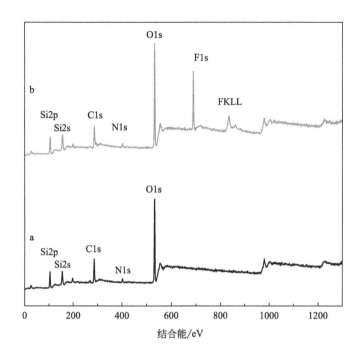

图 4-10　棉织物表面薄层 XPS 谱图

a—SiO$_2$ 薄膜；b—超疏水薄膜

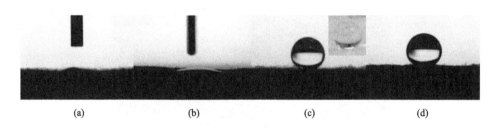

图 4-11　5μL 水在不同表面上的接触角图片

（a）原始棉织物；（b）经 SiO$_2$ 修饰的棉织物；（c）超疏水棉织物；

（d）未经 PDMDAAC 处理改性的棉织物

而在浸没于自来水中 24h 的测试中，如图 4-12（a）和（b）所示，经层层自组装处理后的超疏水性棉织物，不但极难浸没于自来水中，而且最终会漂浮于水表，而未经处理的棉织物遇水则立即被完全浸湿并沉浸于烧杯底部。分别将棉织物从烧杯中取出并放置于纸张表面，如图 4-12（c）所示，超疏水性棉织物完全是干燥的，而原始棉织物湿透并贴在纸张表面。以上实验结果充分证实了超疏水性棉织物突出的防水性能。不幸的是，超疏水性棉织物经过机洗后，其表面均匀致密的 SiO₂ 涂层在一定程度上遭到破坏，如图 4-13 所示，这一结果表明该超疏水性棉织物的机械稳定性需要进一步改进，而此时的棉织物与水的接触角虽减小至 149°，但仍表现出良好的防水性能，在一定程度上为我们日后关于超疏水性棉织物的研究和发展奠定扎实的基础。

(a)　　　　　　　　(b)　　　　　　　　(c)

图 4-12　防水性能测试
(a) 超疏水棉织物浸入自来水中；(b) 放置于自来水中的经处理与未经处理的棉织物；
(c) 取出来的经处理与未经处理的棉织物

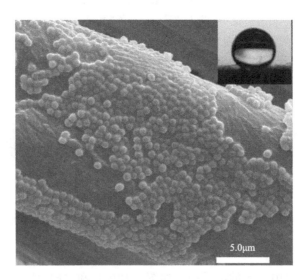

图 4-13　经过洗涤测试后的超疏水棉织物的 SEM 照片以及其润湿性能

　　另外，该研究所获得的超疏水性棉织物经接触角测量仪检测，其表面与水的接触角高达 155°±2°，且具备较好的化学与机械稳定性，经曝露于室外、浸湿及机洗测试后，棉织物表面与水的接触角仍可达 150°以上，展现了良好的防水性能，对扩大纺织品的应用领域与发展前景有着十分深远的影响。

4.1.3　溶胶-凝胶法

溶胶-凝胶法（sol-gel 法，简称 SG 法）是一种条件温和的材料制备方法，就是以无机物或金属醇盐作前驱体，在液相将这些原料均匀混合，并进行水解、缩合化学反应，在溶液中形成稳定的透明溶胶体系，溶胶经陈化，胶粒间缓慢聚合，形成三维空间网络结构的凝胶，凝胶网络间充满了失去流动性的溶剂，形成凝胶，再经热处理而制备出分子乃至纳米结构的氧化物或其他化合物固体的方法。溶胶-凝胶法与其他方法相比具有许多独特的优点：a. 由于溶胶-凝胶法中所用的原料首先被分散到溶剂中而形成低黏度的溶液，因此，就可以在很短的时间内获得分子水平的均匀性，在形成凝胶时，反应物之间很可能是在分子水平上被均匀地混合；b. 由于经过溶液反应步骤，更容易均匀定量地掺入一些微量元素，实现分子水平上的均匀掺杂；c. 固相反应时组分扩散是在微米范围内，与固相反应体系相比，溶胶-凝胶法使化学反应更易进行，需要的合成温度较低。

本课题组通过溶胶-凝胶法在木材表面成功地合成了超疏水纳米二氧化硅涂层。超疏水木材表面的合成包含以下两个步骤：a. 通过溶胶-凝胶过程在木材表面合成纳米二氧化硅粒子；b. 木材表面纳米二氧化硅涂层的氟化改性。最终超疏水木材表面在纳米二氧化硅粒子构建高表面粗糙度和 POTS 薄膜修饰低表面能的共同作用下而得到。超疏水木材表面的静态接触角达到了 159°而滚动角小于 2°，水滴基本不能停留在该表面而极易滑离表面。

本课题组通过溶胶-凝胶法在木材表面合成纳米二氧化硅粒子。具体地，木材基质先分别在丙酮、乙醇和去离子水中各自超声清洗 5min。自然晾干后，把该试样浸入 90mL 的乙醇、10mL 的正硅酸乙酯、10mL 的去离子水及 5mL 的氨水（氨水充当催化剂）混合溶液中，使该体系静置在环境温度下 12h。接着把表面附有纳米二氧化硅粒子的试样用去离子水漂洗 3 次，经氮气吹干，再放置在 60°的干燥箱中干燥 12h。通过上述方法在木材表面合成的二氧化硅粒子是亲水的，这是由于亲水性基团羟基存在于纳米二氧化硅粒子的表面。

木材表面纳米二氧化硅粒子的氟化改性通过化学蒸气沉积法进行。简言之，表面附有纳米二氧化硅涂层的试样被放入装有 0.3mL POTS 试剂的密封瓶中，然后把该密封瓶放置在 125°的干燥箱中 2h，使 POTS 蒸气分子上乙氧基基团与纳米二氧化硅粒子表面羟基充分反应而脱去乙醇小分子。接着把木材试样转移到一个干净的敞口瓶中，在 140°温度下持续 2h，使试样表面未完全反应的 POTS 分子彻底挥发。最终，我们得到了超疏水木材表面。

图 4-14 中 a、b 分别代表原木和木材表面超疏水涂层的 X 射线衍射图样。在

a 中 $2\theta = 15.8°$和 22°处有两个强烈的衍射峰，这代表杨木试样的 X 射线衍射特征峰。在 b 中 $2\theta = 23°$处有一个强烈的衍射吸收峰，这个峰与二氧化硅 X 射线衍射峰标准卡片（JCPDS No. 2920085）相对应。由此可以得知，在木材表面合成的物质为二氧化硅粒子，并且没有任何杂质存在。纳米二氧化硅粒子通过溶胶-凝胶法合成，合成时包括正硅酸乙酯的水解和水解硅醇的凝聚两个过程，氨水在整个过程中发挥催化剂作用。该溶胶-凝胶法的所有反应过程可以表达如下：

① 水解反应：

$$Si(OC_2H_5)_4 + 4H_2O \longrightarrow Si(OH)_4 + 4C_2H_5OH \tag{1}$$

② 缩聚反应：

$$(HO)_3Si—OH + HO—Si(OH)_3 \longrightarrow (HO)_3Si—O—Si(OH)_3 + H_2O \tag{2}$$

$$(HO)_3Si—OH + HO—Si(OC_2H_5)_3 \longrightarrow (HO)_3Si—O—Si(OC_2H_5)_3 + H_2O \tag{3}$$

③ 最后，TEOS 的水解缩聚反应可写为：

$$Si(OCH_2CH_3)_4 + 2H_2O \longrightarrow SiO_2 + 4C_2H_5OH \tag{4}$$

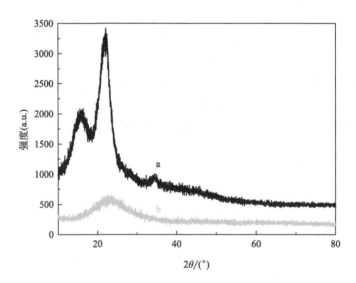

图 4-14 X 射线衍射峰图样
a—原始杨木；b—超疏水涂层

图 4-15 为未处理杨木表面和杨木表面附有纳米二氧化硅涂层的低放大倍数和高放大倍数的电子扫描电镜图片。从图 4-15(a) 中可以清晰地看出：杨木是一类异相多孔材料，表面管胞平行于轴线方向，其管胞宽度在 $30 \sim 40 \mu m$ 之间，表面纹孔直径大小为 $1 \sim 2 \mu m$。图 4-15(b) 显示了纳米二氧化硅粒子沉积在了木材

表面，表面纹孔也被填充。纳米二氧化硅粒子与木材表面通过它们各自表面羟基脱水键合而结合在一起。图 4-15 表明大量的球形二氧化硅粒子随机地堆砌在了木材的表面，粒子直径大小为 200～300nm，并且它们之间的团聚现象很少出现。纳米二氧化硅粒子的随机分布在木材表面形成了大量的凸起和多孔结构，从而形成了较高的表面粗糙度。在高表面粗糙度和低表面能 POTS 薄膜的共同作用下，大量的空气分子被捕捉在超疏水木材表面的空穴中。水滴跟该表面接触时，它主要跟表面的空气分子接触（空气与水滴的接触角大小被认为是 180°），导致水滴不能润湿超疏水木材表面而呈现超疏水性。

(a)　　　　　　　　　　(b)　　　　　　　　　　(c)

图 4-15　原始杨木表面（a）和杨木表面附有纳米二氧化硅粒子的
低放大倍数（b）和高放大倍数（c）SEM 图

能谱分析（EDXA）用以检验超疏水木材表面的化学成分。图 4-16（a）和（b）分别代表纳米二氧化硅粒子和超疏水涂层的 EDXA 图样。从图 4-16（a）中可以清晰地看到 C、O、Si 元素衍射峰的存在，这里微弱的 C 元素衍射峰可能来自木材表面的化学成分。通过图 4-16（b）我们能够观察到 C、O、F 以及 Si 元素的 EDXA 衍射峰在超疏水涂层上的存在，这里的氧元素和硅元素来自纳米二氧化硅粒子，碳元素和氟元素来自 POTS 分子。因此我们可以得出结论：POTS 分子跟纳米二氧化硅粒子已经发生了化学结合，并且发现了它们在超疏水木材表面的存在。

图 4-17 为纳米二氧化硅粒子和超疏水涂层的红外光谱图。吸收波数在 3445～3425cm^{-1} 和 1640～1630cm^{-1} 的宽吸收带峰分别为纳米二氧化硅粒子和超疏水涂层的表面羟基峰及水特征吸收峰。吸收波数在 940cm^{-1} 处的硅醇伸缩振动峰仅在纳米二氧化硅粒子中存在，超疏水涂层不存在该峰归因于疏水的 POTS 分子已经取代了纳米二氧化硅粒子的表面硅醇基团。纳米二氧化硅粒子表面的亲水基团被疏水基团取代是导致超疏水涂层形成的根本原因之一。波数为 1110～1090cm^{-1}、810～800cm^{-1} 和 480～470cm^{-1} 的吸收峰分别归属于 Si—O—Si 结

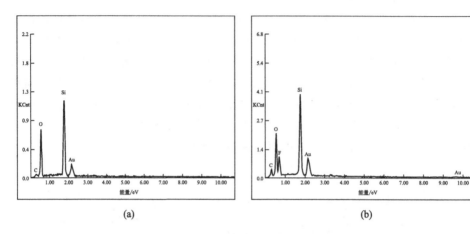

图 4-16　样品的 EDXA 图谱

（a）合成的纳米二氧化硅粒子；（b）木材表面超疏水涂层

构的非对称伸缩振动、对称伸缩振动以及弯曲振动峰。在图 4-17b 中，POTS 分子的 CF_3、CF_2 以及 Si—C 的振动吸收峰处于波数为 $1300 \sim 1000 \mathrm{cm}^{-1}$ 的范围内，它们被强烈的 Si—O—Si 非对称伸缩振动峰覆盖。对比图 4-17a，我们可以发现图 4-17b 中的 Si—O—Si 非对称伸缩振动峰和弯曲振动峰分别向高波数区转移，这是因为纳米二氧化硅粒子表面羟基跟 POTS 分子发生了化学键合形

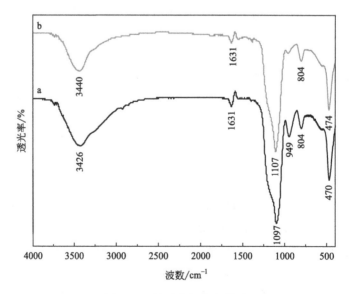

图 4-17　样品的红外光谱图

a—合成的纳米二氧化硅粒子；b—经 POTS 试剂改性的纳米二氧化硅粒子

成了 Si—O—Si 共价键。

总之，超疏水木材表面的形成过程如图 4-18 所示。这个过程包括纳米二氧化硅粒子在木材表面的沉积以及 POTS 试剂的表面改性。

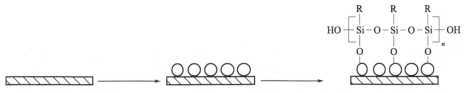

图 4-18　超疏水木材表面的形成过程

R 代表疏水基团：—CH$_2$CH$_2$(CF$_2$)$_5$CF$_3$

固体对水的湿润性好坏可以通过测量水滴在其表面的接触角大小来表征。当水滴在固体表面的接触角小于 90°时，这类材料被称为亲水性材料；当水滴与固体表面的接触角大于 90°时，这类材料就被称为疏水性材料；然而，当水滴与固体表面的接触角大小在 150°与 180°之间时，这类材料就被称为超疏水性材料。图 4-19 分别代表水滴在未处理木材表面、木材表面附有纳米二氧化硅粒子、木材表面经 POTS 试剂修饰以及超疏水木材表面的接触角形貌图。从图 4-19（a）中可以明显地看出木材是一类亲水性的材料，其表面与水滴的接触角大小为58°。对于木材表面附有纳米二氧化硅粒子的试样，水滴能够很迅速地在该表面上扩散、铺展，从而测得它与该表面的接触角大小接近 0°，如图 4-19（b）所示。图 4-19（c）中，当木材表面经 POTS 试剂修饰后，其水接触角大小可以达到124°，一定程度上显示了较好的疏水效果。然而，当木材表面经超疏水涂层处理后，其表面却达到了良好的超疏水性，如图 4-19（d）所示。该处理过程使亲水性的木材表面转变为了超疏水性的木材表面，静态接触角大小达到了 159°，滚动角小于 3°。

一般来说，光滑的固体表面的可湿性可以通过杨氏方程来表达：

$$\cos\theta = \frac{\sigma_{sv} - \sigma_{sl}}{\sigma_{lv}} \tag{4-1}$$

方程中 σ_{sv}、σ_{sl} 和 σ_{lv} 分别代表固-气、固-液和液-气之间的界面张力。然而，对于实际固体表面可湿性的测量，杨氏方程已不再适用。因此，Wenzel 修正了式（4-1）而提出了一个适合测量粗糙均相固体表面接触角 θ_w 的方程：

$$\cos\theta_w = r\left(\frac{\sigma_{sv} - \sigma_{sl}}{\sigma_{lv}}\right) = r\cos\theta \tag{4-2}$$

式中的 r 定义为粗糙因子，它是固体的真实面积与其投影表观面积之比。θ_w 是粗糙表面的表观接触角。对于 Wenzel 方程，液体和粗糙固体表面接触的部分是完全浸润的。由于粗糙因子总是大于 1 的，因此对于亲水性的材料，表观接

图 4-19　不同表面上的水滴形貌图

（a）原始木材表面；（b）附有纳米二氧化硅粒子的木材表面；

（c）经 POTS 处理后的木材表面；（d）超疏水木材表面

触角 θ_w 随着表面粗糙度的增加而变小，而对于疏水性的材料，其情况则相反。

　　为了进一步了解超疏水木材表面的疏水性能，适用于测量粗糙不均匀复合表面的水接触角大小的 Cassie 方程得以运用：

$$\cos\theta_c = f_1\cos\theta - f_2 \tag{4-3}$$

　　式中，f_1 和 f_2 分别为固-液界面和液-气界面所占的分数（$f_1 + f_2 = 1$）；θ_c 为水滴在超疏水木材表面的表观接触角大小值，其值为 159°；θ 为 POTS 试剂修饰的光滑表面上的水接触角大小值，通过文献报道，该接触角值为 105°。因此，利用 Cassie 方程，我们可以得到水滴与固体界面的接触分数 f_1 为 0.11，即水滴跟空气界面的接触面积分数达到了 89%，从而导致了超疏水木材表面的形成。

　　在正硅酸乙酯、去离子水用量分别为 10mL，无水乙醇用量为 90mL 的条件下，调节氨水用量，研究其对二氧化硅粒径及处理木材表面疏水性能的影响，结果如表 4-1 所示。在本实验条件下，随着氨水用量的增加，二氧化硅颗粒平均粒径随之增大，超疏水木材表面的接触角呈先增大后减小的趋势，而滚动角则先减小后增大。

表 4-1　不同氨水用量下 SiO_2 溶胶粒径大小及超疏水木片表面的疏水性能

试样编号	氨水用量/mL	溶胶平均粒径/nm	接触角	滚动角
A1	1	162.4	156°	4°
A2	2	240.8	161°	2°
A3	5	297.5	159°	3°
A4	10	511.3	152°	6°
A5	20	652.6	148°	8°

单分散二氧化硅颗粒的形成过程是水解、成核以及颗粒生长三者之间复杂的竞争过程。在氨水的催化下，正硅酸乙酯快速水解形成单体，单体之间相互作用而缩聚成单链交联的 SiO_2 微晶核，大量微晶核再经过一定时间的生长，最终形成粒径大小均匀、分布窄的单分散球形 SiO_2 颗粒。实验过程中，随着氨水浓度的增大，溶液中 OH^- 浓度增大，加速了正硅酸乙酯的水解及缩合进程，成核和生长速率显著增加，生成的二氧化硅颗粒的粒径也逐渐增大。因而，通过改变氨水的用量可以方便地控制二氧化硅溶胶的粒径。另外，木片表面 SiO_2 涂层的颗粒大小直接影响了表面的粗糙度，粒子过大过小，涂层的粗糙度都不会很大，导致经疏水改性后的试样不能达到很好的超疏水效果。由表 4-1 可知，当氨水用量在 2mL 的时候，二氧化硅颗粒大小为 240.8nm，得到了疏水效果最好的超疏水木片表面，其接触角大小为 161°，滚动角大约 2°。

另外，我们对超疏水木材表面的环境稳定性和耐久性也进行了相关的研究。该试样放置在空气环境中 2 个月或浸泡在去离子水中 3 天，其超疏水性能没有明显的变化，接触角依然大于 150°。这表明超疏水木材表面具有较好的环境稳定性和耐久性。综上，本课题组通过溶胶-凝胶法在木材表面成功地合成了超疏水纳米二氧化硅涂层。超疏水木材表面的合成包含以下两个步骤：a. 通过溶胶-凝胶过程在木材表面合成纳米二氧化硅粒子；b. 木材表面纳米二氧化硅涂层的氟化改性。最终超疏水木材表面在纳米二氧化硅粒子构建高表面粗糙度和 POTS 薄膜修饰低表面能的共同作用下而得到。超疏水木材表面的静态接触角达到了 159°，而滚动角小于 2°，水滴基本不能停留在该表面而极易滑离表面。

4.1.4　化学沉积法

化学沉积法（chemical vapor deposition）是利用一种合适的还原剂使镀液中的金属离子还原并沉积在基体表面上的化学还原过程，主要分为化学气相沉积法和液相沉积法，该方法具备工艺简单、速率高、环境污染小等优点。本课题组利用一种简单、便利的化学液相沉积法制备超疏水木材。其制备过程包括以下两个步骤：a. 木材表面构建微米尺度的 ZnO 薄膜；b. ZnO 薄膜的表面改性。这种方法简单、耗能低，对于生产超疏水木材有着潜在的应用价值。具体在木材表面通过湿化学路线原位合成了粗糙的 ZnO 薄膜，该薄膜经硬脂酸表面改性后，使得木材表面呈现出了超疏水性能。超疏水木材表面的获得归因于以下两个重要原因：a. 片状的 ZnO 粒子竖立在木材表面组建了一个粗糙的表面；b. 硬脂酸的表面修饰降低了 ZnO 薄膜的表面能。超疏水木材在防水、自清洁、防污染等领域有着潜在的应用前景。

木材表面的氧化锌涂层通过湿化学方法制得，具体方法如下。首先，将待用木片分别用丙酮、乙醇、去离子水各超声清洗 5min，晾干待用。接着配制一定浓度的 150mL 的乙酸锌溶液，并向其中加入 2mL 的三乙胺，混合均匀后，将晾干的木片浸入上述混合溶液中，密封后放入恒温水浴锅中反应若干小时。最后，该样品经去离子水漂洗并用氮气吹干后，得到表面附有氧化锌涂层的木片。

配制一定浓度的硬脂酸乙醇溶液，然后将表面附有氧化锌涂层的木片浸入其中，置于 60℃的恒温鼓风干燥箱中进行表面改性 2h，取出用乙醇漂洗数次，经氮气吹干后，得到超疏水性的木片表面。

图 4-20 为未处理木片表面以及超疏水木片表面的低放大倍数和高放大倍数扫描电镜图片。图 4-20(a) 显示出木材是一类不均相、多孔性材料。图 4-20(b) 与 (c) 表明氧化锌粒子利用自身表面羟基和木材表面羟基通过氢键键合作用而沉积在了木片表面。从图 4-20(c) 中可以清晰地看到：大量的片状氧化锌粒子随机地分布在了木片表面，构建了一个非常高的表面粗糙度，片状氧化锌粒子宽度为 1~2μm，厚度约 10nm。

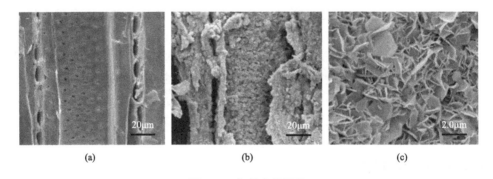

(a)   (b)   (c)

图 4-20　扫描电镜图片

(a) 原始木片表面形貌；超疏水木片表面（醋酸锌浓度 0.02mol/L，反应时间 12h，温度 25℃）在低放大倍数 (b) 和高放大倍数 (c) 下的形貌

图 4-21 描述了超疏水木片表面的形成过程。原始木片表面经过处理后具备超疏水的性能，这是由于木片表面的氧化锌涂层构建了一个高表面粗糙度和硬脂酸的低表面能修饰作用的共同结果。一般来说，大量的空气分子能在具有低表面能的粗糙表面的空隙中形成空气垫。当水滴跟固体-空气垫复合界面接触时，水滴主要跟空气垫接触，而水滴跟空气垫的接触角为 180°，从而水滴在该复合界面上具有很大的接触角。

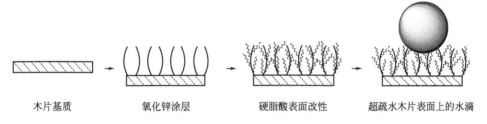

木片基质　　　　　氧化锌涂层　　　　　硬脂酸表面改性　　　　超疏水木片表面上的水滴

图 4-21　超疏水木片表面的形成过程

XRD 被用来证实在木片表面沉积得到的物质不是氢氧化锌或被杂质污染。图 4-22 中的 XRD 衍射峰跟六角形的纤锌矿氧化锌（JCPDS card no. 36-1451）相吻合，并且没有任何杂相存在。相对强和尖锐的 XRD 衍射峰图谱证明产品结晶性很好。因此，可以推断，在木片表面得到的涂层是纯的氧化锌，并没有被任何杂质污染。本实验中，我们通过一步法得到氧化锌涂层，氧化锌的生长机理可以用以下的反应式来表达：

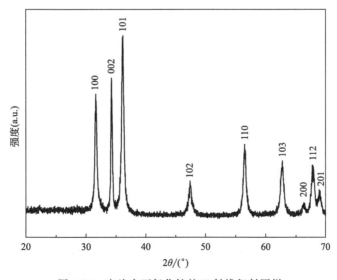

图 4-22　木片表面氧化锌的 X 射线衍射图样

$$(CH_3CH_2)_3N + H_2O \longrightarrow (CH_3CH_2)NH^+ + OH^-$$

$$Zn(CH_3COO)_2 \longrightarrow Zn^{2+} + 2CH_3COO^-$$

$$Zn^{2+} + 2OH^- \longrightarrow ZnO + H_2O$$

FT-IR 图特征描述用以证明 $CH_3(CH_2)_{16}COO^-$ 在 ZnO 薄膜上的结合和存在方式。图 4-23 表明了硬脂酸和超疏水表面在 $4000\sim400\text{cm}^{-1}$ 波数范围内的红外光谱吸收曲线。在高频区,超疏水涂层跟硬脂酸一样在 2918cm^{-1} 和 2849cm^{-1} 波数处显示出了吸收峰,该峰分别归因于 C—H 的非对称和对称伸缩振动,这表明疏水的长链烷基在超疏水表面上的存在。在低频区,来自硬脂酸的羧基在 1705cm^{-1} 波数处有一个吸收峰。而超疏水试样却在 1540cm^{-1} 和 1466cm^{-1} 波数处展现出了吸收峰,这两个吸收峰可能来源于—COO^- 基团的非对称和对称伸缩振动。另外,根据—COO^- 基团的非对称和对称伸缩振动峰之间的差值,可以推断出 Zn^{2+} 与硬脂酸根离子是以二齿配位的形式相结合的,这时疏水的硬脂酸锌吸附在了 ZnO 薄膜的表面,其疏水的长链烷基背离表面。在超疏水试样的红外光谱中,我们可以看到在 410cm^{-1} 处有一个强的吸收峰,这代表 ZnO 的特征吸收峰,从而可以进一步判断,在木片表面原位合成的物质为 ZnO。

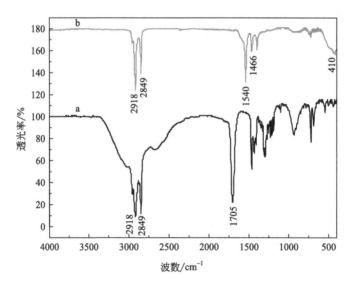

图 4-23　两种试样的傅里叶红外光谱

a—纯硬脂酸;b—超疏水木片表面

可湿性由液体在固体表面的接触角大小表征。当水滴与固体表面的接触角小于 90°时,这类固体表面是亲水的;当水滴与固体表面的接触角大于 90°时,这类固体表面是疏水的；然而当水滴与固体表面的接触角大于 150°时，这类固体表面就为超疏水性。图 4-24 显示了水滴在原木片和超疏水木片表面的静态接触角图像，对比图 4-24(a) 和（b）明显体现出了木片基质表面经过涂覆超疏水薄膜后的可湿性变化结果。图 4-24(a) 中的原木表面为亲水性的，其对水的接触角大小为 68°；图 4-24(b) 为处理后的木片表面，其呈现了超疏水性，接触角达到了 151°，且滚动角大约为 5°。为了进一步研究超疏水木片表面的超疏水性能，适用于表征多相粗糙及低表面能表面湿润性的 Cassie 方程得以应用：

$$\cos\theta_c = f\cos\theta - (1-f)$$

式中，f 代表液滴与固体表面的接触面积分数；$1-f$ 代表液滴跟空气垫的接触面积分数；θ_c 和 θ 分别代表水滴在超疏水表面和硬脂酸改性的光滑氧化锌表面的水接触角大小。本试验中，水滴在超疏水表面上的接触角大小为 151°，在硬脂酸改性的光滑氧化锌表面接触角大小为 114°，根据 Cassie 方程可以得到水滴与超疏水表面的接触面积分数 f 仅为 21%，而水滴与空气垫的接触面积分数达到了 79%。由此可以得出结论：超疏水木片表面的形成是由于片状结构的微米氧化锌涂层构建的高表面粗糙度和低表面能物质硬脂酸降低表面能的共同作用。为了研究超疏水木片表面的环境稳定性和耐久性，我们把得到的试样放在 60℃ 的环境下一个月和浸入去离子水中一个星期，结果发现：超疏水木片表面的接触角大小仍在 150°左右。从而可以得知，超疏水木片表面具有较好的环境温度性和耐久性。

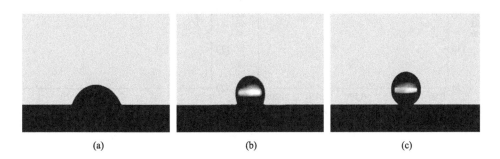

(a)　　　　　　　　　　(b)　　　　　　　　　　(c)

图 4-24　不同表面上的水滴形貌

(a) 原始木片表面；(b) 经硬脂酸改性的光滑氧化锌表面；(c) 超疏水木片表面

（醋酸锌浓度 0.02mol/L，反应时间 12h，温度 25°）

图 4-25(a) 是根据超疏水木片表面接触角大小随醋酸锌浓度的变化而变化所作的图。从图中可以看出，处理木片表面的疏水性能随着锌盐浓度的增大而加强，且在锌盐浓度为 0.02mol/L 时，处理木片表面的接触角达到了 150°，实现了超疏水性。但随着锌盐浓度的继续增大，木片表面的接触角大小在醋酸锌浓度

为 0.05mol/L 的时候达到最大，随后有开始下降的趋势。出现该现象的原因可能为：在锌盐浓度较低的情况下，木片表面形成的氧化锌粒子较少，不能得到较高的表面粗糙度，经表面改性后，达不到超疏水性。另外，当锌盐浓度较高时，在木片表面虽然可以形成大量的氧化锌粒子，但是过多的粒子并不利于形成高的表面粗糙度，致使处理木片表面的接触角有开始下降的趋势。因此，最佳的锌盐浓度为 0.02～0.1mol/L。

图 4-25(b) 是根据超疏水木片表面接触角大小随反应时间的变化而变化所作的图。由图可知，处理木片表面的接触角随反应时间的增加而增大，在反应时间为 4h 的时候，处理木片表面达到了超疏水性，并在 8h 的时候达到了最大值 153°，而后基本维持不变。这可能归因于：在反应的初期，木片表面形成的氧化锌粒子较少，不能构建较高的表面粗糙度，致使改性处理后的木片表面达不到超疏水性。随着反应时间的延长，木片表面开始大量地沉积氧化锌粒子，形成高粗糙度的表面，经疏水改性后，达到了良好的超疏水性。然而当继续延长反应时间时，样品表面接触角基本保持不变，这是由于反应液中反应物质基本反应完毕，从而使木片表面的粗糙度维持在了一个比较恒定的水平。

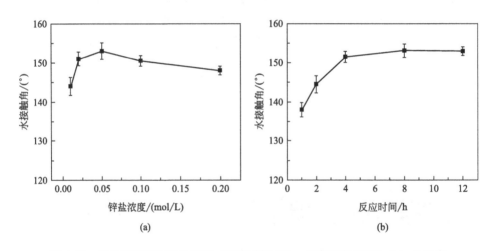

图 4-25 锌盐浓度对润湿性影响（反应时间 12h，反应温度 45℃）(a) 及反应时间对润湿性影响（锌盐浓度 0.05mol/L，反应时间 12h）(b)

4.1.5 水热法

随着染料在医药、印染和食品等行业的应用的增加，大量染料废水在生产和使用过程中浸入水环境，导致了日益严重的生态问题。因此，如何高效、高速地处理含染料废水是迫切需要解决的问题。各种染料处理方法，包括超声波降解、混凝沉淀、生物降解和染料吸附剂已应用于把染料移除或降解，但是这些传统的方法存在分离或降解效率低、易造成二次污染和高耗能等缺点。基于细菌纤维素等生物质来源的负载 PdNPs 的具有催化功能的膜材料是其中最有前途的染料废水处理方法之一，因为它易于操作、成本低、效率高和生态友好。然而，为了获得较高通量，使用的细菌纤维素量较少，同时这也限制了 PdNPs 的负载量，导致降解速率受限。在众多生物质原料中，三维多孔的木材具有各向异性的结构，由于其高度多孔、平行于生长方向的长孔道结构适合作过滤材料而受到广泛关注。然而，纹孔堵塞、孔隙率有限、比表面积有限等缺陷限制了液体通量和 PdNPs 的负载量，进而阻碍了纤维素基木质过滤材料在含有染料的废水处理中的应用潜力。为了克服这一缺陷，研究者们通过传统的亚氯酸盐-碱水解法去除木材中的部分组分，打开了堵塞的纹孔，增加了孔隙率和比表面积。Wang 等通过上述方法采用两步处理法选择性去除木质素和半纤维素，以提高液体透过能力，用作高效吸油剂。

本课题组选择巴沙木（O. pyramidale）为原料，采用传统的亚氯酸盐-碱水解法，通过两步法分别去除木材中的部分木质素和半纤维素。随后通过水热合成法负载钯纳米颗粒（PdNPs）制备了巴沙木/钯复合材料。由于不同刀具在木材切削过程中产生的摩擦力不同，获得的切面的表面形貌也不同。为了获得表面光滑、细胞腔孔道暴露的木材，本研究选用刀切的方式进行木片的切削。脱除木材的部分组分可以大幅增加亲水性和比表面积，进而达到提高通量的目的。在 $NaBH_4$ 存在的情况下，可以高效地降解对硝基苯酚染料（4-NP）。综上所述，本工作所获得的信息有助于推进木材在过滤材料中的应用，全面解决因膜材料厚度有限导致的催化金属粒子的负载量低的问题，提高了降解速率，为更高效地处理染废水提供了有效策略。

亚氯酸盐-碱水解法制备巴沙木/钯复合材料是通过选择性去除木材细胞壁中的木质素和半纤维素，经水热合成法负载 PdNPs，然后冷冻干燥获得的，具体步骤如下。

① 制备脱除木质素的木材（DLWS）。将木材置于醋酸缓冲（pH=4.6）的浓度为 2% 的亚氯酸钠（$NaClO_2$）水溶液中，在 100℃下反应 6h，冷却至室温，去离子水清洗后获得 DLWS。

② 制备脱除半纤维素的木材（DHWS）。将 DLWS 置于 8% NaOH 溶液中，在 80℃下反应 8h，冷却至室温，去离子水清洗后获得 DHWS。

③ 制备巴沙木/钯复合材料（DHWSPd）。$PdCl_2$（250mg）与盐酸溶液（20mmol/L，100mL）混合，在 60℃下加热 1h 制成 1.5mg/L 的 $PdCl_2$ 水溶液。将 DHWS 置于 $PdCl_2$ 水溶液中，在 80℃下加热 10h，冷却至室温后用去离子水

洗涤以去除残留的未反应的离子。冷冻干燥机将样品在 $-56℃$ 下冻干，获得 DHWSPd。为了进行对照，用同样的方法在 NWS 上负载了 PdNPs，得到 NWSPd。

为了进一步了解木材的结构，对 NWS、DLWS、DHWS 和 DHWSPd 的 3D 立体、纵切面和胞间角的扫描电镜图进行了分析。如图 4-26(a) 所示，天然巴沙木具有各向异性的结构，用刀切方式获得的巴沙木片表面较光滑，暴露出表面的孔道结构。横切面可观察到蜂窝状细胞腔结构 (XZ)，纵切面可见平行排列的纤维管胞等 (YZ)，弦切面可看到垂直于纤维管胞的射线细胞 (XY)。木材细胞壁主要由纤维素、半纤维素和木质素组成，各组分相互连接对木材的机械完整性提供必要的支撑。在纵向截面的放大扫描电镜图像中 [图 4-26(b)]，可以观察到很多的长而平行的通道，并且由横向的射线细胞和纹孔连通。大量平行排列的通道使木材可以作为污水处理的理想分离材料。从胞间角 [图 4-26(c)] 处观察到 NWS 致密的细胞壁。

使用酸化的 $NaClO_2$ 水溶液选择性去除木材中的木质素成分后，从图 4-26(d) 中可以观察到，尽管外部尺寸保存完好，但是脱木质素的木材表现出内部结构的分层，这是由于化学组分被去除导致细胞壁的破裂。如图 4-26(e) 所示，细胞壁破裂是沿径向的相对较弱的射线薄壁组织发生破坏的。蜂窝状的细胞腔结构虽在脱除木质素后基本保持不变，但致密的胞间角 [图 4-26(f)] 变得疏松、有空隙，这是因为细胞壁中部分组分的脱除。

为了进一步优化结构，用氢氧化钠溶液去除 DLWS 中残留的半纤维素，从图 4-26(g) 中可以观察到原来的蜂窝状结构变成层状结构，有许多波浪状堆叠层。这一发现表明，氢氧化钠脱除半纤维素增加了薄细胞壁的破坏，导致层状结构的形成。薄层很可能是在冷冻干燥过程中被冰晶压成层状的。在放大倍数的弦切面 [图 4-26(h)] 中可以观察到，脱除半纤维素后，结构发生破坏的裂纹增多，均沿射线细胞开裂。可在图 4-26(i) 中明显观察到纤维素细胞壁中的纤维暴露。

如图 4-26(j) 所示，经水热反应负载 PdNPs 后，层状结构没有明显的变化 [图 4-26(k)] 且能观察到大量的 PdNPs [图 4-26(l)]。化学元素独特的结合方式和丰富、活跃的官能团使得大量 PdNPs 均匀分布在木材基底上，并且没有发生任何团聚。综上所述，亚氯酸盐-碱水解法成功地脱除了木材的半纤维素和木质素，并且水热法成功负载了 PdNPs。

为了考察成功负载的 PdNPs 在 DHWSPd 上的分布情况，进一步用 TEM 观察了合成的 PdNPs 的形状并鉴定了晶体结构 [图 4-27(a)]。随后，通过选区电子衍射 (SAED) 结果 [图 4-27(b)]，确定了在 DHWSPd 中存在的 PdNPs 的面心立方结构。此外，在高分辨率透射电子显微镜 (HRTEM) 图像中 [图 4-27

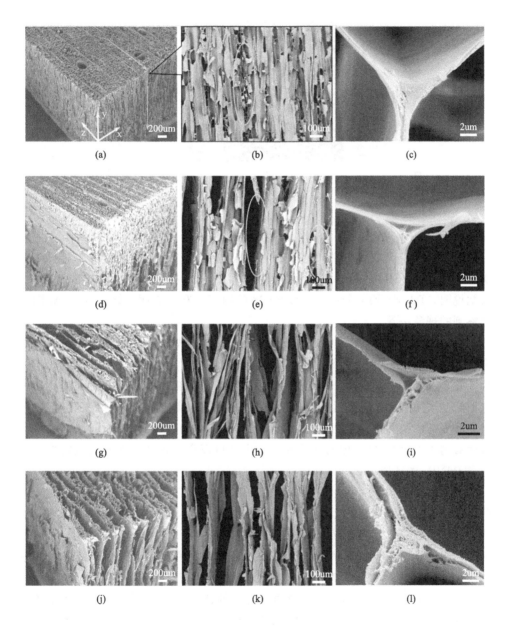

图 4-26　NWS、DLWS、DHWS 和 DHWSPd 的 [(a)，(d)，(g)，(j)] 立体、
[(b)，(e)，(h)，(k)] 纵切面和 [(c)，(f)，(i)，(l)]
胞间角的 SEM 图像

（c）〕观察到 Pd 的晶格条纹。

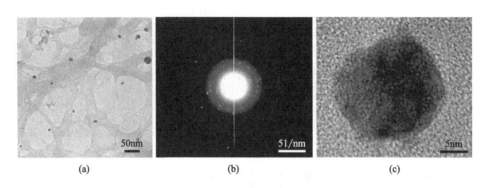

图 4-27　DHWSPd 中 PdNPs
（a）TEM 图像；（b）相应的 SAED 图像；（c）HRTEM 图像

为了进一步确定 PdNPs 的负载和分布状况，进行了 EDS 测试。如图 4-28 所示，在 DHWSPd 的横切面、弦切面和纵切面均观察到了均匀分布的 PdNPs。由此说明，PdNPs 均匀分布在 DHWSPd 的内表面和外表面，结果与 SEM 图像观察到的现象一致。

对 NWS 和 NWSPd 进行红外光谱仪测试，结果如图 4-29（a）所示。可以观察到在 $1592cm^{-1}$、$1505cm^{-1}$ 和 $1462cm^{-1}$ 处出现了 NWS 中关于木质素的特征峰，在 $1736cm^{-1}$ 和 $1242cm^{-1}$ 处出现了与半纤维素有关的峰。而在水热反应发生后，这些特征峰都发生了不同程度的减弱，其中木质素相关的特征峰（$1242cm^{-1}$）和半纤维素相关的特征峰（$1736cm^{-1}$）减弱比较大，是因为活性基团参与了 PdNPs 的还原而被消耗了。由此可以说明木材表面的活性官能团参与了 PdNPs 的还原。

对 NWS、DLWS、DHWS 和 DHWSPd 进行 FT-IR 分析，结果如图 4-29（b）所示。其中木质素在 $1592cm^{-1}$、$1505cm^{-1}$ 和 $1462cm^{-1}$ 处的特征峰在亚氯酸盐处理后消失，说明亚氯酸盐处理成功脱除了巴沙木中的木质素。用碱水解处理后，半纤维素在 $1736cm^{-1}$ 和 $1242cm^{-1}$ 处的特征峰消失，说明半纤维素被成功脱除，此时巴沙木成分仅剩纤维素骨架。其中能够参与 PdNPs 还原的木质素相关的特征峰（$1242cm^{-1}$）和半纤维素相关的特征峰（$1736cm^{-1}$）由于木质素和半纤维素被脱除而减弱甚至消失，DHWSPd 与 DHWS 的特征峰相比基本没有差别，说明了木材中能够参与 PdNPs 还原的活性基团减少。

如图 4-30（a）所示，除脱水外，NWS 的 TG（热重分析）曲线显示出两个失重阶段。在 200℃ 时，失重主要因为纤维素和半纤维素的损失；在 400℃ 时，木质素开始热氧化。从图 4-30（b）中可以观察到，半纤维素、纤维素和木质素

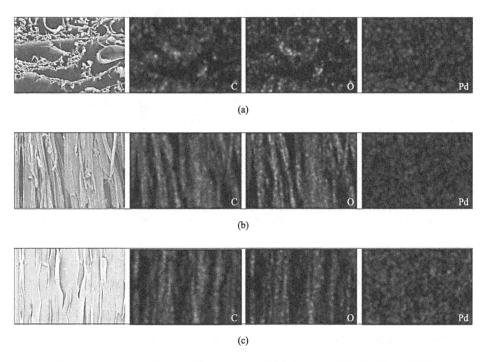

图 4-28　DHWSPd 的（a）横切面、（b）弦切面和（c）纵切面的 EDS 结果

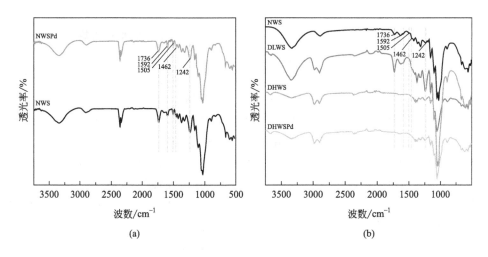

图 4-29　NWS 和 NWSPd（a）以及 NWS、DLWS、DHWS 和
DHWSPd（b）的 FT-IR 谱图

的最大热分解分别发生在 284℃、298℃和 396℃。在负载 PdNPs 后，热分解则集中在 292℃左右，说明 PdNPs 的负载降低了木材的热稳定性。

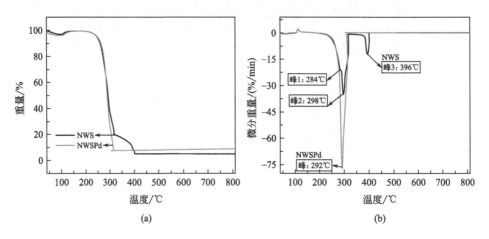

图 4-30　NWS 和 NWSPd 的 TG 曲线图（a）和 DTG 曲线图（b）

通过测量和计算巴沙木在脱除木质素和半纤维素时的质量变化，得出木质素和半纤维素的脱除率分别为 (27.2±2.2)% 和 (31.1±0.8)%。为了进一步确定脱除木质素和半纤维素后木材组分的变化以及热稳定性变化，用热重分析（TG）和差热分析（DTG）分别测试了 NWS、DLWS、DHWS 和 DHWSPd，结果如图 4-31 所示，脱除组分后，失重阶段发生了微小的变化。半纤维素、纤维素和木质素的失重阶段的温度在图 4-31(b) 中具体标出。而负载 PdNPs 的 DHWSPd 仅有一个失重阶段，并集中在 300℃左右。说明组分移除对木材的热稳定性改变不大，负载 PdNPs 会降低木材的热稳定性。

为了通过化学特性进一步验证负载在 NWS 中的 PdNPs 的还原，研究了 NWS 和 NWSPd 的晶体结构。如图 4-32(a) 所示，每个样品中都可以在 $2\theta=16.5°$ 和 $22.5°$ 处观察到典型的纤维素 I 型特征峰，分别对应于 (101) 和 (002) 晶面，这表明 PdNPs 负载在 NWS 上并没有改变纤维素的晶体结构。同时，在 $2\theta=40.1°$、$46.6°$、$67.9°$、$82.4°$ 和 $86.4°$ 处出现的峰分别对应于 PdNPs 的 (111)、(200)、(220)、(311) 和 (222) 晶面，证实了 Pd(Ⅱ) 成功还原为 Pd(0)。由于 PdNPs 的强度覆盖了纤维素的强度，使 NWSPd 中的纤维素结晶峰强度降低。综上所述，NWS 的主要结晶成分是具有 I 型结构的纤维素，并且证实了负载 PdNPs 的 NWSPd 的成功制备。

NWS、DLWS、DHWS 和 DHWSPd 的晶体结构测试结果如图 4-32(b) 所示，证明 PdNPs 成功地负载到 DHWS 上。在图中每个样品中都可以观察到典型的纤维素 I 型特征峰，说明脱除木质素和半纤维素的过程没有改变纤维素的

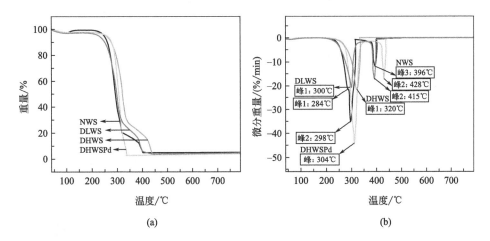

图 4-31　NWS、DLWS、DHWS 和 DHWSPd 的 TG 曲线（a）和 DTG 曲线（b）

Ⅰ型结晶。同时，观察到了 PdNPs 的五个特征峰，证实了 Pd(Ⅱ) 成功还原为 Pd(0)。但是，对比 DHWSPd 和 NWSPd 中钯的五个特征峰可以发现，DHWSPd 的钯的特征峰比 NWSPd 的钯的特征峰强度弱很多，且（220）和（222）晶面几乎不能看到，这是因为经过亚氯酸盐-碱水解法脱除木质素和半纤维素后，减弱了木材基底表面的化学活性，也降低了还原和负载 PdNPs 的能力。

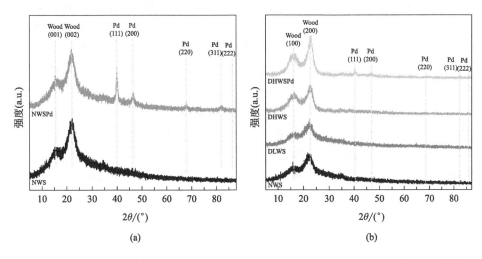

图 4-32　NWS 和 NWSPd（a），NWS、DLWS、DHWS 和 DHWSPd（b）的 XRD 图谱

同样，XPS 光谱被用来检测 DHWSPd 的化学成分和负载在 DHWSPd 上的 PdNPs 的氧化状态。如图 4-33(a) 所示，286eV、534eV 和 340eV 处的峰分别对

应了 C 1s、O 1s 和 Pd 3d，这清楚地表明 PdNPs 已成功负载到 DHWS 上。同时，图 4-33(b) 显示了 DHWSPd 的 Pd 3d 峰的高分辨率 XPS 谱图，峰值位于 343.58eV 和 348.78eV，分别归因于 Pd 3d$_{5/2}$ 和 3d$_{3/2}$。这些结果与 XRD 和 TEM 的测量结果一致，表明在没有任何还原剂的情况下，DHWS 成功地通过水热反应负载了 PdNPs。

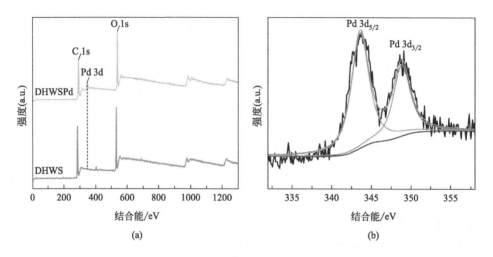

图 4-33　DHWS 和 DHWSPd 的 XPS 谱图（a），以及 DHWSPd 的 Pd 3d 谱图（b）

超亲水特性有利于提高过滤材料与水中染料污染物的接触面积，进而提高降解速率。水下超疏油特性可以防止在降解过程中发生的油污染导致膜孔堵塞的问题，因此，迫切需要更好的防油污能力的膜来处理染料废水。NWS 因为其开放式框架结构，是一种理想的高通量的污水处理候选材料，一般通过去除疏水成分（如木质素）和增加粗糙度来提高其性能。用接触角测量仪来测试 NWS、DLWS、DHWS 和 DHWSPd 的润湿行为，结果如图 4-34 所示。5μL 的水滴分别接触 NWS 和 DHWSPd，水滴在 116.83s 内展开并渗透到 NWS 中 [图 4-34 (a)]，水滴在 0.04s 内浸润并渗透到 DHWS 中 [图 4-34(c)]。由此结果可以说明部分脱除木质素和半纤维素可以大幅提高 DHWS 的亲水性和透水性，同时负载 PdNPs 通过增大粗糙度也有利于提高亲水性。对于水下油的润湿性，NWS 和 DHWSPd 表现出了相似的水下疏油能力。如图 4-34(b) 和（d）所示，NWS 和 DHWSPd 的水下油接触角分别为 150.4° 和 150.8°。这表明 DTWSPd 具有较好的水下超疏油性，因为 DHWSPd 的超亲水性将水困在粗糙的结构中，从而减少了 DHWSPd 表面与油滴的接触面积，为水处理过程中防止油污染提供了保障。

为了更好地考察 DHWSPd 在水下的疏油能力，对水下油滴与 DTWSPd 接触过程中的黏附行为进行了测试。在加压和释压的过程中，被挤压的油滴在水

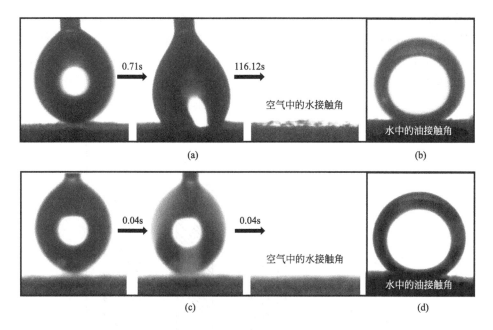

图 4-34 NWS 和 DHWSPd 对空气中的水的润湿性［(a) 和 (c)］
以及水下的油的润湿性［(b) 和 (d)］

下与 DTWSPd 充分接触，在释放过程中油滴保持球形（图 4-35），这说明
DHWSPd 在水下与油滴的黏附力很弱。结果表明，DHWSPd 在水下具有较好的
抗油黏附性能。

图 4-35 水下油接触 DHWSPd 的过程照片

为了进一步考察脱除部分木质素和半纤维素对木材基底结构的影响，用压汞
法对 NWS、DLWS、DHWS 和 DHWSPd 的孔隙率等进行了测试，孔隙率如图
4-36 所示。显然，脱除木质素后 DLWS 的孔隙率从 76.07％增加到 88.30％，表
明木质素的脱除增加了 DLWS 的孔隙率。脱除半纤维素后，孔隙率从 DLWS

的 88.30％增加到 DHWS 的 92.58％。结果表明半纤维素的脱除进一步增加了
DHWS 的孔隙率，这与扫描电镜观察到的细胞壁厚度减小等结果是一致的。
DHWS 的较高的孔隙率是后续水热反应中成功负载 PdNPs 的一个重要条件。水
热反应后，DHWSPd 的孔隙率为 91.54％。孔隙率升高为提高水通量和降解染
料的效率提供了广阔的空间。

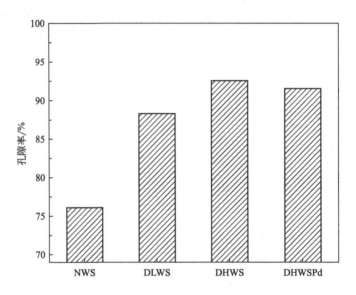

图 4-36　NWS、DLWS、DHWS 和 DHWSPd 的孔隙率

为了进一步评价 DHWSPd 的催化性能，采用了 4-NP 还原反应模型进行催
化降解性能测试，如图 4-37 所示，在 110s 后表现出典型的 DTWSPd 快速降解。
另外，利用 DHWSPd 对 20mg/L 浓度的 4-NP 的降解能力进行进一步研究。在
降解发生后，伴随溶液中黄色消失，4-NP 紫外特征峰（400nm）消失，产生新

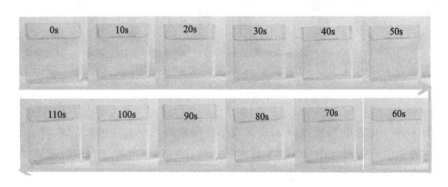

图 4-37　110s 内 4-NP 降解的照片

的 4-AP（对硝基苯胺）吸收峰（295nm）（图 4-38）。

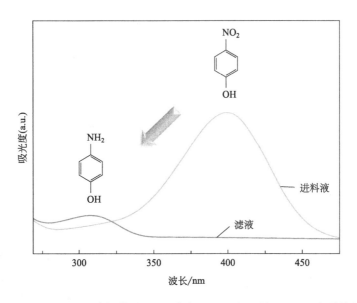

图 4-38　DHWSPd 降解前后 4-NP 溶液（20mg/L）的 UV-Vis 光谱结果

首先，利用浓度为 20mg/L 的 4-NP 对 DHWSPd 的催化降解动力学进行研究，以探讨 4-NP 的降解机理。用 UV－Vis 测量了不同时间间隔 4-NP 的浓度比（A_t/A_0）。A_t/A_0 随时间的指数曲线显示为一级动力学 ［图 4-39（a）］。根据 $\ln(A_t/A_0)$ 与时间的线性关系图 ［图 4-39（b）］，计算出 DHWSPd 的速率常数为 $1.51\mathrm{min}^{-1}$。综上所述，DHWSPd 表现出优异的 4-NP 降解能力，不仅可以

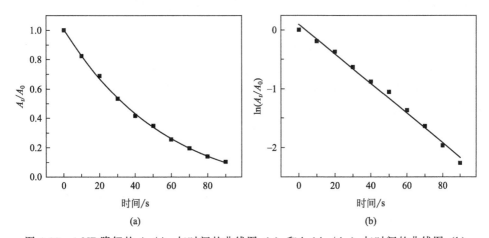

图 4-39　4-NP 降解的 A_t/A_0 与时间的曲线图（a）和 $\ln(A_t/A_0)$ 与时间的曲线图（b）

处理有害污染，而且产物 4-AP 可以参与生产，有利于环境友好和化学可持续发展。

在本研究中，我们以巴沙木为原料，对亚氯酸盐-碱水解体系制备的巴沙木/钯复合材料的染料催化降解的能力进行了研究，主要得出以下结论：

① 利用亚氯酸盐-碱水解体系预处理巴沙木，分两步分别去除了木质素和半纤维素，提高了材料的亲水性和孔隙率。结合水热反应还原、负载了 PdNPs 制备巴沙木/钯复合材料。该复合膜与水的接触角为 0°，水下油接触角为 151.8°，表现为超亲水性和水下超疏油性。发现了除去木材部分组分有利于提高水的透过性，为提高膜的亲水性和染料降解能力提供了启发。

② 亚氯酸盐-碱水解体系制备的巴沙木/钯复合材料，可以高效地降解对硝基苯酚染料，其染料降解效率达 96% 以上。对硝基苯酚有毒性，但其降解产物对硝基苯胺无毒且为工业原料之一，所以降解对硝基苯酚不仅可以处理有害污染，而且降解产物可以参与生产，有利于环境友好和化学可持续发展。

综上所述，本工作通过亚氯酸盐-碱水解体系预处理，提高了木材基底的亲水性和水透过能力，虽然这种化学预处理方法降低了木材表面的化学活性，不利于 PdNPs 的负载，但有助于推进木材在过滤材料中的应用，为更环保地处理染料废水提供了新的途径。

4.1.6 真空-高压浸渍法

浸渍法的基本原理：a. 固体的孔隙与液体接触时，由于表面张力的作用而产生毛细管压力，使液体渗透到毛细管内部；b. 活性组分在载体表面上的吸附。为了增加浸渍量或浸渍深度，可预先抽空载体内空气再加压，使用真空-高压浸渍法。本课题组采用真空-高压浸渍法将二氧化硅前驱液装载于木材孔道内部，使二氧化硅纳米粒子原位生长于木材孔道中，具体操作如下。

① 杨木的预处理：锯取远离木材端的试材，尺寸为 25mm×25mm×25mm，刮净毛刺及锯屑，放置在温度为 103℃的烘箱内烘至绝干。

② 溶胶-凝胶处理：将体积比为 1∶1∶9 的正硅酸乙酯、氨水与无水乙醇充分混合后，迅速将预处理后的杨木适材浸没于混合液中，放置于真空加压设备内，抽真空至 0.2MPa 处理 30min，恢复至常压 30min，加压至 0.8MPa 处理 2h；从真空加压设备中取出，在室温常压下反应 2h，在无水乙醇中漂洗后，进行 60℃真空干燥。

③ 疏水性处理：选取十八烷基三氯硅烷（OTS）配制 1% 的乙醇溶液，将上述处理后的杨木适材浸没其中改性 1～2h，干燥后即得到超疏水性杨木材料样品。

在碱性环境中正硅酸乙酯的水解缩聚反应分为两步：

ⅰ. 水解反应：

$$Si(OC_2H_5)_4 + 4H_2O \longrightarrow Si(OH)_4 + 4C_2H_5OH$$

ⅱ. 缩聚反应：

$$(HO)_3Si—OH + HO—Si(OH)_3 \longrightarrow (HO)_3Si—O—Si(OH)_3 + H_2O$$
$$(HO)_3Si—OH + HO—Si(OC_2H_5)_3 \longrightarrow (HO)_3Si—O—Si(OC_2H_5)_3 + H_2O$$

第一步正硅酸乙酯水解形成羟基化的产物和乙醇，水解不一定完全；第二步硅酸之间或硅酸与不完全水解产物之间发生缩合反应，而不完全水解产物上的乙基有可能继续水解，然后再与硅酸反应。实际上第一步和第二步的反应是同时进行的，其过程非常复杂，想要独立地描述水解和缩聚反应过程几乎不可能。因此，SiO_2 纳米球在正硅酸乙酯不断地水解及其水解产物的不断缩合过程中形成，且通过上面的反应式可以推测二氧化硅球体表面连有大量未反应的硅羟基。

为了证明反应液经过真空高压已注入杨木内部，并经过进一步的水解缩聚反应在杨木内部合成二氧化硅纳米球，我们将处理后的杨木锯开，并进行了扫描电镜表征。图 4-40 为杨木试件被锯开以后的扫描电镜图像，显然试件内部布满了二氧化硅纳米球。而且通过图 4-40(c) 可知，该过程合成的二氧化硅粒径分布极为不均，下至几十纳米，上至几百纳米，这是由杨木的内部空间极为有限引起的。

(a) 放大100倍　　　　(b) 放大5000倍　　　　(c) 放大10000倍

图 4-40　杨木内部二氧化硅的扫描电镜图像

将处理后的杨木表层轻轻刮下进行红外检测即得到谱图 4-41。图中 $1054cm^{-1}$、$960cm^{-1}$ 和 $796cm^{-1}$ 处出现了二氧化硅的典型吸收峰，其中 $1054cm^{-1}$ 处的吸收峰是由 Si—O—Si 的反对称收缩振动引起的，$960cm^{-1}$ 处的吸收峰是由 Si—OH 的弯曲振动引起的，而 $796cm^{-1}$ 处的吸收峰则是由 Si—O

的对称收缩振动引起的。但这些峰与二氧化硅的标准峰又略有差异，尤其处理后试件的 Si—OH 振动峰相较于二氧化硅的标准峰明显地减弱，这是由改性剂十八烷基三氯硅烷与 Si—OH 的结合引起的。而另外两处峰，—CH$_3$ 和—CH$_2$ 的非对称伸缩振动吸收峰 2925cm^{-1} 与对称伸缩振动吸收峰 2854cm^{-1}，则进一步证明了起疏水作用的 OTS（存在长链烷基）已经成功地接枝于二氧化硅微球表面。综上所述，本研究已经通过真空加压的方式在杨木内部合成了二氧化硅，并通过十八烷基三氯硅烷的进一步修饰制得了超疏水性杨木。

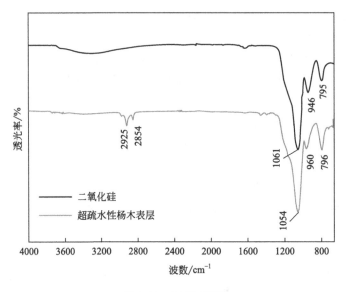

图 4-41　FI-IR 光谱

　　为了进一步观测杨木内部处理前后的变化情况，我们对试件分别做了横切和纵切样本的扫描电镜表征。如图 4-42(a) 和 (b) 所示，未处理的杨木内部较为光洁，其内部存在较多纵向平行排布的导管结构（直径为 20～80μm），而导管内部则均匀地分布着具缘纹孔结构（直径为 1～2μm）。经真空加压处理后，杨木内部填充着大量的球状二氧化硅，无论是横切还是纵切图像，其表面都较未处理杨木试件更为粗糙。而图 4-42(c) 和 (d) 则清晰地呈现了这一现象：二氧化硅纳米球不但充满了杨木内部的导管结构，而且做到了对具缘纹孔结构的完全覆盖。显然，无论是杨木的横切还是纵切扫描电镜图像，都向我们展示了杨木本身微米结构（导管/具缘纹孔结构）与二氧化硅微球纳米结构的完美结合，这是获得超疏水性界面的必备条件之一。最重要的是通过杨木导管这种微米级结构作为支撑，对其内部的纳米级二氧化硅微球起到了保护作用。因而该微米/亚微米级结构更难被破坏，这是高强度超疏水性杨木得以成功制得的关键。

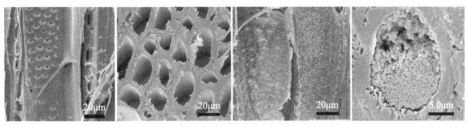

(a) 处理前1000倍　　(b) 处理前5000倍　　(c) 处理后1000倍　　(d) 处理后5000倍

图 4-42　杨木扫描电镜照片

　　由图 4-43 可知，仅填充二氧化硅的杨木，其表面与水的接触角为 0°，水滴在其表面很快铺展开来；仅经过低表面能物质 OTS 处理的木材，其表面与水的接触角为 128°；经过真空加压/溶胶-凝胶作用后，杨木表面与水的接触角可达 153°；而未处理杨木表面与水的接触角为 68°。

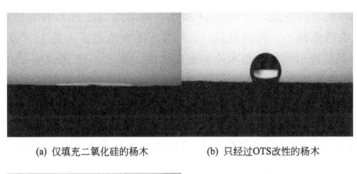

(a) 仅填充二氧化硅的杨木　　　　(b) 只经过OTS改性的杨木

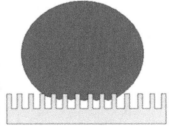

(c) 超疏水性杨木　　　　　　　(d) Cassie模型

图 4-43　杨木样品接触角照片

综上可以推断出以下结论：
① 二氧化硅本身是亲水性的，复合了二氧化硅的杨木表面更为亲水；
② OTS 的修饰是杨木表面达到疏水标准（与水的接触角＞90°）的关键，但

仅有 OTS 的修饰无法达到超疏水标准（与水的接触角＞150°）；

③ 纳米二氧化硅与杨木的复合结构是获得超疏水性木材试件的重要因素。

二氧化硅/杨木复合结构与 OTS 的进一步修饰是制得超疏水性杨木材料的必备条件，且缺一不可。试件表面的润湿性能通过 Cassie 方程描述如下：

$$\cos\theta_1 = f_1\cos\theta - f_2$$

式中，θ_1 为超疏水性杨木表面与水的接触角，153°；θ 为仅通过 OTS 修饰的杨木与水的接触角，128°；f_1 为杨木与水的接触面积分数；f_2 为空气与水的接触面积分数，且 $f_1 + f_2 = 1$。根据方程式可以算出 f_1 为 28.4%，f_2 为 71.6%，这说明当水滴滴到试件表面时，水与杨木/二氧化硅复合结构接触，其中接触空气与接触固体的比例约为 7∶3，即杨木表面的微米/亚微米结构中空隙与固体材料的比例约为 7∶3，如图 4-43(d) 所示。因此，杨木表面的超疏水性是表面粗糙度和十八烷基三氯硅烷分子共同作用的结果。

基于材料的稳定性在实际应用过程中的决定性作用，我们对处理后杨木的整体性能进行了进一步的检测与评估。而超疏水性材料主要依靠材料表面的超疏水性能来完成服役性能，所以我们通过测定不同实验条件下试件与水的接触角，来评估制得杨木的稳定性能。如图 4-44 所示，随着暴露于外界时间的推移，材料表面接触角在慢慢减小。在测试的 40 天内，接触角由原来的 153°减小至 148°，仅减小 5°，仍呈现出优异的防水性与耐氧化性。而图 4-45 则说明了在 pH=2 与 pH=12 的溶液中浸泡下，杨木与水的接触角随时间的推移所呈现的变化情况。在测试的 120min 内，接触角由原来的 153°减小至 146°，仅减小 7°，仍呈现出良好的防水性与耐腐蚀性。综上所述，处理过的杨木经过暴露于外界和沉浸在酸碱性溶液的检测后，其化学性能相对稳定，具备良好的抗氧化性能与耐腐蚀性能。

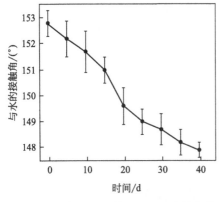

图 4-44　试件暴露于外界后的疏水性变化

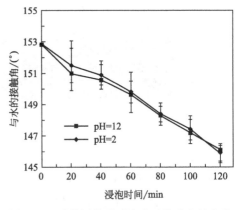

图 4-45　试件浸没酸碱溶液后的疏水性变化

　　另外，我们还对该杨木进行了机械稳定性能的检测与评估。首先，我们利用砂纸对试件进行打磨，结果表明杨木纵切面的疏水性能极容易被破坏，而杨木横切面的疏水性能非常牢固。这是由于杨木纵切面的二氧化硅所构成的微纳米级粗糙结构经打磨时的受力面积较大，机械稳定性较差；而杨木横切面的二氧化硅填充在管孔内，当砂纸对其打磨时的受力面积较小，此时的管孔在一定程度上对二氧化硅起到了保护作用。另外，我们发现该杨木的横切面即使经过刀刮也仍能表现出良好的防水性能，充分体现其高强度的超疏水性与机械耐久性。

　　将正硅酸乙酯、氨水、乙醇通过真空加压的方式注入杨木内部，使二氧化硅于杨木导管内部进行溶胶-凝胶作用，而合成的纳米级二氧化硅与杨木的微米级导管共同地创造了便于超疏水性界面合成的二维多级高强度的粗糙结构。而经过十八烷基三氯硅烷的进一步修饰，该杨木不但获得了突出的超疏水性能，其接触角可达153°，而且得到了更为显著的化学与力学稳定性能，杨木沉浸于腐蚀性液体（酸液/碱液）和暴露于外界的条件下仍保留优异的超疏水性能，利用砂纸打磨或刀刮后，杨木的横切面仍能表现出良好的防水性能。最重要的是，本实验制得的超疏水性复合杨木具有十分广阔的应用前景，除了被提高的物理性能与机械强度以外，还可以赋予其优异的防腐、防雪、防污染、抗氧化性能，大大开拓了家具、地板、建筑等材料生产销售市场，同时，更为超疏水性木材领域的进一步发展提供了良好的技术支持。

4.1.7　磁控溅射法

　　物理气相沉积（PVD）是使材料源表面气化成原子、分子，并沉积在基体表面形成具有某种特殊功能的薄膜技术，主要分为真空蒸镀、派射和离子镀三大类。作为一种物理气相沉积方法，磁控溅射技术是一种重要的沉积镀膜手段，其工作原理如下：在阴极靶材与阳极基底之间施加直流电压形成电场，真空环境下通入一定流量氩气（Ar），Ar与电子（e^-）碰撞发生电离产生阳离子 Ar^+，Ar^+ 因磁场作用被束缚在阴极靶材区域，并加速轰击靶材，被派射出的气相中性靶材原子自由沉积在基底形成镀层。目前，磁控溅射已成为沉积各种重要工业涂层（例如：耐磨涂层、低摩擦涂层、耐腐蚀涂层、装饰涂层和具有特定光学或电学特性的涂层）的工艺替代方法。与化学气相沉积、溶胶-凝胶处理、静电纺丝和化学蚀刻法等传统方法相比，这种方法更简单，更易于控制，适用于任何形状的基材，不需要严苛的操作条件。

　　Bang 等通过射频磁控溅射技术将 ZnO 薄膜沉积在具有不同缓冲层厚度的 c 面蓝宝石衬底上来改善其粗糙度。Khedir 等通过磁控溅射技术制备了一维纳米结构薄膜。Kozono 等研究了 Fe 和 Cu 单层薄膜的结构和磁性。然而，鲜有关于在木材表面磁控溅射铜层的研究报道。目前，大多木质工艺品的表面保护基本都是通过表面刷漆打磨，该方法常常使木材失去其天然粗糙手感，同时也封闭了木材表面的多孔结构，使其失去挥发性油、树脂、树胶、芳香油等独特的气味。芳香油这种独特的香气可以影响人的神经、内分泌系统，降低由精神压力引起的抑郁，同时这种香气可以使人放松，气氛温馨。鉴于此，本研究通过直流磁控溅射的方式（图 4-46），在木材横切面的细胞壁上生长 30～150nm 厚度的 Cu 微纳颗粒，探讨膜层溅射厚度对木材表面形貌的影响，希望利用膜层的形貌与木材孔道结构的搭配，形成具有一定粗糙度的微/纳层级结构，经低表面能物质修饰后，达到超疏水效果，具体实验方法参见文献。

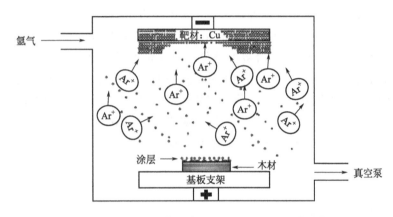

图 4-46　通过磁控溅射设备在木基板上沉积铜膜示意图

　　木材横切面表面溅射不同厚度 Cu 膜的表面形貌如图 4-47 所示。天然木材表面横切面呈现一种多孔道排列结构，这种结构由细胞壁、细胞腔组成，细胞腔孔洞直径在 5～10μm，在细胞壁的表面可以看到裸露的纤维结构 [图 4-47(a)]，这是由于木材本身具有一定的韧性，当受外力破坏时，以韧性方式断裂而残留断裂痕迹。当溅射沉积 30nm 厚 Cu 薄膜时，不规则的纳米片状结构零星站立在细胞壁表面，呈现直立三角结构，长度在 1～5μm 左右，且分布不均匀 [图 4-47(b)]。当溅射 50nm 厚 Cu 薄膜时，这种不规则纳米片均匀分布在木材横切面上 [图 4-47(c)]。这表明溅射的 Cu 膜呈现岛状模式生长。随着溅射膜厚度的增加，在厚度达到 100nm 时，原本竖直生长的纳米片状结构相互粘连，呈现一种覆盖木材横切面孔洞结构的趋势 [图 4-47(d)]。当溅射厚度达到 150nm 时，整个木材横切面被 Cu 薄膜所覆盖，孔道结构完全被封闭，薄层形貌呈现一种半分裂球状团聚结构 [图 4-47(e)]。对于样品表面的能谱图 [图 4-47(f)]，溅射元素除 Cu 以外，只有木材自身 C、O 元素，并无其他杂质元素存在。

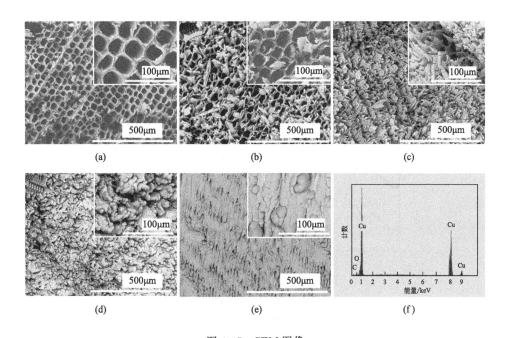

图 4-47　SEM 图像

(a) 原始木材；(b)～(e) 30nm、50nm、100nm、150nm 沉积厚度的
Cu 处理木材；(f) Cu 处理木材的 EDS 谱图

由图 4-48b 可知，14.91°和 23.1°处为原始木材的纤维素（101）和（002）晶面。Cu 具有面心立方体结构（JCPDS 4-0836）。如图 4-48a 所示，Cu 处理木材的 XRD 谱图中出现三个主峰，即 43.30°、50.43°和 74.13°，分别归因于具有取向面（111）、（200）和（220）的立方铜相，表明在木材表面制备的涂层是纯铜。

为了获得超疏水表面，用全氟羧酸作为低表面能物质来改性铜处理木材。图 4-49 显示了 Cu 处理木材和原始木材的 FTIR 谱图。原始木材的—OH 伸缩振动在 3330.29cm^{-1} 处，疏水 Cu 处理木材的—OH 伸缩振动在 3338.48cm^{-1} 处，强度相对降低，发生较大偏移。这表明疏水 Cu 处理木材的亲水基团较原始木材减少，而且疏水 Cu 处理木材的 FTIR 谱图中出现两个新的特征峰，分别是 1681.32cm^{-1} 和 1602.52cm^{-1}，源于 C=O 的伸缩振动，即 COO$^-$ 与 Cu^{2+} 相结合。这主要是因为全氟羧酸溶解在乙醇溶液中呈酸性，Cu 纳米片与酸性溶液反应生成 Cu^{2+}，而 Cu^{2+} 与羧酸又生成相应物质铜羧酸盐。另外，位于 1208cm^{-1} 和 610cm^{-1} 处的吸收峰是—CF、—CF$_2$ 和—CF$_3$ 的特征峰，表明氟碳基团已经修饰于 Cu 处理木材表面，制得超疏水性木材，反应方程式如下：

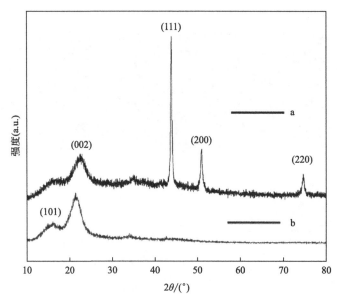

图 4-48　XRD 谱图

a—Cu 处理木材；b—原始木材

$$2Cu+O_2+4H^+ \longrightarrow 2Cu^{2+}+2H_2O \qquad (4\text{-}4)$$

$$2Cu^{2+}+4CF_3(CF_2)_8COOH \longrightarrow Cu_2[CF_3(CF_2)_8COO]_4+4H^+ \quad (4\text{-}5)$$

根据反应方程式（4-4），Cu^{2+} 从铜纳米片中释放到全氟羧酸溶液中，而 Cu^{2+} 通过与全氟羧酸分子的配位被捕获，根据反应方程式（4-5）可以推断，经全氟羧酸改性后，Cu 处理木材表面上形成了疏水层。

如图 4-50(a) 所示，原始木材具有亲水性，与水的静态接触角（CA）仅为 69°。由全氟羧酸改性木材的表面 CA 增加到 131°，显示出良好的疏水性［图 4-50(b)］。沉积 50nm 厚度 Cu 层的木材亦呈现疏水性，其 CA 为 142°，SA（滚动角）为 15°［图 4-50(c)］；如图 4-50(d) 所示，当 Cu 层厚度增加至 100nm 时，木材的 CA 减小至 125°，即 Cu 层厚度为 50nm 的木材处理效果最佳。经全氟羧酸改性后，木材表面表现出优异的超疏水性，此时水（5μL）在木材表面呈球形，其 CA 为 154°±1°，极易滚落，其 SA 为 3.5°。

为了进一步了解表面粗糙度与水润湿行为之间的关系，Wenzel 和 Cassie 模型被引用。当不规则层状 Cu 沉积在木材表面的厚度为 50nm 时，木材表面粗糙度明显提高，此时会有更多空气被捕获于木材表面的空隙或空腔中，根据 Cassie 模型：

$$\cos\theta_c = f(\cos\theta+1)-1 \qquad (4\text{-}6)$$

式中，f 是固体/液体接触所占体积分数；θ_c 和 θ 分别代表粗糙和光滑表面

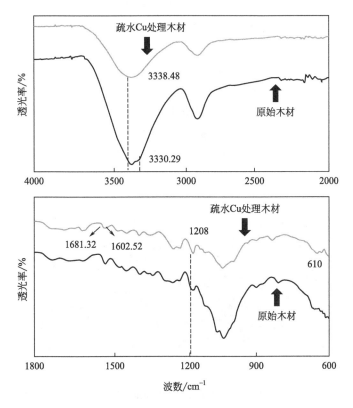

图 4-49　FTIR 谱图

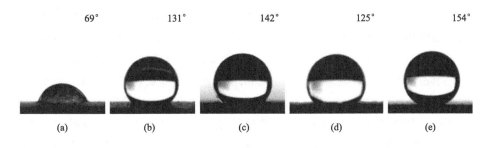

图 4-50　接触角图像

（a）原始木材；（b）全氟羧酸改性木材；具有（c）50nm 和（d）150nm 厚度 Cu
处理层木材；（e）全氟羧酸改性的 Cu 层厚度为 50nm 木材

上的 CA。其中，θ_c 为超疏水性木材的 CA，为 154°；θ 为全氟羧酸改性的光滑表面的 CA，为 131°。经计算，液体滴于超疏水性木材表面时，液体与木材捕获的空气接触所占体积分数为 98%。

127

通过设计漏沙实验评估超疏水木材的机械稳定性，即选取 20g 沙粒（直径100～300nm），沙漏的底部距样品表面 30cm。经过 100 次漏沙冲击实验后，超疏水木材的微观形貌如图 4-51(a) 所示，大部分 Cu 纳米片状结构依然直立在木材横切面上，但在个别位置 Cu 纳米片缺失，将缺失的部位放大，如图 4-51(b) 所示，可以观察到被破坏的 Cu 纳米片断面以及暴露的细胞壁结构。图 4-51(c) 为经过不同次数漏沙冲击后，超疏水木材表面的接触角变化图像。结果显示，经 100 次漏沙冲击后，超疏水木材表面的接触角（CA）减小至 151°，滚动角（CAH）增加至 5.7°，依然具有优异的超疏水性能，表明超疏水木材突出的机械稳定性。

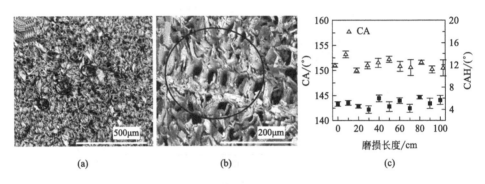

图 4-51 100 次漏沙冲击后的 Cu 处理木材表面的 SEM 图像 [(a) 和 (b)]
及经过不同漏沙冲击次数样品的润湿性变化 (c)

本研究还对样品经砂纸摩擦（磨损长度为 50～250cm）后的微观形貌与疏水性能进行了分析。如图 4-52(a) 所示，磨损长度为 50cm 时，可以观察到不规则形状的层状颗粒覆盖在木材表面。当磨损长度为 100cm 时，可以观察到木材表面零星的划痕，如图 4-52(b) 所示。随着磨损长度的增加，划痕区域逐渐扩大 [图 4-52(c) 和 (d)]，当磨损长度为 250cm，木材表面最初的垂直 Cu 纳米片状结构被破坏 [图 4-52(e)]。图 4-52(f) 显示了超疏水木材随着磨损长度增加的润湿性变化，如图所示，当木材样品磨损长度小于 150cm 时，其表面 CA 约为152°，SA 增加到 9.5°，仍然具备超疏水性能。当木材样品磨损长度为 200cm时，由于木材表面显著的粗糙度变化，裸露出高表面能部分，导致木材 CA 降低。当木材样品磨损长度为 250cm 时，其表面的 CA 骤降至 110° 以下，SA 增加到 30° 以上，这是由于砂纸摩擦破坏了木材表面垂直 Cu 纳米片状结构，继而导致木材超疏水性的丧失。

为了评估超疏水木材的化学稳定性，本课题组将超疏水木材浸入不同溶剂（例如水、丙酮、乙醇、甲苯、氯仿、甲醇等）中 72h 后进行其接触角测试，结

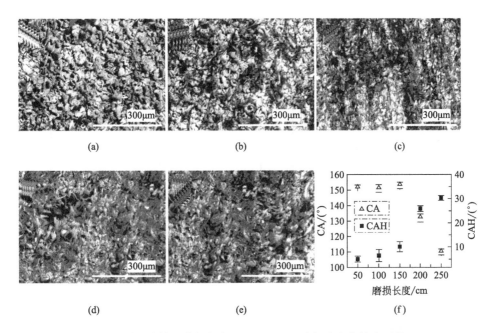

图 4-52　经砂纸摩擦（磨损长度 50～250cm）后超疏水木材表面的 SEM
图像 [(a)～(e)] 以及磨损长度对超疏水木材的接触角变化图像 (f)

果 [图 4-53(a)] 表明，通过本研究方法制得的超疏水性木材的化学稳定性优异。
另外，本课题组还研究了超疏水木材的热稳定性，具体将样品置于不同温度的水
中浸泡处理 1h，再对其表面进行疏水性测试。结果表明，超疏水木材可以抵抗
283～413K 水浸泡处理，并依然表现出对水的高排斥性 [图 4-53(b)]，显示其
优良的热稳定性。而且即使将木材样品暴露在室外环境 6 个月，其 CA 仍然大于
150°。这是因为木材表面的 $Cu_2[CF_3(CF_2)_8COO]_4$ 不与常规液体或溶剂作用，
在木材表面形成了稳定的微/纳分级结构，而氟烷基修饰在其表面进一步形成类
似聚芳酯的稳定结构，可阻止样品表面的破坏。

　　综上，本课题组通过直流磁控溅射技术开发了一种超疏水木材。探讨了 Cu
层厚度变化对木材表面疏水性能的影响，即沉积在木材横切面的 Cu 层厚度为
50nm 时，木材表面会均匀生长长度为 1～5μm 的垂直 Cu 纳米片结构，此时木
材表面最为粗糙，待以全氟羧酸完成其化学改性，即获得超疏水木材。此时，该
木材 CA 为 154°±1°，SA 为 3.5°，即使经过 100 次漏沙冲击、砂纸摩擦、热水
浸泡、有机溶剂浸泡等处理，依然保持良好的超疏水性能，表现出显著的化学与
机械稳定性。该方法可行有效，无需严格、复杂的操作要求，易于大面积完成不
同基材的超疏水表面处理。

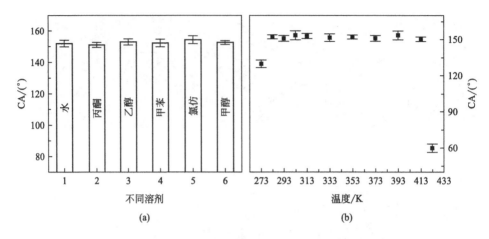

图 4-53　超疏水木材在不同溶剂中浸泡 72h 后的接触角变化图像（a）和
在不同温度下在水中浸泡 1h 后超疏水木材的接触角变化图像（b）

4.1.8　静电纺丝法

传统油水分离方法及其优缺点见表 4-2。

表 4-2　传统油水分离方法及其优缺点

传统油水分离方法	优点	缺点
离心旋流	操作方便,环境友好	能耗高,经济效益低,分离精度低
重力沉降	操作简单	分离效率及分离率低
浮选	应用方便,能耗较低	不适用于处理高黏度油,设备成本高
活性炭吸附	操作简单,应用范围广	选择性低,重复利用率低
电渗析	分离速度快	操作不便,分离精度较低
臭氧法	分离速度快,分离效果好	能耗高,环境不友好
微波辐射	分离速度快,无需添加剂	设备昂贵,应用范围窄
生物过滤	分离速率快,处理高效	应用范围窄,成本费用高
萃取过滤	效率高	成本费用高,环境不友好

　　电纺纳米纤维具有直径小、比表面积大、连续性好、结构可控等特点，其纤维膜具有较高的孔隙率和良好的孔道连通性，十分利于流体流动通过。据此，笔者采用静电纺丝法制备超亲水-水下超疏油性 PAN/SiO$_2$NPs 复合纤维膜，重点探讨该复合纤维膜孔隙结构与表/界面润湿性能的协同调控方法；根据含油废水性质对电纺纤维膜的润湿性行为及其油水分离机制进行定向设计与分析，并探究

了 PAN/SiO₂NPs 复合纤维膜对不同类型水包油乳化液的分离效果。

具体制备方法如下：

① 将 5mL 正硅酸乙酯、5mL 氨水、45mL 无水乙醇与 10mL 去离子水经 40℃磁力搅拌器充分混合，待搅拌 6h 并进一步静置老化 12h 后，将获得样品纯化、离心、干燥处理制得 SiO₂NPs；

② 将 PAN 溶解于 DMF 制备纺丝液（0.6g/mL），取适量纺丝液注入 5mL 注射器中，把高压直流电源正极夹在针头上，负极与铝箔纸板接收装置相连，调节施加电压（25kV）、纺丝液流出速度（1.5mL/h）、接收距离 ［(25±3)cm］、环境温度 ［(25±2)℃］ 以及相对湿度 ［(30±5)%］，利用 EADFS-100 型静电纺丝机制备 PAN 电纺纳米纤维膜，如图 4-54 所示，整个电纺过程持续进行 2h；

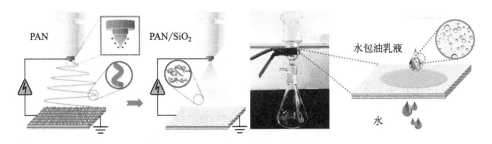

图 4-54　PAN/SiO₂NPs 复合纤维膜的制备及其油水分离应用

③ 进一步通过静电纺丝法在该 PAN 纤维膜表面构建 PAN/SiO₂NPs 微球复合层，即将 PAN 和 SiO₂NPs 分散于 DMF 中配制成 3%（质量分数）PAN＋4%（质量分数）SiO₂NPs 纺丝液，纺丝液流出速度为 0.84mL/h，工作电压为 25kV，以 PAN 电纺纳米纤维膜作为基底进行接收，接收距离为 (25±3)cm，环境温度控制在 (25±2)℃，相对湿度为 (40±5)%，整个电纺过程持续进行 3h，最终制得 PAN/SiO₂NPs 复合纤维膜。

T/W 乳化液：将 0.60g Tween80 加入 120mL 水中，然后加入 4mL 甲苯，将上述混合液搅拌 3h。

C/W 乳化液：将 0.32g Tween80 加入 120mL 水中，然后加入 2mL 氯仿，将上述混合液搅拌 3h。

H/W 乳化液：将 4mL 正己烷加入 120mL 水中，然后将上述混合液超声波处理 3h。

D/W 乳化液：将 4mL 甲苯加入 120mL 水中，然后将上述混合液超声波处理 3h。

结果表明，制得的 SiO$_2$NPs 呈规整球状，且其粒度分布均匀，平均粒径为 226.1nm，如图 4-55 所示。

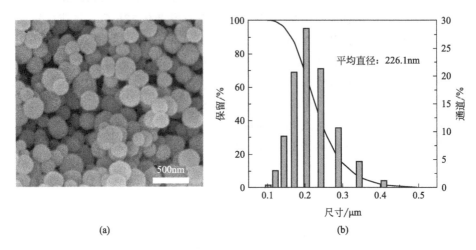

图 4-55　SiO$_2$NPs 的 SEM 图像（a）与粒度分布（b）

PAN 纺丝液呈黏稠状，在高压电场下迸射出细丝并逐渐叠加形成 PAN 纳米纤维膜，膜中的纳米纤维纵横交错形成高孔隙率的纤维网络，为液体的传输提供有利条件〔图 4-56(a)～(c)〕。电纺 PAN 纳米纤维膜丰富的孔隙保证水的高通量渗透，但过大的孔径导致其分离选择性偏低。为此，在电纺 PAN 纳米纤维膜表面进一步构筑 PAN/SiO$_2$NPs 纳米纤维/微球复合层制得 PAN/SiO$_2$NPs 复合纤维膜，如图 4-56(d)～(f) 所示，具有较好的纳米纤维（PAN）与纳米微球（SiO$_2$NPs）捆绑的复合网络结构，不但提高了 PAN/SiO$_2$NPs 复合纤维膜的结构稳定性，精细化了纤维膜的孔隙结构，更增强了纤维膜的超润湿性。此外，该 PAN/SiO$_2$NPs 复合纤维膜经过反复过滤、干燥后，没有出现明显的 SiO$_2$NPs 脱落现象，如图 4-56(g)～(i) 所示，具备较好的结构稳定性与耐久性。

由 SiO$_2$NPs 和 PAN/SiO$_2$NPs 样品的 FTIR 谱图图 4-57 可知，800cm^{-1}、937cm^{-1} 和 1060cm^{-1} 处分别为 Si—C 的伸缩振动吸收峰、Si—OH 的弯曲振动吸收峰和 Si—O—Si 的伸缩振动吸收峰，充分验证了 SiO$_2$NPs 的存在。在高频区 3423cm^{-1} 处出现的吸收峰则归因于 SiO$_2$NPs 表面硅羟基的 O—H 伸缩振动。PAN 的加入则弱化并部分迁移了 SiO$_2$ 的吸收特征峰，同时出现了新的吸收峰，例如：2254cm^{-1} 处 C≡N 的伸缩振动吸收峰，2852cm^{-1} 和 2937cm^{-1} 处 C—H 的对称伸缩振动吸收峰和非对称伸缩振动吸收峰，1630～1660cm^{-1} 附近处 C＝C 的伸缩振动吸收峰，如图 4-57(a) 所示。综上，PAN 与 SiO$_2$NPs 已经通过静电纺丝法成功复合制得超亲水-水下超疏油性 PAN/SiO$_2$NPs 复合纤维膜。

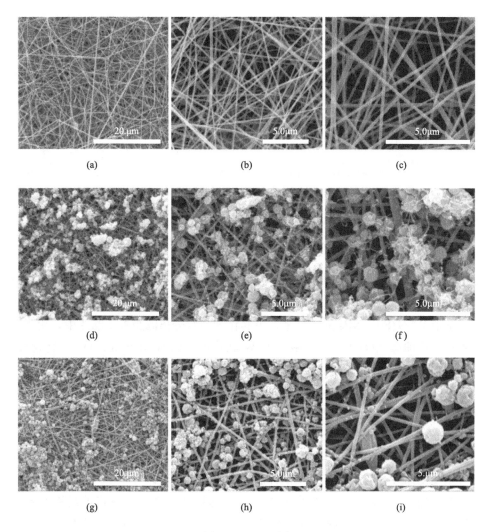

图 4-56　SEM 图

(a)～(c) PAN 纤维膜；(d)～(f) PAN/SiO$_2$NPs 复合纤维膜；

(g)～(i) 过滤、干燥后的复合纤维膜

材料表面的自由能和粗糙度是影响材料界面润湿性能的关键，SiO$_2$NPs 的负载明显提高了纤维膜的表面能和粗糙度。当水（亚甲基蓝染色）与二氯乙烷（苏丹Ⅲ染色）滴在 PAN/SiO$_2$NPs 复合纳米纤维膜表面时，表现出超亲水性 ［图 4-58(b)］ 与超亲油性 ［图 4-58(c)］；当 PAN/SiO$_2$NPs 复合纳米纤维膜置于水下，再在其表明滴加二氯乙烷时，二氯乙烷呈球形液滴浮于纤维膜表面，展现出良好的水下超疏油性 ［图 4-58(d)］；将被二氯乙烷或其他油污污染的 PAN/

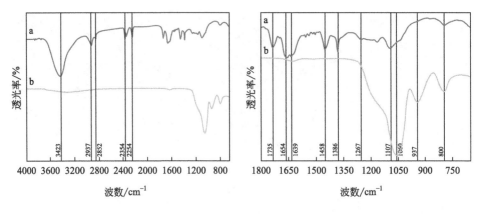

图 4-57   FTIR 图

a—PAN/SiO₂NPs 复合纤维膜；b—SiO₂NPs

SiO₂NPs 复合纳米纤维膜通过水进行冲洗，可以较容易地将其去除［图 4-58 (e)］，待干燥后又能够恢复原样［图 4-58(a) 和 (f)］。综上，可将该超亲水-水下超疏油 PAN/SiO₂NPs 复合纳米纤维膜作为油水分离滤膜置于漏斗中，用于分离各种水包油型（O/W）乳化液（T/W 乳化液、C/W 乳化液、H/W 乳化液、D/W 乳化液）。具体分离过程：将 O/W 乳化液倾倒于经水润湿的 PAN/SiO₂NPs 复合纳米纤维膜表面，由于重力水将缓慢滤过落入量筒，油滴被截留在纤维膜表面，滤液愈加澄清透明，如图 4-58(g)～(i) 所示。结果表明，经该 PAN/SiO₂NPs 复合纳米纤维膜处理，T/W 乳化液、C/W 乳化液、H/W 乳化液、D/W 乳化液的回收率均在 85% 以上［图 4-58(j)］，具有良好的分离效率以及可重复使用性，有望用于大规模含油废水的分离处理。

为评估 PAN/SiO₂NPs 复合纳米纤维膜的抗酸碱性，样品将被浸泡在不同 pH 溶液中并通过二氯乙烷测其接触角（OCA），待其干燥后，再测其与水的接触角（WCA）。如图 4-59(a) 所示，即使强酸强碱条件下，WCA 始终不变，一直保持为 0°，表现出超亲水性，但其水下疏油性能随溶液 pH 值呈抛物线型轨迹变化，即当 pH=7 时，OCA 最大为 153°，随着 pH 降低或升高，OCA 略微减小，且其水下疏油性在酸性溶液中较在碱性溶液中下降较缓，但始终保持在 125°以上，表现出较好的耐酸碱性。另外，基于机械稳定性对材料实际应用的决定性作用，笔者对 PAN/SiO₂NPs 复合纳米纤维膜的抗摩擦性能进行了测试。图 4-59(b) 和 (c) 显示了以滤纸作为摩擦介质，摩擦测试过程中的负载质量（25～70g）对纤维膜亲水性和水下疏油性的影响，其中，样品的移动速度约为 4mm/s，摩擦距离为 100mm，共进行 10 次循环摩擦测试。随着负载质量的

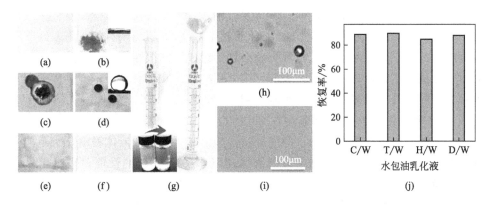

图 4-58　PAN/SiO$_2$ NPs 复合纤维膜

（a）原始；（b）水滴浸润；（c）油滴浸润；（d）水下油滴；（e）油污冲洗后；（f）冲洗干燥后；

（g）油水分离装置；乳化液分离前（h）与后（i）的光学显微镜照片；（j）油水分离回收率

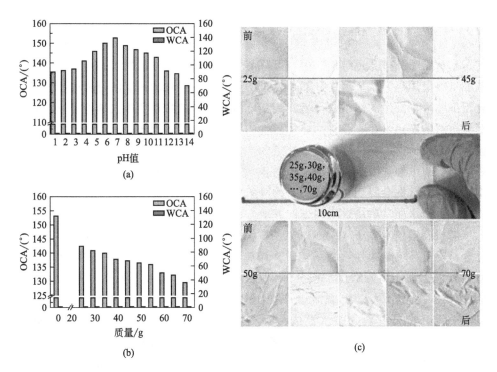

图 4-59　PAN/SiO$_2$ NPs 复合纤维膜

（a）耐 pH 性能评估；（b）和（c）压力与摩擦关系评估

增加，PAN/SiO$_2$NPs/复合纳米纤维膜的水下疏油性略微降低，即使负重70g进行摩擦测试，其OCA仍大于130°，WCA始终为0°，展现了突出的超亲水性-水下疏油性，继而验证了PAN/SiO$_2$NPs复合纳米纤维膜的良好力学稳定性。

综上，本课题组利用静电纺丝法合成超亲水-水下超疏油性PAN/SiO$_2$NPs复合纳米纤维膜，并对产品的微观形貌、化学组成、润湿性能、油水分离应用及其耐久性进行了认真评估。研究表明，该PAN/SiO$_2$NPs复合纳米纤维膜适用于处理油滴粒径处于微米级的含油污水，对T/W乳化液、C/W乳化液、H/W乳化液、D/W乳化液的处理效率均在85%以上，具有通量大、操作压力小的优势，且能够进行多次重复使用。即使经过强酸强碱等腐蚀性液体浸泡，也不能大幅改变PAN/SiO$_2$NPs复合纳米纤维膜的超亲水-水下超疏油性能，表现出良好的耐酸碱性。同时，该PAN/SiO$_2$NPs复合纳米纤维膜能够经受住以滤纸为摩擦介质负载不同质量的重物摩擦，展现出较好的耐摩擦性以及足够的机械强度，有望应用于大规模油水分离处理领域。

4.2 多功能特殊润湿性木质复合材料的仿生制备方法

4.2.1 防腐抗菌功能

木材由于其多孔道结构、生物可降解性和高表面化学活性等特点，适合作为基底材料应用于污水处理中。然而，过滤复合材料在处理污水的过程中由于长期处于细菌大量滋生的潮湿的环境，细菌降解有机物的特性会极大地降低木质过滤复合材料的使用寿命，并且水体中滋生的细菌也会随饮用水进入人体从而给人体健康带来负面的影响。克服这一缺点的传统方法是在水体中投放细菌抑制剂或提高材料的疏水性来减少材料与细菌的接触，但是细菌抑制剂会给水体带来二次污染，提高疏水性会降低污水中染料的降解效率。因此，提高材料本身的抗菌性能而不降低亲水性是解决这一问题的有效方法。

考虑到银纳米粒子（AgNPs）的抗菌活性，负载AgNPs能够有效提高过滤复合材料的环境耐久性和使用寿命。相比于PdNPs，AgNPs具有成本低、大小可控和催化性能高等特点，适合催化降解染料。负载银纳米粒子往往会降低材料的亲水性能。从以上观点来看，通过合理设计材料的表面形貌是负载AgNPs但不降低材料的亲水性的一种很有前途的策略，可以同时获得高催化活性和优异的抗菌性能。本课题组考虑到木材的生物可降解性和纤维素的亲水特性，结合表面化学和表面粗糙度设计制备了超亲水或疏水表面的巴沙木/银过滤复合材料。具体制备过程如下：选取锯切和刀切加工得到30mm×30mm×5mm的两种表面质量的巴沙木片，即NWS和KNWS；将木片加入配制好的

50mL 银氨溶液中，在 50℃下分别反应 2h、4h、6h、8h 和 10h，去离子水和乙醇洗涤去除未反应的离子，30℃下干燥 24h；得到的样品分别记为 NWSAg-2，NWSAg-4，…，NWSAg-10，KNWSAg-2，KNWSAg-4，…，KNWSAg-10。

由于不同刀具切削木材过程中产生的摩擦力不同，获得的切面的表面形貌也不同。如图 4-60(a) 所示，锯切的木材（NWS）表面较粗糙，可以看到片状的细胞壁裸露出来，即锯刀刀面对已加工木材表面的挤压作用产生的摩擦力使此表面粗糙。经水热反应处理后，木材上成功负载了 AgNPs，制得 NWSAg。随着水热反应时间的增加，AgNPs 数量逐渐增多 [图 4-60(a)~(f)]。直至反应时间增加至 6h，AgNPs 数量增多但未发生团聚，呈现两种尺寸，类似于荷叶的微/纳结构，有利于提高木材表面的粗糙度，进而提升其润湿性 [图 4-60(d)]。当反应时间增加至 8h 或 10h 时，AgNPs 团聚严重，呈片状，会降低界面粗糙度，影响材料催化性能，因此，后面的性能测试选用 NWSAg-6。

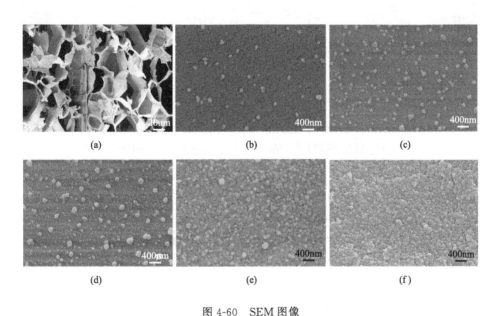

图 4-60　SEM 图像
(a) NWS；(b) 放大倍数的 NWSAg-2；(c) 放大倍数的 NWSAg-4；(d) 放大倍数的
NWSAg-6；(e) 放大倍数的 NWSAg-8；(f) 放大倍数的 NWSAg-10

相比之下，刀切的木材（KNWS）表面较平滑，可以清晰观察到胞间角和细胞腔 [图 4-61(a)]，这是由于刀片刀面比锯刀刀面更薄且相对光滑，对已加工木材表面的挤压作用产生的摩擦力较小。经水热反应处理后，木材上成功负载了 AgNPs，制得 KNWSAg。随水热反应时间延长，AgNPs 数量逐渐增多 [图 4-61(b)~(d)]，并在反应时间增加至 8h 时，AgNPs 发生团聚，在 10h 时，AgNPs

团聚严重，呈片状。综上所述，随水热反应时间增加，AgNPs 数量增多，8h 时出现团聚，10h 时团聚成片层结构，与锯切木材获得的结果一致，反应 6h 为最佳时间。

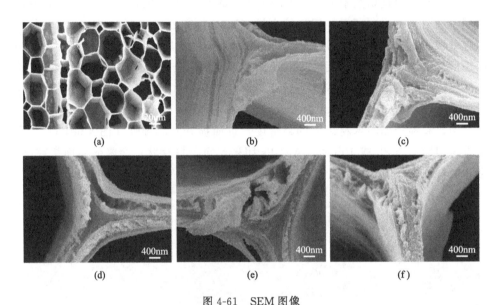

图 4-61　SEM 图像

（a）KNWS；（b）放大倍数的 KNWSAg-2；（c）放大倍数的 KNWSAg-4；

（d）放大倍数的 KNWSAg-6；（e）放大倍数的 KNWSAg-8；

（f）放大倍数的 KNWSAg-10

为进一步确定锯切和刀切对木材切面粗糙度的影响，我们提供了 NWSAg-6 和 KNWSAg-6 的表面轮廓图像（图 4-62）。结果表明，锯切表面的粗糙度比刀切表面的粗糙度大，这源于锯刀与木材表面较大的摩擦力引起的细胞壁结构破

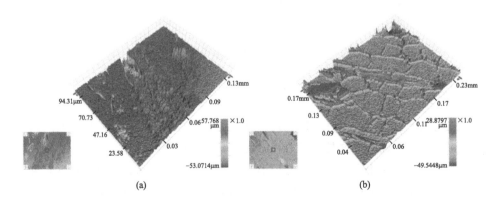

图 4-62　（a）NWSAg-6 和（b）KNWSAg-6 的三维粗糙度的概况

坏。另外，通过对 NWSAg 上负载的 AgNPs 进行透射电镜（TEM）的观察和分析，发现 AgNPs 呈现平均直径为 21.8nm 的球形粒子［图 4-63(a) 和（b)］。通过进一步的高分辨率透射电子显微镜（HRTEM）图像的观察发现，面心立方的 Ag 的（111）晶格条纹宽度为 0.25nm［图 4-63(d)］，证实了球形粒子为 AgNPs。

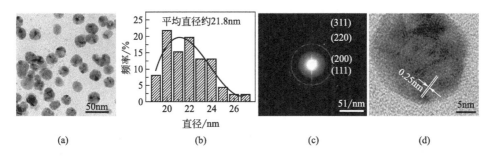

(a)　　　　　　　(b)　　　　　　　(c)　　　　　　　(d)

图 4-63　NWSAg 中 AgNPs 的 TEM 图像（a），AgNPs 的粒度分析（b），
SAED 图像（c）以及 AgNPs 的 HRTEM 图像（d）

为了研究 NWS 负载 AgNPs 的机理，对 NWS 和 NWSAg 进行红外光谱分析。如图 4-64 所示，在 1164cm^{-1} 和 1056cm^{-1} 处为木材的 C=O 伸缩振动，载银后，1056cm^{-1} 处特征峰消失，1164cm^{-1} 处特征峰减弱，说明木材的醛基参加了银镜反应，成功负载 AgNPs。在 1588cm^{-1} 处出现的尖峰为 N—H 键，说明了

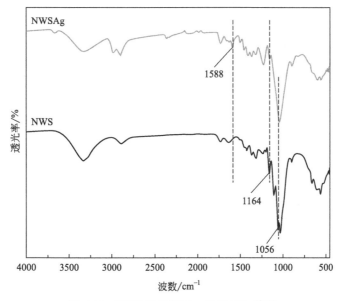

图 4-64　NWS 和 NWSAg 的 FT-IR 谱图

NH₄ 的接入，具体机理如图 4-65 所示。

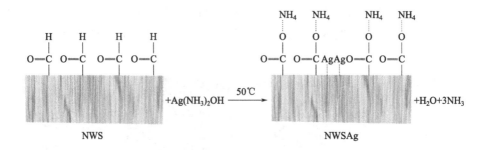

图 4-65　NWS 负载 AgNPs 的反应机理图

如图 4-66 所示，随水热反应时间增长，NWSAg-2、NWSAg-4、NWSAg-6、NWSAg-8 和 NWSAg-10 中纤维素在 $2\theta = 16.5°$ 和 $22.5°$ 处出现的两个典型的纤维素 I 特征峰逐渐减弱，说明随水热反应时间增长，银的覆盖程度增大，覆盖了纤维素的结晶峰强度，这与 SEM 分析结果一致。另外，在这些样品中均可以观察到 Ag 在 $2\theta = 40.1°$、$46.6°$、$67.9°$ 和 $82.4°$ 处的 4 个衍射峰，分别对应于 Ag 的面心立方结构的（111）、（200）、（220）和（311）晶面，说明了 Ag（I）成功还原为 Ag（0），形成了巴沙木/银复合材料。其中，NWSAg-6 的衍射峰强度最强，证实了反应时间 6h 时得到的 Ag 的结晶结构最好。另外，XPS 光谱考察了 NWS 和 NWSAg 的化学成分和氧化态。如图 4-66（b）所示，NWS 由 O 和 C 元素组成，NWSAg 另外还有 Ag 元素。然而，图 4-66（c）中显示，除了结合能分别为 366.5eV（Ag $3d_{5/2}$）和 372.78eV（Ag $3d_{3/2}$）的 Ag（0）外，在表面上还可以发现氧化态 AgNPs（Ag $3d_{5/2}$ 为 365.98eV，Ag $3d_{3/2}$ 为 372.18eV）。这表明水热法成功地将 Ag⁺ 通过 NWS 还原为 AgNPs，无需添加任何还原剂。

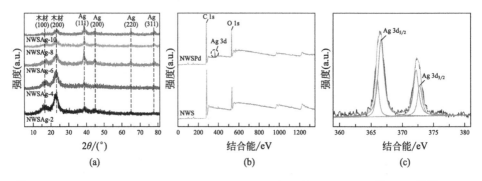

图 4-66　NWSAg-2、NWSAg-4、NWSAg-6、NWSAg-8 和 NWSAg-10 的 XRD 图谱（a），DTWS 和 DTWSAg 的 XPS 谱图（b），以及 DTWSAg 的 Ag 3d 谱图（c）

　　由锯切方式获得的 NWS、NWSAg-2、NWSAg-4、NWSAg-6、NWSAg-8 和 NWSAg-10 在空气中与水的接触角测量结果如图 4-67 所示，水滴可以润湿并通过木材样品，虽均能达到接触角为 0°的状态，但花费时间不同，说明其亲水性存在差异。水滴完全浸润 NWS、NWSAg-2、NWSAg-4、NWSAg-6、NWSAg-8 和 NWSAg-10 所需的时间分别为 116.83s、103.76s、69.78s、12.67s、34.98s 和 50.33s。由此结果可知，随着水热反应时间增长，获得的 NWSAg 样品的水滴完全浸润所需的时间越少，亲水性越强，并在反应时间增加至 6h 时达到极限，此后，随时间增加亲水性略有下降。由于锯切方式获得表面暴露的是亲水的以纤维素为主体的细胞壁片，所以锯切的木材表面表现为亲水性。随反应时间增长，AgNPs 数量逐渐增多，从而通过增加表面的粗糙度增强了木材的亲水性。由荷叶的乳突结构可知，最佳的粗糙结构为微米和纳米复合的多级结构。因此，NWSAg-6 的两种尺度的 AgNPs 构成的微观结构使木材的亲水性最佳。AgNPs 团聚成片状的粗糙度比颗粒状的粗糙度小，所以亲水性减弱。这也证实复合材料的润湿性由其主体决定，进一步增大其粗糙度可增强该复合材料的润湿性。

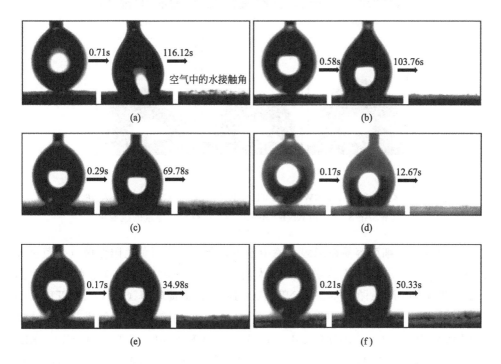

图 4-67　NWS（a）、NWSAg-2（b）、NWSAg-4（c）、NWSAg-6（d）、
NWSAg-8（e）和 NWSAg-10（f）对空气中水的润湿性

　　由刀切方式获得的 KNWS 和 KNWSAg 在空气中与水的接触角测量结果如

图 4-68 所示。KNWS 对水的接触角为 74.4°，表现为弱亲水性，这是由于刀切方式获得的表面较光滑，且暴露出的是亲水性较差的以木质素为主体的细胞间隙。KNWSAg-2、KNWSAg-4、KNWSAg-6、KNWSAg-8 和 KNWSAg-10 在空气中的水接触角依次为 82.3°、88.5°、113.4°、94.3° 和 91.9°。由此可知，随水热反应时间增长，AgNPs 数量逐渐增多，亲水性逐渐增强。当反应时间增加至 8h 后，AgNPs 发生团聚，亲水性减弱。综上，结合木材表面的化学成分和粗糙度可制备出不同润湿性的巴沙木/银复合材料，锯切方式获得的亲水性巴沙木/银复合材料更有利于水中染料的降解。

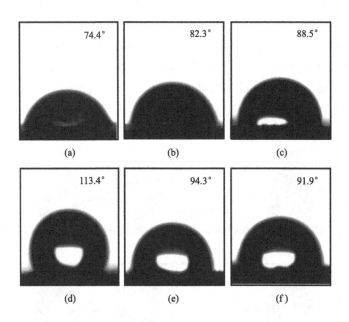

图 4-68　KNWS（a）、KNWSAg-2（b）、KNWSAg-4（c）、KNWSAg-6（d）、
KNWSAg-8（e）和 KNWSAg-10（f）在空气中与水的接触角

众所周知，细菌容易在潮湿环境中滋生，课题组选用革兰阳性菌（金黄色葡萄球菌，S. aureus）和革兰阴性菌（大肠杆菌，E. coli）进行样品的抑菌性测试。如图 4-69 所示，在培养添加 NWSAg 的金黄色葡萄球菌（9.63×10^6 CFU/mL）和大肠杆菌（1.45×10^5 CFU/mL）的菌液 36h 后，菌液中金黄色葡萄球菌浓度分别降低至 1.33×10^4 CFU/mL、1.87×10^4 CFU/mL、8.8×10^3 CFU/mL、2.08×10^4 CFU/mL 和 1.52×10^4 CFU/mL。结果表明，NWSAg-6 的抑菌活性最好，可有效抑制金黄色葡萄球菌的生长，36h 内使菌液浓度降低 100 倍。另外，添加了 NWSAg 的大肠杆菌的菌液中几乎没有观察到大肠杆菌，表现出优秀的抑菌活性。

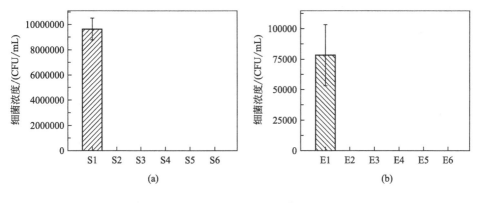

图 4-69　NWSAg-6 的抗菌活性

（a）金黄色葡萄球菌；（b）大肠杆菌

本课题组利用 4-NP（20mg/L）对 NWSAg 的催化动力学进行研究。如图 4-70 所示，NWSAg-6 对 4-NP 的降解速率最快，240s 后降解完全；A_t/A_0 随时间的指数显示为一级动力学 ［图 4-70（a）］。根据 $\ln(A_t/A_0)$ 与时间的线性关系计算 NWSAg-2、NWSAg-4、NWSAg-6、NWSAg-8 和 NWSAg-10 的速率常数，分别为 0.21min^{-1}、0.48min^{-1}、0.714min^{-1}、0.576min^{-1} 和 0.27min^{-1}。这是由于在 Ag 催化的还原反应中，颗粒小的 AgNPs 具有较高的比表面积和比较大的氧化还原电位，利于从 Ag 向反应物转移电子，表现出更高的反应活性。综上，AgNPs 负载量多且未发生团聚的 NWSAg-6 表现出优异的 4-NP 降解能力。

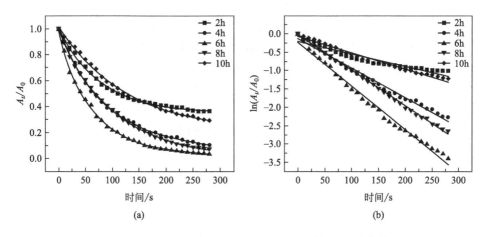

图 4-70　A_t/A_0（a）与 $\ln(A_t/A_0)$（b）随时间的变化曲线图

NWSAg-6 催化降解 4-NP（20mg/L）过程中的紫外-可见吸收光谱如图 4-71 所

示。将合成的 NWSAg-6 加入 4-NP 溶液中，其在 400nm 处的特征吸收峰逐渐减小，最终消失，而 4-AP 的吸收峰在 295nm 处开始以肩峰的形式上升。在 240s 内，NWSAg-6 对 4-NP 的降解效率为 98.7%。

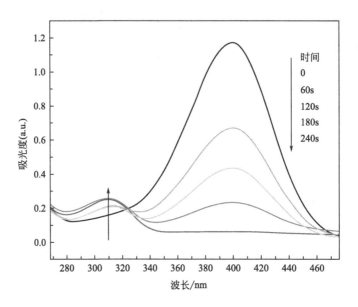

图 4-71　NWSAg-6 催化还原 4-NP（20mg/L）过程中的紫外-可见吸收光谱

本课题组以不同切削方式获得的巴沙木片为原料，结合表面化学和表面粗糙度设计制备了超亲水或疏水表面的巴沙木/银复合材料，并对其染料催化降解的能力和抑菌活性进行了研究，主要得出以下结论：

① 选用锯切和刀切两种方式得到了两种形貌的表面。研究发现，锯切获得的巴沙木片表面亲水性更强，并且负载 AgNPs 可以增加粗糙度进而提高亲水性。该复合膜与水的接触角为 0°，表现为超亲水性。超亲水性有利于染料降解。

② 利用银氨溶液的原理，结合水热反应还原、负载了银纳米粒子制备了巴沙木/银过滤复合材料，降解效率高（98.7%）、速度快（0.714min^{-1}）。

③ 对革兰阳性菌（S. aureus）和革兰阴性菌（E. coli）均有较强的抑菌活性。

4.2.2　弹性导电功能

千百年来木材一直是日常生活中不可缺少的一部分，是制作工具、房屋建筑等的重要组成部分。然而，木材因为本身固有的性质在诸多领域的应用受到限制，如弹性差、压缩回弹率低、导电性差等，因此，在一些应用领域逐步被玻璃、金属等材料替代。随着科技的发展，可成功将木材改良成具有多功能的弹性木材，使得木材及其衍生物材料可以使用于环境、能源、生物医疗等新领域。因此，应该重新审视木基材料，通过先进技术满足可持续发展的要求，从而消除对不可再生资源日益减少的担忧。

在具体研究中，受材料各向异性和分层材料结构的启发，使用一种简单的、可伸缩的自上而下的方法，通过物理和化学处理直接由天然木材制造出高弹性、离子导电的各向异性纤维素材料，称其为弹性木材。得到的弹性木材具有良好的弹性和持久的压缩性，在超过上百次压缩循环后也没损坏的迹象。化学处理不仅通过部分去除木质素和半纤维素来软化木材细胞壁，而且将相互连接的纤维素纤维网络引入木材通道。原子和连续体模型进一步揭示了被吸收的水可以自由和可逆地在弹性木材内部移动，从而帮助弹性木材适应巨大的压缩变形，并在压缩释放后恢复到原来的形状。目前，弹性木材的技术开发研究还有许多工作有待完成，这有助于价格和技术上的创新。

据此，笔者以巴沙木为基材，用简单环保的方法制得多功能弹性木材，赋予其优异的导电性和压缩回弹性能，为多功能木材在纳米流体系统、传感器、定向组织工程、海水净化、人机界面等领域的广泛应用提供可能。具体如下：取尺寸为 30mm×30mm（径向×弦向），厚度为 7mm、9mm、11mm 的巴沙木木材试样，用去离子水清洗浸泡，室温下干燥；将预处理后的木材浸入 2.5mol/L 的 NaOH 与 0.4mol/L 的 Na_2SO_3 混合溶液中，100℃下处理 3h，然后多次浸入去离子水中清洗，冷冻干燥，制得脱木质素弹性木材；在 5℃条件下将脱木质素弹性木材置于 0.3mol/L 吡咯溶液中处理 180min，然后将 0.15mol/L $FeCl_3$ 溶液缓慢滴加到吡咯溶液中继续反应 180min；最后用乙醇与水反复冲洗，室温下干燥，即得到载吡咯脱木质素弹性木材（弹性导电木材），如图 4-72(c) 所示。

(a)　　　　　　　　　(b)　　　　　　　　　(c)

图 4-72　原始木材（a）；经 NaOH 和 Na_2SO_3 溶液处理后的脱木质素木材（b）以及载吡咯处理后的脱木质素木材（c）

如图 4-73(a) 和 （b）所示，天然轻木具有多孔结构，有许多开放通道（如导管）。经过 $NaOH/Na_2SO_3$ 混合溶液进行化学处理以及冷冻干燥，部分木质素和半纤维素从细胞壁上除去，从而使厚度小的细胞壁脱离成分离的纤维素原纤维，细胞壁变得更薄，原始孔道发生一定的萎缩，但木质细胞壁中排列整齐的纤维素纳米原纤维得到很好的保存［图 4-73(c) 和 (d)］。在冷冻干燥期间，分离的纤维素原纤维在通道内原位形成相互连接的网络，仔细观察图 4-73(d) 的放大图，内部孔道形成蜂窝状相互连接的纤维素原纤维网状结构。当脱木质素木材吸收一定量的水分时，相互连接的纤维素原纤维网状结构成为细胞腔内部的凝胶，在维持弹性木材的弹性方面起着关键作用。由图 4-73(e) 和 (f) 可知，经进一步负载吡咯（Py），载吡咯脱木质素弹性木材的孔道结构仍然被很好地保留。载吡咯脱木质素弹性木材的放大 SEM 图像显示，脱木质素木材孔道内壁均匀负载着 PPy（聚吡咯）颗粒（粒径为 100～500nm），且始终保持着木材自身的

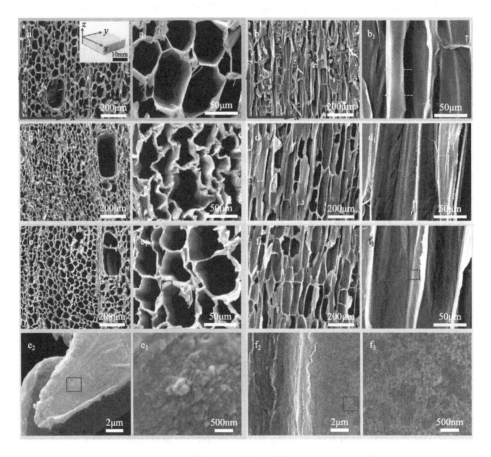

图 4-73　SEM 图像

(a) 原始木材横切面；(b) 原始木材弦切面；(c) 脱木质素木材横切面；(d) 脱木质素木材弦切面；(e) 脱木质素载吡咯木材横切面；(f) 脱木质素载吡咯木材弦切面

管道连通性。

干燥状态下的脱木质素木材吸收一定量的水分，在木材内部形成木材水凝胶，赋予木材压缩回弹性。由表 4-3 巴沙木经过处理后尺寸与质量变化可知，以厚度为 7mm 的巴沙木为例，经过化学处理以及冷冻干燥后，木材尺寸缩小为原始尺寸的 95.6%，质量减少为原始质量的 22.19%，主要是因为化学处理去除了木质素以及部分半纤维素；进一步负载吡咯制得的载吡咯脱木质素弹性木材，与脱木质素木材相比，其尺寸没有发生改变，但其质量增加 3.7%。

表 4-3 巴沙木经过处理后尺寸与质量变化

变化情况		原始木材尺寸	脱木质素木材	载吡咯脱木质素弹性木材
尺寸/mm		30×30×7	26×25×6.6	26×26×6.6
		30×30×9	25×25×8.7	25×26×8.7
		30×30×11	26×25×10.5	26×25×10.5
质量/g		0.523	0.412	0.423
		0.764	0.579	0.599
		0.957	0.755	0.788

图 4-74 展示了充分润湿后的脱木质素弹性木材和载吡咯脱木质素弹性木材的压缩回弹效果图像。脱木质素弹性木材压缩前尺寸为 21mm，经压缩后尺寸可达到 10mm，压缩率达 0.52，恢复原状的时间为 22s；载吡咯脱木质素弹性木材压缩前尺寸为 21mm，经压缩后尺寸可达到 9mm，压缩率为 0.57，恢复原状的时间为 23s。另外，干燥的脱木质素木材质量为 0.579g，浸泡 2min 后其质量变化为 1.798g，吸水量为吸水前质量的 2.10 倍；干燥的载吡咯脱木质素弹性木材的质量为 0.599g，浸泡 2min 后其质量变化为 1.945g，吸水量为吸水前质量的 2.24 倍。

载吡咯脱木质素弹性木材太阳能蒸发器的设计思想源自树木的蒸腾作用。为了模拟天然树木的抽水过程，沿垂直于树木生长方向进行切割，得到原始木材，通过一系列的化学处理得到脱木质素木材，PPy 原位聚合得到载吡咯脱木质素弹性木材。黑色的 PPy 涂层可以有效吸收太阳能，从而提高载吡咯脱木质素弹性木材的顶层温度，使蒸发系统有效运行。图 4-75 为模拟 1 个太阳光照条件下，利用可视测温热成像仪记录的蒸发装置表面各时间段的温度变化图像与 IR 映射图像。随着照射时间的延长，各蒸发系统的表面温度也随之升高，初始温度均为 18℃；照射 5min 时，测得纯水、原始木材的表面温度分别为 24.5℃、27.8℃，载吡咯脱木质素弹性木材表面温度则升高到 37.8℃，这表明载吡咯脱木质素弹性木材太阳能蒸发系统的响应速度快，短时间内能够快速升温；照射 1h 时，纯水、原始木材、载吡咯脱木质素弹性木材的表面温度分别为 29.8℃、32.1℃、

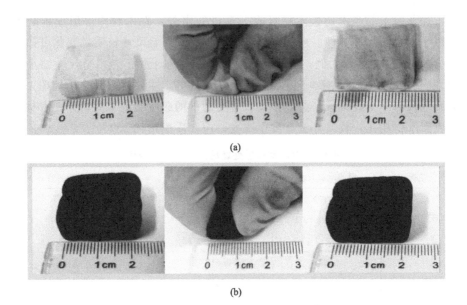

图 4-74 脱木质素木材（a）和载吡咯脱木质素弹性木材（b）
润湿后的压缩回弹性能展示图像

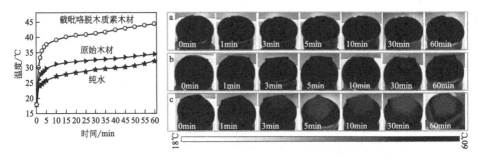

图 4-75 蒸发装置表面温度 IR 映射图像
a—纯水；b—原始木材；c—载吡咯脱木质素弹性木材

43.8℃。综上，随着照射时间的推移，各蒸发系统的表面温度趋于稳定，载吡咯
脱木质素弹性木材的表面温度最高，即 PPy 薄层在太阳热转化中起到重要作用。

图 4-76(a) 为模拟太阳能实现海水淡化的装置图像，图 4-76(b) 为木材样
品及其漂浮于水面的实物图像。木材具有低导热性和亲水性，可以实现持续地向
上供水，设置空白对照组纯水系统，实验组分别为原始木材，脱木质素木材，
7mm、9mm 和 11mm 载吡咯脱木质素弹性木材。同一实验条件下，将各蒸发系

统置于 1 个太阳光照强度下照射 1h，测量各蒸发系统的蒸发速率。结果表明，纯水的蒸发速率为 0.448kg/(m² · h)，原始木材、脱木质素木材的蒸发速率为 0.628kg/(m² · h)、1.096kg/(m² · h)，对应热转化效率为 44.96%、78.48%。相比之下，不同厚度的载吡咯脱木质素弹性木材的蒸发速率也不同，7mm、9mm、11mm 载吡咯脱木质素弹性木材的蒸发速率分别为 1.233kg/(m² · h)、1.346kg/(m² · h)、1.304kg/(m² · h)，对应热转化效率为 88.28%、96.38%、93.37%。由此可见，9mm 厚的载吡咯脱木质素弹性木材太阳能蒸发效果最好，这是由于木材的厚度较薄时，太阳光照使木材表面温度升高，使载吡咯脱木质素弹性木材发生萎缩翘起变形，表面积缩小，影响水的向上传导，使得 7mm 的载吡咯脱木质素弹性木材蒸发速率略微下降；当木材的厚度过大时，将使得蒸发系统向上供水速度受到限制，太阳能蒸发速率效果减弱。综上所述，9mm 的载吡咯脱木质素弹性木材充当太阳能蒸发器的蒸发效果最优。

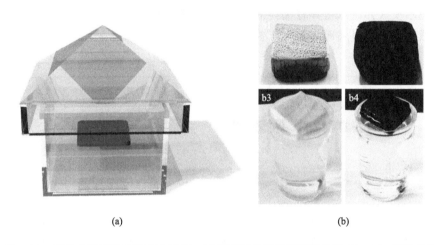

(a)　　　　　　　　　　　(b)

图 4-76　模拟太阳光海水淡化装置图（四周凹槽收集蒸发凝结的淡水）(a) 以及蒸发系统实物图（b1 为原始木材；b2 为载吡咯脱木质素弹性木材；b3 为漂浮在水面的原始木材；b4 为漂浮在水面的载吡咯脱木质素弹性木材）(b)

另外，本课题组还将 9mm 的载吡咯脱木质素弹性木材置于模拟海水中进行淡化处理，并收集净化水测量其正离子浓度，考察其蒸发系统的海水淡化能力。如表 4-4 所示，模拟海水的 Na^+ 为 10525mg/L，K^+ 为 385mg/L，Ca^{2+} 为 398mg/L，Mg^{2+} 为 1106mg/L。淡化后水中的 Na^+ 为 22.3mg/L，K^+ 为 12.9mg/L，Ca^{2+} 为 9.2mg/L，Mg^{2+} 为 15.7mg/L，相应的离子去除能力均在 96% 以上，表现出良好的海水淡化能力，其淡化水完全达到了世界卫生组织制定的淡水标准。以上结果表明，载吡咯脱木质素弹性木膜在海水淡化领域具备较好的应用前景。

表 4-4　海水淡化前后离子浓度及离子去除率

正离子	淡化前离子浓度/(mg/L)	淡化后离子浓度/(mg/L)	离子去除率/%	离子浓度标准值
Na^+	9879	22.3	99.77	200
K^+	421	12.9	96.93	①
Mg^{2+}	1057	15.7	98.51	②
Ca^{2+}	416	9.2	97.78	450②

① K^+ 的标准浓度不是标准中的强制性要求。

② 该标准仅提供同时包含 Mg^{2+} 和 Ca^{2+} 的浓度，以 $CaCO_3$ 为参考说明水的硬度。

如图 4-77(a) 所示，在空气中，载吡咯脱木质素弹性木材表面呈现亲水状态，当置于水下与油接触角为 160°，此时滚动角为 5°。测其水下动态油接触角，如图 4-77(b) 所示，将 1,2-二氯乙烷油滴用针头吸附，缓慢下放至载吡咯脱木质素弹性木材表面，并进行挤压，1s 内针头抬起，油滴能够迅速回弹，表明载吡咯脱木质素弹性木材具有优异的亲水-水下超疏油性质，这将有效防止水中油污或微生物于木材表面的黏附与滋生。

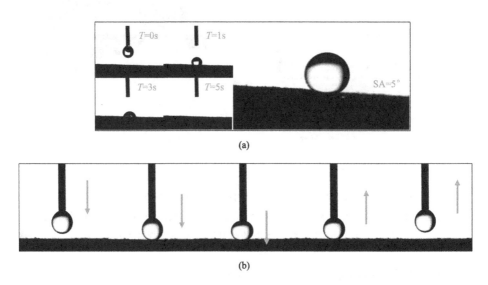

(a)

(b)

图 4-77　载吡咯脱木质素弹性木材的超亲水示意图、水下油滴滚动角示意图 (a)
和载吡咯脱木质素弹性木材的动态水下超疏油接触角示意图 (b)

图 4-78(a) 为载吡咯脱木质素弹性木材充分浸泡于酸碱性溶液中时与油的接触角（OCA）变化图像。从图中可以看出，当溶液 pH＝1、14 时，载吡咯脱木质素弹性木材的 OCA 下降明显，但仍高于 130°，即具有较好的耐酸碱性。使载吡咯脱木质素弹性木材负重 200g，并完成拖拽 20cm 为一个循环的耐摩擦测试，

由图 4-78(b) 所示，经过 20 次的摩擦测试后，其 OCA 一直在 155°上下浮动，并没有太大变化，表明载吡咯脱木质素弹性木材具有较为良好的耐摩擦性能。

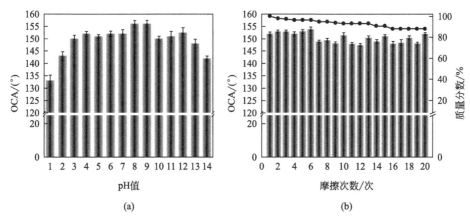

图 4-78 载吡咯脱木质素弹性木材性能测试结果

(a) 抗酸碱性；(b) 抗摩擦性

对载吡咯脱木质素弹性木材进行水包油乳化液分离实验，如图 4-79(b) 和 (d) 所示，浑浊的正己烷、1,2-二氯乙烷乳化液经过载吡咯脱木质素弹性木材过滤之后变成了澄清透明状液体；在 40 倍光学显微镜下观察，如图 4-79(c) 所示，过滤前油滴分布均匀，过滤后几乎看不见油滴，表明分离效果较优异。如图 4-80 所示，两种乳化液的分离效率均达 98％以上，即使历经 10 次油水分离测试，分离效率亦在 97.8％以上，展现出突出的稳定性与重复使用性。

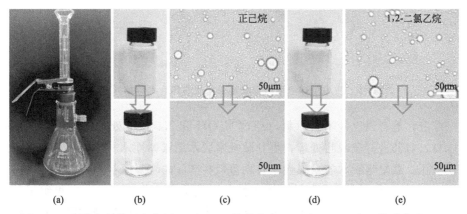

图 4-79 油水分离装置实物图 (a)，正己烷乳化液 (b) 与 1,2-二氯乙烷乳化液 (d) 过滤前后实物图及正己烷乳化液 (c) 与 1,2-二氯乙烷乳化液 (e) 过滤前后在 40 倍显微镜下油滴形态

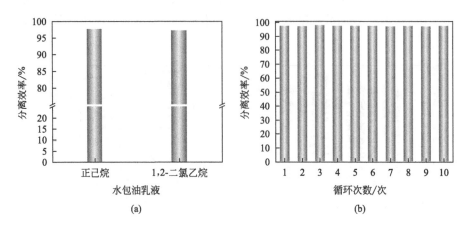

图 4-80　载吡咯脱木质素弹性木材性能测试结果
(a) 水包油乳化液分离效率；(b) 油水分离循环使用性

天然木材与脱木质素弹性木材均不具备导电性，但经过导电高分子材料——吡咯的原位聚合处理，载吡咯脱木质素弹性木材具备这一物理性能，将充分干燥后的载吡咯脱木质素弹性木材置于电线两端，可使小灯泡亮起（图 4-81），这为多功能弹性木材在电学领域的应用提供了可能。

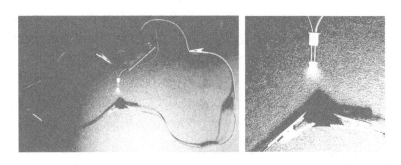

图 4-81　使用小灯泡测试载吡咯脱木质素弹性木材的导电性能

综上，笔者以巴沙木为原料，经过 NaOH 和 Na_2SO_3 处理得到脱木质素弹性木材，对其进行载吡咯处理，得到载吡咯脱木质素弹性木材。结果显示，经过数次挤压，载吡咯脱木质素弹性木材均可以在 25s 内恢复原状，其最大压缩率可达 0.57，具有突出的抗冲击性和抗压性，为应用于生物工程和定向组织工程领域提供了理论依据，其良好的导电性能也为木材应用于电学领域和电子科技领域提供了可行性思路。海水淡化性能分析结果显示，载吡咯脱木质素弹性木材对海水中的多种常见正离子的去除率均能达到 95% 以上，蒸发速率可达 1.346g/

（cm²·h），较原始木材的蒸发速率大幅提升。经摩擦和酸碱测试后，其接触角也没有发生大幅改变，表明载吡咯脱木质素弹性木材可以在恶劣条件下使用。此外，具有亲水-水下超疏油性能的载吡咯脱木质素弹性木材对水包油乳化液的分离效率可达 97.8% 以上，即使重复使用 10 次其效果仍不受影响。

4.2.3　磁响应功能

随着人们环保意识、经济意识和再利用意识的不断提高，对有效分离油水混合物的吸附剂材料的需求越来越大。作为农业废弃物的植物纤维材料，如木屑、秸秆以及稻秆等在新型吸附材料合成方面受到人们的青睐。综合考虑成本和环保两个方面，本课题组选取杨木粉为原料，制备了疏水-亲油 Fe_3O_4/木粉复合材料，考查并挖掘其在油水分离领域的潜在应用，为利用植物纤维处理各种油水混合物做出初步的探索。实验结果显示该复合物具有较高的选择性润湿性和磁性，在与不含表面活性剂的油包水乳状液混合后，通过磁力搅拌该复合材料可以快速、选择性地吸附乳液中的微米级液滴，最后利用磁铁将油吸附颗粒与水相进行彻底分离。此外，通过减压抽滤过程，将疏水-亲油磁性木粉颗粒均匀地铺展在尼龙滤膜上，随后在其上覆盖另一片尼龙滤膜，构成了尼龙/磁性木粉夹层复合膜。通过分离油包水乳液测试发现该复合膜可以有效地将水从各种含油乳液中分离出来。由于该复合膜原料廉价环保，制备工艺简单以及分离乳液的能力，其在油水乳液分离中具备广阔的应用前景。

本课题组选取的杨木粉产自河北灵寿县，其主要成分为木质纤维。使用 60 目和 80 目的标准检验筛筛选特定大小的杨木粉，得到的木粉颗粒分别用去离子水和无水乙醇各超声清洗两次，随后用 120 目的尼龙网进行收集。随后放入电热鼓风干燥箱中于 70℃ 下烘干 48h。将 20g 杨木粉浸泡在 400mL 0.5% 氢氧化钠和 14mL 30% 过氧化氢的混合溶液中，室温下浸泡 10h 后用盐酸将 pH 值调节至 6.5～7.5。最后用去离子水将木粉洗净，然后在 70℃ 的真空炉中彻底干燥。

将干燥后的 1g 杨木粉放入含有 60mL 氮-甲基吡咯烷酮溶液、3g 单组分聚氨酯和 3g Fe_3O_4 纳米颗粒的均匀混合溶液中。在室温下连续搅拌 3h 后停止搅拌并静置 5min，随后缓缓倒出上清液，然后缓慢加入 50mL 丙三醇水溶液中进行粘接固化，丙三醇与水的体积比为 7∶3。5h 后，将 Fe_3O_4/木屑复合材料筛过 100 目筛网，并用大量去离子水冲洗去除表面杂质，于 70℃ 真空烘箱中干燥 24h。将干燥后的磁性木粉浸泡在 50mL 十八烷基三氯硅烷（OTS）的正己烷溶液中（1/40000，体积比），2h 后取出并用正己烷浸洗 3 次，待样品在电热鼓风干燥箱中完全干燥后即得到疏水-亲油磁性木粉复合物。

图 4-82（a）为疏水-亲油磁性木粉复合物（HFSCs）制备流程图。首先，将超声清洗的木粉颗粒浸泡在含有单组分聚氨酯、N-甲基吡咯烷酮（NMP）以及纳米 Fe_3O_4 粒子的均匀混合溶液中并进行搅拌后，木粉颗粒表面在毛细作用下能够快速吸附一层包裹铁磁粒子的聚氨酯混合物。然后，将吸附聚氨酯混合物的木粉取出后浸入丙三醇水溶液中，用水去除 NMP 溶剂并使胶黏剂固化。这是通

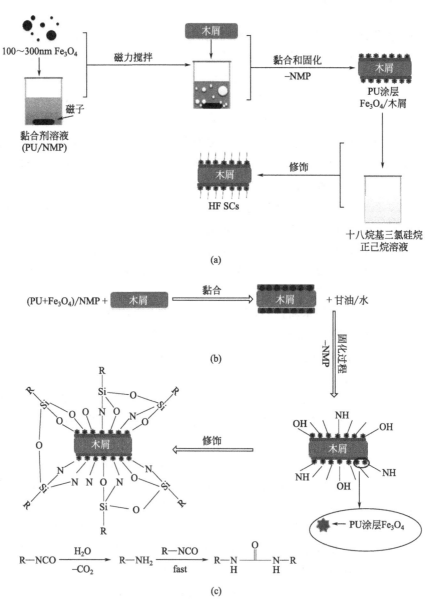

图 4-82　疏水-亲油磁性木粉的制备流程（a）和相关化学反应机理 [（b）和（c）]

过聚氨酯湿固化特性在木粉颗粒表面构建微纳米粗糙结构并同时将包覆的 Fe_3O_4 纳米粒子粘接到木粉颗粒表面，使其具备粗糙结构的同时具有铁磁性。单组分聚氨酯在去离子水中的固化机理如图 4-82(c) 所示，经固化、过滤、干燥后，得到磁性可回收 Fe_3O_4/木粉复合物。最后，将磁性木粉复合物浸泡在十八烷基三氯硅烷（OTS）的正己烷溶液中，通过水解作用可以将 OTS 疏水长链烷基修饰到复合材料表面［图 4-82(b)］。

油水乳液主要用来检测疏水-亲油磁性木粉和木粉夹层膜对油水混合物的分离性能，其配制过程和配比概括见表 4-5。

表 4-5　油水乳液的配制和配比

乳液种类	乳化剂及用量	油用量	水用量	配制过程
甲苯/水	—	5mL	95mL	450W 超声 20min
豆油/水	—	5mL	95mL	450W 超声 20min
柴油/水	—	5mL	95mL	450W 超声 20min
水/甲苯	0.5g Span-80	114mL	1mL	搅拌 3h
水/氯仿	0.5g Span-80	114mL	1mL	搅拌 3h
水/四氯化碳	0.5g Span-80	114mL	1mL	搅拌 3h

注："—"代表未添加；"甲苯/水"代表水包甲苯型乳液；"水/甲苯"代表的是甲苯包水型乳液。Span-80，中文名油酸山梨醇酯，为黄色油状液体，常作油包水型乳化剂。

磁力搅拌法分离无表面活性剂稳定的水包油乳状液：将 5mL 的乳液加入 20mL 的玻璃瓶中，再加入适量的疏水-亲油磁性木粉，随后磁力搅拌，转速约 1000r/min，1.5min 后用磁铁将磁性木粉取出，收集澄清滤液以备后续检测。具体分离试验见表 4-6。

表 4-6　疏水-亲油磁性木粉用量和搅拌时间对分离油包水乳状液的测定

种类	乳液量/mL	HFSCs 用量/g	搅拌转速/(r/min)	搅拌时间/s
甲苯/水	5	0.7	约 1000	18
豆油/水	5	0.95	约 1000	65
柴油/水	5	1.0	约 1000	57

尼龙/疏水磁性木粉夹层膜分离油包水型乳液的步骤如下。首先用夹具将尼龙微孔滤膜固定在砂芯和上方的圆筒形玻璃漏斗之间。随后将 0.3g 的超亲水木粉均匀分散于 10mL 的无水乙醇中并倒入圆筒形玻璃漏斗中，在真空循环水泵的作用下（真空度为 $-0.09MPa$）滤去无水乙醇，并使分散液中的疏水木粉均匀分布于尼龙滤膜表面，形成滤饼状，随后将另一片同型号滤膜覆盖在滤饼上，即制得尼龙/疏水磁性木粉夹层膜。将制备的尼龙/木粉夹层膜固定在砂芯过滤装置的玻璃器皿之间并用夹子夹紧。将制备好的油包水乳状液倒在膜上，减压进行分

离。分离完毕后，收集滤液。

膜通量随着过滤时间的推移而不断下降（滤膜通道被阻塞），过滤的乳液越多，计算得到的通量就越小，因而本实验以每 5mL 体积的乳液为标准来测定膜通量，膜通量（或膜过滤速率）$Flux$ 计算公式如下：

$$Flux = \frac{V}{At} \qquad\qquad (4\text{-}7)$$

式中，A 为砂芯的面积；V 为过滤乳液的体积；t 为乳液过滤耗时。膜通量 $Flux$ 的单位为 L/(m² · h)，为膜过滤 5mL 乳液平均通量。膜通量是评价膜分离特性的一个重要指标。初始通量指首次分离 5mL 乳液的平均通量。

采用台式扫描电镜对原始杨木粉与疏水磁性木粉进行了观测，并各取一组低倍和高倍的电镜图。由图 4-83 可观测得到杨木粉颗粒较高的长径比，颗粒表面有较明显的沟槽，沟槽内部表面光滑无凸起结构。原始木粉经过浸泡和胶黏剂固化反应之后，沟槽结构仍然可以观测到，但木粉沟槽之间较为光滑的表面上生成了明显的微纳米级颗粒状粗糙结构。这是由于胶黏剂本身在固化的过程中产生的凹凸结构且在固化过程中附着物发生脱落，从而使部分粘接的纳米四氧化三铁粒子暴露出来。

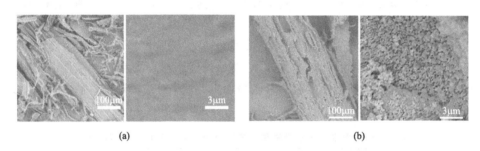

（a）   （b）

图 4-83　扫描电镜图

（a）原始杨木粉；（b）疏水-亲油磁性木粉复合物

在空气中，原始木粉表面对水 [图 4-84(a)] 和油 [图 4-84(c)] 的接触角均为 0°，说明其具备良好的亲水性和亲油性。而疏水化后的磁性木粉在空气环境中对水的接触角为 140°，说明其具备疏水特性 [图 4-84(b)]。油下超疏水特性主要依靠水油两相之间的斥力和材料表面粗糙结构对油的"吸附凹陷"能力来实现。在油下时，疏水-亲油磁性木粉复合物表面会将油牢牢吸附在表面的粗糙孔道结构中，形成"油垫"，这些"油垫"会明显地减小水滴与木粉表面的实际接触面积，从而使水滴呈现球形状态 [图 4-84(d)]。

图 4-85 对比了具有不同硅烷化处理浓度的样品的接触角。我们发现在改性剂 OTS 与正己烷溶剂比例为 1/100 时，磁性木粉表面的硅烷化过程基本达

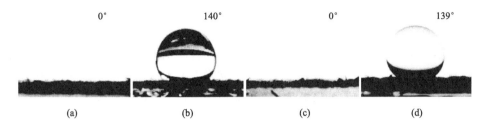

图 4-84 接触角图

（a）空气中原始木粉对水的接触角；（b）疏水-亲油磁性木粉在空气中对水的接触角；（c）疏水-亲油磁性木粉在空气中对油的接触角；（d）疏水-亲油磁性木粉表面的油下水接触角

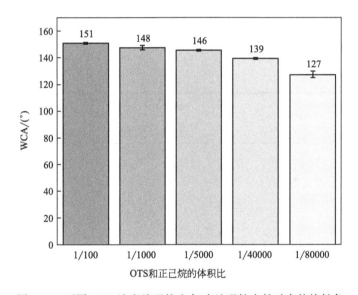

图 4-85 不同 OTS 浓度处理的疏水-亲油磁性木粉对水的接触角

到饱和，而随着 OTS 与正己烷比例的降低，样品表面硅烷接枝化程度也随之下降，表现为样品对水的接触角下降。通过图可以看出，即使在体积比为 1/80000时，样品表面仍表现出较高的接触角，三次检测均值为 127°，证明硅烷化过程具有很高的效率且接枝的硅烷层厚度很薄，对样品表面粗糙结构的影响基本可以忽略不计。选取 OTS 与正己烷比例为 1/40000，既保证样品的高疏水特性使得样品整体漂浮在乳液表面，同时在磁力搅拌的过程中，又能确保样品能够被油水乳液中的水分逐步润湿。润湿后样品表面更容易接触到乳液中的油滴，且能够快速将油滴吸附收集起来，最终实现乳液中油分的清除。此外，依附于疏水-亲油磁性木粉颗粒制备的夹膜同样能够满足分离水包油乳液的需要。

采用能谱（EDS）检测原始木粉和疏水磁性木粉表面相关化学元素的存在形态。图 4-86(a) 给出了疏水磁性木粉的 EDS 能谱图，从图中可以找到 C、O、Au 元素的信号峰，并且 C 元素的含量相对较高；而在疏水-亲油磁性木粉的能谱图 ［图 4-86(b)］中，除检测到以上元素外，还检测到低含量的 Fe、Si 元素。其中 Fe 元素归因于纳米级四氧化三铁粒子被黏附到了木粉表面，而 Si 元素则是由于 OTS 分子经水解后通过脱水缩合反应成功接枝到了磁性木粉表面。

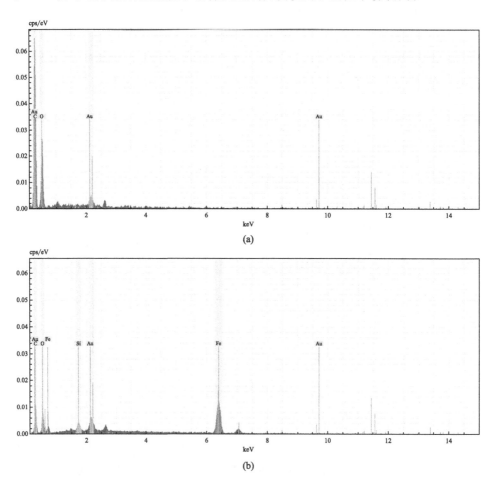

图 4-86　光电子能谱图
（a）原始杨木粉；（b）疏水-亲油磁性木粉

采用傅里叶红外光谱分析仪对原始木粉和超浸润磁性木粉复合物进行光谱分析。如图 4-87 所示，$2914cm^{-1}$ 和 $2971cm^{-1}$ 处的峰值为烷基硅烷—CH_2、—CH_3 的 C—H 伸缩振动峰。$3300cm^{-1}$ 处的吸收峰是由样品表面的 O—H 伸缩振动引起的，同时也与来自聚氨酯的 N—H 伸缩振动有关。$1725cm^{-1}$ 处的吸收峰归因于 C=O 的伸缩振动。$1000 \sim 1100 \mathrm{cm}^{-1}$ 处的吸附峰，归因于 Si—O—Si 和 C—O 的伸缩振动。$811 \mathrm{cm}^{-1}$ 的吸收峰归因于接枝的十八烷基三氯硅烷（OTS）的 Si—C。因此，基本确定聚氨酯和十八烷基三氯硅烷均存在于磁性木粉表面。

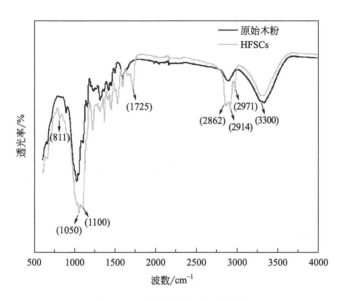

图 4-87　原始木粉红外光谱图

采用 X 射线衍射仪分析原始木粉和超浸润磁性木粉复合物样品的晶体结构。图 4-88 给出的原始木粉与超浸润磁性木粉的 XRD 图显示了反应前后样品晶体结构的变化。原始木粉在 $2\theta=15°$ 和 $22°$ 处的衍射峰分别归因于纤维素的（101）和（002）晶面。对于磁性木粉的谱图，$30°$、$35°$、$43°$、$57°$ 和 $62°$ 处产生的新衍射峰分别归因于 Fe_3O_4 晶胞（JCPDS No.75-1609）的（220）、（311）、（400）、（511）和（400）面，证明磁性的 Fe_3O_4 粒子成功黏附于木粉表面。

从图 4-89 中可以看出，利用超导量子干涉装置对预处理后的原始木粉、疏水-亲油磁性木粉和纯 Fe_3O_4 进行了室温磁化检测，最大作用场为 15 kOe。原始木粉的磁滞回线为一条接近于 0 的直线，说明了原始木粉为非磁性材料表现为抗磁性。疏水-亲油磁性木粉的磁滞曲线表现出典型的铁磁性，检测其饱和磁化强度（MS）为 12.9emu/g，远小于 Fe_3O_4（MS=79.4emu/g），这可能是由非磁性木粉结构和聚氨酯胶的存在造成的。此外，木粉表面磁性颗粒的随机分布也可能降低其饱和磁化强度。虽然疏水-亲油磁性木粉的 MS 为 12.9emu/g，磁性有所下降，但足以用于分离水包油乳液。

一般认为无乳化剂的水包油型乳液是不稳定的，可在自然条件下自行发生去

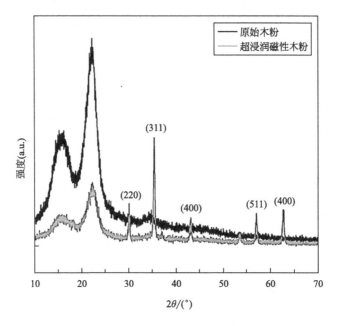

图 4-88   X 射线衍射谱图

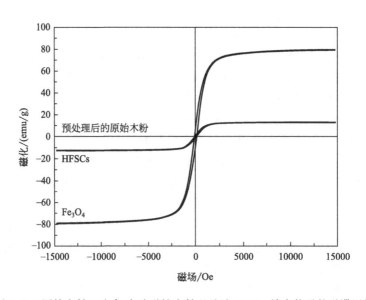

图 4-89   原始木粉、疏水-亲油磁性木粉以及纯 Fe_3O_4 纳米粒子的磁滞回线

乳化过程并出现油水分层的现象，但是该去乳化过程耗时较长，且在体系密闭条件下这类乳液的稳定性会增强。

　　图 4-90 给出了无乳化剂的二甲苯/水乳液在密闭的玻璃瓶中静置 30min 和 36h 后乳液变化情况［图 4-90(a) 和（b）］。图 4-90(a_1) 和图 4-90(b_1) 为相应的生物光学显微镜观测图。通过对比可以得出，静置 36h 后，乳液会慢慢发生去乳化反应并逐渐产生油水分离现象。显微镜观测结果说明静置过程中油滴会发生聚并现象，当达到一定程度后由于与水之间存在密度差异而发生排斥分层。然而即使静置 36h 后，大部分油滴仍保持较小粒径状态，即整体仍然保持乳化状态，说明其去乳化过程十分缓慢，因此对于快速有效地分离无乳化剂型水包油乳液是有必要的。

图 4-90　无表面活性剂水包油乳液静置照片 30min（a）和
36h（b）以及相应的光学显微镜图像

　　实验发现，疏水磁性木粉在磁力搅拌器的帮助下可以用来快速分离无乳化剂水包油型乳液，这完全区别于传统所用的膜法分离油水乳液方式。我们对该分离过程进行了分析。如图 4-91(a) 所示，疏水-亲油木粉被置于乳液表面时，超浸润磁性木粉会漂浮在乳液表面，这是由于样品颗粒具备疏水特性且密度仍小于乳液的平均密度。但木粉颗粒因不具备超疏水特性而会被乳液中的水分逐步润湿。浸润过程中，乳液中的油滴与木粉表面接触时，因木粉表面对油组分亲和性更好，而被选择性吸附到木粉表面，并且样品在被油润湿后表现为油下疏水特性，即当乳液接触时，水分被选择性排斥。然而疏水-亲油磁性木粉无法自发地接触水包油乳液中所有的油滴。因此，采取磁力搅拌器均匀混合的方式，乳液底部转子开始旋转，在水流的机械力和磁场力的共同作用下，木粉被均匀地分散到乳液中。由于水流与木粉颗粒运动速度不同而发生相对运动，乳液中的油滴与木粉颗粒充分地碰撞接触，并被持续不断地捕获且吸附到了木粉表面。吸附完毕后木粉颗粒完全浸没在溶液中，由于木粉颗粒的吸附特性以及油水互不相容特性，油一且被吸附到木粉表面后便被水锁在了木粉表面。最后利用磁棒将油吸附磁性木粉驱动回收即可得到剩余透明溶液。如图 4-91(b) 所示，经磁力搅拌 20s 后，水包甲苯乳液变得透明。用生物光学显微镜对原始乳液和剩余透明溶液进行观测，结果显示经过搅拌处理后的乳液中几乎无明显肉眼可见的乳滴。

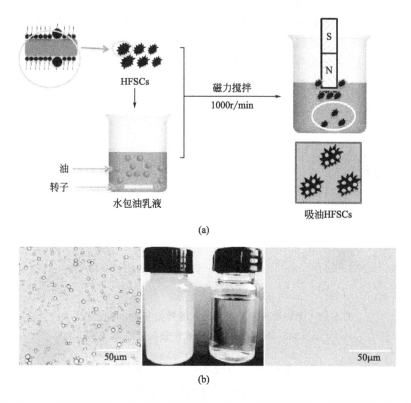

图 4-91　使用疏水磁性木粉在磁力搅拌下分离水包甲苯乳液的机理流程图（a）和
无乳化剂型水包甲苯乳液分离前后图片以及相关光学显微镜观测照片（b）

　　采用紫外可见分光光度计来分析经超浸润磁性木粉复合物分离水包甲苯乳液后的滤液中甲苯的含量。其中原始乳液和滤液分别稀释 500 倍和 30 倍后进行测试，测试结果如图 4-92 所示。由图可知，原始乳液即使经过 500 倍的稀释后仍能检测出明显的甲苯吸收峰，表明紫外可见分光光度计对于水中甲苯的检测灵敏度极高。在对稀释 30 倍后的滤液进行检测时，甲苯的特征峰消失，证明疏水-亲油磁性木粉复合物对水包甲苯乳液具有优异的分离效果。为了更直观地表征样品的分离特性，我们采用总有机碳分析仪检测了稀释 30 倍的滤液和稀释 2000 倍的水包甲苯乳液中甲苯的含量。经过计算，原始乳液中油含量为 14.78g/L，未稀释滤液中油含量为 0.36g/L，所得处理后溶液有机碳含量下降率为 97.6%，滤液中水分含量为 99.96%，说明特殊浸润磁性木粉几乎将乳液中的甲苯全部清除。

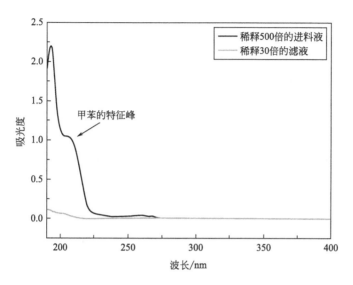

图 4-92 紫外可见分光光度计检测图

此外，特殊浸润磁性木粉还可以用于分离无表面活性剂稳定的水包豆油乳液和水包柴油乳液，分离时间均小于 1.5min。采用紫外可见分光光度计以及生物光学显微镜对上述两种乳液分离前后样品进行测试，测试结果如图 4-93 所示。显微镜观测结果显示经过疏水-亲油磁性木粉搅拌处理后乳液中无明显肉眼可见的油滴。在对稀释后的滤液进行紫外可见光谱检测后，处理前后乳液光吸收明显下降，光透射率明显上升，乳液中豆油和柴油相关特征峰证明了疏水-亲油磁性木粉复合物对豆油与柴油乳液均具有优异的分离效果。

因此，在磁力搅拌的作用下，疏水-亲油磁性木粉实现了对无乳化剂型油包水乳液的快速高效分离，适用于处理小批量无乳化剂型水包油乳液。

疏水-亲油磁性木粉复合膜的循环使用和再生能力对于实际应用具有重要的意义。本实验中的疏水-亲油磁性木粉可以通过乙醇清洗对其进行回收再利用。

为了探讨疏水-亲油木粉的最佳用量，我们检测了不同添加量的木粉对复合夹膜通量的影响。如结果显示，随着疏水-亲油木粉添加量的升高，夹层膜的厚度随之增加，这导致通量降低（图 4-94）。值得注意的是，为了完全覆盖尼龙薄膜，复合材料的量不能少于 0.3g 疏水-亲油木粉，但当 HFSCs 的添加量为 0.4g 以上时滤液含水率几乎相差不大。综合考虑，选择疏水-亲油木粉添加量为 0.3g。

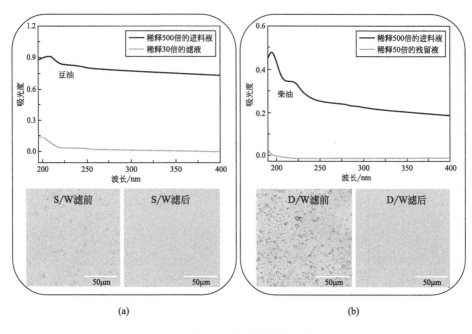

图 4-93　水包豆油乳液（a）与水包柴油乳液（b）分离前后
紫外可见光谱图以及相应的 SEM 图

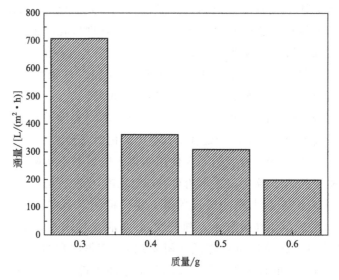

图 4-94　疏水-亲油磁性木粉添加量对夹层膜法分离
甲苯包水乳液通量的影响（每 10mL）

　　夹层膜中的疏水-亲油磁性木粉可以选择性地使油包水乳状液中的油相通过夹层复合膜材料，而水滴被阻挡在复合材料之间的木粉空隙中。因此，乳状液的通量随时间的增加而减小（图 4-95）。在分离过程中，油包水乳液在减压条件下强行穿过疏水-亲油木粉颗粒时发生破乳，同时被阻拦的微小水滴粒子之间也会不断发生聚并，从而形成尺寸更大的水滴。当聚并的水滴足够多时，就会在膜表面形成水层，从而使膜孔道被严重堵塞，膜通量严重下降。由图 4-95 可知，在 $-0.09MPa$ 的负压下，分离甲苯包水乳液的初始膜通量约为 $1134L/(m^2 \cdot h)$，随着分离时间的推移，分离通量明显下降，连续经过四次分离后分离通量几乎为 0。与其他两种乳剂相比，氯仿包水乳液初始分离通量较低且分离通量下降明显，这可能是由于乳液聚并过程的速度较快致使夹膜孔道被快速堵塞。

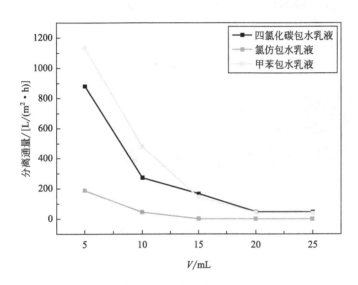

图 4-95　夹膜法对乳化剂稳定型油包水乳液的分离通量

　　如图 4-96 所示，采用砂芯过滤装置［图 4-96(a)］，使用尼龙-疏水磁性木粉夹层膜［图 4-96(b)］对乳化剂稳定型油包水乳液进行分离。首先用夹具将尼龙微孔滤膜固定在砂芯和上方的圆筒形玻璃漏斗之间。随后将 0.3g 的疏水磁性木粉均匀分散于 10mL 的无水乙醇中并倒入圆筒形玻璃漏斗中，在真空循环水泵的作用（真空度为 $-0.09MPa$）下滤去分散液中的无水乙醇并使疏水木粉均匀铺展在滤膜表面，呈滤饼状，随后将另一片相同型号的尼龙滤膜完全覆盖在滤饼上，即制得尼龙-疏水磁性木粉夹层膜。将制备的尼龙夹芯薄膜固定在砂芯过滤装置的玻璃器皿之间并用夹子夹紧。将制备好的油包水乳状液倒在膜上，进行减压分离。在分离过程中乳液从上层尼龙膜微米级孔道中进入夹层膜并接触到木粉，疏水-亲油磁性木粉可以选择性地使油水乳液中的油分通过夹层膜，而阻挡乳液中的水滴穿过木粉层。分离完毕后，收集滤液。照片显示甲苯包水乳液中有肉眼可见且大小不等的水滴，这些水滴随机分布在乳液之中［图 4-96(d)］；经尼龙-疏水磁性木粉夹层膜过滤后，滤液中无明显可见的水滴［图 4-96(e)］，说明原始乳液中分散的水滴经膜过滤后被清除。

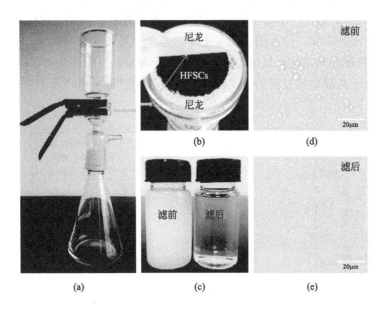

图 4-96　尼龙-疏水磁性木粉夹层膜对乳化剂稳定型甲苯包水乳液的分离
(a) 砂芯过滤器；(b) 尼龙-疏水木粉夹层膜；(c) 乳液分离前后照片；(d) 和 (e)
乳液分离前后显微镜观测图

采用卡尔费休水分测定仪对经夹层膜过滤后的油包水滤液进行水含量检测，得到的结果如图 4-97 所示。该夹层膜能够用于分离多种乳化剂型油包水乳液，处理后滤液油纯度均高于 99.9%，表明尼龙-疏水磁性木粉夹层膜对多种油包水型乳液具有良好的分离效率。

通过反复过滤甲苯包水乳液来测试尼龙-疏水磁性木粉夹层膜的循环稳定性。在一个分离周期内，取 5mL 的 Span80 稳定的乳液进行过滤，过滤完成后使用 20mL 的无水乙醇进行清洗并干燥。经过 10 个循环后复合膜分离通量下降不大且清洗后的疏水木粉对水的接触角几乎保持不变 (图 4-98)。经过分离 span-80 稳定的水-甲苯乳液 20 个循环后 (图 4-99)，滤液中油的纯度基本保持在 99.9%（质量分数）以上，其中 97% 的纯度为检测误差样品应当舍弃，证明尼龙-疏水磁性木粉夹层膜的具有优异的油水分离性能以及良好的重复使用性。

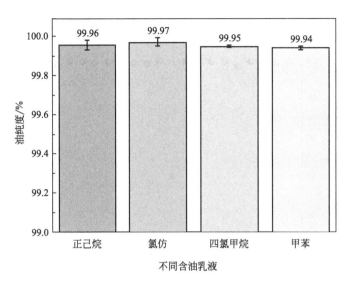

图 4-97 不同油包水乳液经尼龙-疏水磁性木粉夹层膜过滤后滤液中油的纯度

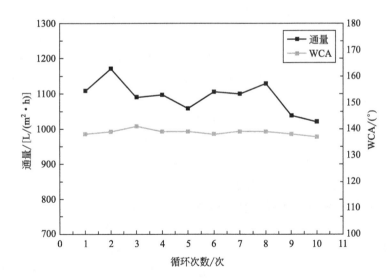

图 4-98 疏水-亲油磁性木粉对水的接触角和油包水乳状液
分离通量随分离周期变化关系

在本研究中,我们以废弃的杨木粉为原料分别制备了疏水-亲油磁性木粉,并对其油水乳液分离能力进行了研究,主要得出了以下结论:

① 利用聚氨酯胶黏剂将 Fe_3O_4 纳米粒子粘接到 60～80 目木粉颗粒表面,并

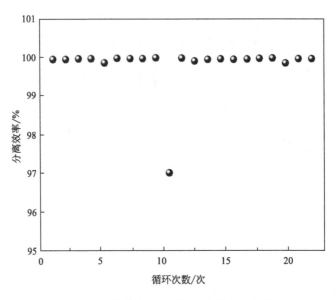

图 4-99　滤液的油纯度随循环次数的变化关系

通过聚氨酯湿固化特性在木粉颗粒表面构建微纳米粗糙结构。经过 1/40000（体积比）OTS 正己烷溶液改性后得到具有较高疏水性的疏水-亲油磁性木粉复合材料。该材料对水的接触角为 140°，并且油下对水仍保持较高的疏水性，油下接触角为 139°；具有铁磁性，饱和磁化强度 12.9emu/g❶，可对外界磁场产生响应，便于操控。

② 疏水-亲油 Fe_3O_4-木粉复合材料在磁性搅拌下能够有效分离无表面活性剂的水包甲苯乳液，处理后溶液中油分含量下降率达 97.6%，滤液水纯度为 99.96%。疏水-亲油 Fe_3O_4-木粉复合材料具有铁磁性，可通过对外界磁场产生响应进行回收，成本低廉，可重复使用，适用于水包甲苯乳液的高效分离。

③ 将制备的 Fe_3O_4-木粉复合材料包夹在尼龙膜中间，构建了尼龙-疏水磁性木粉夹层膜，此复合夹层膜在真空度−0.09MPa 条件下能够分离乳化剂稳定的甲苯包水型乳液，初始分离通量为 1134L/（m^2·h），三次平均纯化效率为 99.94%，且可以利用无水乙醇对其清洗回收再利用，经过 20 次反复使用，纯化效率基本保持在 99.90% 以上，具备优异的分离效率以及循环稳定性。除此之外，该复合夹层膜在真空度−0.09MPa 条件下可用于分离多种乳化剂稳定的油包水型乳液，分离效率不低于 99.9%。

---

　❶ emu 是 CGS 单位体系中电磁系电量单位，1emu=10C。下同。

4.2.4　光催化功能

木材作为加工剩余物的生物质原料，具有生物降解性、相对较高的反应活性（即丰富的 C—O、C=O、O—C—O 和—OH）等优良性能，一定的厚度和丰富的通道骨架结构使它适合作为处理油染废水的过滤材料。然而，纹孔堵塞、比表面积有限等缺陷限制了材料的通量和 PdNPs 的负载量，从而阻碍了纤维素基木质过滤材料在油染废水处理中的应用。通过传统的亚氯酸盐-碱水解法成功去除木材中的部分组分，增加了亲水性和孔隙率。此方法虽然解决了木材的结构缺陷问题，但带来了新的问题。亚氯酸盐-碱水解法降低了木材表面的化学活性，不利于 PdNPs 的负载，耗时且对环境危害极大。因此，迫切需要选择更高效、低还原度、可持续、低风险的方法，在不影响表面化学活性的同时去除木材部分组分。

低共熔溶剂（DES）是一种可回收溶剂，具有离子液体和有机溶剂的优点，已被广泛用于生物活性和生物质炼制。近年来，DES 被用于提取木质素和半纤维素，因为 DES 的氢键供体（HBD，例如草酸）和氢键受体（HBA，例如氯化胆碱）与木材形成氢键的竞争可以削弱木材中的氢键相互作用，打破木质素与纤维素及半纤维素的连接。这是一种耗时少、还原性低、对环境影响小的方法，因此，DES 也可用于去除木质素和半纤维素。然而，研究者们对于木材预处理方法对环境的总体影响没有进行过定量分析，同时这部分工作对于指导设计实验是必不可少的。作为一种定量的环境评估方法，生命周期评估（LCA）通常用于帮助进行材料选择。采用生命周期评价法（LCA）对木材去除部分成分进行不同方式（即亚氯酸盐-碱水解方法和 DES 方法）的评估尚未见报道。

本课题组采用 DES 一步法选择性去除部分木质素和半纤维素，制备了比表面积可控、化学活性高的木材基底（DTWS）。为了获得表面更光滑、暴露细胞腔孔道的木材，选用刀切的方式进行木片的切削。LCA 用于评估 DES 处理法和传统处理法对木材基底预处理的环境影响。结果证明 DES 是一种更环保的木材预处理加工方法。此外，DTWS 具有较长的孔道、高孔隙率和超亲水性能，最大限度地发挥了 DTWS 的化学组成和结构特点的优势。随后，采用水热法在 DTWS 上负载 PdNPs，制备了巴沙木/钯过滤复合材料（DTWSPd）。因此，新型 DTWSPd 具有环境影响小、实用性强、可持续性强、重力下过滤通量高等优点，可用于染料含油废水的处理，并具有良好的可重复使用性能。最后，对 DTWSPd 作为分离过滤材料处理油染废水的机理进行了推测，认为 DTWSPd 在通量和降解效率等方面优于多种过滤材料。推测 DTWSPd 的商业应用将大大优化环保、高效和实用的油染废水的处理。

如图 4-100 所示,第一步为 DES 处理脱除部分木质素和半纤维素。以巴沙木木片为原料,在 103℃下烘干 24h 以去除木材中多余的水分。将氯化胆碱与二水合草酸以物质的量之比为 1：1 的比例混合并在 80℃下反应 1h,制得低共熔溶剂(DES)。然后将巴沙木木片(NWS)置于 DES 中,NWS 与 DES 的物质的量之比为 1：60。为了控制 PdNPs 的负载量和对水的渗透性,将木片在 80℃下分别反应 4h、6h、8h 和 10h,反应结束后冷却至室温,将木片置于 200mL 丙酮/水(体积比为 1：1)中超声处理 10min,上述操作重复三次以洗去残余的化学物质。在 −15℃下冷冻 6h 后在 −56℃下冷冻干燥 36h,依据 DES 反应时间不同分别记为 DTWS-4、DTWS-6、DTWS-8 和 DTWS-10。

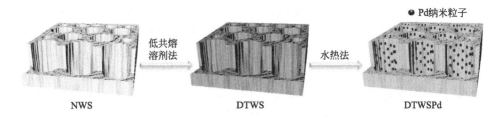

图 4-100 巴沙木/钯过滤复合材料的合成路线

如图 4-100 所示,第二步为通过一种简便的还原 PdNPs 的水热合成方法构建 DTWSPd。将 DTWSs 浸泡在 PdCl$_2$ 水溶液(1.5mg/L)中,在 80℃下加热 10h,冷却至室温后用去离子水洗涤以去除残留的未反应的离子。然后在室温下干燥,依据 DES 处理时间不同,分别命名为 DTWSPd-4、DTWSPd-6、DTWSPd-8、DTWSPd-10。

本节选用了低共熔溶剂法作为预处理木材的方法,并采用生命周期评价(LCA)作为一种定量的环境影响分析方法,对两种木材预处理的制备方法进行了评价,揭示了更具有环境可行性和可持续性的方法(即传统的亚氯酸盐-碱水解法和低共熔溶剂法)。简言之,采用传统方法预处理木材基底,分为亚氯酸钠脱木质素和碱处理脱除半纤维素两个步骤,共需 14h,要求 100℃的高温、6h 的长时间煮沸等苛刻的条件并且反应过程中有有毒气体(氯气)释放。然而,低共熔溶剂法一步同时脱除木质素和半纤维素,制备 DTWS 效率高(10h),温度低(80℃),所需原料少,因为 DES 可以通过简单的蒸馏过程回收再利用。

采用 CML 算法对两种方法带来的环境影响进行评估,结果如图 4-101 所示。共涉及 3 个指标(即生态系统质量、人类健康、资源),具体分为 14 个类别。显然,传统亚氯酸盐-碱水解法(Treatment-1)的环境影响(EIs)总体上是低共熔溶剂法(Treatment-2)的 7.2 倍,这可以归因于传统方法比 DES 处理需要更高的物质消耗和能源消耗。

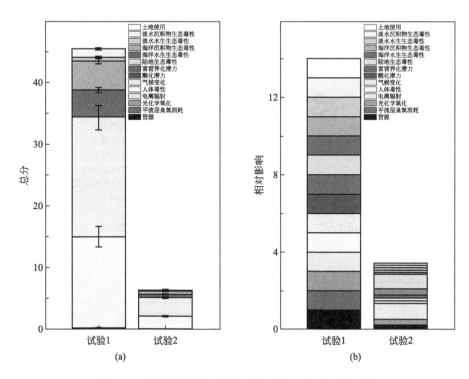

图 4-101　两个处理的总环境影响（a）和相对影响（b）

如图 4-102 所示，DES 处理方法对环境影响最大的类别包括气候变化（47.25％）、人类毒性（32.77％）、沉积物海洋生态毒性（7.98％）和水生生态毒性（7.05％）。值得注意的是，DES 处理带来的环境影响约占传统方法带来的环境影响的 1/4。

这些现象归因于相对较少的气候变化和人类毒性占比，由图 4-103 可知，环境影响主要是氯化胆碱和电力引起的。通过改变 DES 的氢键给体（HBD）来降低对 DES 处理环境的影响，可以改善草酸产生较大环境影响的现象。总体而言，通过 DES 处理代替传统处理的木材基底制备经过具体统计后证明可以大大降低 EIs，并被用于随后的 PdNPs 负载的 DTWSPd 处理，并用以净化含油染料废水。

为了赋予 DTWS 处理染料废水的催化活性，用巴沙木材进行生态友好的 DES 处理来打破木材的木质素-碳水化合物复合物结构，并去除部分木质素和半纤维素，然后用水热处理负载 PdNPs，获得了理想的 DTWSPd 结构。木材中的重要组分纤维素、木质素和半纤维素通过共价键和强氢键连接在一起。DES [图 4-104(a)] 可以通过与木材组分形成氢键竞争，破坏木质素和半纤维素之间的共

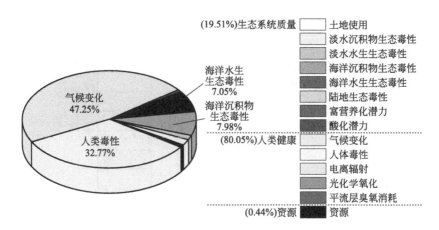

图 4-102　DES 处理过程中各种环境影响的贡献

试验		生态系统质量								人类健康					资源	
		LU	FSET	FAET	MSET	MAET	TAET	EP	AP	GWP	HTP	IR	EBIR	ODP	R	
试验1	乙酸															
	氢氧化钠															
	电力															
	亚氯酸钠															
	巴沙木															
	水															
试验2	氯化胆碱															
	电力															
	草酸															
	巴沙木															

图 4-103　LCA 结果

价键，从而去除木质素和半纤维素。典型 β-O-4 的木质素结构，半纤维素典型的酯结构和醚结构的断裂片段的结构如图 4-104(b) 所示，作用的位置用箭头指示。

　　为了进一步了解木材的结构，对原始木材的纵切面的扫描电镜图进行了分析。如图 4-105 所示，在纵切面的放大扫描电镜图像中可以观察到很多的长而平行的通道，并且由横向的射线细胞和纹孔连通。由于具有大量平行排列的通道，DTWS 适合作为污水处理的理想分离材料。

　　横切面、胞间角和纵切面的 SEM 图像用来区分 NWS、DTWS 和 DTWSPd 的微观结构之间的不同形态。图 4-106(a)～(c) 清楚地表明，DES 处理和水热合成处理均保持了木材的蜂窝状多孔结构，但随着木质素和半纤维素的部分移除，细胞壁厚度减小。显然，在胞间角的变化中可以更明显地看出组分移除对木材结构的影响。NWS 致密的细胞壁 [图 4-106(d)] 与 DTWS 胞间角处内部结构的分层和纤维素纳米纤维的裸露 [图 4-106(e)] 形成了鲜明的对比，这也表明

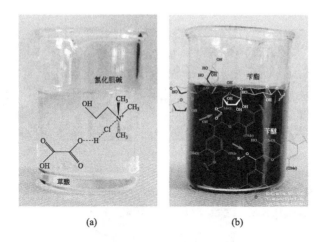

图 4-104　低共熔溶剂的照片（a）和低共熔溶剂处理木材后的照片（b）

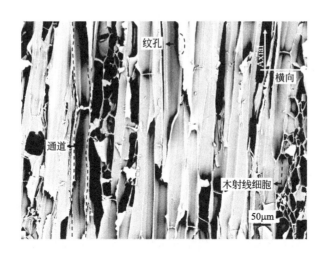

图 4-105　原始木材的扫描电镜图像

DES 成功地去除了 NWS 的组分。如图 4-106(f) 所示，化学组分独特的结合方式和丰富、活跃的官能团使得大量 PdNPs 均匀分布在木材基底上，并且没有发生任何团聚。对比 NWS、DTWS 和 DTWSPd 的纵切面结构，可以发现长孔道结构没有被 DES 处理和水热合成处理改变，但是 NWS 堵塞的纹孔 ［图 4-106(g)］ 和 DTWS 打开的纹孔 ［图 4-106(h)］ 形成鲜明对比。纹孔打开可以增加通道之间的连通性，有利于还原反应前驱体的浸入。此外，DTWSPd 的纹孔仍然保持打开的状态 ［图 4-106(i)］。综上所述，DES 成功地脱除了木材的部分组分，打开了闭塞纹孔，并且水热反应成功负载了 PdNPs。

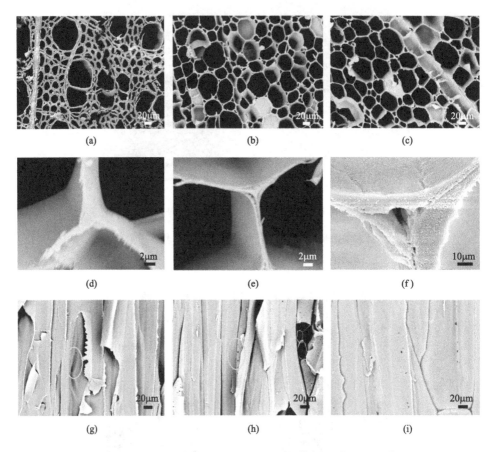

图 4-106　NWS、DTWS 和 DTWSPd 的横切面 [(a)～(c)]、
胞间角 [(d)～(f)] 和纵切面 [(g)～(i)] 的 SEM 图像

为了进一步确定 PdNPs 的负载和分布状况，进行了 EDS 测试。如图 4-107 显示，在 DTWSPd 的横切面、纵切面和胞间角均观察到了均匀分布的 PdNPs。由此说明 PdNPs 均匀分布在 DTWSPd 的内表面和外表面，结果与 SEM 图像观察到的现象一致。

为了进一步考察成功负载的 PdNPs 的大小等性质，用 TEM 观察了合成的 PdNPs 的粒径并鉴定了晶体结构（图 4-108）。如图 4-108(a) 所示，PdNPs 的平均直径为 10.2nm。随后，通过选区电子衍射（SAED）图 [图 4-108(b)]，确定了在 DTWSPd 上存在的 PdNPs 为面心立方结构。此外，通过高分辨率透射电子显微镜（HRTEM）图像 [图 4-108(c)] 测量到 Pd 的 (111) 晶格宽度为 0.21nm。

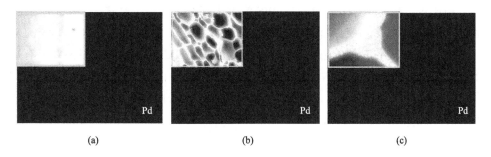

图 4-107　DTWSPd 的纵切面（a）、横切面（b）和胞间角（c）的 EDS 结果

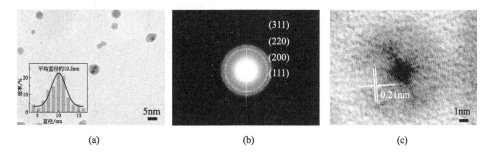

图 4-108　DTWSPd 中 PdNPs 的 TEM 图像（a），相应的 SAED
图像（b）以及 PdNPs 的 HRTEM 图像（c）

　　TG 和 DTG 是研究杂化材料成分的有效方法，为了确定 DTWS 的热稳定性和各组分的变化量以及 PdNPs 的负载量，分别对 NWS、DTWS 和 DTWSPd 进行 TG 和 DTG 测试和分析。表 4-7 列出了半纤维素、纤维素和木质素的质量损失率，并用 DTG 确定了各阶段的起始温度。

表 4-7　NWS、DTWS 和 DTWSPd 在空气中的热氧化降解参数

样品	脱水		热氧化过程Ⅱ			热氧化过程Ⅲ	
	%	T_{min}/℃	%	$T_{Ⅱ'}$	$T_Ⅱ$	%	T_{min}/℃
	Δm	DTG	Δm	℃	℃	Δm	DTG
NWS	2.02	65.23	67.33	290	310	17.21	405
DTWS	2.45	63.53	69.86	—	333	15.46	415
DTWSPd	2.76	57.02	63.41	—	304	13.99	309

　　将脱水阶段忽略不计，TG 结果曲线如图 4-109 所示，可以在 DTWS 的 TG 曲线中观察到两个失重阶段，分别是 200℃开始的半纤维素和纤维素的损失以及

400℃开始的木质素热氧化，在 DTG 曲线上可以更明显的观察到这两个失重阶段。相比于 NWS 的三个峰值，DTWS 没有半纤维素的特征峰峰 1，这表明 DES 脱除了半纤维素。相反，DTWS 的峰 2 明显强于 NWS，说明木材中组分的部分去除引起了氧化速率的变化。在水热反应负载 PdNPs 后，DTWSPd 仅有一个明显的失重阶段，关于木质素的特征峰消失，这是由于 DTWSPd 中残留的木质素参与了 PdNPs 的还原。以上结果表明，DES 去除了部分半纤维素和木质素，并且剩余的木质素参与了 PdNPs 的还原。

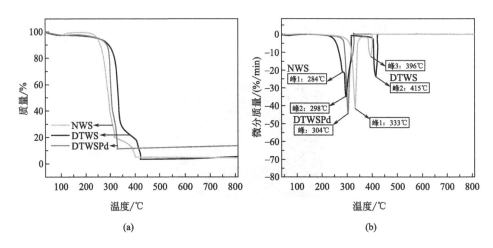

图 4-109　NWS、DTWS 和 DTWSPd 的 TG 曲线（a）和 DTG 曲线（b）

　　DES 处理时间是影响木质素和半纤维素失重情况的重要因素，从而影响 PdNPs 的负载量，而 PdNPs 的负载量是决定催化速率快慢的关键因素。因此，用 TG 测试了 DTWS 的失重情况，结果如图 4-110(a) 所示。并根据 TG 结果来计算 DTWS 中木质素和纤维素的含量，以及木质素素和半纤维素的总脱除量，结果如图 4-110(b) 所示。随 DES 处理时间的增加，NWS 的组分去除率线性增加，表明去除率与反应时间呈线性正相关。同时木质素的含量随 DES 处理时间增加而逐渐降低，说明了 DES 处理木材可以脱除木材中部分木质素和半纤维素。NWS 的最高组分去除率约为 46.16%，DES 处理时间为 10h。DES 处理时间并没有再延长，是因为过长的处理时间会使 DTWS 的机械稳定性降低，并增加能耗。

　　为了进一步考察脱除部分木质素和半纤维素对木材基底结构的影响，用比表面积测试仪对 NWS 和 DTWS 的比表面积和孔隙率进行了测试，吸附脱附曲线如图 4-111 所示。显然，随着 DES 处理的时间增加到 10h，DTWS 的比表面积从 $3.00\text{m}^2/\text{g}$ 增加到 $16.49\text{m}^2/\text{g}$，孔隙率从 NWS 的 76.07% 增加到 DTWS-10 的

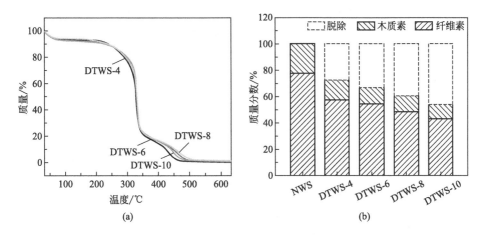

图 4-110　DTWS 的 TG 曲线（a）以及 DTWS 的木质素、
纤维素的质量占比和脱除量的占比（b）

93.17%。结果表明组分脱除增加了 DTWS 的比表面积和孔隙率，这与扫描电镜观察到的细胞壁厚度减小和纹孔打开的结果是一致的。因此，据此推测 DTWS 具有较高的比表面积和孔隙率，将会负载更多的 PdNPs，这为提高水通量和降解染料的效率提供了广阔的空间。

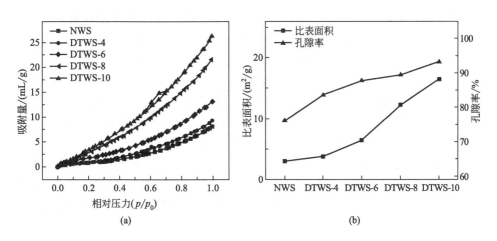

图 4-111　NWS 和 DTWS 的氮气吸附脱附等温线（a）及比表面积和孔隙率（b）

　　为了研究 DES 处理时间对 PdNPs 负载量的影响，进而确定增大的比表面积和孔隙率是否会增加 PdNPs 负载量，因此，对 NWSPd 和 DTWSPd 进行了 TG 测试，结果如图 4-112（a）所示。随 DES 处理时间延长，DTWSPd 残余的量增加。经计算得到 NWSPd、DTWSPd-4、DTWSPd-6、DTWSPd-8 和 DTWSPd-10 的 PdNPs 负载量分别为 3.5％、5.2％、6.5％、7.2％和 9.2％。有趣的是，PdNPs 的含量随着 DES 处理时间的延长呈线性增加趋势［图 4-112(b)］。由此可推断随 DES 处理时间增加，木材组分的脱除率增加，PdNPs 负载量也增加。因此，后面的测试选用 DTWSPd-10。

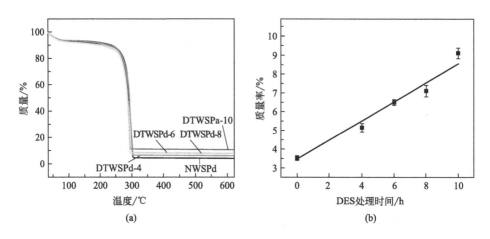

图 4-112 NWSPd 和 DTWSPd 的 TG 曲线 (a) 和 PdNPs 的负载量 (b)

FT-IR 和 XPS 用来考察 DTWSPd 表面的化学组成。为了进一步验证 DES 处理方法选择性地去除了半纤维素和木质素的结果，进行了 FT-IR 测试，结果如图 4-113 所示。在 DTWS 的 FT-IR 光谱中，1242cm^{-1} 处的半纤维素相关的特征峰消失，从而推测半纤维素被部分去除。DES 处理后，木质素相关的在 1505cm^{-1} 和 1462cm^{-1} 处的芳香骨架振动吸收峰消失，可以推测木质素被部分去除。由于在化学键发生断裂中暴露的 DTWS 的官能团增加，所以可以观察到 1736cm^{-1} 处的乙酰基振动峰和 1592cm^{-1} 处的共轭 C—O 峰增加。总体而言，DES 处理成功地去除了 NWS 中的部分半纤维素和木质素，提高了 DTWS 的表面化学活性，这与 TG 的结果一致。在随后的水热反应发生后，1592cm^{-1} 和 1736cm^{-1} 处的特征吸收峰几乎消失，进一步说明了 DTWS 的官能团以还原剂的形式参与了 PdNPs 的还原反应。因此，较高的 PdNPs 含量是 DES 处理引起 DTWS 活性基团增多的原因。

为了进一步验证 Pd 的负载，利用 XRD 分析了 NWS、DTWS 和 DTWSPd 的晶体结构，结果如图 4-114 所示。图中每个样品都可以在 $2\theta=16.5°$ 和 $22.5°$ 处观察到典型的纤维素 I 型特征峰，分别对应于（101）和（002）晶面，这表明 PdNPs 沉积在 DTWS 上并没有改变纤维素的晶体结构。经计算得到 NWS 的纤维素结晶度是 60.3％。而在 DTWS 中，由于部分化学组分的去除，纤维素结晶

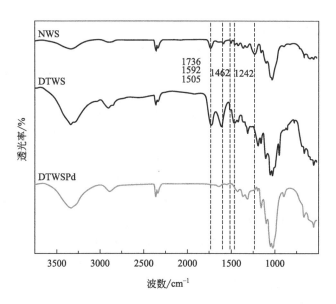

图 4-113 NWS、DTWS 和 DTWSPd 的 FT-IR 谱图

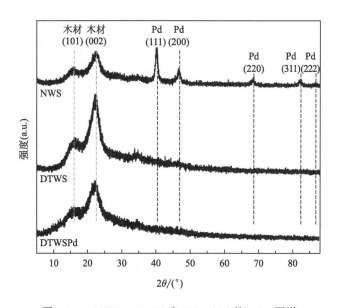

图 4-114 NWS、DTWS 和 DTWSPd 的 XRD 图谱

度提高到 71.2%。同时，在 $2\theta = 40.1°$、$46.6°$、$67.9°$、$82.4°$ 和 $86.4°$ 处出现的峰分别对应于 PdNPs 的（111）、（200）、（220）、（311）和（222）晶面，证实了 Pd（Ⅱ）成功还原为 Pd（0）。由于 PdNPs 的强度覆盖了纤维素的强度，使 DTWSPd

中的纤维素结晶度降低到 66.9%。综上所述，DTWS 的主要成分是具有 Ⅰ 型结构的纤维素，并且证实了负载 PdNPs 的 DTWSPd 的成功制备。

利用 Scherrer 公式和（311）峰对 DTWSPd 中 PdNPs 的 XRD 图像信息进行了评估和计算，PdNPs 的平均直径约为 11.0nm。这与从 TEM 图像中得出的平均直径约为 10.1nm 的结果吻合较好。

此外，对 DTWSPd 进行了 XPS 光谱测试，以检测 DTWSPd 的化学成分和 DTWSPd 负载的 PdNPs 的氧化状态，结果如图 4-115(a) 所示。DTWSPd 是 Pd 与 DTWS 的组合，由 Pd、O、C 组成，这明显表明了 DTWS 与 PdNPs 的结合。分别位于 286eV、534eV 和 340eV 处的 C 1s、O 1s 和 Pd 3d 的峰被观察到。同时，图 4-115(b) 显示了 DTWSPd 的 Pd 3d 峰区域的高分辨率 XPS 谱图，在 336.58eV 和 342.18eV 处观察到了两个峰，这两个峰分别属于 Pd 3d$_{5/2}$ 和 Pd 3d$_{3/2}$。这些结果与 XRD 和 TEM 的测量结果一致。同时，Pd 三维谱拟合的两个结合能峰来自 PdNPs。这些结果表明，水热反应过程使 DTWS 在没有任何还原剂的情况下成功地还原、负载了 PdNPs。

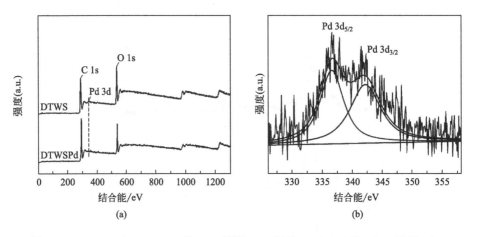

图 4-115　DTWS 和 DTWSPd 的 XPS 谱图（a）以及 DTWSPd 的 Pd 3d 谱图（b）

随着 DES 处理时间的延长，比表面积增加，PdNPs 的负载量也随之增加。除比表面积外，另一个因素是 DES 处理可以增加和改变木质素与半纤维素共价键断裂过程中产生的末端活性基团（如 C＝O、O—C—O）。为了进一步验证这一推测，用 XPS 分别分析了 NWS、DTWS 和 DTWSPd 中的碳（C）元素。NWS 通常包含 C1s 峰，这些峰可以分解成四个部分，即 C1（C—C、C—H）、C2（C—O）、C3（C＝O、O—C—O）和 C4（O—C＝O），详情如表 4-8 所示。

表 4-8　NWS、DTWS、DTWSPd 的 Pd 3d、C 1s、O 1s、O/C 和 C 1s 各组分比

项目	NWS	DTWS	DTWSPd
Pd 3d/%	0	0	0.77
C 1s/%	65.14	79.7	67.95
O 1s/%	34.86	20.3	31.28
O/C	0.54	0.25	0.46
C1/%	73.37	56.81	52.1
C2/%	20.03	19.41	32.65
C3/%	1.65	8.93	11.21
C4/%	4.95	14.85	4.04

与 NWS 相比，DTWS 中 C1（与木质素苯丙烷相关）的减少表明 DTWS 部分脱除木质素，与 TGA 结果（组分脱除率随 DES 处理时间变化）一致［图 4-116（a）和（b）］。此外，DTWS 中 C3 和 C4 的增加（主要来源于缩醛、酮和醛）表明，DES 处理可以增加末端活性基团，这有利于负载更多的 PdNPs。随后，DTWS 中增加的 C4 被消耗在还原 PdNPs 中［图 4-116（c）］，这与 FT-IR 的结果一致（$1731cm^{-1}$ 峰强度的减弱）。具体来说，C3 的增加和 C4 的减少意味着形成了大量的 C—O—Pd 结构。这一结果与 DTWS 作为还原剂还原 PdNPs 的结论一致。总体而言，DES 处理可以通过共价键断裂增加末端活性基团来提高化学活性，并暴露出更多的还原性基团，从而在随后的水热反应中还原更多的 PdNPs。

水下超疏油特性通常用于分离油水混合物，然而，过滤通量经常受到油污堵塞膜孔的限制。因此，迫切需要更好的防油污能力的过滤材料来处理含油染料废水。NWS 具有丰富的开放式框架结构，是一种理想的高通量的污水处理候选材料。它通过去除疏水组分（如木质素）和增加粗糙度来提高性能，从而显著提高了其水下的超疏水性。用接触角测量仪来测试 NWS、DTWS 和 DTWSPd 的润湿行为，结果如图 4-117 所示。$5\mu L$ 的水滴分别接触 NWS、DTWS 和 DTWSPd，水滴在 116.83s 内展开并渗透到 NWS 中［图 4-117（a）］，水滴在 9.93s 内浸润并渗透到 DTWS 中［图 4-117（b）］。由此结果可以说明部分脱除木质素和半纤维素可以大幅提高 DTWS 的亲水性和透水性。而负载 PdNPs 后，仅花费 1.71s 的时间，水滴便浸润和透过 DTWSPd［图 4-117（c）］。由此可说明负载 PdNPs 能够增加 DTWSPd 的亲水性。对于水下油的润湿性，NWS、DTWS 和 DTWSPd 表现了相似的水下疏油能力。如图 4-117（d）～（f）所示，NWS、DTWS 和 DTWSPd 的水下油接触角分别为 150.4°、151.3° 和 152.1°。这表明 DTWSPd 具有良好的水下超疏油性，因为 DTWSPd 的超亲水性将水困在粗糙的结构中，从而减少了

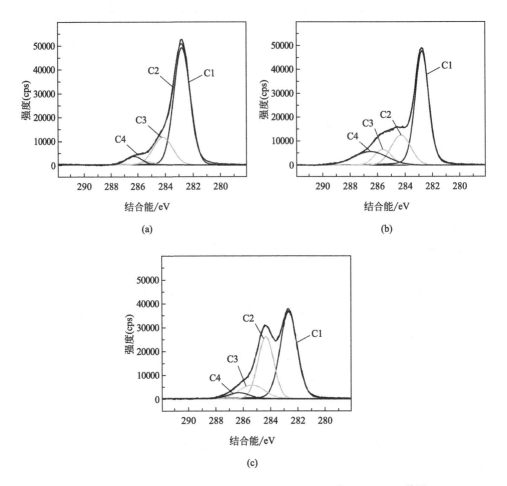

图 4-116 NWS（a）、DTW（b）和 DTWSPd（c）的 C1s（XPS 谱图）

DTWSPd 表面与油滴的接触面积。因此，DTWSPd 具有超亲水性和水下超疏油性，为水处理提供了保障。

为了更好地研究 DTWSPd 在水下的疏油能力，对水下油滴与 DTWSPd 接触过程中的黏附行为进行了测试。在加压和释压的过程中，被挤压的油滴在水下与 DTWSPd 充分接触，在释放过程中油滴保持球形 [图 4-117（g）]。这说明 DTWSPd 在水下与油滴的黏附力很低。结果表明，DTWSPd 在水下具有较好的抗油黏附性能。为了进一步证明负载 PdNPs 是增加 DTWSPd 亲水性的主要原因，对 NWSPd 的润湿性进行测试，结果如图 4-118 所示。在 67.34s 内，一个水滴（5μL）扩散并渗透到 NWSPd [图 4-118（a）] 中，水下油接触角为 153.1° [图 4-118（b）]。水滴浸润和透过 NWSPd 的时间比透过 NWS 所需的时

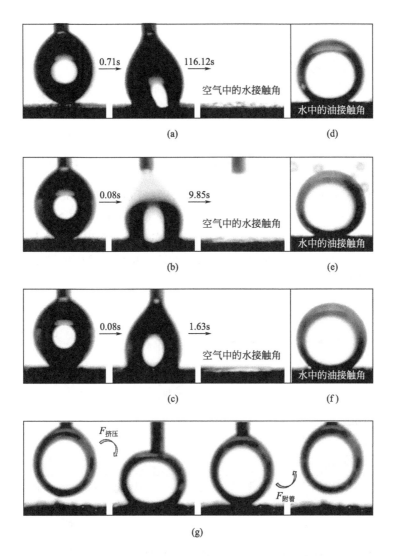

图 4-117　NWS、DTWS 和 DTWSPd 对空气中的水的润湿性 [(a)、(c)、(e)] 和
水下的油的润湿性 [(b)、(d)、(f)]，水下油接触 DTWSPd 的过程照片 (g)

间（116.12s）少，这表明 PdNPs 的负载增加了 NWS 的亲水性。原因可能是
通过负载 PdNPs 增加了表面粗糙度，从而增强了材料的亲水性。总体而言，
这些结果证实了脱去 NWS 的部分组分、提高粗糙度可以显著增强 DTWSPd 的
超亲水性和水下疏油性，这与 Hu 等的观点一致。

　　水下超疏油能力的增强提高了防油污能力，从而避免了通量的急剧减少，
这也在图 4-119（a）中得到了确定。对 NWS、DTWS 和 DTWSPd 进行油水分

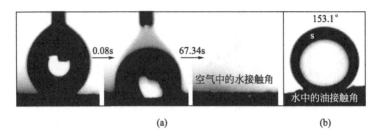

图 4-118　NWSPd 对空气中的水（a）和水下的油（b）的润湿性

离 10 个循环的测试，通量变化如图 4-119（a）所示，DTWSPd 的油水分离通量 [>5899L/(m²·h)] 比 DTWS [>5001L/(m²·h)] 和 NWS [>1862L/(m²·h)] 高且稳定。10 个循环后，由于油污的影响，NWS 的油水分离通量逐渐下降到 1862L/(m²·h)。结果表明负载 PdNPs 可以提高膜的防油污性能，进而提高油水分离的通量和稳定性。

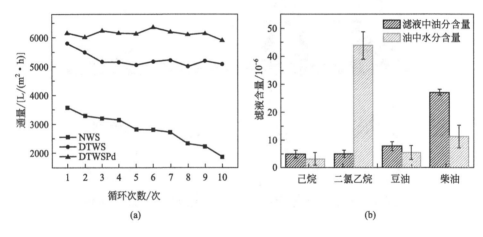

图 4-119　油水分离循环试验中 NWS、DTWS 和 DTWSPd 的通量（a）以及不同种类油的滤液中油分含量和油中水分含量（b）

　　通过 TOC 和 KF 方法分别对分离后的油和水进行了测试，以评估水的净化和油的回收效率。分离后水中的油分含量小于 30ppm。未与水混合的原油和油水分离后的再生油 [如工业油（正己烷）、石油类（柴油）、生活油（大豆油）] 分离后的水分含量差小于 45mg/kg，说明再生油的纯度达到了初始油的水平，详细数据如表 4-9 所示。这些结果充分证明了 DTWSPd 的高效净水效果和回收油的效果。

表 4-9　原始油中水分含量、再生油中水分含量及原始油和再生油中水分含量差异

油	原始油中水分含量 /10^{-6}	再生油中水分含量 /10^{-6}	原始油和再生油中水分含量差异 /10^{-6}
正己烷	52.20	55.32	3.12
二氯乙烷	281.78	325.65	43.87
柴油	53.60	58.93	5.33
豆油	402.43	413.66	11.23

DTWSPd 与 NaBH$_4$ 的协同作用表现出对 MB 的优秀降解效果。MB 作为一种常见的有毒染料，目前被广泛应用于化学指示剂、天然染料和药物中。如图 4-120 所示，MB 的褪色现象揭示了 DTWSPd 对 MB 的催化降解能力。单独的 NaBH$_4$（TS$_1$）或 NWS（TS$_2$）用于降解 MB，在 160s 后染料保持与原始颜色一样。但是，DTWSPd（TS$_0$）降解的染料在 80s 内褪色为无色透明，表现出快速的降解能力。

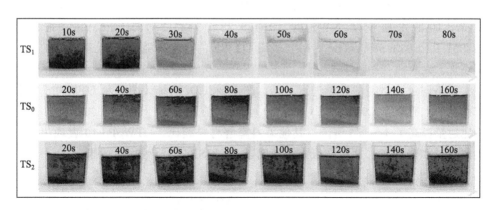

图 4-120　80s 内的 TS$_2$ 和 160s 内的 TS$_0$、TS$_1$ 的变化照片

这些颜色变化可以通过测色仪定量测试，图 4-121(a) 中显示了色差（ΔE）与时间之间的曲线关系。在 80s 内，TS$_2$ 的色差从 81.39 降低到 1.28，表明 DTWSPd 对 MB 有较好的降解性能。NWS 在 MB 降解试验后的照片如图 4-121 (b) 所示，木材由本来的淡黄色变成了 MB 的蓝色，是因为 NWS 没有催化降解 MB 的作用，仅可通过物理吸附作用吸附少量的 MB。DTWSPd 在 MB 降解试验后的照片如图 4-121(c) 所示，颜色还是 DTWSPd 本来的颜色，是因为 DTWSPd 能够降解 MB，使其褪色为无色。

为了研究 DES 处理时间和分离通量之间的关系，测试了 NWSPd、DTWSPd-4、DTWSPd-6、DTWSPd-8 和 DTWSPd-10 的通量，结果如图 4-122

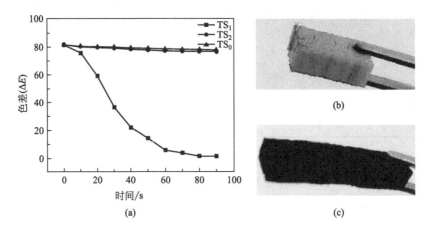

图 4-121　TS_1、TS_2 和 TS_0 的色差值与降解时间的关系（a）
以及 NWS 和 DTWSPd 在 MB 降解试验后的照片（b）

（a）所示。随着 DES 处理时间的增长，显示出通量的线性增加。在重力作用下，DTWS-10 的水通量从 NWS 的 $(16439.78 \pm 1443.37)L/(m^2 \cdot h)$ 增加到 $(32981.98 \pm 953.58)L/(m^2 \cdot h)$，表明 DTWS 的透水率随 DES 处理时间的延长而增加。

对不同过滤材料的通量进行对比，图 4-122(b) 的统计图显示 DTWSPd-10 具有优异的水通量 $[32981.98L/(m^2 \cdot h)]$，与以前的工作 $[192 \sim 8000L/(m^2 \cdot h)]$ 相比通量提高了 4～170 倍。与其他染料降解材料相比，DTWSPd-10 表现出优异的水通量和降解率。这些结果充分证明了 DTWSPd 的高效净水效果。

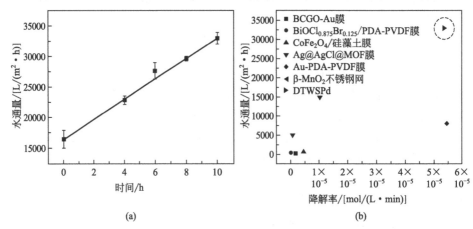

图 4-122　水通量与 DES 处理时间的关系图（a）以及 DTWSPd 与
其他已发表的膜材料在通量和降解率方面的比较（b）

综上所述，用 DES 处理 NWS，然后负载 PdNPs，改善了亲水性，增强了抗油污性能，并提高了这种木质过滤复合材料的水通量，使 DTWSPd-10 成为有效处理油染废水的优良候选者。详细数据比较如表 4-10 所示。

表 4-10　DTWSPd 与其他已发表的膜材料降解性能的比较

膜类型	动态的		静态降解			污染物 /(mg/L)
	通量 /[L/(m²·h)]	持续降解效率/%	催化剂含量/%	k/min^{-1}	耗时 /min	
DTWSPd	32981.98	98.9	Pd (9.20)	1.92	1.5	亚甲基蓝 (30)
GO[①]/g-C₃N₄[②]/Ag-PVDF[③]膜	230.64	89.27	Ag (20.06)	4.05×10^{-2}	90	罗丹明 6G (44.2)
BiOCl$_{0.875}$Br$_{0.125}$/PDA[④]-PVDF 膜	380.4	92.6	—	2.06×10^{-4}	480	洛克沙胂 (17.5)
PI[⑤]-g-C3N4	—	100	—	1.32×10^{-1}	30	双酚 A (5)
CoFe₂O₄/硅藻土膜	658	100	—	—	9.5	罗丹明 B (20)
Ag@AgCl@MOF[⑥]-织物膜	4927	99.23	MIL-100(Fe) (38.6)	—	40	亚甲基蓝 (10)
PAN[⑦]/TiO₂/PANI[⑧]膜	—	—	TiO₂ (28.57)	—	240	刚果红 (3)
PVDF-g-C₃N₄ 膜	650	80	—	7.2×10^{-3}	—	罗丹明 B (10)
β-MnO₂ 不锈钢网	16977	98.18	—	0.5704	5	罗丹明 B (20)
BC[⑨]GO-Au 复合膜	192	24.4	—	—	60 —	罗丹明 B (50)
PVDF@PDA@Au 膜	540	75	—	4.784×10^{-3}	8	4-硝基苯酚 (1.0×10^8)
Au-PDA-PVDF 膜	8000	—	Au (5.43)	4.784×10^{-3}	5	4-硝基苯酚 (5.3×10^7)
Ag/PAN[⑩]纤维网	—	—	Ag (20)	0.036	70	4-硝基苯酚 (2.5×10^7)

① 氧化石墨烯。

② 氮化碳。

③ 聚偏二氟乙烯。

④ 聚多巴胺。

⑤ 苝酰亚胺。

⑥ 金属有机骨架。

⑦ 聚苯胺。

⑧ 聚丙烯腈。

⑨ 细菌纳米纤维素。

⑩ 聚丙烯腈。

此外，我们选择 DTWSPd-10 作为测试样品，测定不同浓度 MB 溶液的降解效率。显然，低浓度（＜15mg/L）的 MB 溶液一次过滤后几乎全部降解（＞97.96%）。增加两个周期的过滤也可以实现浓度为 30mg/L 的 MB 的完全降解，DTWSPd-10 表现出良好的 MB 降解能力（图 4-123）。

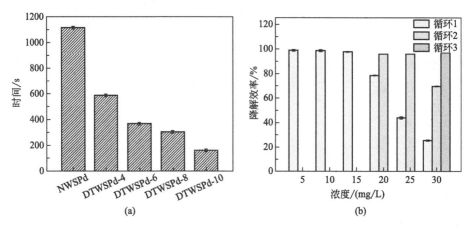

图 4-123　NWSPd 和 DTWSPds 完全降解 MB 所需的时间（a）
以及 DTWSPd 对不同浓度的 MB 溶液的降解效率（b）

首先，利用浓度为 30mg/L 的 MB 对 DTWSPd 的催化进行动力学研究，以探讨 MB 的降解机理［图 4-124（a）］。在 110s 后，MB 的紫外特征吸收峰（664nm）完全消失，并用 UV-Vis 测量了不同时间间隔 MB 的浓度比（A_t/A_0）。在 110s 内，MB 降解效率为 99%，A_t/A_0 与时间曲线的指数性质证明了此过程符合一级动力学［图 4-124(b)］。根据图 4-124(b) 所示的 $\ln(A_t/A_0)$ 与时间的

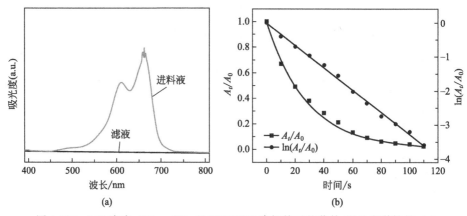

图 4-124　MB 溶液（30mg/L）经 DTWSPd 降解前后的紫外-可见光谱结果（a）
以及 A_t/A_0 对时间和 $\ln(A_t/A_0)$ 对时间的曲线图（b）

线性曲线图，计算 DTWSPd（1.92min^{-1}）的速率常数（k）（表 4-11）。总体而言，DTWSPd-10 具有较高的降解效率和较高的通量。

表 4-11　室温下 DTWSPd 作催化剂的 MB 还原反应的参数和催化活性

样品	Pd 含量（质量分数）/%	PdNPs 的平均直径/nm	DTWSPd 的吸收峰位置/nm	动力学常数/min^{-1}	每克的动力学常数/min^{-1}·g^{-1}
DTWSPd	9.2	10.1	664	0.032	34.8

DTWSPd 具有稳定的超亲水和水下超疏油性能，这表明 DTWSPd 是一种很好的水处理候选材料。用水预湿，当将油（正己烷，由苏丹Ⅲ染色）和水（MB 溶液）的混合物倒入过滤器时，DTWSPd 表面形成一层水膜作为水屏障，防止油渗透 [图 4-125（a）]。观察到蓝色水透过 DTWSPd 后变得透明，这归因于与高通量相匹配的降解速率。可能的催化机理如图 [图 4-125（b）] 所示。DTWSPd 的通道中负载了足够数量的 PdNPs，这是 MB 的降解中心。当含 MB 的水到达通道入口时，MB 分子扩散并吸附在 DTWSPd 表面。从 NaBH$_4$ 到 MB 发生了电子转移过程。依据 AgNPs 降解 MB 的机理，推测了 PdNPs 还原 MB 的主要机理，并通过以下反应进行了描述：

$$NaBH_4 + 2H_2O \longrightarrow 4H_2 \uparrow + BO_2^- + Na^+ \qquad (4-8)$$

$$4Pd + 4H_2 \longrightarrow 4H-Pd-H \qquad (4-9)$$

$$4H-Pd-H + 8MB \longrightarrow 4Pd + 8LB \qquad (4-10)$$

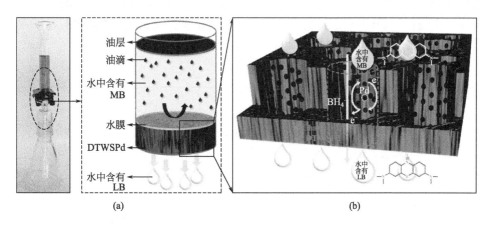

图 4-125　用于亚甲基蓝降解和油水分离的装置以及亚甲基蓝降解和油水分离过程示意图（a），以及亚甲基蓝在 DTWSPd 通道中的催化降解机理（b）

在降解过程中，PdNPs 充当从 NaBH$_4$ 到 MB 电子转移的电子中继系统，这极大地降低了能量障碍，从而提高了 MB 的催化降解效率。PdNPs 具有良好的氧化还原活性，可以将活性氢物种介导到 MB 底物上，从而降解 MB。木材通道的长度和木材对 MB 的吸附能力为 PdNPs 降解 MB 提供了足够的时间。从形态学的角度来看，尺寸较小的 NPs 具有更大的比表面积和更多的催化活性位点。从内部能带结构的角度解释这种猜测，PdNPs 与 MB 之间建立的势垒（＋1.25V *vs*. NHE）是影响 DTWS 载体吸附能力的一个同样关键的因素，影响了 PdNPs 的催化活性。根据以下公式计算 PdNPs 的氧化还原电位（E_P）：

$$E_P = E_{Bulk} - \frac{2\gamma V_M}{zFr} \tag{4-11}$$

其中，$E_{Bulk} = +0.915V$（*vs*. NHE），是整块钯材料的氧化还原电位；γ 是表面能；V_M 是摩尔体积；z 是最低价态；F 是法拉第常数；r 是 PdNPs 的半径。显然，对于 DTWSPd，PdNPs 与 MB 之间的势垒高度（$E_P = +0.897V$）明显低于 PdNPs 与 MB 之间的势垒高度（＋1.25V *vs*. NHE），这表明小尺寸（10.1nm）PdNPs 可以大大降低势垒。吸收的电子通过氧化还原反应迅速导致 MB 有机染料的降解，促进了催化还原活性，这可以协同地促进从 PdNPs 表面到反应物 MB 的电子转移过程，这可以用反应速率常数来解释：

$$\frac{1}{k_{Pd}} = \frac{1}{4\pi R^2}\left(\frac{1}{k_e} + \frac{R}{D}\right) \tag{4-12}$$

式中，R 为 PdNPs 半径；k_e 为电子转移速率常数；D 为溶剂扩散系数。假设 DTWSPd 中 PdNPs 的半径差异可以忽略不计，催化剂的反应速率主要由 MB 在反应溶液中的扩散控制。因此，通过连续流动可以提高 MB 的扩散速度，从而加快反应物向 DTWSPd 表面的传质速率，加速降解产物远离 DTWSPd。

MB 被降解的详细断键过程如图 4-126 所示。

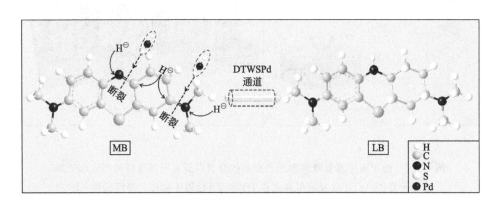

图 4-126　MB 降解的机理

在本研究中，我们以巴沙木为原料制备巴沙木-钯过滤复合材料，并对其油水分离的能力和染料催化降解的能力进行了研究，主要得出以下结论：

① 利用低共熔溶剂法预处理巴沙木，一步去除了部分木质素和半纤维素，提高了亲水性、比表面积和孔隙率。结合水热反应还原、负载了钯纳米粒子，制备出巴沙木-钯过滤复合材料。该过滤材料与水的接触角为 0°，水下油接触角为 152.1°，表现为超亲水性和水下超疏油性。发现了移除木材部分组分有利于提高水的透过性。为提高膜的亲水性、防油污性能和染料降解能力做出了尝试。

② 用生命周期评价法评价了低共熔溶剂法和传统亚氯酸盐-碱水解体系法处理木材的过程，得到了低共熔溶剂法处理路线对环境的影响相对较小的结论。并从敏感度分析中找到了低共熔溶剂法中对环境影响最大的步骤，有利于引导研究者完善工艺以减小对环境的污染。

③ 巴沙木-钯过滤复合材料与 $NaBH_4$ 配合，可以高效地降解 MB。在重力条件下，膜通量为 $(6157 \pm 89.86) L/(m^2 \cdot h)$，达到了除油和降解有机染料的目的。有趣的是，高通量归因于高 SSA、孔隙率和水渗透屏障屏蔽油污染物。此外，巴沙木-钯过滤复合材料表现出较高的油水分离效率（98.9%）和优秀的催化活性（99.8%）。

④ 进一步的研究发现，独特的结构和丰富的 PdNPs 之间的协同效应是巴沙木-钯过滤复合材料催化活性提高的原因。可用于油水混合物的同步连续分离，减少了水中的 MB 等多种有机污染。多种污染物的同时去除对于环境友好和可持续发展具有极其重要的意义。

4.2.5　水体净化功能

目前，化学工业中有机污染物（例如油、芳香族化合物和染料）的大量释放是水污染的主要来源，对环境造成很大的影响。在以往的研究中，常用的油水分离以及去除水中有机污染物的方法有重力分离、光催化降解、物理吸附、膜过滤、离心、化学氧化等。这些方法具有较好的污水净化功能，同时也面临着许多问题，如处理污染物种类单一、工艺烦琐效率低、成本相对较高、维护困难等。所以，寻求一种简单、高效、低成本、绿色环保，且可以同时处理多种污染物的滤膜势在必行。

木材具有高度多孔的 3D 层级结构，沿其生长方向由许多对齐的中空纤维组成。最近，利用其天然亲水性和多孔结构，天然云杉木材的横截面被直接用作油水分离的过滤膜。各向异性的微通道网络促进了水的快速传输，并保证了细胞壁成分（纤维素和半纤维素）的亲水性，赋予木材横截面超亲水-水下超疏油性能，使其成为油水分离的理想选择。天然木材衍生的过滤材料便宜多得，并且在技术应用中更易于扩展，使其与金属网和聚合物膜相比具有很高的竞争力。通过将功能性纳米颗粒（NPs）掺入木质支架的介孔结构中，已经开发了去除水溶液中水溶性有机污染物（亚甲基蓝和罗丹明 6G）的功能化木基过滤器，如 Pd@Wood、石墨烯@Wood、Mn_3O_4@TiO_2@Wood 和 UiO-66@Wood，近期研究的实例证明了利用多孔木材进行废水处理隐藏着巨大潜力，在实际的废水中，水溶性污染物通常与不溶性油共存，若制得一种木材过滤材料，既能去除水溶液中不溶性油，又能催化降解可溶性有机污染物，这种木材基过滤器将予以污水净化领域新的突破。

据此，本课题组通过在轻木的介孔结构中原位生长银纳米颗粒（AgNPs）制备出多功能 Ag@Wood 木基复合过滤器，用于绿色、快速、高效地去除有机染料以及油水分离。具体实验步骤如下：取轻木（巴沙木）加工成尺寸为 30mm×30mm×1000mm（径向×弦向×纵向）的木条，沿木条纵向截取厚度分别为 5mm、7mm、9mm、11mm 的木块试样，用去离子水清洗浸泡，重复数次至水接近无色，然后在 50℃真空干燥箱放置 12h；将 10%（质量分数）的氨水分别加入 $AgNO_3$ 溶液（0.02mol/L、0.05mol/L、0.1mol/L）中，用磁力搅拌器进行搅拌，溶液由浑浊变为澄清状态，即得银氨 $[Ag(NH_3)_2NO_3]$ 溶液前驱体；将上述预处理木片置于 $Ag(NH_3)_2NO_3$ 溶液中，室温下真空浸渍 2h（真空度 50mbar，1bar=10^5Pa），6000mbar❶加压连续浸泡 1h；随后进行热处理（温度与反应时间分别为 80℃与 12h），用去离子水进行冲洗，室温干燥得到 Ag@Wood 过滤器。

图 4-127 显示了 Ag@Wood 过滤器的功能及其木材还原 Ag^+ 得到 Ag@Wood 的机理。a. 银氨溶液是一种温和的氧化剂，O 会攻击纤维素中 C2、C3（乙二醇基）和 C6，在 C2 和 C3 处氧化得到 C=O、—CHO 或—COOH 化合物，在 C6 处可以得到—CHO 或—COOH 基团，这些官能团能够通过化学络合反应吸引 Ag^+，在木材孔道原位成核生长 AgNPs。木材中纤维素的氧化过程会在带有仲醇基的 C2 和 C3 上发生，从而导致酮基的形成或 C—C 键断裂，此外，作为伯醇，C6 上发生了氧化，形成了醛类化合物，由于氧化反应的进行，出现了可以与氨反应的—COOH。b. 木质素充当制备 AgNPs 的还原剂，α-芳基醚和烷基醚的酚类木质素在碱性条件下发生微波辐射变化，形成了醌甲基化物。其次，甲基苯醌中的 C=O 电子受体引起感应效应，从而导致 β-C 周围电子云的密度降低以及伯醇中 β-C 和 γ-C 之间的键合作用降低。最终，将 Ag^+ 还原为 Ag^0。

木材具有独特的孔道结构，大量中空细胞连接在一起，形成相互连接的通道，

---

❶ 1bar=0.1MPa。下同。

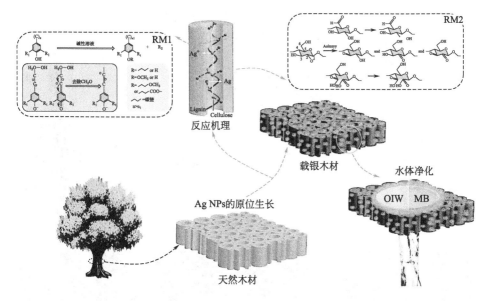

图 4-127　用于有机染料的去除以及油水分离的多功能 Ag@Wood 过滤器

从而具有较高的水通量。此外，木材细胞壁组分尤其是木质素富含—OH、C=O、—CHO 等活性基团，真空加压状态下，将木块浸入 $Ag(NH_3)_2NO_3$ 前驱体溶液中，$Ag(NH_3)_2^+$ 会渗入多孔细胞壁，活性基团将 $Ag(NH_3)_2^+$ 原位还原成AgNPs，这些 AgNPs 均匀锚定在木材孔道表面，从而使木材负载 AgNPs 后颜色明显加深，由浅黄色变成深褐色。由图 4-128（a）可知，原始木材独特的多孔结构，其中排列整齐的蜂窝状纤维细胞（直径 $40\sim70\mu m$）主要起机械支撑的作用，而管孔较大的导管（直径约 $150\sim200\mu m$）主要作为流体运输的通道[图 4-128（b）]。SEM 放大数倍后可知，原始木材孔道内壁光滑 [图 4-128（c）和（d）]，经过银氨溶液原位还原法在木材孔道中负载金属 AgNPs 后，可以明显观察到木材孔道内部均匀附着了大量的颗粒，粗糙度有了明显的提高，但 AgNPs 的负载并没有阻塞孔道，直径 $10\sim300\mu m$ 的原始孔道仍被很好地保留，不影响水的纵向传输，导管分子之间由穿孔板相连，贯穿样品的整个厚度方向。纹孔是导管内壁上重要的构造特征，具有渗透性，是导管间水分横向传输的通道，纹孔（$2\sim5\mu m$）的横向传输作用能够增大过滤污水的净化效率 [图 4-128（f）和（g）]。为进一步考察 Ag@Wood 的元素分布情况，图 4-128（i）显示了 C、O、Ag、Au 四种元素能谱分布图像，Ag 的含量占 Ag@Wood 的 17%（质量分数），说明 $Ag(NH_3)_2^+$ 被成功原位还原成 AgNPs [图 4-128（h）]。

原始木材、Ag@Wood 过滤器的 XRD 谱图见图 4-129（a）和（b）。由图 4-129

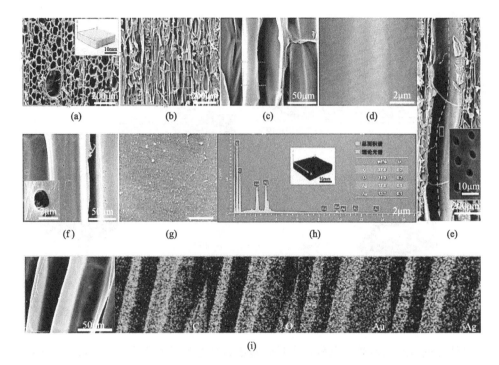

图 4-128　原始巴沙木与 Ag@Wood 的 SEM

（a）和（b）原始巴沙木的俯视图和侧视图；（c）和（d）导管的微通道及其表面；（e）和
（g）Ag@Wood 的导管、相互连接的穿孔板及其表面的纹孔形态；（h）和（i）Ag@Wood
的 EDS 谱图及其相应元素映射

（a）所示，天然木材在衍射角（2θ）16°、22°和 35°处显示出典型的结晶纤维素
晶面。由图 4-129（b）可知：在 38.1°、44.3°、64.4°和 77.7°处出现了新的特征
衍射峰，与粉末衍射标准联合委员会（JCPDS 4-783）标准卡对比可知，分别对
应面心立方 Ag 晶体的（111）、（200）、（220）和（311）晶面。巴沙木不仅仅起
到了载体的作用，这也证实了银铵离子在木材基质中被原位还原为 Ag。Ag@
Wood 过滤器的 Ag 粒子为面心立方晶系 Ag，根据 Scherrer 公式：

$$D = \frac{0.89\lambda}{B\cos\theta} \tag{4-13}$$

式中，D 为晶粒垂直于晶面方向的平均厚度，nm；B 为样品衍射峰半高宽
度（双线校正和仪器因子校正），rad；θ 为衍射角，rad；λ 为 X 射线波长，为
0.154056nm。（111）晶面峰宽经计算可初步得出 Ag 粒子尺寸约 15.6nm。为
了进一步对材料的化学组成成分进行表征，本研究进行 XPS 表征，由图 4-129
（c）可以看到，在 Ag@Wood 的 XPS 光谱中，分别在 533eV、374eV、284eV

附近出现了 O1s、Ag3d、C1s 三个主要特征峰。关于高分辨率 XPS 中 O1s 光谱
[图 4-129(d)]，284.8eV 对应于 C—OH/C—O—C；C1s 光谱 [图 4-129(e)]，
在 281eV (C—C)、282.6eV (C—O)、284.8eV (C═O) 处为木材的重要组成
成分。由图 4-129(f) 可以看到，在 374.48eV 和 368.48eV 处有两个峰，这与
$Ag^0\ 3d_{3/2}$ 和 $Ag^0\ 3d_{5/2}$ 的结合能相符，两处峰之间间隔为 6eV，表明 Ag 元素是
以 Ag 单质的形式存在的。

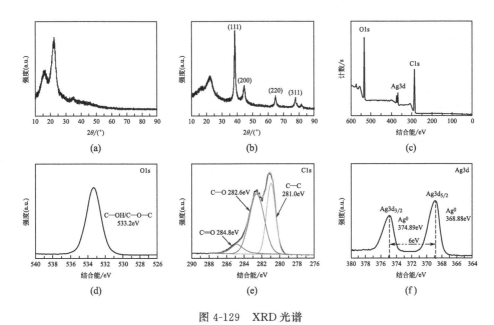

图 4-129　XRD 光谱

（a）原始木材；（b）Ag@Wood；（c）XPS 的 Ag@Wood 全扫描光谱；

（d）～（f）Ag@Wood 的 O1s、C1s 和 Ag 3d 的 XPS 光谱

　　染料的广泛使用导致严重的水污染，对人类和动物造成严重的健康危害。
Ag@Wood 过滤器催化降解有机染料，其厚度越大，溶液流经木材内部孔道的
距离就越长，使有机染料与木材孔道上负载的纳米催化剂得以充分接触，催化降
解效率就越高。为了更加准确地比较过滤器厚度对 MB 降解效率的影响，统一
控制 MB 溶液流速为 30～40mL/h，由图 4-130(a) 和 (c) 可知，Ag@Wood
过滤器过滤不同浓度 MB（10mg/L、50mg/L、1000mg/L）时，0.01mol/L、
0.05mol/L 浓度 AgNO₃ 处理制得的 Ag@Wood 过滤器符合随着过滤器厚度的增
加，MB 的催化降解效率增大的规律。然而当 AgNO₃ 浓度为 0.1mol/L 时，
Ag@Wood 不符合这一规律，出现了反常，分析原因，AgNO₃ 浓度增大，使得
AgNPs 在木材孔道中的生长状态不稳定，导致 AgNPs 发生团聚以及粘接不牢固
脱落，使 Ag@Wood 催化降解 MB 的效率下降，故舍去 0.1mol/L AgNO₃ 处理

得到的 Ag@Wood。由图 4-130(a) 和 (b) 可知，MB 溶液的浓度、过滤器厚度一定，随着 AgNO₃ 浓度的增大，过滤器催化降解 MB 的吸光度下降，Ag@Wood 过滤器的厚度对 MB 的催化降解效率具有正向影响。而当 AgNO₃ 浓度为 0.05mol/L 时，其正向影响规律越来越不明显 [图 4-130(a)]，故 AgNO₃ 浓度最优选择为 0.05mol/L。当 AgNO₃ 浓度为 0.05mol/L 时，5mm 厚的 Ag@Wood 对 MB 的催化降解效果不好，而 7mm、9mm、11mm 的 Ag@Wood 对 MB 的催化降解效果相差不大，同时考虑木基过滤材料厚度不仅影响亚甲基蓝的催化降解效率，同时也影响流体传输的水通量。不同厚度木基过滤材料的水通量差异显著，随着样品厚度的增加，水通量下降明显，5mm 厚样品的水通量高达 $6034L/(m^2 \cdot h)$，而 11mm 厚样品的水通量仅为 $564L/(m^2 \cdot h)$。兼顾水通量与染料降解效率，厚度为 7mm 的 Ag@Wood 过滤器的废水处理性能较优，MB 的催化降解效率达 94.44%，同时水通量高达 $4585L/(m^2 \cdot h)$。

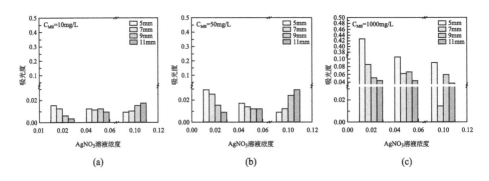

图 4-130　不同厚度、不同载 Ag 量的 Ag@Wood 催化降解 MB 的结果

MB 浓度分别为：(a) 10mg/L；(b) 50mg/L；(c) 1000mg/L

　　MB 催化降解实验装置如图 4-131(a) 所示，该装置主要由过滤量筒、过滤漏斗和锥形瓶三部分组成，Ag@Wood 过滤器通过夹子固定在漏斗和量筒之间。将 MB 与 NaBH₄ 混合水溶液倒入过滤量筒，常压过滤使得溶液透过 Ag@Wood 过滤器，MB 溶液颜色明显变浅，说明 Ag@Wood 过滤器能够有效去除 MB，且 Ag@Wood 过滤器厚度越大，MB 的去除效果越好，但厚度的增加会使水通量变小 [图 4-131(e)]。由图 4-131(b) 可知，7mm 原始木材过滤 10mg/L 的 MB 溶液，其催化降解效率为 39.04%，木材载 Ag 后，Ag@Wood 过滤器对 MB 的催化降解效果显著提高，溶液经过木基过滤材料处理后在波长 664nm 处的吸光度明显降低，且随着样品厚度的增大吸光度降低程度越大，这说明增大木基过滤材料厚度有利于提高 MB 的催化降解效率。NaBH₄ 的加入对水中 MB 的去除有重要影响，7mm 厚 Ag@Wood 过滤 MB 溶液时，滤液颜色和对应的紫外-可见吸收

光谱的变化很小，MB 去除率不超过 45%。这表明木材基质对 MB 染料的物理吸附作用较小，而 MB 的高去除率主要归因于固定在木材孔道结构中的 Ag 纳米催化剂对 MB 的催化降解作用。$NaBH_4$ 的浓度越大，Ag@Wood 过滤器过滤 MB 的效果越好，当 $NaBH_4$ 浓度≥100mg/L 时，Ag@Wood 过滤器对 MB 的催化降解效率影响不大，故加入 $NaBH_4$ 的浓度最优选择为 100mg/L [图 4-131(c)]。MB 的高去除率主要归因于固定在木材孔道结构中的 AgNPs 对 MB 的催化降解作用。研究表明，AgNPs 作为氧化还原催化剂，充当了 $NaBH_4$ 的电子受主和 MB 的电子施主（电子中继体），使得催化还原反应得以进行，从而实现亚甲基蓝的降解。$AgNO_3$ 浓度为 0.05mol/L、厚度为 7mm 的 Ag@Wood 过滤器表现出最理想的性能，其 10mg/L 的 MB 降解效率高达 94.4%，增大 MB 溶液的浓度，即使过滤 30mg/L MB 时，MB 的催化降解效率仍保持 90% 以上，之后随着 MB 的浓度增加，Ag@Wood 过滤器的降解效率略有下降 [图 4-131(d)]。

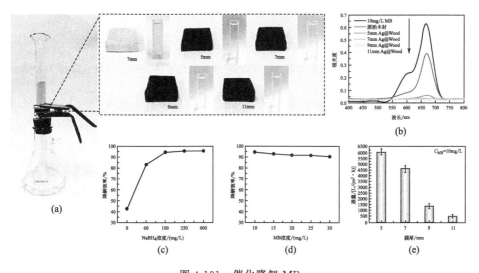

图 4-131　催化降解 MB

(a) 实验装置及不同厚度的木基过滤器；(b) 不同厚度的木基过滤器过滤 MB 溶液前后的 UV-vis 光谱；(c) 10mg/L 的 MB，不同浓度 $NaBH_4$ 的降解效率；(d) 100mg/L 的 $NaBH_4$，不同 MB 浓度下的降解效率；(e) 水通量与过滤器厚度的关系

需要特别指出的是，虽然 Ag@Wood 对亚甲基蓝的降解效率低于 Pd@Wood，但金属 Ag 的成本相对低廉，远低于金属 Pd 修饰的木质基过滤器（$AgNO_3$ 价格为 45 元/g，$PdCl$ 价格为 90 元/g）。此外，Ag@Wood 的制作工艺简单，以及具有良好的循环使用性，为未来走向可持续工业化生产提供了良好的基础。如图 4-132 所示，Ag@Wood 过滤 50mL 的 MB 溶液为一次循环，50mL 清水清洗，之后继续下一个循环，将此过程重复 10 次 [图 4-132(a)]，其处理效率均在

93％以上，Ag@Wood 连续循环使用，催化降解效率无明显降低，体现了 Ag@Wood 具有良好的可持续性。考虑实际废水环境的复杂性，测试了木基过滤材料在不同 pH 环境下催化降解染料，结果见图 4-132(b)，在 pH＝4～12 的范围内，MB 去除效率保持稳定，降解效率均在 91％以上。

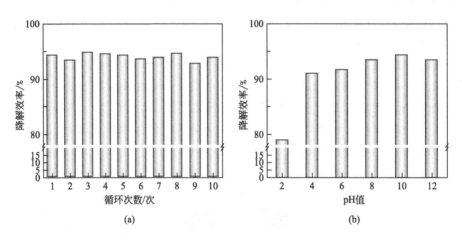

图 4-132　Ag@Wood 循环催化降解 MB（a）和酸碱条件下 Ag@Wood 催化降解 MB（b）

Ag@Wood 具有光催化性能，将 0.5g 的 Ag@Wood 放入 50mL 7mg/L 的 RhB 溶液中，在模拟太阳光下进行降解实验。由图 4-133（a）可以看出，Ag@Wood 漂浮于 RhB 溶液的上表面，避免了模拟太阳光穿过水体直接对 RhB 的影响，RhB 溶液随着光照时间的延长，颜色逐渐变浅，波长 553nm 处的吸光度不断降低，10h 左右 RhB 的吸光度曲线基本持平 [图 4-133（b）]。AgNPs 具有表面等离子体共振（SPR）效应，可以有效增强催化剂对可见光的利用率，提高 Ag@Wood 的光催化效率。图 4-133(c) 为 RhB 降解率变化图，10h 内降解率为 81.3％。选用 Ag@Wood 光催化降解 RhB，具有成本低廉、环境友好的特点。

木材含有亲水性基团氨基（—NH$_2$）、羟基（—OH）等。如图 4-134(a) 所示，当水滴滴在表面上时，水滴迅速扩散并渗透到木材毛细管中，水接触角（WCA）约为 0°，Ag@Wood 过滤器表现出超亲水性。木材与水之间的关系已被广泛研究，在第一阶段，水分子穿透细胞壁与羟基官能团牢固结合，导致细胞壁吸水饱和，额外的水（游离水）继续充满细胞内腔，形成完全水合状态（其中总重量摄入超过 200％），表面形成一层水膜。当油相在与材料表面接触时，水膜阻止油滴的渗入，使 Ag@Wood 具有超亲水-水下超疏油的性质。Ag@Wood 的静态水下油接触角可达 152°，滚动角≤5°。如图 4-134(b) 所示，通过动态接触角实验可知 1s 时间内液体能够迅速回弹，Ag@Wood 表现出超强的水下超疏油性。

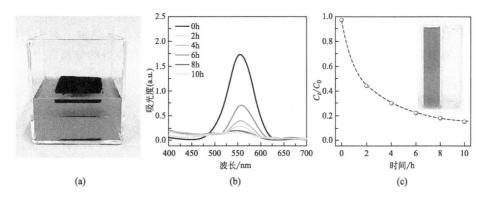

(a)　　　　　　　　　　(b)　　　　　　　　　　(c)

图 4-133　光催化降解实物图（a），催化降解 RhB 的 UV-vis 光谱（b）
和 RhB 的催化降解率曲线（c）

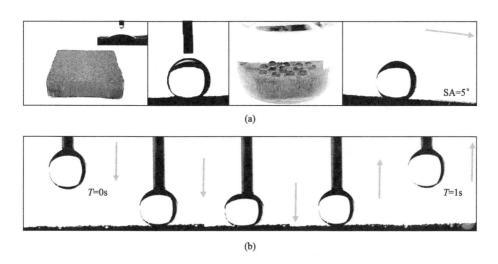

图 4-134　Ag@Wood 的超亲水-水下超疏油实物图和水下油接触角（左→右分别为
超亲水实物图、水下超疏油接触角、水下超疏油实物图、油滴滚动角）（a）
以及 Ag@Wood 的动态水下超疏油接触角图（b）

巴沙木具有典型的 3D 层次结构，其内部组成成分由纤维素嵌入木质素和半纤维素共同组成无定形基质。木材的亲水性和自然多孔性使得其为油水分离的理想选择，因此，本研究对 Ag@Wood 分离水包油型乳化液的能力进行了测试，图 4-135(a) 为乳化液分离装置，过滤四种水包油乳化液（氯仿、正己烷、甲苯、1-2 二氯乙烷），乳白色的原始水包油型乳化液，通过 Ag@Wood 常压过滤，其滤液为无色透明状，表明 Ag@Wood 成功地实现了乳化液分离。AgNPs 的成功负载增加了木材表面与孔道内壁的微/纳粗糙程度，使水包油乳化液流过木材时能够迅速破乳，图4-135（b）为乳化液分离前后的光学显微镜图片，原始乳化油分散着100nm～10μm的乳滴，经Ag@Wood过滤后，光学显微镜下看不到乳滴，说明乳滴几乎完全被破乳或者滤去，该材料对乳化液有良好的分离能力。

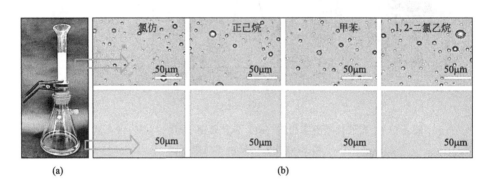

图4-135 乳化液分离装置（a）和乳化油分离前（上）后（下）光学照片（b）

研究发现Ag@Wood对水包油乳化液（氯仿、正己烷、甲苯、1-2二氯乙烷）的分离效率均在97.2%以上，对1,2-二氯乙烷乳化液的分离效率可达98.6%，滤液均为无色透明［图4-136（a）］。相比于文献中的Ag负载胡杨木（油水分离效率约为90%，滤液呈现黄色透明状），其乳化液的回收效率更高，滤液更加无色透明，保持较好的油水乳化液分离效果。除此之外，本研究对Ag@Wood的油水分离循环使用性进行了探讨，连续10次过滤20mL氯仿水包油乳化液，实验结果如图4-136（b）所示。10次重复过滤水包油乳化液，其处理效率均在97%以上，分离效率没有明显的降低，主要原因是Ag@Wood表面形

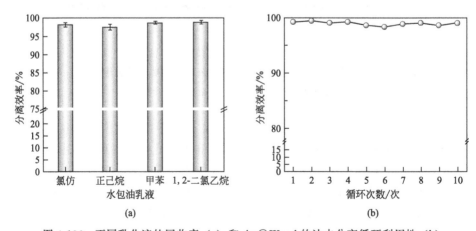

图4-136 不同乳化液的回收率（a）和Ag@Wood的油水分离循环利用性（b）

成水膜，赋予了材料自清洁作用，油污基本无法将材料污染，故 Ag@Wood 具有优异的循环使用性能。考虑实际废水环境的复杂性，测试了 Ag@Wood 在不同 pH 下分离油水乳化液的稳定性，结果见图 4-137(a)，在 pH＝4～12 的范围内，氯仿乳化液（C/W）的回收率也在 98％以上，具备在不同酸碱环境下净化污水的稳定性。同时，Ag@Wood 过滤清水、MB 溶液、正己烷乳化液（H/W）、氯仿乳化液（C/W），材料的水通量没有明显的影响，保证了 Ag@Wood 净化污水的较高效率［图 4-137(b)］。

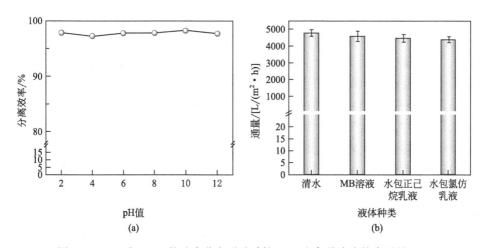

图 4-137　Ag@Wood 的油水分离耐酸碱性（a）和各种溶液的水通量（b）

综上，本课题组将巴沙木作为载体和还原剂，用银氨溶液原位还原法制备了 Ag@Wood 过滤器。通过 SEM 观测，原有的结构和内部形貌未被破坏，中孔巴沙木内壁均匀分布着 AgNPs，XRD 和 XPS 证明 Ag$^+$ 被巴沙木还原成 AgNPs，并成功负载到巴沙木上。探讨了 Ag@Wood 的厚度以及载银含量对于 MB 的过滤效果，其中 7mm、0.05mol/L 硝酸银处理得到的 Ag@Wood 为最优，MB 降解效率为 94.4％，RhB 光催化降解效率也在 81.3％以上（1 个太阳光照条件下），赋予了木材优异的催化性能。此外，Ag@Wood 过滤器具有超亲水-水下超疏油的特性（OCA＝153°），对水包油乳化液具有良好的分离效果（10 次循环过滤效率≥97.2％），展现了良好的催化降解有机染料、油水乳化液分离等功能，解决了传统滤膜用于水处理过程中功能单一、污染物处理种类单一、应用面窄、处理效率低、强度不足等缺陷，具有较高的实用性与研究价值。

4.2.6　抗紫外荧光功能

近年来，透明木材作为一种节能新型材料备受瞩目，其制备过程主要分为木材细胞壁的结构设计与折射率匹配树脂的浸渍。将木材进行脱木质素处理是完成木材细胞壁的结构设计的主要手段，但木质素的完全去除会严重损害木材结构与强度。目前，常用的脱木质素方法有酸法脱木质素法、碱法脱木质素法、木质素改性法、生物酶法脱木质素，旨在去除大部分木质素和半纤维素的同时，保持木材细胞壁的结构的完整性和层次结构。与此同时，将折射率与纤维素（1.525）匹配的聚合物填充于脱木质素木材或纤维素骨架制得的透明木材，兼具高透明度（＞70%）和雾度，抗拉强度达天然木材的 5～6 倍，热导率仅为玻璃的 20% 左右，在建筑、发光材料、光伏器件、磁性材料、储能材料等领域展现出极大的应用前景。

除了折射率与木材细胞壁结构高度匹配外，聚合物的选择也越来越注重环保性能、可降解性能与力学性能，而聚乙烯醇（PVA）是一种低成本、无毒、水溶性、可生物降解的聚合物，采用 PVA 既可以降低成本，也符合绿色环保的理念。进一步添加功能性材料可使透明木质复合材料实现功能化，如磁性、储能、隔热、荧光等。碳量子点作为一种新型材料，由于其具有光致发光特性、低毒性、生物相容性以及来源丰富等优点，在新材料领域占有重要地位，可作为荧光探针用于细菌成像，检测亚硝酸盐。另外，碳量子点在紫外光区有较强的吸收峰（260～320nm），不但可以激发出可见的荧光，而且可以有效吸收 UV-A（315～400nm）与 UV-B（280～315nm）波段的紫外线，作为新型紫外线吸收剂具有巨大的潜力。壳聚糖是一种天然多糖，作为一种廉价易得且可再生的资源，是合成碳量子点的理想原料。据此，笔者将以壳聚糖（CS）制备碳量子点，进一步与聚乙烯醇、改性木质素木材进行复合与组装设计，制备方法简单、成本低、防水环保且具有抗紫外功能的荧光透明木材，为开发新型高附加值木质多元复合产品，实现木材的智能化应用提供一定理论依据。具体实验步骤如下。

① 碳量子点（CQDs）合成。将 CS（0.5g）溶解在乙酸溶液（100mL，质量分数 1%）中，搅拌 48h 后，通过微孔膜（0.45μm）过滤除去不溶性物质。将壳聚糖溶液（20mL）倒入聚四氟乙烯衬里的不锈钢高压釜（50mL）中，加热至 180℃并保温 12h。自然冷却至室温后，将溶液高强度超声波处理（900W，30min）并通过微孔膜（0.22μm）过滤。最后，将溶液在 10000r/min 下进一步离心 15min，除去所有沉积物，将黄色上清液储存在 4℃的冰箱中，备用。

② 荧光透明木材的制备与改性。如图 4-138 所示，将桦树原木旋转切割获得木材切片 NW（厚度为 0.6mm），然后在其表面先后涂刷 NaOH 溶液（10%，质量分数）与 H_2O_2 溶液（30%，质量分数），接着用紫外线（波长 365nm）照射，直到样品完全变白得到木材样品 LW。将其进一步置于煮沸的去离子水中除去残留的化学物质，并储存于去离子水中。将体积比为 20∶3 的 PVA（10%，质量分数）溶液和 CQDs 溶液混合，随后将 LW 在室温真空条件下浸渍于 PVA/

CQDs 混合液（真空度为 0.05MPa，浸渍时间为 30min，重复 4 次）。将取出的木材在 60℃的烘箱中固化干燥，即制得荧光透明木材 CTW。作为对比，通过同样方法制备了不加 CQDs 的透明木材 TW。最后，室温下将 MeOH（67.2mL）、甲基三甲氧基硅烷 MTMS（13.62mL）和草酸（7.1mL）放入锥形瓶进行磁力搅拌 24h，逐滴加入氨水（7.3mL）和蒸馏水（2.5mL），随后磁力搅拌 15min，室温下静置 48h，即得湿凝胶。取湿凝胶于烧杯中，加入 MeOH（50mL），超声波粉碎 3min，然后用磁力搅拌器搅拌直至得到分散好的醇凝胶分散液。用喷枪将分散液喷到荧光透明木材上，喷 3～5 次，每次 3mL 左右，喷完后，将膜放在 60℃烘箱中烘 10min，得到疏水性荧光透明木材。

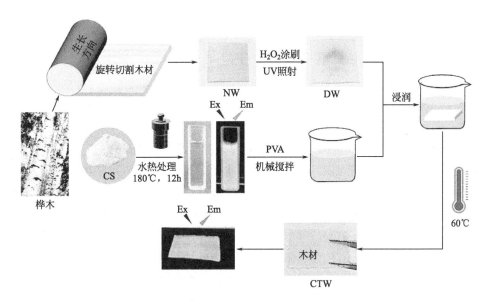

图 4-138 荧光透明木材的制备流程

采用扫描电子显微分析仪（荷兰菲利普，Quanta 200）观察分析样品的表面微观形貌特征；傅里叶变换红外光谱仪（德国布鲁克，Tensor 27）分析样品的化学组成；接触角测量仪（上海中晨，JC2000C 型）测定样品润湿性；荧光分光光度仪（美国瓦里安，Cary Eclipse）测量样品的激发光谱与发射光谱；紫外可见分光光度计（日本日立，U-3900）测量样品紫外可见吸收和透射率（200～800nm）。

③ 荧光量子产率（QY）测定。将硫酸奎宁（量子产率 0.54）分散于 H_2SO_4 溶液（0.1mol/L）中，并分别记录硫酸奎宁溶液和 CQDs 溶液的吸光度以及在相同激发波长（340nm）下的发射峰面积（波长范围 360～650nm），根据公式(4-14)计算制得 CQDs 的荧光量子产率：

$$Q_{CQDs} = Q_s (I_{CQDs}/I_s)(n_{CQDs}^2/n_s^2)(A_s/A_{CQDs}) \times 100\% \quad (4\text{-}14)$$

式中，Q 表示 QY；I 表示荧光积分面积；n 表示溶剂的折射率，n_{CQDs} 为水的折射率（1.33）；n_s 为 0.1mol/L H_2SO_4 的折射率（1.33）；A 表示相应的吸光度。下标 "s" 指硫酸奎宁，下标 "CQDs" 指 CQDs 溶液。为了减小吸收效应，激发波长保持在 340nm 下，吸光度保持在 0.05 以下。

④ 抗紫外性能测定。用公式(4-15) 和公式(4-16) 分别计算 UV-A 和 UV-B 的平均透过率，直观反映其抗紫外性能，利用公式(4-17) 分析样品的紫外-可见透过光谱：

$$T_{UV\text{-}A} = \int_{315}^{400} T_\lambda \, d_\lambda \Big/ \int_{315}^{400} d_\lambda \quad (4\text{-}15)$$

$$T_{UV\text{-}B} = \int_{280}^{315} T_\lambda \, d_\lambda \Big/ \int_{280}^{315} d_\lambda \quad (4\text{-}16)$$

$$T_{Visible} = \int_{400}^{760} T_\lambda \, d_\lambda \Big/ \int_{400}^{760} d_\lambda \quad (4\text{-}17)$$

式中，T_λ 为样品在 λ 波长下的透射率；$T_{UV\text{-}A}$、$T_{UV\text{-}B}$ 和 $T_{Visible}$ 分别为 UV-A（315~400nm）、UV-B（280~315nm）和可见光（400~760nm）区域的平均透射率。

⑤ 酸不溶木质素含量测定。将 0.1g 粉碎的样品与 1.5mL 72% H_2SO_4 在室温下搅拌反应 3h，接着加入 56mL 去离子水稀释至 3% H_2SO_4，并煮沸 4h。冷却后，将其过滤并用去离子水洗涤。将不溶物质干燥并称重，记为 m_1。木质素含量和木质素去除率分别按公式(4-18) 和公式(4-19) 进行计算：

$$c = m_1/m_0 \times 100\% \quad (4\text{-}18)$$

$$p = (m_{NW} - m_1)/m_{NW} \times 100\% \quad (4\text{-}19)$$

式中，c 为样品木质素含量；p 为样品木质素去除率；m_1 为样品酸不溶木质素质量；m_0 为样品的绝干质量；m_{NW} 为原始木材中酸不溶木质素质量。

由图 4-139(a) 可知，CQDs（0.1mg/mL）的紫外-可见吸收光谱在 295nm 处出现一个强吸收峰，这是由于 C=N/C=O 键的 n-π* 跃迁；CQDs 的荧光光谱显示，在 330nm 的最佳激发波长下，其最大发射波长为 405nm。图 4-139(b) 给出了 CQDs 的粒度分布，大部分分布在 1~3nm 范围内，按个数统计的平均粒径为 1.19nm。根据图 4-139(c) 的内容，发射峰强度在激发波长为 300~330nm 时逐渐增强，而在激发波长为 340~390nm 时逐渐减弱，最大发射峰也有明显的红移，据已有的研究报道，这种现象可能与 CQDs 的大小或表面官能团不同有关，如图 4-138 所示，CQDs 在可见光下呈淡棕黄色，在 365nm 紫外线下呈亮蓝色荧光，同时根据公式(4-14) 计算得出所制备的 CQDs 的 QY 为 8.97%，表明其具有良好的光致发光性，优于相关文献报道的壳聚糖衍生碳量子点。

图 4-140 为 NW 与 CTW 横切面与纵切面 SEM 图像。在 NW 的横切面可以

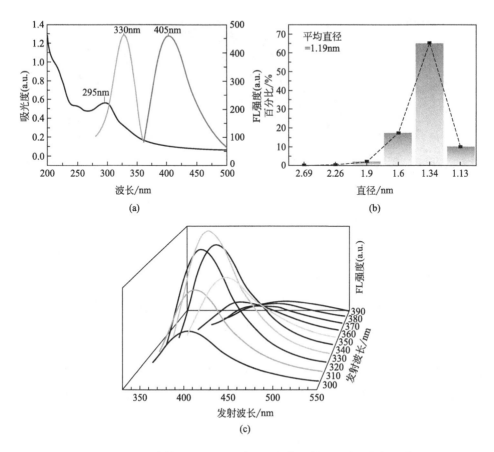

图 4-139　CQDs 的紫外-可见吸收光谱、最大荧光激发光谱和发射光谱（a），
CQDs 粒度分布直方图（b）以及 CQDs 在不同激发波长
（300～390nm）下的荧光发射光谱（c）

观察到许多直径约为 $50\mu m$ 的近圆形管孔（图 4-140a 和 b）。在纵切面以及放大
的横切面与纵切面 SEM 图像中（图 4-140b～d），我们还观察到大量 $3\sim8\mu m$ 的
细胞腔与分层多孔结构。正是这种轴向与径向组合排布的孔道结构赋予了木材重
要的三维孔道连通性，既有利于 H_2O_2 溶液的快速渗透与扩散，使紫外线在其
中有效地折射从而配合 H_2O_2 去除发色团，同时达到封装聚合物 PVA 的目的。
如图 4-140e～h 所示，PVA 很好地渗透于 NW 孔道中，并与 CQDs 进行良好融
合，将其封装于木材内部形成致密结构，继而得到 CTW，对抑制光的散射与提
高光的透射率起到积极的作用。与此同时，我们观察到木材的细胞腔存在一定的
扭曲，这是由于 PVA 和木材细胞壁的强氢键产生的内应力以及干燥过程引起的
木材细胞收缩。

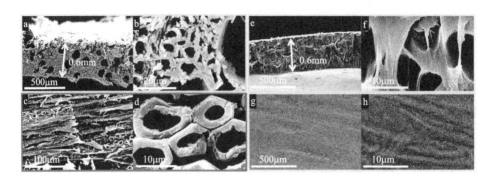

图 4-140　NW 的 SEM 图像 [(a，b) 横切面与 (c，d) 纵切面] 和
CTW 的 SEM 图像 [(e，f) 横切面与 (g，h) 纵切面]

图 4-141 为 NW、LW、CTW、CQDs、CS 的 FTIR 谱图。从 CS 的 FTIR 谱图中可以观察到 3420cm^{-1} 处 O—H 和 N—H 的伸缩振动峰，2877cm^{-1} 处 C—H 的特征吸收峰，1662cm^{-1} 处乙酰化氨基的特征吸收峰，1400cm^{-1} 处 C—N 的伸缩振动峰。由水热法制得 CQDs 的 FTIR 谱图可知，2877cm^{-1} 处 C—H（长碳链）的特征吸收峰消失，1662cm^{-1} 处的吸收峰偏移至 1629cm^{-1}，表明 CQDs 表面存在—COOH，即 CQDs 中含有羟基和羧基等官能团，这与 CQDs 的亲水性和稳定性密切相关。在 NW 的 FTIR 谱图中，可以观察到 3420cm^{-1} 与

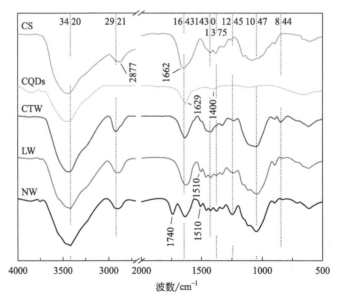

图 4-141　NW、LW、CTW、CQDs、CS 的 FTIR 谱图

$2921cm^{-1}$ 以及 $1047cm^{-1}$ 处的吸收峰，它们分别源于 O—H 与 C—H 以及 C—O 的伸缩振动；$1740cm^{-1}$ 附近的吸收峰则由半纤维素（木聚糖/葡甘露聚糖）中 C=O 的伸缩振动引起；$1643cm^{-1}$、$1510cm^{-1}$ 和 $1430cm^{-1}$ 附近的吸收峰是由木质素的芳环振动所致；而 $1245cm^{-1}$ 处的吸收峰则属于半纤维素的糖醛酸基团或木质素和半纤维素羧基的酯键。经 H_2O_2 处理后，$1740cm^{-1}$ 处的吸收峰消失，$1245cm^{-1}$ 处的吸收峰强度下降，表明 LW 中的半纤维素与部分木质素已经被溶解去除。通过对比 LW 与 CTW 的 FTIR 谱图发现，$1375cm^{-1}$ 处对应于 CH—OH 的振动峰消失，而 $844cm^{-1}$ 处出现 C—O—H 的伸缩振动，这与 PVA 相似，表明 PVA 与木材很好地结合。另外，由于 CTW 中的 CQDs 含量较少，且两者红外光谱的吸收峰有重合，可通过后续表征与测试进一步验证。

　　本研究的木质素改性方法相比传统脱木质素方法，即在 2%（质量分数）亚氯酸钠溶液中加入冰醋酸，调节 pH 值为 4.6，并在 80℃下处理 6h 获得传统的白色脱木质素木材 DW，保留更多的木质素。如表 4-12 所示，随着处理时间的延长，由于芳环经氧化开环反应形成酸性基团，致使木质素降解溶于水中，DW 的木质素含量逐渐降低，在处理时间为 6h 时，木质素含量（C）从 23.5% 降低至仅剩 6.9%，相比于原始木材，木质素去除率（P）达到 70.6%。采用碱性 H_2O_2 溶液涂刷与紫外线辐照处理，旨在去除木材中的发色团或使发色团选择性反应制得白色 LW，其木质素含量为 17.4%，木质素去除率为 26%，相较于 DW 的处理，保留了大部分的木质素，因此其力学性能也得到较好的改善，这为后续 PVA 浸渍与 CQDs 封装提供更牢固的骨架支撑。

表 4-12　脱木质素与木质素改性处理木材的木质素含量与木质素去除率

T/h	DW		LW	
	$C/\%$	$P/\%$	$C/\%$	$P/\%$
1	19.9	15.3	21.2	9.8
2	16.6	29.4	20.7	11.9
3	12.0	48.9	19.6	16.6
4	10.7	54.5	18.6	20.9
5	8.9	62.1	18.1	23.0
6	6.9	70.6	17.4	26.0

　　原始木材 NW 表面纹理清晰，呈浅棕黄色，不透光。经木质素改性处理，木材轻微透光，透过 LW 可以略微看见下面的文字图案。浸渍 PVA/CQDs 后，使折射率成功匹配制备出了荧光透明木材 CTW，不但可以透过木材清晰看到下面的文字，而且在紫外灯下能够产生蓝色荧光（图 4-138）。如图 4-142 所示，在 UV-A（280～315nm）和 UV-B（315～400nm）区域，CTW 表现出比未添加

CQDs 制得的透明木材 TW，具有更高的吸光度和更低的透射率。而且在可见光区域，CTW 表现出更好的透光率。CTW 对 UV-A 的阻挡率为 83.1%，而 TW 为 81.2%；对 UV-B 的阻挡率 CTW 为 86.2%，TW 为 77.1%；CTW 的可见光透射率为 78.5%，而 TW 为 48.6%。

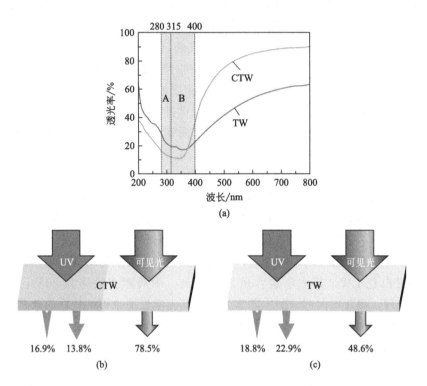

图 4-142　TW 与 CTW 的紫外-可见光透射光谱（a），以及 CTW（b）
与 TW（c）的紫外-可见光平均透过率

　　这是由于木质素分子中苯基丙烷结构和酚羟基具有紫外线吸收能力，而且作为紫外线转化介质，CQDs 会在紫外线激发下发出可见光，从而有效阻挡紫外线透过；在可见光范围，保留的木质素折射率（1.61）与 PVA（1.48）失配导致 TW 的低透光率，而 CTW 表现出高透光率，显然，CQDs 在木材和 PVA 中分散性良好，有效缓解了这一问题。由此可见，添加了 CQDs 的荧光透明木材，除其透光效果可以媲美于传统玻璃（透光率≈80%）外，还具备独特的荧光效果与优良的抗紫外性能。
　　将由亚甲基蓝（MB）染色的水分别滴在 NW、LW、CTW 以及改性 CTW 表面，由图 4-143(a) 可知，原始木材 NW 具有很好的亲水性能，与水的接触角（WCA）为 12°，水滴 10s 内即可渗入 NW 内部，这是因为木材的多孔结构以及表面含有大量的亲水基团。从图 4-143（b）可以看到，经过 H_2O_2 处理后，LW 表现出比 NW 更强的亲水性，WCA 为 0°，水滴在 1s 内即可渗入其内部，这是由于部分木质素与半纤维素被去除，使木材内部三维孔道空间扩大，并暴露了更多的亲水基团。经浸渍 PVA/CQDs 后，CTW 的 WCA 为 45°［图 4-143（c）］，具备一定的亲水性能，这是因为 PVA 与 CQDs 较好地填充于木材孔道内部，即使它们都是亲水性的，但大大降低了其粗糙结构与液体渗透性。鉴于大部分建筑材料的防水需求，我们还对 CTW 进行了后续 OTS 疏水改性，如图 4-143（d）所示，改性后的 CTW 由亲水性向疏水性转变，其 WCA 为 144°，有良好的防水效果。

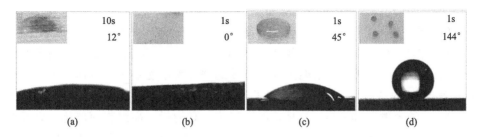

图 4-143　NW（a）、LW（b）、CTW（c）和改性 CTW（d）与水的接触角

　　综上，笔者展示了一种简单、成本低、防水环保且具有抗紫外功能的荧光透明木材的制造策略，即通过水热碳化壳聚糖制备碳量子点、涂刷法改性木材木质素、聚乙烯醇浸渍和疏水改性处理制备了荧光透明木材。制得的荧光透明木材不仅具有较高的紫外线吸收能力，能够阻挡 83.1％的 UV-A 和 86.2％的 UV-B 的透过；还具有荧光透明特性，对可见光具有很高的透光率（78.5％），在紫外线下呈亮蓝色荧光。此外，疏水改性后荧光透明木材的 WCA 可达 144°，具有良好的防水效果，增强了荧光透明木材的环境适应能力，进一步优化了绿色建筑、装饰照明、传感器等领域产品的原料选择。

4.2.7　光热转化功能

　　世界范围内清洁淡水供应短缺，这已经成为一个亟待解决的严重问题。为了解决这一问题，人们倡导节约用水的思想，并且开发了许多方法，例如膜过滤、蒸馏工艺等。然而，采用这些技术导致水处理过程中大量的能源消耗和温室气体排放，这给能源与环境带来巨大的压力。地球表面 71％的面积被海水占据，海水淡化成为目前解决淡水资源紧缺最有前景的方法之一。成功开发并应用的海水净化技术主要有热蒸馏、反渗透、膜过滤及太阳能光热蒸发。太阳能具有可持续性、环境友好性，因此在越来越多的领域得到广泛应用。在众多太阳能利用技术中，太阳能蒸发器是一种潜在实用的技术，可通过热转化产生的界面蒸发来产生清洁的淡水。太阳能转化为热能已引起各领域（能源、环境和材料领域）的广泛关注。

通常，有效实现太阳能蒸发取决于界面蒸发装置的以下几个特性：a. 宽带以及高太阳能收集能力；b. 低密度、低热导率的可漂浮材料；c. 亲水性或高度疏松的结构，利于水输送和蒸汽的逸出。木材具有多孔道、低导热性、高亲水性、低密度性的特点，使得木材成为制造太阳能界面蒸发装置的最佳选择。然而，天然木材用于界面蒸发装置，其光吸收能力较弱，需要对天然木材进行表面改性以提高其日光吸收率。迄今为止，已经引入了多种方法来通过在木材表面上构造光热转换材料来获得木基太阳能界面蒸发设备。

Liu 等制备了 $CuFeSe_2$ 纳米粒子包覆木材，并通过木材的高温表面碳化设计了一种反向结构的装置；Zhu 等报道了在木材上涂有等离激元金属纳米粒子（Pd、Au 和 Ag），制得太阳能蒸发器有效地进行太阳能蒸发。目前，木基太阳能蒸发装置的大规模应用仍然面临许多的问题，例如，表面光吸收涂层（$CuFeSe_2$ 纳米颗粒和 GO）的复杂制造工艺、高能耗（高温表面碳化）以及昂贵的涂料（等离激元金属纳米粒子和 GO）。因此，迫切需要开发低成本的木基太阳能蒸汽发生装置，以便未来实现大规模应用。聚吡咯（PPy）是一种导电和吸光的深黑色聚合物，由于其全光谱高效吸光、太阳能到热能的高效转换，已逐渐广泛用于光热转换领域。与等离激元金属纳米颗粒和石墨烯材料相比，PPy 作为一种光热转换材料，与木材相结合制得木基太阳能蒸发器，未来大规模应用中在成本上具有较强的竞争力。据此，本课题组通过 PPy 在 Ag@Wood 表面上的原位聚合，开发了具有深黑色涂层的木材太阳能界面蒸发装置（PPy@Ag@Wood），保留 Ag@Wood 油水乳化液分离性能以及高效去除水中有机染料的功能，解决了传统材料用于污水处理或者海水淡化过程中功能单一、污染物处理种类单一、应用面窄、处理效率低、强度不足等缺陷，PPy@Ag@Wood 在海水淡化和污水处理方面具有较高的实用性与研究价值，成为生产清洁水最有希望的候选者。

具体制备步骤如下：将巴沙木沿树木生长方向横切成 30mm×30mm×7mm（径向×弦向×纵向）的木块，经纯水、乙醇、丙酮浸泡、清洗至液体澄清无色后，真空干燥（40～60℃），待用；量取 0.05mol/L 的 $AgNO_3$ 溶液，将 10%（质量分数）的氨水逐滴加入 $AgNO_3$ 溶液中，滴入瞬间产生褐色沉淀，继续滴加并不断搅拌直至溶液恢复澄清，制得银氨溶液；将上述预处理的木材置于前驱体银氨溶液并完全没入其底部，采用真空加压的方式使木材孔道内部空气挤出而充分填充前驱体溶液，其真空压强为 50mbar，处理时间为 60min；加压压强为

6000mbar，处理时间为 120min；真空加压过程中的温度控制为 15～25℃；随后保持木材浸没于上述溶液中，调节温度为 80℃，热处理 12h，使银氨离子还原为 AgNPs 固定在木材细胞壁表面（木材颜色明显加深），纯水清洗，室温干燥 12～24h，得到 Ag@Wood；室温条件下将 Ag@Wood 样品浸入 0.3mol/L 的 Py 水溶液，静置 3h，在 5℃ 的条件下，缓慢滴加等体积的 $FeCl_3$ 溶液（0.15mol/L），Py 溶液与 $FeCl_3$ 溶液的体积比为 1:1，继续浸渍于混合溶液 3h，用去离子水、无水乙醇反复清洗，室温干燥，即得到 PPy@Ag@Wood 复合材料。

原始木材横截面［图 4-144(a)］显示出蜂窝状的微观结构，其中多个大通道（100～300μm）被大量小通道（10～90μm）包围［图 4-144(b)］，放大的 SEM 图像清楚地显示了对齐开放的容器导管通道，这些通道通过孔两端的穿孔板连接，延伸到整个木材厚度［以虚线突出显示，图 4-144(e)］，成为理想的由下向上运输水分的 3D 基材。原始木材孔道内壁光滑［图 4-144(c)］，真空加压浸渍于银氨溶液后制得 Ag@Wood，孔道内壁均匀分布着 5～20nm 的颗粒，放大的 SEM 显示，纹孔得到很好的保留［图 4-144(d)］。由图 4-144(f_1)～(f_4) 可知，PPy@Ag@Wood 与原始木材相比，微通道的表面和内壁的粗糙度明显增加，PPy 颗粒在木材表面形成了多孔膜，颗粒尺寸主要分布在 20～400nm 范围内，直径 10～300μm 的原始孔道被很好地保留［图 4-144(g_1)］，放大的 SEM 图像显示［图 4-144(g_2) 和 (g_3)］，PPy@Ag@Wood 孔道内壁不光均匀负载粒径较大的 PPy 颗粒与纳米级别的 AgNPs，还发现 100～700nm 方形 AgCl 的出现。通过图 4-144(g_4) 和 (h) 的 EDS 元素映射可知，PPy@Ag@Wood 不但具有 C、O、Ag 元素，还具有 Cl 元素，进一步证实了 AgCl 存在的可能。分析原因，负载 PPy 过程中，加入了 $FeCl_3$ 溶液，反应生成了 AgCl 颗粒。

图 4-145 的 FT-IR 则显示了原始木材、PPy 和 PPy@Ag@Wood 的化学官能团。3423cm^{-1}、2925cm^{-1}、1724cm^{-1}、1246cm^{-1} 对应于—OH、—CH_2、C＝O、CO—OR、C—O，1246cm^{-1} 与 1049cm^{-1} 对应 C—O 为木材典型的吸收峰，以上官能团为木材细胞壁的主要成分。此外，PPy@Ag@Wood 表现出 PPy 特征谱带，1540cm^{-1} 为吡咯环 C—C 的拉伸振动吸收峰，1390cm^{-1} 为吡咯环 C—N 的拉伸振动吸收峰，785cm^{-1} 对应于 PPy 环的 C—H 面外振动吸收峰。以上结果表明，原始木材表面已成功被 PPy 覆盖。与原始木材相比，PPy@Ag@Wood 的 O—H 与 C＝O 伸缩振动峰分别从 3421cm^{-1} 偏移到 3412cm^{-1}，1637cm^{-1} 变为 1630cm^{-1}，这可能归因于 PPy 和木材基质之间形成分子间氢键，Py 单体的原位聚合和氢键的形成有助于 PPy 颗粒锚定在纤维素基木材的内腔。XRD 光谱中具有对应面心立方 Ag 晶体的 (111)、(200)、(220) 和 (311) 晶面，证实 PPy 的负载不影响 AgNPs 原位生长于木材孔道。

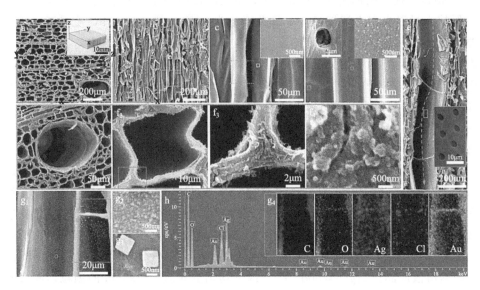

图 4-144　SEM 图像

（a）～（c）原始巴沙木俯视图、侧视图、木材微通道及其表面；（d）Ag@Wood 微通道及其表面；

（e）穿孔板互连的细长容器通道；(f₁)～(f₄) PPy@Ag@Wood 的 SEM 俯视图；(g₁)～(g₃)

PPy@Ag@Wood 的 SEM 侧视图；(g₄) 和 （h）PPy@Ag@Wood 的元素映射和 EDS 谱图

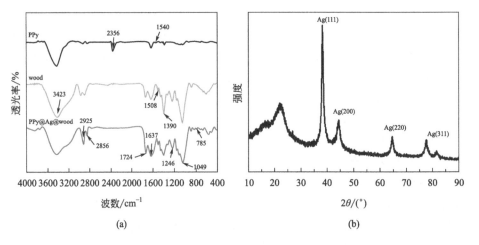

图 4-145　FT-IR 光谱 （a）和 Ag@Wood 的 XRD （b）

为了进一步评估 PPy@Ag@Wood 表面的化学组成变化，对 PPy@Ag@Wood 进行了 XPS 表征（图 4-146）。全谱表明 PPy@Ag@Wood 有 Cl、C、Ag、和 O 的存在［图 4-146(a)］。PPy@Ag@Wood 的 O1s 光谱在 533.1eV 处，对应

于 C—OH 与 C—O—C；C1s 光谱在 284.4eV 与 285.16eV（C—C 键）处，286.7eV（C—O）和 288.06eV（C＝O 键）处，为木材的主要特征峰 [图 4-146（b）和（c）]。图 4-146(d) 为材料中 Ag 3d 的 XPS 谱图，图中在 373.56eV 和 367.61eV 处分别有两个峰，它们分别对应 Ag $3d_{3/2}$ 和 Ag $3d_{5/2}$，而 Ag $3d_{3/2}$ 可进一步分为 374.61eV 和 373.51eV 两个峰，Ag $3d_{5/2}$ 可分为 368.57eV 和 367.56eV 两个峰。374.61eV 和 368.57eV 处的两个峰表明了 Ag^0 的存在，373.51eV 和 367.56eV 处的两个峰表明了 Ag^+ 的存在。图 4-146(f) 为 PPy@Ag@Wood 中 Cl 2p 的峰，拟合为 200.00eV 与 198.31eV。结果表明，复合材料 PPy@Ag@Wood 同时含有 Ag 单质与 AgCl。此外，图 4-146(e) 的 N1s 光谱 401.25eV（C—N）、400.78eV（N—H）、399.00eV（C＝N）证明 PPy 的成功负载。

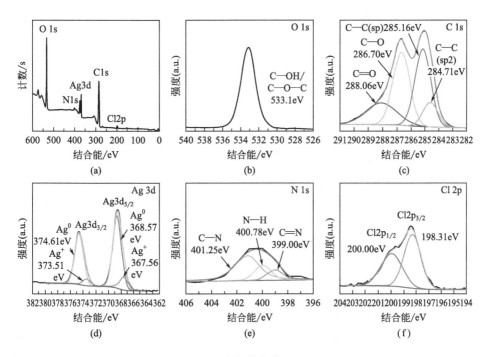

图 4-146　PPy@Ag@Wood 的 XPS 全扫描光谱（a），以及 O 1s（b）、C 1s（c）、
Ag 3d（d）、N 1s（e）和 Cl 2p（f）的 XPS 光谱

Ag@Wood 过滤装置多孔道以及具有排列有序的微观结构，使其成为一种高效污水过滤器，在 4.2.5 节已经具体阐述证明，本研究主要探讨了在 Ag@Wood 表面负载一层薄薄的 PPy 薄层，持续保持高通量、高效率去除水中的有机污染物。

如图 4-147（a）所示，深蓝色的 MB 溶液在重力作用下通过 PPy@Ag@Wood，过滤后滤液变为无色。Ag@Wood 的表面进一步负载 PPy 涂层，却不影响过滤器催化降解有机物以及保持较高的水通量，过滤 10mg/L 的 MB 溶液催化降解效率仍可以达到 90.4%，即使在较高的初始模型污染物浓度下，PPy@Ag@Wood 仍表现出良好的催化降解性能。MB 溶液在经 PPy@Ag@Wood 过滤器处理后，MB 溶液在 664nm 处的特征吸收峰消失，表明污染物被催化降解。即使当 MB 溶液的浓度为 30mg/L 时，PPy@Ag@Wood 仍具有较高的 MB 催化降解效率（81.9%）。此外，图 4-147（b）描述了 PPy@Ag@Wood 过滤器在不同初始有机废水 pH 值条件下对模型有机污染物的降解效率。可以观察到 PPy@Ag@Wood 过滤器在酸碱环境中均取得较高的降解效率（>70%），PPy@Ag@Wood 过滤器具有良好的循环使用性，PPy@Ag@Wood 过滤 50mL 的 MB 溶液为一次循环，50mL 清水清洗，之后继续下一个循环，将此过程重复 10 次，其处理效率均在 90% 以上［图 4-147（c）］，因为有 PPy 的影响，MB 的催化降解效果有略微的下降，但下降趋势不大。

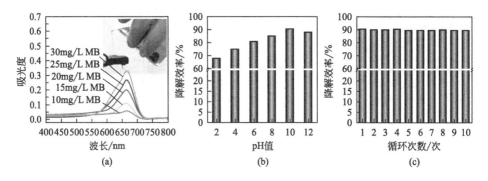

图 4-147　过滤不同浓度 MB 后的 UV-vis 光谱（a），不同酸碱条件下 PPy@Ag@Wood 催化降解 MB 结果（b）以及 PPy@Ag@Wood 10 次循环催化降解 MB 结果（c）

巴沙木具有比表面积大、密度低的特点，PPy@Ag@Wood 可以浮在水表面充分利用光能。将 0.5g 的 PPy@Ag@Wood 放入 50mL 10mg/L 的 RhB 溶液中，模拟 1 个太阳光强度下进行光催化降解实验，如图 4-148 所示，吸光度（553nm）随着光催化降解反应时间的延长而降低，降解效率达到 92% 以上，PPy@Ag@Wood 相比于 Ag@Wood，催化降解 RhB 的效果更好，分析原因有以下两点：a. PPy@Ag@Wood 表面为黑色，PPy@Ag@Wood 表面温度升高，从而增大 PPy@Ag@Wood 的光催化效率；b. 费米能级的平衡导致界面中形成内置电势，Cl^- 提供电子，Ag 提供空穴促使 RhB 催化降解产物的形成。

亲水性的 PPy@Ag@Wood 可以作为过滤器进行油水乳化液的分离，可以确

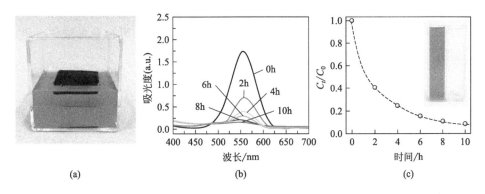

图 4-148　光催化降解实物图（a），催化降解 RhB 全波长紫外-可见
吸收谱图（b）以及 RhB 的催化降解率（c）

保太阳能蒸发器在使用过程中有效地供水。如图 4-149(a) 所示，PPy 会与木材表面上的亲水基团（如—OH）发生聚合反应，导致亲水基团的减少，因此，PPy@Ag@Wood 的水接触角（WCA）有些许的增大，但仍保持处于亲水的状态（38°）；PPy@Ag@Wood 充分被水润湿，放入水中呈现出 156°的水下油接触角（OCA）。样品倾斜 5°，油滴发生滚动，即使通过动态接触角实验，1s 时间内油滴能够迅速回弹，并且始终保持圆形状态，OCA 几乎不发生改变 [图 4-149(b)]，表明 PPy@Ag@Wood 具有水下超疏油的性质。

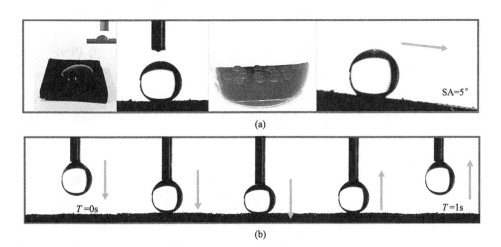

图 4-149　PPy@Ag@Wood 的超亲水-水下超疏油实物图和水下油接触角（左→右分别为超亲水实物图、水下超疏油接触角、水下超疏油实物图、油滴滚动角）（a）以及 PPy@Ag@Wood 的动态水下超疏油接触角图（b）

PPy@Ag@Wood 可以分离多种水包油乳化液（氯仿、正己烷、甲苯、1-2 二氯乙烷），满足实际使用中的多种要求，具有巨大的潜力。如图 4-150 所示，PPy@Ag@Wood 首先被水相弄湿，常压过滤乳化液，乳白色的液体变得无色透明，在光学显微镜下，乳化液中的油滴完全消失。

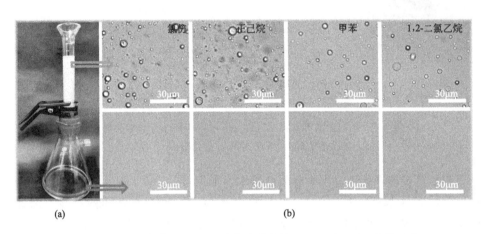

图 4-150 乳化液分离装置（a）和乳化油分离前（上）后（下）光学照片（b）

经评估与计算，发现 PPy@Ag@Wood 对水包油乳化液（氯仿、正己烷、甲苯、1-2 二氯乙烷）的分离效率均在 96.2% 以上，分离效率最高可达 97.8%〔图 4-151(a)〕，且保持 4276L/(m^2·h) 以上的水通量〔图 4-151(b)〕，相比于 4.2.5 中的 Ag@Wood 分离油水乳化液，分离效率没有明显的降低趋势。此外，PPy@Ag@Wood 过滤水包油乳化液的水通量与清水几乎一致，实际应用中需要大量过滤功能材料，材料需具有可重复使用性，图 4-151(c) 为 PPy@Ag@Wood 的循环使用性，即使循环过滤 10 次以上，过滤效率没有明显的降低，且过滤效率平均在 97.5% 左右，考虑到废水的复杂性，测试了 PPy@Ag@Wood 在不同 pH 环境下油水乳化液分离的稳定性，pH=2～12 时过滤效率也均在 95.9% 以上，具有较强的耐酸碱性〔图 4-151(d)〕，PPy@Ag@Wood 大规模应用于实际废水处理提供了可能。

相比于 Ag@Wood，PPy@Ag@Wood 具有海水淡化的功能。模拟太阳光照条件下，通过可视测温热像仪获取了照射期间几种太阳能蒸发系统（纯水、原始木材、Ag@Wood 和 PPy@Ag@Wood）的表面温度变化和映射图像〔图 4-152 (a)～(c)〕。在 1 个太阳光照条件下照射 1h，四个蒸发系统表面（纯水、原始木材、Ag@Wood 和 PPy@Ag@Wood）的测量温度分别为 30.7℃、32.7℃、41.6℃和 43.4℃。照射 5min 时，测得的 PPy@Ag@Wood 系统表面温度升高到 38.1℃，这表明 PPy@Ag@Wood 太阳能蒸汽发生系统的响应时间很快。在

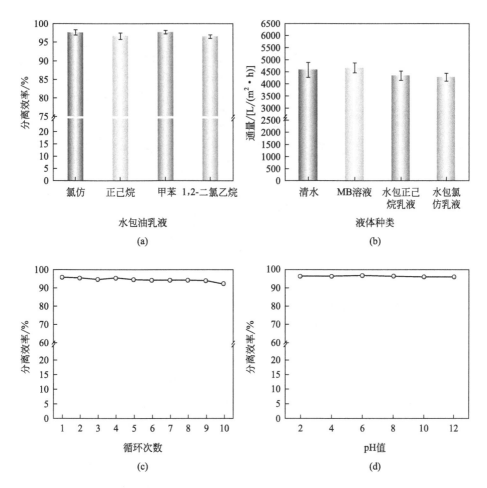

图 4-151　不同乳化液的回收率（a），各种溶液的水通量（b），
油水分离循环测试（c）及油水分离耐酸碱性测试（d）

5min 内，观察到纯水（约 7.4℃）和浮木（约 10.7℃）的表面温度略有升高，Ag@Wood 表面呈深褐色，5min 内表面温度升高 16℃。但是，在相同的照明时间内，漂浮的 PPy@Ag@Wood 的表面温度增加了 20℃，这些结果证实了 PPy 薄层在太阳热转化中起到重要作用。

由于实际的日照强度接近于 1kW/m²，在图 4-153 中探讨了 1kW/m² 条件下 PPy@Ag@Wood 的厚度、不同蒸发系统对 PPy@Ag@Wood 蒸发速率及转换效率的影响。如图 4-153(a) 所示，7mm 厚度的 PPy@Ag@Wood 蒸发速率可以达到最大值 1.31kg/(m²·h)，相比于 5mm 以及 9mm 的 PPy@Ag@Wood，7mm 厚度的 PPy@Ag@Wood 蒸发速率最大。太阳能蒸发效率公式：

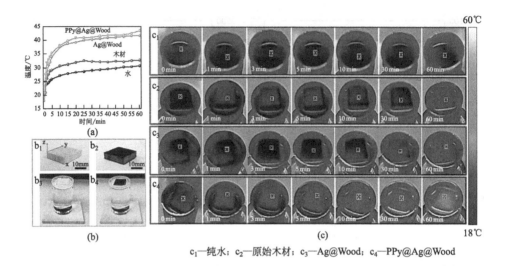

c₁—纯水；c₂—原始木材；c₃—Ag@Wood；c₄—PPy@Ag@Wood

图 4-152 四种蒸发系统的表面温度曲线（a），原始木材（b₁）、Janus PPy@Ag@Wood（b₂）、漂浮在水上的原始木材（b₃）、Janus PPy@Ag@Wood（b₄）的太阳能吸收过程的照片（b）及蒸发装置实物图表面温度 IR 映射图像（c）

$$\eta = m h_{LV} / (C_{opt} P_0) \tag{4-20}$$

式中，η 为转换效率；m 为蒸发速率；h_{LV} 为液相气相熔变；P_0 为 1kW/m² 标准光照。5mm、7mm、9mm 的 PPy@Ag@Wood 分别对应热转换效率为 85.93%、93.8% 与 84.49%。分析木材厚度对太阳能蒸发器的蒸发速率以及转换效率的影响，木材厚度太薄，PPy@Ag@Wood 充分被水润湿，影响其蒸发系统表面温度的升高，而木材厚度太厚，木材孔道过长，水的向上传输速度太慢，因此，5mm 与 9mm 厚度的 PPy@Ag@Wood 的蒸发速率没有 7mm 厚度的 PPy@Ag@Wood 蒸发速率、热转换效率大，故 PPy@Ag@Wood 最佳厚度选择 7mm。图 4-153(a) 显示了四个蒸发系统（纯水、原始木材、Ag@Wood 和 PPy@Ag@Wood）在 1 个太阳光照强度条件下，1h 内的净蒸发效率（光照下的蒸发速率值减去黑暗中的蒸发速率值）及光热转换效率。纯水系统的最低净蒸发速率值约为 0.452kg/(m²·h)，相比之下，PPy@Ag@Wood 的净蒸发速率逐步提高到约 1.31kg/(m²·h)。此外，增强因子（原始木材、Ag@Wood 和 PPy@Ag@Wood 的蒸发速率值相对于纯水）用于说明各蒸发系统间的蒸发速率差异 [图 4-153(c)]。木材的增强因子为 1.624，而 PPy@Ag@Wood 的增强因子为 2.898。如图 4-153(d) 所示，在 1 个太阳光照条件下，PPy@Ag@Wood 的热转换效率约为 93.8%，远高于水（32.6%）和木材（43.4%）。除了较高的能量转换效率外，PPy@Ag@Wood 还具有出色的耐盐性和良好的稳定性。在 1 个太阳光照条件下，把木材放入不同浓度的 NaCl 溶液，探索蒸发系统蒸发速率与热转化效率的情况。由图 4-153(d) 可知，随着 NaCl 溶液浓度的增加，PPy@Ag@Wood 蒸发系统的蒸发速率与热转化效率有轻微的下降，即便如此，当 NaCl 溶液浓度为 10% 时，PPy@Ag@Wood 的蒸发速率仍能达到 1.17kg/(m² · h)，热转化效率达到 84.49%。此外，与碳基和一些其他木基系统相比，本蒸发系统还具有其他优势，原材料和制造工艺都相对环保，不需要任何碳化或高温处理，避免了温室气体的释放和巨大的能源消耗。另外，制备 PPy@Ag@Wood 避免了使用贵金属和新的碳材料，这使得本系统在商业生产方面具有较高的竞争力。

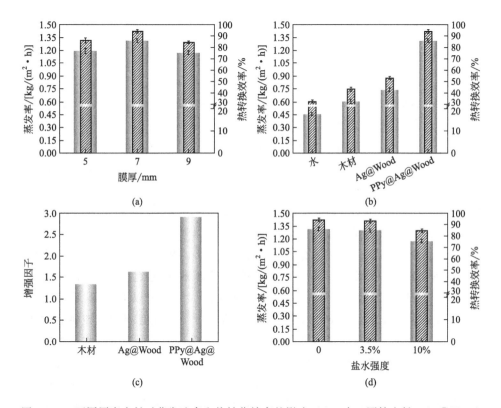

图 4-153　不同厚度木材对蒸发速率和热转化效率的影响（a），水、原始木材、Ag@Wood 和 PPy@Ag@Wood 的蒸发速率和热转化效率（b），以纯水为基准，原始木材、Ag@Wood 和 PPy@Ag@Wood 的增强因子（c）以及含盐量对蒸发速率和热转化效率的影响（d）

进行海水淡化的目的是将丰富的海水资源转变为可供人类所使用的淡水资源，本课题研究了 PPy@Ag@Wood 对于模拟海水的淡化表现，表 4-13 显示了模拟海水中存在的主要正离子，其中 Na^+ 为 10525mg/L，K^+ 为 385mg/L，Ca^{2+} 为 398mg/L，Mg^{2+} 为 1106mg/L。淡化后的水中，Na^+ 为 22.3mg/L，K^+

为 9.4mg/L，Ca^{2+} 为 48.9mg/L，Mg^{2+} 为 12.6mg/L，说明淡化效果极为明显，各主要离子浓度都显著减小。同时，该实验淡化后的水样中金属离子浓度 <25mg/L，远低于世界卫生组织（WHO）规定的淡水离子浓度（Na^+<200mg/L）。所以，本实验蒸发系统表现符合要求，且十分优异，可以提供高效的选择性蒸发功能，从而使 PPy@Ag@Wood 有望广泛用于淡水生产。

表 4-13　海水淡化前后正离子的含量

正离子	淡化前离子浓度 /(mg/L)	淡化后离子浓度 /(mg/L)	离子去除率 /%	世卫组织提供的离子浓度标准值 /(mg/L)
Na^+	10525	22.3	99.79	200
K^+	385	9.4	97.56	—
Ca^{2+}	398	48.9	95.58	—
Mg^{2+}	1106	12.6	96.83	450

注：K^+ 的标准浓度不是标准中的强制性要求，参照 Ca^{2+} 和 Mg^{2+}，该标准仅提供同时包含 Mg^{2+} 和 Ca^{2+} 的浓度，以 $CaCO_3$ 为参考说明水的硬度。

综上，本研究采用预处理木材为基材，AgNPs 原位生长于基材孔道内部，并于基材表面均匀负载聚吡咯薄层，从而赋予木材催化降解有机染料、分离油水乳化液以及淡化海水的功能，通过 SEM、XPS 和 FT-IR 分析表明，木材孔道内部均匀分布 AgNPs 粒子，同时木材表面赋有薄薄的 PPy 涂层，仍保持 4276L/($m^2 \cdot h$) 以上的高水通量，催化降解 90.4% 的 MB 溶液，其 MB 的催化降解效率虽略有降低，但由于有 AgCl 粒子的产生，相比于 Ag@Wood，使得光催化降解 RhB 的效果有所提升（10h 催化降解效率达到 92% 以上）。同时，PPy@Ag@Wood 高效地分离多种水包油乳化液（96.2% 以上），满足实际生产油水分离的多种要求。PPy@Ag@Wood 固有的低导热性有利于将转换后的热量局限在样品表面。固有的亲水性和众多对齐的微通道可确保为空气水界面提供恒定的水传输。基于这些优点，PPy@Ag@Wood 在 1 个太阳光照条件下可以实现 1.31kg/($m^2 \cdot h$) 的高蒸发速率和 93.8% 的极高太阳能转化效率，以及良好的循环稳定性和出色的耐盐能力，PPy@Ag@Wood 在未来污水处理以及海水淡化领域将会有良好的应用前景。

4.2.8　海水淡化功能

自由操纵液体运输一直是自然生物学到工业过程的关键研究领域，与传统耗能的外力主动运输不同，许多生物通过各种特定的各向异性界面更加智能地进行液体调节。例如，猪笼草的蠕动组织需要一个长时间的润湿状态使其表面保持光滑，通过不对称的楔形微沟槽发展了定向水的输送能力；蝴蝶的翅膀能让水流顺畅向内流动，保持身体干燥；在蜘蛛丝、仙人掌刺和沙漠甲虫中也发现类似的各向异性结构的生物功能和化学策略。迄今为止，自然界给了我们太多灵感来开发多种各向异性的可湿性材料，这些材料已广泛用于液体收集、冷凝、海水淡化、油水分离等其他领域。

除了在具有化学结构各向异性的外表面定向输送液体外，在多孔体各向异性介质中可控操纵地进行液体传输，制得相反润湿性的Janus膜得到广泛的应用研究。"Janus"一词起源于古希腊罗马神话中的Janus两面神。在材料科学领域中，1991年，Gennes在演讲中首次使用Janus来指代含有两种不同化学组成或性能的非对称结构，此后Janus材料的设计、制备和性能的研究受到越来越多的关注。利用木材的多孔性、液体的单向传输制得污水处理器以及太阳能蒸发器具有重大的意义。本课题组在前面的研究基础上进一步对PPy@Ag@Wood进行疏水改性，然后经过简单的切割，刮去单面疏水涂层，露出具有超亲水-水下超疏油性的Ag@Wood内层，制得Janus型特殊润湿性木膜，用于去除水中有机物染料、吸附油性物质、分离水包油乳化液以及淡化海水。

将氨水（质量分数10%）滴加到$AgNO_3$水溶液（0.05mol/L）中直至溶液澄清，制备得到前驱体$Ag(NH_3)_2NO_3$溶液。将木块30mm×30mm×7mm（径向×弦向×纵向）在室温下依次浸渍于50mbar条件下1h，随后6000mbar条件下2h。最后将包含木块的混合溶液在80℃下加热12h，以促进AgNPs在原木中的原位沉积，取出并用去离子水冲洗，得到Ag@Wood。

室温条件下，将Ag@Wood样品浸入0.3mol/L吡咯水溶液中，静置3h。在5℃的条件下，将等体积的0.15mol/L $FeCl_3$水溶液缓慢加入上述溶液中，静置3h，最后用去离子水、无水乙醇反复冲洗，室温下干燥，获得PPy@Ag@Wood。

75℃条件下，将PPy@Ag@Wood进一步浸入0.6%（质量分数）硬脂酸溶液（乙醇为溶剂）中6h，然后经过无水乙醇溶液反复洗涤、干燥，获得了具有特殊润湿性的PPy@Ag@Wood，将PPy@Ag@Wood的一侧疏水层刮去（约0.24mm），露出木材的亲水层，进而使得PPy@Ag@Wood的一面超疏水而另一面超亲水，即Janus型特殊润湿性木膜，其微观形貌分析参见4.2.5。

如图4-154(a)所示，Janus型木膜尺寸为30mm×30mm×7mm（径向×弦向×纵向），过滤10mg/L的MB溶液（加入100mg/L的$NaBH_4$溶液），亲水侧朝上，深蓝色的MB溶液在重力作用下通过Janus型PPy@Ag@Wood后溶液蓝色变浅，PPy涂层以及改性后的疏水层并没有过多地影响改性木材对MB良好的催化降解效果，Janus木膜对于MB的催化降解效率仍可以达到86.4%。进一步的研究分析发现，在$NaBH_4$存在条件下，AgNPs可以诱导MB的共轭发色团结构发生破坏，使得MB溶液从蓝色变成无色。图4-154(b)和(c)显示了Janus

木膜在不同 pH 条件下过滤时，测得的 MB 滤液 664nm 处的 UV-vis 光谱。

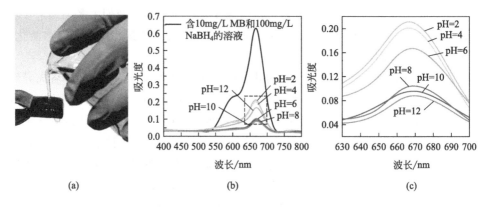

图 4-154　催化降解 MB 操作（a）以及不同 pH 条件下过滤 MB
的 UV-vis 光谱［(b) 和 (c)］

　　碱性条件可以促进 AgNPs 对 MB 溶液催化降解过程的进行，在 pH＞7 的条件下，Janus 型木膜对 MB 的处理效率均大于 83.76%，pH＜7 时，AgNPs 破坏 MB 的共轭发色团难度增大，MB 的催化降解效率变低［图 4-155(a)］。水处理材料能否被重复使用是实际应用的关键因素，对 Janus 木膜的循环使用性进行了探讨，Janus 型木膜过滤 50mL 的 MB 溶液为一次循环，50mL 清水清洗，之后继续下一个循环。将此过程重复 10 次［图 4-155(b)］，其处理效率都保持在 87.8% 以上。此外，Janus 木膜相比于 Ag@Wood，对 MB 的催化降解效果没有明显降低，其过滤不同溶液的流通量没有太大的区别［图 4-155(c)］。

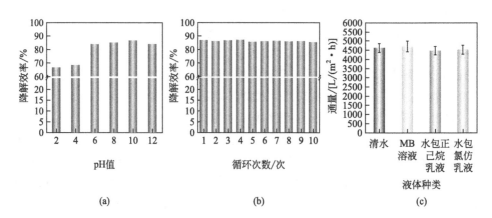

图 4-155　不同 pH 条件下 MB 的催化降解率（a），10 次循环过滤下的
催化降解率（b）以及不同溶液的水通量（c）

　　图 4-156 对 Janus 木膜两侧的润湿性进行了检测。在 Janus 木膜的疏水表面滴加油滴（如氯仿），表面被迅速润湿，测量其空气中的油接触角（OCA）为 0°，表现出超亲油的性质。进一步对 Janus 木膜疏水侧进行水接触角的测试，样品倾斜一定角度，水滴发生滚落，滚动角为 3°，水液滴落在 Janus 木膜的疏水表面时，液滴呈现完美的球状，其静态水接触角（WCA）可以达到 154°［图 4-156 (a)］，如图 4-156(b) 所示，通过动态接触角实验可知 1s 时间内液体能够迅速回弹，进一步证明了 Janus 木膜的超疏水性。图 4-156(c) 为 Janus 型特殊润湿性木膜亲水侧的润湿性，当水滴与样品表面接触后，其接触角为 0°，表现出超亲

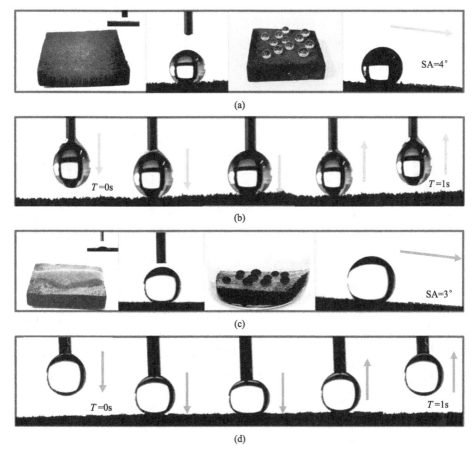

图 4-156　Janus 木膜超疏水-超亲油实物图以及水接触角（左→右分别为超亲油实物图、超疏水接触角、超疏水实物图、水滴滚动角）(a)，Janus 木膜的动态超疏水接触角图（b），Janus 木膜超亲水-水下超疏油实物图以及水下油接触角（左→右分别为超亲水实物图、水下超疏油接触角、水下超疏油实物图、油滴滚动角）(c)，Janus 木膜的动态水下超疏油接触角图（d）

水性。将 Janus 木膜充分润湿放入水中，用苏丹Ⅲ将氯仿染成红色滴落在样品表面，油滴呈现圆形，测量其静态接触角可以达到 153°，滚动角为 3°［图 4-156（c）］，表现出水下超疏油性质。由图 4-156（d）动态接触角实验可知，液滴不能黏附在样品表面，且在较短时间内液滴迅速回弹，表现出 Janus 木膜亲水侧水下超疏油的稳定性。

图 4-157 为 Janus 木膜耐酸碱性检测以及循环使用性的测试。如图 4-157（a）和（c）所示，用不同 pH 值的溶液反复洗涤 Janus 木膜，然后测其正面水接触角（WCA）和反面油接触角（OCA）的变化，疏水面 WCA 始终大于 146°，表现出超疏水的性质，亲水面 OCA＞150°（pH＝3～13），Janus 木膜始终表现出良好的耐酸碱性。由于材料机械稳定性在实际应用中起着决定性作用，因此对 Janus 木膜的摩擦阻力进行了评估。检验 Janus 木膜疏水侧的耐摩擦性，首先将 Janus 木膜的正面疏水侧朝下放置在砂纸表面，同时，将 200g 的砝码压在 Janus 木膜上，以 7mm/s 的速度摩擦前行 200mm（一个摩擦循环）。图 4-157（b）中显

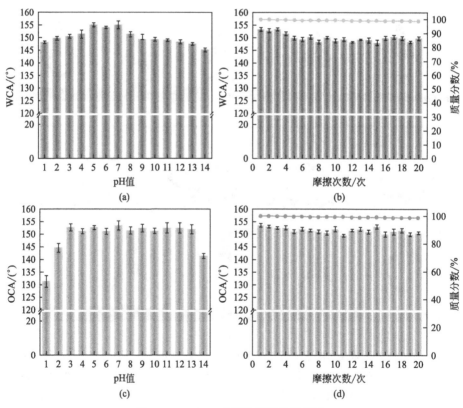

图 4-157　Janus 木膜的耐用特性测试

（a）和（b）耐酸碱性；（c）和（d）耐磨性

示了摩擦测试后 Janus 木膜 WCA 与质量损失比的变化，结果表明，不管是疏水面还是亲水面摩擦 20 次，Janus 木膜的质量几乎没有损失；WCA 有 15 次重复摩擦测得大于 149°，相同条件下测得 20 次循环摩擦亲水侧，OCA 均大于 150°，说明 Janus 木膜具有良好的化学稳定性。

此外，在不同盐浓度下 Janus 木膜的接触角 WCA＞151°，OCA＞152°，Janus 木膜表现出较强的耐盐性（图 4-158）。

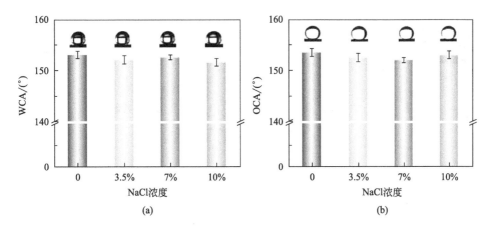

图 4-158　Janus 木膜的耐盐性测试
（a）正面疏水侧；（b）反面亲水侧

将 Janus 木膜固定在油水分离装置上，亲水侧朝上，如图 4-159(a) 所示。本实验分离多种水包油乳化液（氯仿、正己烷、甲苯、1-2 二氯乙烷），光学显微镜下观察分离前后的乳液，如图 4-159(b) 所示，原乳液中分散着大小不一的乳滴，经过 Janus 木膜过滤后，滤液澄清透明几乎看不到乳滴。

Janus 木膜具有多孔道、高孔隙率的特点，对其吸附性进行了检验，用苏丹Ⅲ将 1,2-二氯乙烷染成红色并倒入培养基中，Janus 木膜的疏水侧靠近油滴进行吸附，吸油能力可达自身质量的 7.1 倍 [图 4-160(a)]。如图 4-160(b) 所示，Janus 木膜置于水中，疏水面形成水膜，慢慢靠近油滴，油滴迅速被吸附。此外，使用 Janus 木膜的疏水侧对 9 种油性物质（正己烷、泵油、环己烷、氯仿、甲苯、乙醇、甲醇、1,2-二氯乙烷、二氯甲烷）进行吸油能力测试，由于油性物质的密度和黏度不同，因此，Janus 木膜吸油能力也不同。如图 4-160(c) 所示，Janus 木膜可以吸附不同油性物质，吸油能力可达自身质量的 6～8.5 倍。

四种水包油乳化液的分离效率均大于 98% [图 4-161(a)]。图 4-161(b) 为循环使用次数对分离效率的影响，即使经过 10 次过滤 1, 2-二氯乙烷水包油乳化液，其回收率仍可以达到 97.5% 以上，由此说明 Janus 木膜可以有效地将水包

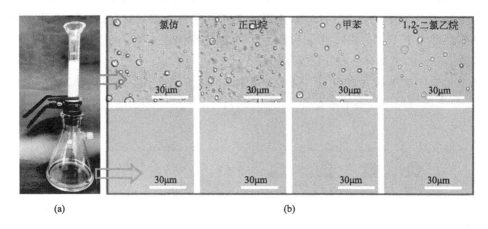

图 4-159　水包油乳化液分离装置图（a）以及乳化液分离前（上）
后（下）的光学照片（b）

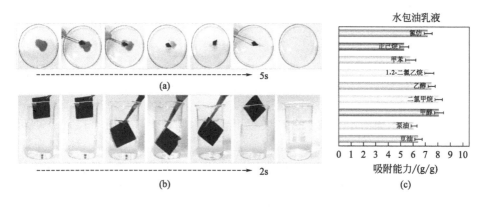

图 4-160　Janus 型 PPy@Ag@Wood 净水膜的吸油实验

油乳化液进行油水分离，获得干净的水溶液，表现出优异的重复使用性能。此外，Janus 木膜可以应对复杂的污水情况，酸碱（pH＝2～12）条件下其水包油乳化液的分离效率始终大于 96.8％ [图 4-161(c)]，Janus 木膜过滤水包油乳化液的分离效果与 Ag@Wood 基本持平。

相比于 PPy@Ag@Wood，Janus 型特殊润湿性木膜在海水淡化方面性能进一步得到了提升。Janus 型特殊润湿性木膜作为太阳能蒸发器浮在水的表面，最大限度地减少潜在的热量损失，在模拟太阳光照条件下，蒸发区域周围覆有一层热保护涂层，通过专门的仪器来进行检测。图 4-162 展示了一个太阳光照强度条件下各个蒸发系统的红外热像，集中的热能会加热空气水界面，从而触发蒸发过

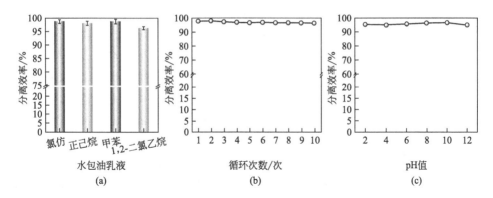

图 4-161　不同乳化液的回收率示意图（a），Janus 木膜的油水分离循环
利用性（b）和 Janus 木膜的油水分离耐酸碱性（c）

程的进行。如图 4-162(a) 和（c）所示，当初始温度设置为 18℃时，Janus 型特殊润湿性木膜正面疏水侧朝上放入水中，温度在 5min 内达到 42℃，并且与纯水、原始木材、Ag@Wood、PPy@Ag@Wood（5min 分别升高到 26℃、29℃、34℃、35℃）相比，短时间内温度升高得较快。照射 60min 后，Janus 木膜上表

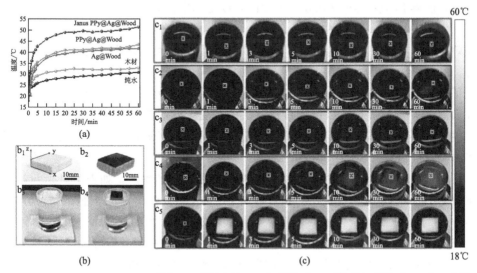

c₁—纯水；c₂—原始木材；c₃—Ag@Wood；c₄—PPy@Ag@Wood；c₅—Janus 木膜

图 4-162　五种蒸发系统表面温度曲线（a），原始木材（b_1）、Janus 木膜（b_2）、漂浮在水上的原始木材（b_3）、Janus 木膜（b_4）的太阳能吸收过程的照片（b），以及 IR 映射图像（c）

面的温度可以达到最高52℃，持续照射并保持稳定。Janus木膜表面是一层薄薄的疏水层，使得水不能浸润Janus木膜的照射面，水的向上传导遇到疏水层的出色隔热性能可以将转换后的热量集中在表面（水-空气界面）产生蒸汽。

由图4-163（a）所知，纯水、原始木材的蒸发速率分别为0.452kg/(m²·h)与0.601kg/(m²·h)，7mm厚的Janus木膜的蒸发速率可以达到最大1.32kg/(m²·h)，而木材的厚度对蒸发效果有一定影响。7mm厚的Janus木膜的蒸发速率最大，其对应的热转化效率可以达到95.33%。而5mm厚的Janus木膜蒸发速率略逊一筹[1.29kg/(m²·h)]，这是由于太阳光照的原因，Janus木膜表面温度过高，使得Janus木膜发生萎缩翘起变形，表面积缩小，影响水的向上传导，使得5mm的Janus木膜蒸发速率也略微下降。随着Janus木膜厚度的增加，其蒸发速率也随之减小[9mm Janus木膜蒸发速率为1.27kg/(m²·h)，11mm蒸发速率为1.21kg/(m²·)]，这是因为木材具有亲水性，木材中的导管可持续向上供水，9mm厚和11mm厚的Janus木膜相比于7mm厚的Janus木膜，木材的厚度较大，使得蒸发系统的向上供水速度受到限制，因此9mm厚和11mm厚的Janus木膜蒸发系统的蒸发速率和热转化效率受到影响。其次，图4-163（b）和（c）对Janus木膜在不同浓度盐水中的蒸发效果进行了探讨，在1个太阳光照强度条件下，模拟实际海水的3.5% NaCl溶液浓度，7mm厚Janus木膜的蒸发效果没有较大的变化。相比于PPy@Ag@Wood，蒸发系统放入水中整体被充分润湿，使得PPy@Ag@Wood的蒸发面温度受到限制，Janus木膜在各个盐浓度下蒸发效果都好[图4-163（d）]。Janus木膜太阳能蒸发装置具有出色的能量转换效率，归功于独特的多灵感自然合一结构，该结构可实现优异的太阳能转化能力。3D多孔结构、粗糙的PPy涂层的协同效应使入射光几乎完全吸收，从而实现了高效的光热转换。另外，木材基质的出色隔热性能可以将转换后的热量集中在表面（水-空气界面）以产生蒸汽，从而实现有效的热管理。此外，固有的亲水性纤维素基木材具有丰富的排列合理的多孔微/纳米通道，可确保毛细管作用将水有效地传输到水-空气蒸发界面。

为了更加全面地评估Janus木膜太阳能蒸发装置的生产，如表4-14所示，将本研究中的PPy@Ag@Wood、Janus木膜与之前文献报告中的数据进行了对比，在1kg/m²的光照强度下，PPy@Ag@Wood的蒸发速率为1.31kg/(m²·h)，热转化效率达到了93.8%，Janus木膜的蒸发速率为1.32kg/(m²·h)，热转化效率达到95.33%，其结果优于大多数先前报道的文献，因此，进一步证明Janus木膜是太阳能蒸发器的理想选择之一。Janus木膜装置在太阳能海水淡化方面具有非常广阔的应用前景，相比于其他研究中需要复杂的操作，高能量的消耗处理（如高温碳化），以及需要昂贵的等离子体纳米粒子，黑色聚合物的PPy价格低廉，且制作简单，使得Janus木膜装置有望用于大规模的商业化生产，在不会显著影

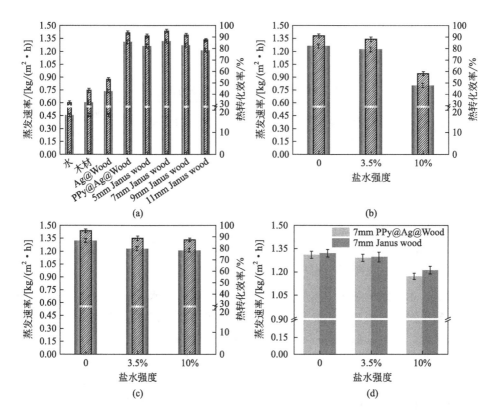

图 4-163　不同木材的蒸发速率及热转化效率（a），5mm Janus 木膜（b），
7mm Janus 木膜（c），以及 7mm Janus 木膜的耐盐性（d）

响装置的太阳能蒸发性能的前提下显著降低装置的制造成本。

表 4-14　Janus 木膜、PPy@Ag@Wood 热转化效率和蒸发速率与其他文献的比较

蒸发装置	蒸发速率/[kg/(m² • h)]	热转化效率/%	光照强度/(kg/m²)
PPy@Ag@Wood	1.31	93.8	1
Janus 木膜	1.32	95.33	1
碳纳米管抽滤膜	0.87	54.6	1
黑色 Al-Ti-O 膜	1.03	82.3	1
石墨烯气凝胶	0.74	53.6	1
rGO/PEI/混合纤维素酯	0.87	62.5	1
纳米金等离激元膜	0.97	70.2	1

表 4-15 显示了 Janus 木膜对模拟海水的淡化表现，海水中四种主要阳离子显示相对较高的浓度，分别为 Na^+ 10525mg/L、K^+ 385mg/L、Ca^{2+} 398mg/L、

Mg^{2+} 1106mg/L。淡化后的水中，Na^+ 为 12.4mg/L，K^+ 为 6.79mg/L，Ca^{2+} 为 2.4mg/L，Mg^{2+} 为 12.75mg/L，完全达到了世界卫生组织制定的淡水标准。以上这些结果表明，Janus 木膜作为用于淡化和水净化的太阳蒸汽产生材料具有广阔的应用价值。

表 4-15　海水淡化前后正离子的含量

正离子	淡化前离子浓度 /(mg/L)	淡化后离子浓度 /(mg/L)	离子去除率 /%	世卫组织提供的 离子浓度标准值 /(mg/L)
Na^+	10525	12.4	99.88	200
K^+	385	6.79	98.24	—
Ca^{2+}	398	2.4	98.85	—
Mg^{2+}	1106	12.75	99.40	450

注：K^+ 的标准浓度不是标准中的强制性要求，参照 Ca^{2+} 和 Mg^{2+}。该标准仅提供同时包含 Mg^{2+} 和 Ca^{2+} 的浓度，以 $CaCO_3$ 为参考说明水的硬度。

　　综上，本课题组基于 PPy@Ag@Wood，进一步疏水改性以及刮去一面的疏水涂层露出亲水面制得 Janus 型特殊润湿性木膜。亲水面朝上过滤 MB 溶液与水包油乳化液，不但依旧保持较好的有机染料催化降解率（86.4%）、水包油乳化液的高回收率（>97%），满足实际污水净化的多种要求，而且赋予其油吸附的新功能，利用 Janus 型特殊润湿性木膜的疏水层进行油的吸附，吸油能力最高可达自身质量的 8.5 倍。其次，Janus 型特殊润湿性木膜疏水侧朝上放入模拟海水中，作为太阳能蒸发器进行海水淡化，短时间内使得 Janus 型特殊润湿性木膜上表面迅速升温，5min 内可以升高到 42℃，相对于 PPy@Ag@Wood，其蒸发速率 [1.32kg/($m^2 \cdot h$)] 与热转化效率（95.33%）有显著提升，收集模拟海水淡化后的水，完全达到了世界卫生组织制定的饮用水标准。因此，Janus 型特殊润湿性木膜作为污水净化过滤器、太阳能蒸发器用于水中有机物的去除、油水分离以及海水淡化具有广阔的应用前景。

第5章

多功能特殊润湿性棉纤维复合材料的仿生制备关键技术

5.1 油水分离功能特殊润湿性棉纤维复合材料

随着世界工业化进程的不断推进，水污染问题已经成为人类面临的一大挑战，水体油污染是目前海洋污染中最为严重和普遍的污染。石油是世界工业化发展支柱能源，自 20 世纪初以来，大规模的海上石油开采、高密度的船舶运输以及石油消费不断上升。与此同时由于开采不善，井喷事故以及运输泄漏所带来的石油泄漏问题威胁着人类以及海洋生物的健康与生存。据调查统计，1973～2006 年，我国沿海共发生 2653 起溢油事故，总溢油量约 3.7 万吨。这些含油组分大多具有高毒性，如饱和烃、芳香烃类化合物、沥青质等，若处理不当会对人类赖以生存的生态环境和水体环境构成极大的危害，例如影响植物光合作用、消耗水中溶解氧、破坏滨海湿地、危害渔业与旅游业、刺激赤潮发生等等。除此之外，石油化工、食品加工、机械制造工业、纺织、油罐清洗、餐饮等同样产生了大量含油废水。目前，我国多数地区缺少排水渠道和污水处理系统，大量含油生活污水随意排放至河中或者直接排出到室外空地后任意渗入地下，污染河水和井水，危及地区饮用水安全。此外，在油田开采后期，为了保证足够的地层压力使原油运输采收效率增强，往往采用注水方式驱油。此过程除了会产生大量的含油废水外，还会因液体在地层冲刷而产生相当的悬浮油水乳液，这就增加了油水分离的难度，因此含油水体中的油品回收，机械用油、燃料用油中水分的脱除，以及原油提炼中水分的脱除等方面都与油水分离技术密切相关。

近些年来，科研工作者通过化学法、物理法、生物处理法在油水分离领域取得了一定的进展。然而，常规技术方法虽然具有一定的效果，且这些技术组合后能够满足大部分油水混合物分离等相关应用，但缺陷也十分明显，如占地面积大，处理周期比较长，能耗比较大，价格昂贵且容易造成二次污染。目前，特殊润湿性膜分离技术因其能耗低、占地面积小、分离效率高等优势引起了人们广泛的关注，通过研究赋予滤膜或天然吸附材料特殊润湿性能能够实现油水混合物的快速高效分离。膜分离法进行油水混合物分离的必要条件：a. 油水混合物始终保持互不相容状态；b. 作为分离介质的特殊润湿性膜材料表面对油和水的亲和性不同。特殊润湿性膜材料可以选择性使混合物中的油相或水相穿过膜而另一相因膜排斥作用被阻挡在分离介质的另一侧，最终达到双组分或多组分溶质和溶剂进行分离、提纯和富集的目的。膜法分离在分层油水混合物中充分表现出能耗低、占地面积小以及分离效率高等特点，是理想的油水分离材料。然而，受限于传统的重力自然滤除的分离模式，膜分离法很少用于多相油水混合物或油乳/水混合物。另外，用于油水乳液分离时，分离介质受到制备严苛、膜孔阻塞且易被污染、油水分离稳定性差、使用寿命短以及操作流程烦琐等的限制，与此同时当油水混合液成分复杂时，仅靠单一种类的膜难以达到油水分离的目的，这些问题均制约膜法致油水分离的规模化生产与应用。

5.1.1 水体油污染危害

一般而言，油水混合物中的油质成分或油质中溶解的物质多为有害物质，来源广泛，如石油开采与加工、工业机械、皮革与纺织品的生产过程中产生的废油，设备使用或者保养过程中产生的含油废水以及生活用油等。海上原油泄漏是油污染的主要来源之一。如图 5-1 所示，泄漏的石油会在海面上迅速扩散并在水面上形成密不透风的油膜，可以阻碍水体的氧交换，抑制藻类的光合作用并最终影响水生生物的正常生长。此外，油污会严重危害水鸟的生存环境，影响水鸟正常产卵与孵化，严重时可使鸟类大量死亡。石油成分中的饱和烃、芳香烃类化合物、含硫化合物以及含氧化合物等（其中多环芳香烃类化合物属于致癌物）是水体污染中的主要污染物。苯类有毒化合物会进入食物链，并在传递过程中对整个食物链和基因链造成严重危害。当含油废水在土壤中迁移时，还可能导致农作物减产和严重的地下水污染。

除了油相本身外，油相中溶解的各类油溶性有机污染物也同样危害着生态环境与人类健康，这些有机物主要包含多氯联苯、芳香类化合物、稠环芳烃类和有机农药。这些大多富含氯、苯类的有机物多来自人工合成，具有化学稳定性好不易被降解的特性，可持久性地留存于水体之中，可通过食物链传递不断地被生物体富集，最终增加人类食物中毒、致畸变以及致癌变的风险。以多氯联苯为例，尽管 20 世纪七八十年代已被禁用，然而直到 20 世纪 90 年代仍有近 40 万吨的多

图 5-1　墨西哥湾漏油事件及石油污染危害

氯联苯残留。当油质进入水体后因密度较水小且与水互不相容的特性，油质会快速在水面扩散形成一层不透气油膜，造成如下危害：

① 浮油可挥发且经太阳紫外线照射后会发生理化反应，产生光化学烟雾、致癌物，造成大气污染，破坏臭氧层。

② 大面积的漂浮油膜会阻碍海水蒸发，影响物质交换，严重时将导致水文气象变化。

③ 油膜将阻碍水体复氧作用与气体交换使水体缺氧，使大量需氧型水生生物死亡，同时影响海洋浮游生物生长，水体自净化能力下降，破坏生态。更为严重的是，当原油进入水体后通过渗透作用和食物链传递的方式富集在水生生物体内，进而严重威胁人类食品安全和健康。

④ 含油废水中的油污渗透到土壤中会破坏土壤内部微生物生态平衡，从而影响地表生态平衡。

因此，制备高效的油水分离材料对含油废水进行油水分离实验研究，具有重大的现实意义和科研价值。

5.1.2 油水混合物类型

油水混合物按粒径与物理状态分为以下四种。

① 浮油。该类油大部分因密度比水小而浮于水体表面，以连续相存在，是油水污染的主体。少部分在水中呈悬浮状态，粒径一般大于 $100\mu m$，一般静置后漂浮于水体并以连续相存在。

② 分散油。该类油多处于悬浮状态，粒径在 $10\sim100\mu m$ 之间，稳定性较差，在静置过程中发生油滴聚并现象成为浮油或者油珠进一步分散，粒径下降转变成乳化油。

③ 乳化油。乳化现象是指一种液体以液滴的形式均匀分散在另一种液体中，最终形成一种互不相溶的乳状液。对于乳化油而言一般油珠粒径小于 $10\mu m$，通常以水包油或者油包水的形式存在。对于不含有表面活性剂高浓度乳化油而言，静置时大部分油滴或液滴会因发生聚并而与水相或油相分层，少部分仍以乳化油的形式存在。而对于含有表面活性剂的油水混合物，因表面活性剂的存在使两相之间的表面张力降低并形成单分子界面膜使乳液稳定，且它还能形成静电阻隔层，防止乳化粒子发生聚并。因此，对于含有表面活性剂的乳化油来说，破除乳化剂所形成的界面膜层是分离乳化油的关键。

④ 溶解油。油以化学方程式的形式溶解在水中并形成稳定的油-水均相体系。由于油相在水中溶解度极小，因此很难用油水分离材料进行分离。

5.1.3 油水混合物处理方法

不同类型的油水混合物处理方式不同，其中浮油与乳化油最常见也是本节研究的重点。含油废水处理方法主要分为以下几类。

(1) 化学法

化学处理法目前主要包括燃烧法、凝油剂处理法、消油剂处理法与集油剂处理法。燃烧法主要针对浮油，通过燃烧的方式将水表面的浮油烧净去除，但是该方法会产生大量的气体污染物如浓烟与烃类，污染大气和海洋；凝油剂，通过化学反应的方式将油凝聚成浓稠物，而后通过机械的方式除去浓稠物；消油剂是一种降低溢油与水之间表面张力的化学试剂，可以使油相迅速乳化分散到水中，是消除水面石油污染的主要措施；集油剂是一种表面活性剂又称化学围油栏，将其撒在溢油周围该区域油因表面张力增加油趋向于收缩，聚集起来的溢油再利用物理方法消除。传统的化学处理法大都面临原料昂贵、能效低且存在二次污染的问题，难以运用到大规模处理过程中。

随着研究的深入，科研人员通过反应产生氧化性极强的羟基自由基，将含油废水中的有机物转化成小分子如二氧化碳、水等。

① 超临界氧化法。将水的温度和压力升高到临界状态（温度374℃、压力22.1MPa），得到超临界水。超临界水具备极强的溶解能力，非极性有机物能够完全溶于水中。在超临界水中，氧化剂、有机物与水形成均一相，传质速率高，氧化效率高，有机物被氧化处理迅速彻底。但是面临高成本、高能耗和高腐蚀等问题难以推广应用。

② 光催化氧化降解法。当紫外线照射溶液中的半导体时，会产生羟基自由基，利用羟基自由基的强氧化作用实现对有机污染物的氧化降解。然而其催化效率受催化剂性质、紫外线波长以及反应器的限制，并且对于透光度较低的废水（如印染废水）效果较差。

③ 湿式催化氧化法。在高温、高压下，通过氧化剂的强氧化性可以将废水中的有机物质降解成二氧化碳、水或易降解小分子，以实现废水去污的目的。缺点：高能耗，对材料要求高（耐高温、高压并耐腐蚀），设备费用高。

（2）生物法

生物法的原理是依靠微生物，在多种酶的催化作用下对废水中的有机物进行降解，主要是在加氧酶的催化作用下，将分子氧结合到基质上，使其形成含氧中间体，再对其进行转化。从氧化形式上主要分三种方式：活性污泥法、生物膜法和氧化塘法。

活性污泥法是人类模拟水体自净化过程创造的，如图5-2所示，活性污泥

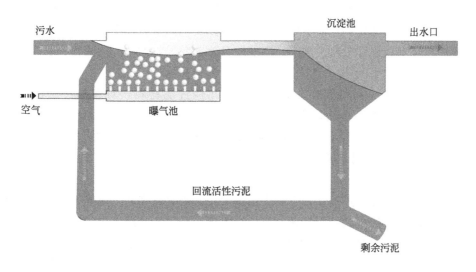

图 5-2 活性污泥法处理污水基本流程图

以细菌作为菌胶团，采用人工曝气方法将污泥均匀分散在废水中，在适合菌体生长与有机物降解的条件（如温度、pH 值和营养成分）下，细菌会对废水中的有机物进行降解。其降解产物一部分作为菌体生存所必需的营养物质，在细菌胞外酶的作用下分解成小分子有机物，氧化分解后产生二氧化碳和水，另一部分供给自身繁衍增殖，从而达到降解的目的。剩余污泥是处理污水时产生的固体废物。缺陷：占地面积大，技术条件要求高，同时受含油废水种类限制。

生物膜法，主要是将传统的膜过滤方式与好氧微生物进行结合从而用于污水处理的一种方法。微生物群落附着生长在固体填料表面，形成基质相连的生物黏膜，比表面积大，具有蓬松多孔絮状结构和较强的吸附能力，含油废水中的有机物被黏膜所吸附，从而达到将其氧化分解的目的。

氧化塘法，又称生物塘法，是一种利用水塘中的微生物和藻类对废水中的有机物和油类进行分解和转化的生物处理方法。缺陷：占地面积大，污水净化效果不稳定，浮油与污泥需及时去除。

（3）物理法

物理法主要包含重力沉降分离法、离心分离法、吸附过滤法、膜分离法、吸附分离法以及气浮法等。

重力沉降分离法，其主要原理是利用油、水密度差与互不相溶的特性，将油水混合物静置一段时间后油相与水相逐渐分离。油滴聚并及与水的分离过程与污水动力黏度、油密度及油滴粒径大小有关。

离心分离法，将含油废水进行离心处理，由于油与水存在密度差且互不相溶，因而两者在高速离心旋转过程中所受到的离心力不同，密度大的液体受到的离心力较大被甩到外侧，而密度较小的液体因受到离心力较小，则在内侧聚集最终使油相与水相逐渐分离。缺陷：高能耗且除油效果不彻底，一般作为对含油废水进行预处理的手段。

吸附过滤法，利用具有空隙结构的多孔性过滤材料，对含油废水中粒径较大的油滴进行截留吸附。在此过程中因大表面积过滤材料对油滴的物理吸附作用增加油滴碰撞概率，使小油滴在过滤材料表面逐渐聚并成大油滴而被截留。当过滤材料吸附达到饱和后需要反复浸洗，使过滤材料重新具备过滤性能。

膜分离法是指利用油水混合物中油水两相与膜表面亲和力差异，实现选择性分离的技术。膜法分离属于精密过滤，主要除去分散于水溶液中的微米甚至是纳米级的油滴。根据过滤物质尺寸差异，主要包括微滤、超滤、纳滤以及反渗透等。针对含油废水中油的存在状态以及对过滤效率要求的差异，需要选择不同类型的膜，如表 5-1 所示。

表 5-1　油水分离膜的类型

类型	孔径/nm	针对目标	适用油水混合物
微滤膜(MF)	100~1000	酵母/真菌/细菌(100~10000nm)	乳化油
超滤膜(UF)	2~100	病毒/蛋白质/核酸(2~300nm)	乳化油
纳滤膜(NF)	1~2	部分抗生素(0.6~1.2)	乳化油
反渗透膜(RO)	0.1~1	部分抗生素(0.3~1)	乳化油、溶解油

然而上述膜在油水混合物分离过程中往往需要外力（重力或外部压力）驱动，使膜两侧形成压力差便于水分迅速通过。一般而言，压差越大，膜通量越大，但同时对膜材料的要求越高。

吸附分离法，利用较大比表面积的多孔吸附材料对油水混合物中的油组分进行吸附，以达到油水分离的目的。其吸附原理主要包含物理吸附和化学吸附。物理吸附利用吸附剂与吸附质分子间存在的作用力完成，此力也被称为范德华力。吸附剂表面分子垂直于表面方向的作用力场没有被抵消，即具有剩余的范德华力。

气浮法利用微小气泡在上浮过程中会吸附含油废水中的小油滴，在此过程中小油滴之间会发生一定的聚并现象，但气液体系整体因密度仍小于水相而上浮至水体表面，最终达到油水分离的目的。该方法处理成本低，速度快，效果明显，适用广泛，但占地面积比较大，能耗较高。

固体表面的润湿性能共有四个基本类型，包括超疏水性、超疏油性、超亲水性、超亲油性，而新的表面润湿性能则可通过组合其中的两种基本类型获得。近些年，随着兼有超疏水性能和超亲油性能或者兼有超疏油性能和超亲水性能的新型材料的出现，对油水分离材料的探索成了国内外专家学者们的研究热点，例如，碳酸钙颗粒、碳纳米管棉球、金属网、多孔陶瓷、纳米多孔高分子材料、独立式锰氧化物纳米线等。这些研究获得了许多振奋人心的巨大成果，但也存在很多诸如难以降解、重复性低、机械稳定性差、成本高、弹性差及毒性较高等遗留问题。棉织物作为一种具有弹性好、生物降解性强、成本低、密度小、机械稳定性高等优异性能的材料，有着非常重要的应用价值，然而不理想的是，棉织品这种材料极易被水和染料浸湿和污染。目前，尽管有较多关于超疏水性棉织物的研究成果，然而它们在油水分离领域的潜能还未受到足够的重视。2011 年，Zhang 等以三氯甲基硅烷为原料采用化学气相沉积技术获得了一种兼具超疏水性和超亲油性的纺织品，并首次将其应用在油水分离领域中。遗憾的是，这种棉织物的制备方法复杂且不易掌握，无法投入实际生产，而且 Zhang 等仅从定性的角度讨论这种纺织品在油水分离中的合理性，未对其进行定量研究。

5.1.4 特殊润湿性油水分离棉纤维复合材料的仿生制备方法

笔者展示了一种简单、温和且成本低廉的方法于棉织物表面合成一种超疏水性氧化锌/聚苯乙烯纳米复合涂层，以克服超疏水性材料表面分级粗糙结构和化学稳定性较差等问题。另外，笔者对该超疏水性棉织物的性能做了较为全面的检测，例如暴露于户外、沉浸于腐蚀性液体以及常见有机溶剂，从而确定该超疏水性材料是否适用于实际生产。最值得注意的是，笔者不但定性地讨论了该超疏水性棉织物在油水分离中的合理性，而且定量地深入地研究了该超疏水性棉织物的油水分离效率。本研究的具体实验步骤如下。

（1）纳米氧化锌颗粒的合成

具体合成方法如下：先将 0.04mol/L 氢氧化钠与 0.004mol/L 六水合氧化锌加入 120mL 蒸馏水中，随后在 75℃ 的温度下磁力搅拌 24h，最后水洗、醇洗，干燥。如图 5-3 所示，最终制得氧化锌颗粒的长约为 120nm，而宽约为 60nm，而且该氧化锌粒子的形状较为不规整，粒子间极易聚结。

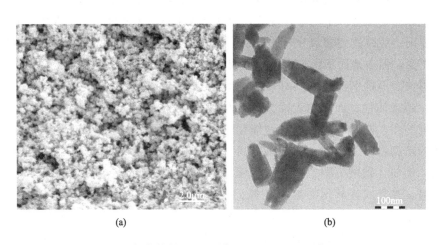

(a)   (b)

图 5-3　氧化锌的 SEM 图像（a）和 TEM 图像（b）

（2）纳米氧化锌颗粒的改性

首先，将 0.06g 硬脂酸颗粒充分溶解于 10mL 无水乙醇中，配制成疏水改性溶液；然后，将制得的氧化锌颗粒分散于上述溶液中，在温度为 70～80℃ 的条件下，磁力搅拌 6h 进行疏水改性；最后醇洗，干燥，即得到疏水性纳米氧化锌颗粒。

（3）棉织物表面超疏水性薄膜的制备

首先，将 0.1g 聚苯乙烯充分溶解于 5mL 四氢呋喃中，配制成聚苯乙烯的四氢呋喃溶液；然后，在室温下将 0.1g 疏水性纳米氧化锌颗粒通过超声波振荡技术分散于聚苯乙烯的四氢呋喃溶液中；待分散均匀，吸取一定该混合液均匀涂布于棉织物表面，然后置于 75℃的烘箱中干燥 20min，直至溶剂挥发完全；最终，超疏水性氧化锌/聚苯乙烯复合涂层于棉织物表面成功制得。

图 5-4 表明棉织物的疏水性能是由聚苯乙烯和疏水性纳米氧化锌颗粒的含量共同决定的。当改性液中未添加疏水性氧化锌颗粒时，即仅使用聚苯乙烯的四氢呋喃溶液处理时，棉织物疏水性能如图 5-4a 所示。当聚苯乙烯的含量低于 2.22％（质量分数）时，处理后的棉织物疏水性能较差且不稳定；当聚苯乙烯的含量高于 2.67％（质量分数）时，处理后的棉织物疏水性能相对比较稳定，但与水的接触角相对减小。因此，下面我们以质量分数为 2.22％的聚苯乙烯的四氢呋喃溶液作底液对棉织物的疏水性能做进一步讨论。图 5-4反映底液中疏水性氧化锌微粒的含量对处理后棉织物疏水性能的影响。如图 5-4b 所示，当底液中疏水性氧化锌颗粒的含量较低时，处理后的棉织物与水的接触角随着疏水性氧化锌含量的升高而迅速增大，但稳定性较差；当疏水性氧化锌微粒的质量达到四氢呋喃质量的 2.22％时，处理后的棉织物与水的接触角达到最大，可以达到 155°±2°；当疏水性氧化锌颗粒的含量高于 2.22％时，棉织物与水的接触角随着疏水性氧化锌含量的升高而略微减小。因此，当聚苯乙烯和改性氧化锌的质量均达到四氢呋喃质量的 2.22％时，处理后的棉织物的稳定性能及超疏水性能最好，与水的接触角可达 155°±2°。

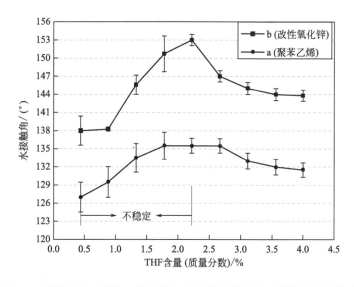

图 5-4　四氢呋喃中聚苯乙烯含量与改性氧化锌含量对水接触角的影响

从未处理棉织物的低倍扫描电子显微镜图像［图5-5(a)］中，我们可以清楚地观察到其自身规整的编织结构和一些伸展出来的纤维结构；而图5-5(b)则为我们随机选取并记录的一根未处理棉纤维的高倍扫描电子显微镜图像，该纤维的直径约为11μm，并且在其表面存在大量纵向的波纹结构（原生纤维）。显然，棉织物的这种微观结构为获得超疏水性表面提供了有利条件。而由超疏水性棉织物的扫描电镜图像可知，棉织物的编织结构以及各棉纤维之间的空隙仍然存在，表明了处理后的棉织物仍然适用于纺织业。图5-5(d)则反映出棉纤维表面的纵向结构经处理被一层致密的带有大量纳米斑粒（即疏水性纳米氧化锌颗粒）的薄膜所覆盖。图5-5(e)则清晰地表明，这些平均粒径约为150nm的纳米颗粒能够均匀且较为密集地分布于薄层中，使得棉纤维表面形成一定的亚微米级粗糙结构。

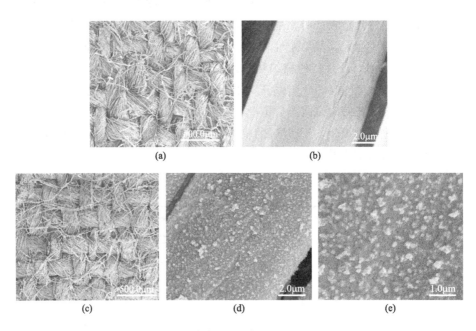

(a)   (b)

(c)   (d)   (e)

图5-5　SEM图像［未处理棉织物在低放大倍数（a）和高放大倍数（b）下的微观形貌；
经超疏水处理棉织物在低放大倍数（c）、较高放大倍数（d）
和高放大倍数（e）下的微观形貌］

图5-6中a为疏水性氧化锌微粒的傅里叶变换红外光谱，从谱图中我们可以在2916cm^{-1}和2847cm^{-1}处观察到两组吸收峰，它们分别来自—CH$_3$和—CH$_2$的非对称伸缩振动与对称伸缩振动，证明了起疏水作用的长链烷基已经成功地接枝于氧化锌表面。另外，谱图中1537cm^{-1}和1463cm^{-1}处出现的吸收峰则源自

—COO⁻基团的非对称伸缩振动和对称伸缩振动，该结果进一步证实了硬脂酸已经成功地包覆于氧化锌颗粒表面，进而在颗粒表面形成一层致密的疏水层。图 5-6中 b 为棉织物表面超疏水性薄膜的傅里叶变换红外光谱，从谱图中我们可以在 $3024\mathrm{cm^{-1}}$ 处的周围观察到许多微弱的吸收峰，而这些峰是由苯环上的C—H伸缩振动所引起的。另外，谱图中 $748\mathrm{cm^{-1}}$ 和 $694\mathrm{cm^{-1}}$ 处出现的两组吸收峰则是由苯环自身的伸缩振动和弯曲振动所造成的，而在 $1600\mathrm{cm^{-1}}$、$1492\mathrm{cm^{-1}}$ 和 $1451\mathrm{cm^{-1}}$ 处出现的三组特征峰则充分验证了聚苯乙烯的存在。相比于疏水性氧化锌的红外光谱谱图，超疏水性涂层的红外谱图中 $2916\mathrm{cm^{-1}}$、$2847\mathrm{cm^{-1}}$ 和 $1536\mathrm{cm^{-1}}$ 处出现的吸收峰同样可以说明硬脂酸的存在。图 5-6 中 c 和 d 则分别为棉织物在处理前与处理后的 X 射线光电子能谱（XPS）谱图。对于未处理的棉织物，其 XPS 谱图中只出现了 C1s 和 O1s 两个元素峰；而对于超疏水性棉织物，其 XPS 谱图中不但在 1024 eV 处出现了一个新的特征峰（Zn $2\mathrm{p_{3/2}}$），并且其 C 和 O 的原子比例从原来的 54/44 增长至 84/15。综上所述，由经硬脂酸改性成功的氧化锌微粒和聚苯乙烯复合而成的超疏水性薄膜已经在棉织物表面成功制得。

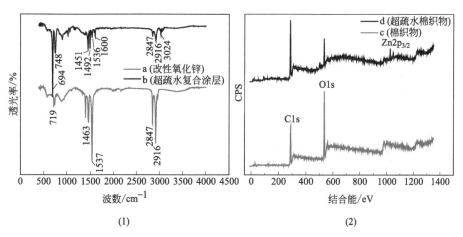

图 5-6   改性氧化锌和超疏水复合涂层的 FT-IR 谱图；
棉织物和超疏水棉织物的 XPS 谱图

众所周知，棉织物因其编织结构存在大量空隙以及纤维表面存在大量羟基而极容易被水和染料所污染，如图 5-7 所示。相较之下，经本实验处理后的棉织物则具有极强的防水性能，图 5-7(b) 和（c）为水滴滴加到超疏水性棉织物表面时的照片，显然棉织物表面的水滴呈球状，且极易从表面滚落，与水的接触角可达 $155°±2°$，这与"荷叶效应"极为相似［如图 5-7(d) 所示］。根据 Cassie-Baxter方程：

$$\cos\theta_c = f_s\cos\theta_s + f_g\cos\theta_g$$

式中　θ_c——复合固体表面的表观接触角；

　　　θ_s——液滴与固体的接触角；

　　　f_s——液滴与固体接触所占有的单位表观面积分数；

　　　θ_g——液滴与空气的接触角；

　　　f_g——液滴与空气接触所占有的单位表观面积分数。

　　式中，$\theta_s=\theta$，$f_s+f_g=1$，$\theta_g=180°$，则可以推导出：

$$\cos\theta_c = f_s(\cos\theta+1)-1$$

　　该方程表明，当表观接触角 θ_c 大于 90°时，液滴与固体接触所占有的单位表观面积分数 f_s 越小，即液滴与空气接触所占有的单位表观面积分数 f_g 越大，该材料表面的疏水性越好。在本实验中，我们得到的超疏水性棉织物与水的接触角为 $(155\pm2)°(\theta_c)$，而对于涂覆在载玻片上的聚苯乙烯薄膜，它与水的接触角为 92°(θ)。利用 Cassie-Baxter 方程，可以计算出水与超疏水性棉织物表面接触所占有的单位表观面积分数为 9.7%，而与空气接触所占有的单位表观面积分数大约为 90.3%。该结果表明，当水滴滴在棉织物表面时，水滴位于疏水性纳米氧化锌/聚苯乙烯复合涂层的粗糙结构顶部，主要与被捕获于涂层空隙或凹槽中的空气相接触，如图 5-7(g) 所示。而当棉织物倾斜或移动时，水滴会带着织物表面的灰尘从其表面滚落，使棉织物的表面保持干燥并达到自清洁的效果。

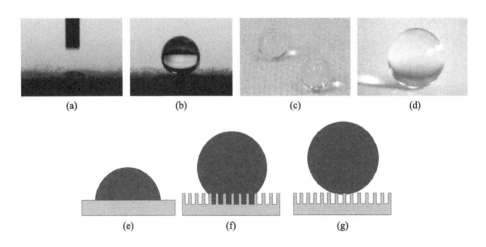

图 5-7　5μL 水在不同表面上的接触角图片

(a) 原始棉织物；(b) 和 (c) 超疏水棉织；(d) 荷叶；(e) 液体在绝对平滑的固体表面；

(f) Wenzel 模型；(g) Cassie-Baxter 模型

　　值得注意的是，对于仅以聚苯乙烯修饰的棉织物，其表面与水的接触角可达

$135°\pm2°$，而以同样方式处理的载玻片，其表面与水的接触角却只有 $92°$。根据 Wenzel 理论模型 [如图 5-7(f) 所示]，这种显著差异表明了棉织物本身具有一定的微粗糙结构，而该结构恰恰成为获得超疏水性固体表面的有利条件。因此，超疏水性棉织物得以成功制得主要归因于两点：a. 微米/纳米级粗糙结构，即棉织物本身的宏观编织结构及纳米氧化锌颗粒的有效整合；b. 聚苯乙烯和硬脂酸两种低表面能物质的进一步修饰。

基于材料的稳定性于实际应用中的决定性作用，我们对该超疏水性棉织物的整体性能进行了多方面的测试与评估。首先，我们进行的是该棉织物暴露于外界环境中 1 个月的测试，以及浸没于 pH 值范围从 0 到 14 的腐蚀性液体中 12h 的测试。值得高兴的是，对于经过上述两项测试的超疏水性棉织物，其疏水性能没有明显变化，即与水的接触角仍大于 $150°$，充分展示了其优异的环境稳定性和良好的抗酸抗碱性。另外，我们发现如正己烷、正庚烷、甲苯、丙酮、油酸等有机试剂，不但可以自由快速地透过超疏水性棉织物，而且即使将该棉织物浸于这些有机溶剂中 12h，干燥后与水的接触角仍大于 $150°$。而该超疏水性棉织物所具备的独特且稳定的润湿性能（超疏水性/超亲油性）启发我们进一步探索其在油水分离领域的应用价值。

为了验证该超疏水性棉织物可以投入油水分离领域的猜想，并进一步定量地研究该棉织物对油水混合液的分离效率，我们进行了下面的试验，即将油酸（30mL）与水（30mL）的混合液倾倒于漏斗中的棉织物表面。我们发现，水无法透过织物，只能堆积在棉织物表面，而油酸可以自由透过织物缝隙汇集于下面的烧杯中。而将滤液转移至量筒中后，我们观察到近 100% 的水被收集在量筒中，而另一个量筒中盛有的油酸约 92%。此后，我们还对很多不同有机溶剂与水的混合液进行了试验，如正己烷、正庚烷、甲苯、油酸、丙酮等，结果表明这种超疏水性棉织物对一般油水混合液均能够进行高效分离。

另外，为了研究该超疏水性棉织物在油水分离过程中的重复使用性能，我们对其进行了正己烷的润湿—干燥—润湿过程的重复试验。研究表明，随着润湿—干燥—润湿循环次数的增加，织物样品与水的接触角从 $(155\pm2)°$ 减小为 $(151\pm2)°$，如图 5-8 所示，仍能达到超疏水材料的标准，可以进行多次重复利用。而且通过进一步探索发现，很多其他有机溶剂如正己烷、正庚烷、甲苯、油酸、丙酮等，也可以通过该棉织物从它们与水的混合物中分离出来。综上，该操作简单、稳定性好、疏水亲油性强、重复使用性强、成本低廉、无污染且易于降解的超疏水性棉织物将在油水分离领域具有十分广阔的应用前景。

综上，笔者得到了一种操作简单、稳定性好、疏水亲油性强、重复使用性强、成本低廉、无污染且易于降解的超疏水性棉织物（与水的接触角可达 $155°\pm2°$）。利用 Cassie-Baxter 方程以及 Wenzel 理论模型对该棉织物超疏水性能的根

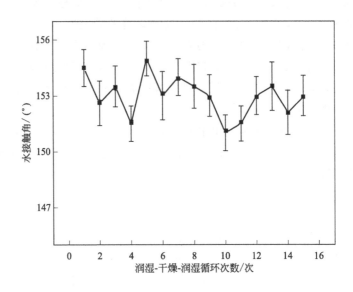

图 5-8   用正己烷对超疏水棉织物进行润湿-干燥-润湿的重复次数对其润湿性能的影响

本原因进行了深入讨论。研究表明,该棉织物克服了超疏水性材料表面分级粗糙结构和化学稳定性较差等问题,即使将处理织物暴露于户外、沉浸于腐蚀性液体/常见有机溶剂,该棉织物与水的接触角仍能高于 150 °;具备高效的油水分离性能以及广泛的应用前景,即该棉织物可以分离多种有机溶剂与水的混合液(如正己烷、正庚烷、甲苯、油酸、丙酮、油酸),以及近 100% 的水与约 92% 的油酸被分离完全。毫无疑问,这将在很大程度上拓宽纺织业的发展道路,极大地加快了生物质复合材料的革新速度,对未来生物质复合产品的发展前景有着深远影响。

5.2   阻燃功能特殊润湿性棉纤维复合材料

5.2.1   阻燃剂及阻燃机理

阻燃剂是赋予易燃材料难燃性能的功能性助剂,按使用方法可分为物理混合的添加型阻燃剂和化学键合的反应型阻燃剂两类。添加型阻燃剂是通过机械混合方法加入聚合物中,主要分为有机阻燃剂和无机阻燃剂。有机阻燃剂以溴系、磷系、氮系和红磷及化合物为代表,无机阻燃剂主要是三氧化二锑、氢氧化镁、氢氧化铝、硅系等阻燃体系。反应型阻燃剂则是作为一种单体参加原料的聚合反应,对材料使用性能影响小,且阻燃效果持久。

可用作阻燃剂的物质很多，如磷酸烷基酯类：磷酸三丁酯、磷酸三（2-乙基己基）酯、磷酸三（2-氯乙基）酯、磷酸三（2,3-二氯丙基）酯、磷酸三（2,3-二溴丙基）酯、Pyrol99 等；磷酸芳基酯：磷酸甲苯-二苯酯、磷酸三甲苯酯、磷酸三苯酯、磷酸（2-乙基己基）-二苯酯等；双环戊二烯类：氯丹酸酐等；脂肪族卤代烃，尤其是溴化物如二溴甲烷、三氯溴甲烷、二氯溴甲烷及八溴二苯基氧化物、五溴乙基苯、四溴双酚 A 等芳香族溴化物及其他卤代物。此外，还有磷酸三（二溴丙基）酯和卤代环己烷及其衍生物、十溴联苯醚及其衍生物。有机氮系阻燃剂三嗪及其衍生物、三聚氰胺等单独使用时效果不理想，但与磷系阻燃剂配合使用时，可起协同效应。像这类复合型阻燃剂有两类：其一是两种阻燃剂的机械参混复配阻燃剂；其二是同时含有氮、磷的化合物。前者如三聚氰胺和多聚磷酸酯组成的阻燃剂，尿素、双氰胺与磷酸酯组成的阻燃剂；后者如季戊四醇磷酸酯的三聚氰胺盐、环磷酰胺聚合物等。

阻燃剂是通过吸热作用、覆盖作用、抑制链反应、不燃气体窒息作用等若干机理共同作用发挥其阻燃功能的。

（1）吸热作用

任何燃烧在较短的时间内所放出的热量是有限的，如果能在较短的时间内吸收火源所放出的一部分热量，那么火焰温度就会降低，辐射到燃烧表面和作用于将已经气化的可燃分子裂解成自由基的热量就会减少，燃烧反应就会得到一定程度的抑制。在高温条件下，阻燃剂发生了强烈的吸热反应，吸收燃烧放出的部分热量，降低可燃物表面的温度，有效地抑制可燃性气体的生成，阻止燃烧的蔓延。$Al(OH)_3$ 阻燃剂的阻燃机理就是通过提高聚合物的热容，使其在达到热分解温度前吸收更多的热量，从而提高其阻燃性能。这类阻燃剂充分发挥其结合水蒸气时大量吸热的特性，提高其自身的阻燃能力。

（2）覆盖作用

在可燃材料中加入阻燃剂后，阻燃剂在高温下能形成玻璃状或稳定泡沫覆盖层，隔绝氧气，具有隔热、隔氧、阻止可燃气体向外逸出的作用，从而达到阻燃目的。如有机磷类阻燃剂受热时能产生结构更趋稳定的交联状固体物质或碳化层。碳化层的形成一方面能阻止聚合物进一步热解，另一方面能阻止其内部的热分解产生物进入气相参与燃烧过程。

（3）抑制链反应

根据燃烧的链反应理论，维持燃烧所需的是自由基。阻燃剂可作用于气相燃烧区，捕捉燃烧反应中的自由基，从而阻止火焰的传播，使燃烧区的火焰密度下降，最终使燃烧反应速度下降直至终止。如含卤阻燃剂，它的蒸发温度和聚合物分解温度相同或相近，当聚合物受热分解时，阻燃剂也同时挥发出来。此时含卤阻燃剂与热分解产物同时处于气相燃烧区，卤素便能够捕捉燃烧反应中的自由基，干扰燃烧的链反应进行。

（4）不燃气体窒息作用

阻燃剂受热时分解出不燃气体，将可燃物分解出来的可燃气体的浓度冲淡到燃烧下限以下。同时也对燃烧区内的氧浓度具有稀释的作用，阻止燃烧的继续进行，达到阻燃的作用。

5.2.2　阻燃功能特殊润湿性棉纤维复合材料的仿生制备方法

据统计，每年我国纺织业消耗的棉、麻、化纤等纺织纤维原料约为 3500 万吨，随着人们对纤维纺织品需求量的日趋上升，纺织工业面临着资源匮乏与环境污染两大难题：其一，由于全球耕地面积日益紧张，石油资源逐渐减少，未来无论天然纤维还是合成纤维的供应量势必受到制约，从而导致纺织品成本的快速增长；其二，随着人们生活水平的提高和时尚潮流的影响，纺织服装的使用周期明显缩短，继而产生大量废旧纺织服饰，但相较于纸张、塑料、电子和钢铁等回收业，废旧纺织品的回收利用还没有形成成熟的研究和再循环体系，即人们对纺织服装的再回收利用意识还相当薄弱，其中大部分的废旧纺织服装被作为垃圾掩埋、焚烧，不但造成了资源浪费，还污染了环境。本研究旨在探索并解决废旧棉纤维纺织品的回收利用问题，通过赋予废旧棉织物多功能特殊润湿性与智能性，节约了废旧棉织物的处理成本，有望提高棉织物在能源、科技、医疗、防护、装饰等不同领域的应用潜能。

近年来，随着人们对多功能与智能型织物产品的迫切需求，特殊润湿性棉织物因其重要的潜在应用价值成为全球众多专家和学者们的重点研究目标。Wang 等以双面棉织物（JCF）为原料，成功地将聚 N,N-二甲氨基乙酯（A 面）和聚二甲基硅氧烷（B 面）分别接枝于 JCF 的两面，即 JCF 产品的 A 面为超疏水性，而 B 面为亲水性，综合两者独特的性能成功实现了油水混合液，甚至 O/W 型乳化液的彻底分离。Khalil-Abad 等以 KOH 和 $AgNO_3$ 为原料，抗坏血酸为稳定剂，在棉织物表面生成了微/纳粗糙结构，通过辛烷基三乙氧基硅烷进行疏水性修饰制得抗菌-特殊润湿性棉织物。夏新伟等选择含导电丝的纯棉坯布，采用无强碱冷轧堆前处理、还原染料印花、分步分浴阻燃整理和拒水拒油整理，开发了抗静电/阻燃/拒水拒油多功能防护织物。而这些多功能智能型棉织物的开发将有望被广泛用于制作消防人员、油田工作人员、医护人员的工作服，或作为帐篷、窗帘、沙发、墙布和滑雪衫等的面料。

笔者以氢氧化钠、六水合硝酸锌和氨丙基甲基二乙氧基硅烷（APDES）为原料，以高温水浴法合成氨基化氧化锌（ZnO-NH$_2$）纳米颗粒。将废旧棉织物经多次水洗、醇洗、碱液退浆、环氧树脂（EP）预处理，联合 ZnO-NH$_2$ 纳米颗粒，以化学键合的方式紧密结合，旨在棉纤维表面形成牢固、稳定、强健的微/纳米多级粗糙界面，进一步以十七氟癸基三甲氧基硅烷（FAS-18）、聚苯乙烯（PS）处理，制得阻燃-特殊润湿性"除油型"油水分离棉织物——EP/ZnO-NH₂复合棉织物、EP/ZnO-NH₂/PS复合棉织物。比较并评估了制得棉织物产品的微观形貌、特殊润湿性能、分离效果、热稳定性能、耐久性能、抗摩擦性能等，旨在获得强健耐用的阻燃-特殊润湿性油水分离棉织物材料，为未来多功能特殊润湿性生物质材料的设计者与研究者们提供新的思路和参考。

　　将氢氧化钠（0.04mol/L）和六水合硝酸锌（0.004mol/L）投入80℃的蒸馏水（120mL）中，恒温磁力搅拌24h，随后水洗，离心，在60℃温度下真空干燥6h。所得氧化锌颗粒形貌如图5-9(a)和（b）所示，长度约120nm，宽度约60nm。随后，将制得的氧化锌（0.1g）颗粒经磁力搅拌均匀分散于0.7%的APDES乙醇溶液（15mL）中处理1h，即完成氧化锌的氨基化接枝过程，如图5-9(c)所示。最后，将氨基化氧化锌（ZnO-NH₂）醇洗，离心，干燥，配制成1%的ZnO-NH₂乙醇溶液。

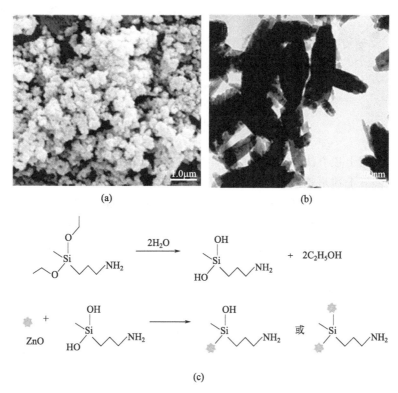

图 5-9　氧化锌的扫描电镜图像（a）与透射电镜图像（b）

以及氧化锌氨基化接枝过程示意图（c）

如图 5-10 所示：a. 将棉织物浸入 1％环氧树脂（EP）的丙酮溶液中进行环氧化处理，待反应完全（3h），经丙酮漂洗，并以氮气吹干；b. 将环氧化棉织物浸入分散均匀的 $ZnO-NH_2$ 乙醇溶液中，经 1h 处理以完成环氧基与氨基的化学键合，醇洗，干燥；c. 将该棉织物浸入 1％十七氟癸基三甲氧基硅烷（FAS-18）的甲醇溶液中，疏水改性 1h，并以甲醇反复漂洗，真空干燥，即得到超疏水性棉织物（S1）。

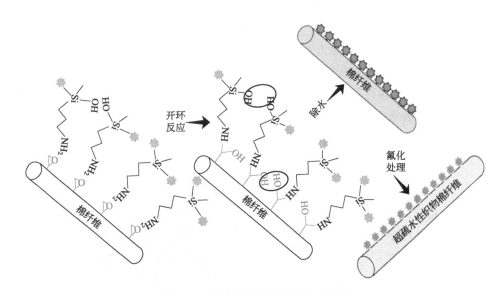

图 5-10　超疏水性棉织物的合成路线

除了采用上述方法制备的棉织物样品 S1 外，还制备了棉织物样品 S2，即棉织物同样经过上述步骤进行处理，但干燥后又浸入聚苯乙烯（PS）溶液（2％，质量分数，四氢呋喃）进一步修饰。此外，为了说明 EP 与 APDES 对后续制得的超疏水性棉织物耐久性能与化学稳定性能的影响，实验还提供了超疏水性棉织物样品 S3，即棉织物未经过 EP 预处理，氧化锌亦未经过 APDES 预处理，但其他步骤与制备棉织物样品 S1 的步骤相同。

图 5-11 为氧化锌与棉织物表面氧化锌薄膜的傅里叶变换红外光谱谱图。对比图 5-11a 与 b，棉织物表面氧化锌薄膜红外谱图的高波数区域在 $3226cm^{-1}$ 波数附近和 $2954cm^{-1}$ 波数附近出现了明显的吸收峰，这两个峰是—NH 的伸缩振动吸收峰和—CH_3、—CH_2 的伸缩振动吸收峰，指示了长碳链的基本结构与官能团氨基的存在。而棉织物表面氧化锌薄膜红外谱图的低波数区域：在 $1574cm^{-1}$ 波数附近、$1488cm^{-1}$ 波数附近和 $1323cm^{-1}$ 波数附近显示的三个吸收峰，分别是—NH 的弯曲振动吸收峰和—CH_3、—CH_2 的弯曲振动吸收

峰，进一步证实上述观点；在 1258cm^{-1} 波数附近、1028cm^{-1} 波数附近和 767cm^{-1} 波数附近出现的三个信号十分强烈的吸收峰，则表示了 Si—C 的伸缩振动、Si—O—Si 的对称伸缩振动和非对称伸缩振动，基本断定了 APDES 的存在；而在 1083cm^{-1} 波数附近和 858cm^{-1} 波数附近显示的两个吸收峰，分别是 C—O—C 的非对称伸缩振动吸收峰和对称伸缩振动吸收峰，则可以基本断定 EP 的存在。综合上述结果可以证实，经环氧化处理的棉织物与氨基化处理的氧化锌已经通过化学键合作用在棉织物表面形成坚固的氧化锌薄膜。

图 5-12 为棉织物表面的氧化锌薄膜经氟化处理，以及与 PS 进一步复合的薄膜的 X 射线光电子能谱谱图。由 XPS 谱图可以看出，氟化后的棉织物表面氧化锌薄膜存在 C1s、N1s、O1s、F1s、FKLL、Zn2p$_{3/2}$ 六种峰，共计五种元素，C、N、O、F、Zn 的比例为 31.4∶3.4∶13.7∶48.5∶3，表明 FAS-18 成功接枝于氧化锌粒子表面。而经过进一步的 PS 复合处理，棉织物表面制得的超疏水性 ZnO/PS 复合薄膜的 XPS 谱图发生改变，即信号愈加明显的 C1s 峰与已经消失的 N1s 峰，证实了棉织物表面形成了超疏水性 ZnO/PS 复合薄膜。

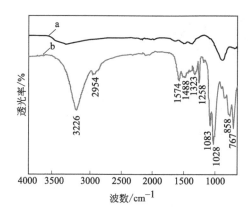

图 5-11　红外光谱图

a—ZnO；b—棉织物表面 ZnO 薄膜

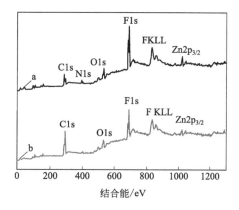

图 5-12　XPS 谱图

a—氟化 ZnO；b—氟化 ZnO/PS 复合薄膜

图 5-13 显示了棉织物处理前后的低倍与高倍扫描电镜图像，及其与水的接触角图像。对于未处理棉织物，其低倍 SEM 图像展示了其规整的纤维编织结构，以及间或伸展出来的单根棉纤维 [图 5-13(a)]；其高倍 SEM 图像则展现了单根棉纤维（随机挑选）光滑平整的表面，及其约 15μm 的直径，当水滴滴于未处理棉织物表面时，水滴会立即浸润其表面，表现出超亲水性，如图 5-13(b) 所示。当环氧化棉织物与氨基化氧化锌化学键合完毕后，原本光滑的棉纤维被一层均匀致密、结构粗糙的氧化锌薄膜所覆盖，如图 5-13(c) 所

示，此时该棉织物与水的接触角为 0°。经过 FAS-18 进一步处理，该棉织物由超亲水性转变为超疏水性，与水的接触角高达 158°±1°，即当水滴滴于静置的超疏水性棉织物表面时，更倾向于 Cassie-Baxter 模型，会形成球状水珠立于织物表面的 ZnO/EP 复合薄膜的微/纳粗糙结构顶部，如图 5-13(e) 所示，会更

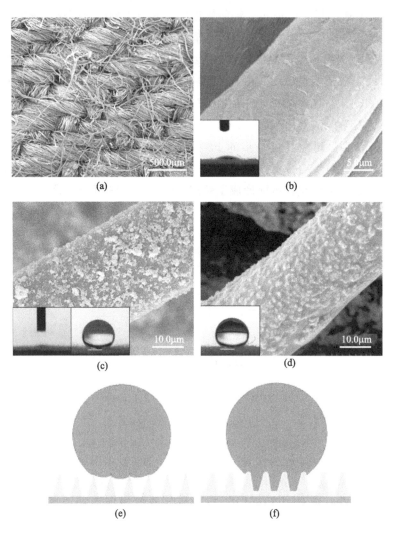

图 5-13 扫描电镜图像

（a）和（b）未处理棉织物；（c）包覆氟化氧化锌的棉织物；（d）氟化氧化锌/聚苯乙烯复合棉织物；固体表面微观结构对其润湿性能的影响；（e）Cassie-Baxter 模型；（f）Wenzel 模型；

[(b)、(c) 与 (d) 中的插图为未处理棉织物、包覆氧化锌的棉织物、包覆氟化氧化锌的棉织物和氟化氧化锌/聚苯乙烯复合棉织物与水的接触角照片]

多地与被捕获于结构间的空气相接触。此时，如倾斜或移动该棉织物，水珠便会带着其表面的灰尘滚落，使织物的表面保持干燥并达到自清洁的效果。图 5-13(d) 则显示了经 PS 进一步处理的上述超疏水性棉织物的扫描电镜图像。由图可知，棉纤维表面大量的氧化锌颗粒已经被 PS 全面包覆，棉纤维表面的粗糙度亦随之减小，此时该棉织物与水的接触角为 (152±1)°，更倾向于 Wenzel 模型，如图 5-13(f) 所示，即当水滴滴于该超疏水性 EP/ZnO/PS 复合棉织物表面时，水珠直接与织物纤维接触，两者不存在间隙与空气，倾斜或移动时，水滴不易滚落。

简而言之：a. 对于制备超疏水性棉织物样品，粗糙结构是极为重要的影响因素，本实验通过引入氧化锌颗粒获得，表现为粗糙度越大，疏水效果越好；b. 若原始棉织物、ZnO/EP 复合棉织物未经 FAS-18（低表面能材料）处理，无关于粗糙度，棉织物样品均表现为超亲水性；c. PS 的引入降低了棉织物表面的粗糙度，抑制了接枝 FAS-18 的氧化锌功能体现，表现为低表面能力减弱，结果显示 S2 样品疏水性下降。

基于超疏水性材料的热稳定性能对工业应用的重要影响，笔者对所制材料进行了全面的热稳定性测试与评估。极限氧指数（LOI）是指材料维持燃烧所需要的最低氧气浓度，是评估材料阻燃性能的重要手段之一。一般情况下，LOI 值越大，材料的阻燃性能越好；反之，LOI 值越小，材料的阻燃性能越差。众所周知，棉织物是一种易燃材料，其 LOI 值一般在 18%～19%，本实验使用的未处理棉织物的 LOI 值为 18.3%。经过 EP、APDES、ZnO 以及 FAS-18 修饰处理后的棉织物，其 LOI 值大幅度增大，从最初的 18.3% 增大至 21.6%。为分析制备过程中所用试剂对棉织物热稳定性能的影响，笔者同样采用了热重分析曲线（TGA）和微分热重分析曲线（DTG）研究试样的热解行为，例如残炭率、主要热解区域等。图 5-14 是未处理棉织物、环氧化棉织物、氧化锌-棉织物、氨基化棉织物、氟化棉织物、超疏水性 EP/ZnO 复合棉织物、超疏水性 EP/ZnO/PS 复合棉织物的 TGA 和 DTG 图像。为了便于观察与分析，笔者将 TGA 和 DTG 图中的数据详细地列入表 5-2 中。由图 5-14 与表 5-2 可知，各棉织物样品的失重行为非常相似，其热解温度主要集中在 260～370℃（未处理棉织物）、210～255℃与 270～380℃（环氧化棉织物）、265～375℃（氧化锌-棉织物）、255～390℃（氨基化棉织物）、80～110℃与 270～375℃（氟化棉织物）。相应地，它们的最大热失重速率以及对应温度分别为 −23.5%/min（339.9℃）、−16.6%/min（345.8℃）、−16.2%/min（350.8℃）、−13.3%/min（348.6℃）、−22.7%/min（342.8℃）。

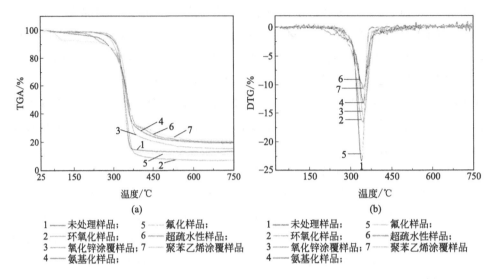

图 5-14 空气中棉织物样品的 TGA 曲线（a）与 DTG 曲线（b）

1——未处理样品；　　　5——氟化样品；
2——环氧化样品；　　　6——超疏水性样品；
3——氧化锌涂覆样品；　7——聚苯乙烯涂覆样品
4——氨基化样品；

表 5-2　各化学试剂对棉织物热稳定性能的影响

名称	$T_{-5\%}$/℃	T_{max}/℃	V_{max}/(%/min)	热解温度/℃	失重率$_{(750℃)}$/%
未处理样品	288.3	339.9	−23.5	260～370	13.1
环氧化样品	227.6	345.8	−16.6	210～255 270～380	7.0
氧化锌涂覆样品	297.4	350.8	−16.2	265～375	15.4
氨基化样品	225.0	348.6	−13.3	255～390	19.1
氟化样品	102.3	342.8	−22.7	80～110 270～375	11.4
超疏水性样品	282.4	348.4	−10.9	250～380	19.9
聚苯乙烯涂覆样品	279.9	344.0	−13.1	250～365	21.2

　　对比未处理棉织物，经过 EP、APDES 以及 FAS-18 修饰处理后的超疏水性棉织物具有更宽的热解温度范围（250～380℃），与更小的最大热失重速率（−10.9%/min）。然而，该款超疏水性棉织物经 PS 进一步处理后，其热解温度范围变窄（250～365℃），最大热失重速率略微增大（−13.1%/min）。对比未处理棉织物、超疏水性 EP/ZnO 复合棉织物、超疏水性 EP/ZnO/PS 复合棉织物，其 750℃的残炭率依次增大，它们分别为 13.1%、19.9%、21.2%，与氧化锌-棉织物和氨基化棉织物的残炭率较为接近，它们为 15.4% 和 19.1%。综上所述，以 EP、APDES、ZnO 以及 FAS-18、PS 为原料在棉织物表面所制得的超疏

水性薄膜，在燃烧过程中，一方面起到隔绝空气的作用，另一方面通过提前热解而延缓可挥发性热降解产物的逸出，从而对内部的棉织物起到保护作用。其中，APDES、ZnO对棉织物热稳定性的提高起到了主要作用，而EP、FAS-18、PS则没有起到提升棉织物热稳定性能的作用，尤其是FAS-18与PS，反而使热解温度范围变窄，增大了棉织物的最大热失重速率。

基于材料耐久性对其实际应用的决定性作用，笔者对超疏水性氧化锌棉织物S3、超疏水性EP/ZnO棉织物S1与超疏水性EP/ZnO/PS复合棉织物S2的多方面性能进行了测试与评估，例如研究了棉织物样品S3与S2在超声清洗（53 kHz-100W，50mL水，1g中性洗涤剂）25min后，其疏水性能、微观形貌、热稳定性能的变化情况。如图5-15(a)与(b)所示，未经过EP、APDES、PS处理的棉织物样品S3，其表面的氟化氧化锌薄膜在超声清洗的第5分钟内被彻底破坏，其干燥后样品与水的接触角从最初的155°减小至0°。因此，对超疏水性氧化锌棉织物样品S3在超声处理前后的热稳定性能的研究不具意义，后面不做讨论。而经过EP、APDES处理的棉织物样品S1，在超声清洗的过程中，其疏水性能逐步减弱，由最初的158°减小至117°，其表面的氟化氧化锌薄膜在25min

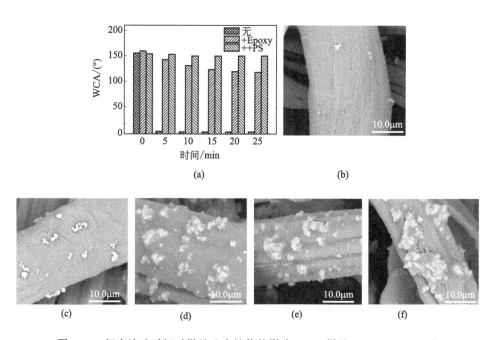

图5-15　超声清洗时间对样品疏水性能的影响（a）；样品S3(b)、S1(c)和S2(d)经5min超声清洗后的扫描电镜图像；样品S1(e)和S2(f)经2min摩擦测试后的扫描电镜图像

的超声清洗过程中遭到了很大限度的破坏，如图 5-15(a) 与（c）所示。相比之下，棉织物样品 S2 则显示了其突出的超疏水耐久性与结构稳定性，25min 的超声处理后，该产品与水的接触角仅出现轻微的减小，由最初的 153°减小至 148°。而由超声清洗后棉织物样品 S1 与 S2 的 TGA 和 DTG 曲线（图 5-16）进一步可知，棉织物样品 S2 的残炭率基本保持不变，而棉织物样品 S1 的残炭率轻微减小（从 19.9%到 18.9%），这是由氧化锌薄膜的剥落导致的，但两者的主要热解区域和最大热失重速率并没有出现明显改变。上述结果充分证明了超疏水性 EP/ZnO 复合棉织物和超疏水性 EP/ZnO/PS 复合棉织物优异的超疏水耐久性与热稳定性。

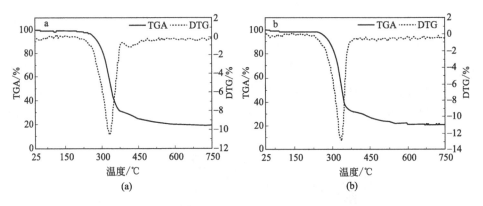

图 5-16　经超声清洗后的棉织物样品 S1(a) 与 S2(b)
在空气中的 TGA 与 DTG 曲线

　　基于机械稳定性对材料实际应用的决定性作用，笔者对超疏水性 EP/ZnO 复合棉织物 S1、超疏水性 EP/ZnO/PS 复合棉织物 S2 的抗摩擦性能进行了相关测试与评估。图 5-15(e) 与（f）显示了以砂纸作为摩擦介质对样品 S1 和 S2 进行 10 次摩擦测试后的扫描电镜图像，由图可知，两者棉纤维表面的氧化锌薄膜均存在一定磨损，但后者比前者受到的损坏更小，其疏水性能仅略微下降，与水的接触角仍可达 145°。另外，经摩擦测试后的棉织物样品 S1 和 S2 亦没有起球，表明棉纤维在 EP/ZnO 复合薄膜和 EP/ZnO/PS 复合薄膜的保护下，变得更强韧。其机理是棉织物在摩擦受力时，棉纤维表面的薄膜会将大部分的力转移至氧化锌颗粒，当薄膜中的氧化锌含量过多，或施力超过氧化锌的受力极限时，氧化锌最先被剥离，随后是部分薄膜的剥落，最后才是棉纤维自身的受力与摩擦。即摩擦过程中氧化锌的脱落导致了棉织物整体耐磨性与疏水性能的下降，而氧化锌薄膜的剥离则会造成棉织物疏水性能的彻底丧失。相比之下，摩擦后的棉织物样品 S2 疏水性能较棉织物样品 S1 更好，说明棉织物样品 S2 棉纤维表面薄膜中的氧化锌颗粒脱落情况较少，即 EP/ZnO/PS 复合薄膜更加强健，与棉纤维黏合更为牢固。

图 5-17(a) 反映了超疏水性 EP/ZnO 复合棉织物 S1、超疏水性 EP/ZnO/PS 复合棉织物 S2，经过不同 pH 值（1~14）液体清洗后的接触角变化规律。由图可知，棉织物样品 S1 对于 pH 值不同的液体清洗处理，表现出的疏水性能各不相同，其表面与水的接触角范围在 158°~147°；棉织物样品 S2 对于 pH 值不同的液体清洗处理，表现出的疏水性能基本相同，其表面与水的接触角在 152°上下浮动。而两者最大的差异在于：a. 棉织物样品 S1 与水的接触角大于处理后的棉织物样品 S2，前者倾向于 Cassie-Baxter 模型，而后者更倾向于 Wenzel 模型；b. 棉织物样品 S1 对强酸强碱液体较为敏感，体现在其接触角测量值的较大波动，而棉织物样品 S2 基本对强酸强碱液体无感，即其接触角测量值变化不大。但无论接触角测量值如何变动，其值一直大于 145°，即棉织物样品 S1 和 S2 均体现了良好的耐强酸强碱性能。图 5-17(b) 和（c）展现了棉织物样品 S1 和 S2 经过 2min 正己烷超声处理后的扫描电镜图像。对比之下，前者棉纤维表面的大部分氧化锌颗粒在正己烷超声清洗的过程中被大部分去除［图 5-17(b)］，而后者棉纤维表面的薄膜微观形貌变化不大［图 5-17(c)］。综上所述，超疏水性 EP/ZnO 复合棉织物经 PS 的进一步修饰，仍能展示出优异的防水性能，而获得进一步提升的耐磨性能、耐强酸强碱性能、耐超声清洗性能（液体可以为水、酸碱性水溶液、有机溶剂），使超疏水性 EP/ZnO/PS 复合棉织物更能胜任未来作为特殊选择透过性薄膜介质应用于油水分离领域。

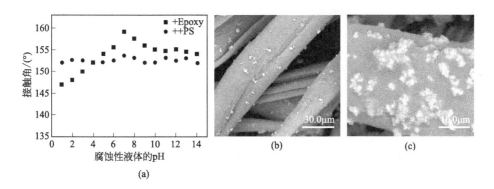

图 5-17　腐蚀性液体的 pH 值对棉织物 S1 与棉织物 S2 的疏水
性影响（a），及两者经过 5min 正己烷超声清洗后的扫描电镜
图像［(b) 和（c）]

研究表明，当超疏水性 EP/ZnO/PS 复合棉织物表面承接水滴与油滴时，前

者会立于棉织物表面呈球状，后者则迅速浸润于棉织物内部，即这款棉织物具备超疏水-超亲油性能。随即笔者尝试将该款棉织物应用于油水分离领域。如图 5-18(a) 所示，将有机溶剂与水的混合液倾倒于漏斗中的棉织物表面，此时混合液中的有机溶剂迅速浸润棉织物流入下方量筒内，而水则被截留于棉织物表面，从而实现油与水的彻底分离。众所周知，无水硫酸铜为无色透明晶体，遇水极为敏感，立即生成蓝色的五水合硫酸铜。图 5-18(b) 和 (c) 为 10mL 含 3 滴水的有机溶剂的混合液经过该款超疏水-超亲油性棉织物处理前后的对比照片，通过颜色指示，可以初步断定，经该款超疏水性 EP/ZnO/PS 复合棉织物可以彻底截留有机溶剂中的水分，即使是极微量的水分，大大提高了有机溶剂的纯度，确立了该款棉织物产品未来在油水分离领域应用的可行性。

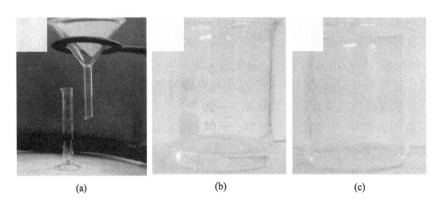

(a)   (b)   (c)

图 5-18　超疏水性棉织物的油水分离装置图 (a)，
无水硫酸铜在含有几滴水的有机溶剂与 (b) 进一
步油水分离后的有机溶剂 (c) 的颜色变化图像

综上，笔者做了如下工作：

① 以 NaOH 和 ZnNO₃ 为原料，制得长和宽约 120nm 和 60nm 的氧化锌颗粒，APDES 处理后制得 ZnO-NH₂ 颗粒。将 ZnO-NH₂ 与环氧化预处理的棉织物复合，在棉纤维表面即得 ZnO/EP 复合薄膜。而经 FAS-18 进一步修饰，制得超疏水性 ZnO/EP 复合棉织物 S1，再以 PS 处理，制得超疏水性 ZnO/EP/PS 复合棉织物 S2。

② 通过红外光谱探讨了环氧化处理的棉织物与氨基化处理的氧化锌之间的化学键合作用。采用 XPS 验证了棉织物纤维表面 ZnO/EP 复合薄膜已经成功接枝了 FAS-18 分子层，即顺利制得超疏水性 ZnO/EP 复合棉织物样品 S1，以及后续 PS 对其进一步包覆，制得超疏水性 ZnO/EP/PS 复合棉织物样品 S2。

③ 分析了样品的微观形貌与疏水性能间的作用关系：氧化锌颗粒构建的粗糙结构是制备超疏水性棉织物极为重要的影响因素；未经低表面能物质改性，所有样品均表现为超亲水性，无关于粗糙度；PS 的引入降低了棉织物表面的粗糙度，抑制了接枝 FAS-18 的氧化锌功能体现，表现为低表面能力减弱，结果显示 S2 样品疏水性下降。

④ 经过 EP、APDES、ZnO 以及 FAS-18 修饰后的棉织物样品 S1，其 LOI 值从最初的 18.3% 增大至 21.6%。棉织物样品的热解行为分析结果显示，S1 具有更宽的热解温度范围（250～380℃）与更小的最大热失重速率（-10.9%/min），而引入 PS 的 S2，其热解温度范围变窄（250～365℃），最大热失重速率加大（-13.1%/min）。

⑤ 对比样品 S1、S2 和 S3，突出了经 EP、APDES、ZnO 以及 FAS-18 制备的超疏水性棉织物 S1，与经 PS 再包覆的超疏水性棉织物 S2 非凡的超疏水耐久性与杰出的热稳定性，不但可以克服常规洗涤剂的超声处理、砂纸进行的摩擦测试，还经得起无机强酸强碱溶液的冲洗、有机溶剂的超声处理。

⑥ 该款阻燃-超疏水性 ZnO/EP/PS 复合棉织物作为选择透过性（超疏水-超亲油）优异的薄膜材料可以实现实验室少量油水混合液的分离，有望促进中国高端纺织产业的发展，为未来多功能智能型纺织品的设计者们提供新的思路。

5.3　抗菌功能特殊润湿性棉纤维复合材料

5.3.1　抗菌剂及抗菌机理

抗菌剂（anti-bacterial agents）指能够在一定时间内，使某些微生物（细菌、真菌、酵母菌、藻类及病毒等）的生长或繁殖保持在必要水平以下的化学物质。抗菌剂是具有抑菌和杀菌性能的物质或产品。抗菌材料在医疗领域、食品包装、家庭用品等领域有极其广阔的应用前景，已经受到了人们的普遍关注。目前，抗菌剂一般分为天然抗菌剂、有机抗菌剂和无机抗菌剂。

① 天然抗菌剂。主要来自天然植物的提取，如甲壳素、芥末、蓖麻油、山葵等，使用简便，但抗菌作用有限，耐热性较差，杀菌率低，不能广谱长效使用且数量很少。

② 有机抗菌剂。主要品种有香草醛或乙基香草醛类化合物，常用于聚乙烯类食品包装膜中，起抗菌作用。另外还有酰基苯胺类、咪唑类、噻唑类、异噻唑酮衍生物、季铵盐类、双胍类、酚类等。有机抗菌剂的安全性尚在研究中。季铵盐和生物碳通过物理和化学作用制备的季铵化生物碳抗菌剂即长效抗菌生物碳材料克服了一般的有机抗菌剂耐热性差、容易水解、有效期短的问题。有机抗菌剂

大多存在耐热性差、易水解、有效期短等问题，据此，无机抗菌剂成为新型抗菌材料的理想选择。

③ 无机抗菌剂。利用银、铜、锌等金属的抗菌能力，通过物理吸附、离子交换等方法，将银、铜、锌等金属（或其离子）固定在氟石、硅胶等多孔材料的表面制成抗菌剂，然后将其加入相应的制品中即获得具有抗菌能力的材料。水银、镉、铅等金属也具有抗菌能力，但对人体有害；铜、镍、铅等离子带有颜色，将影响产品的美观；锌有一定的抗菌性，但其抗菌强度仅为银离子的1/1000。因此，银离子抗菌剂在无机抗菌剂中占有主导地位。银离子类抗菌剂是最常用的抗菌剂，呈白色细粉末状，耐热温度可达 1300℃ 以上。银离子类抗菌剂的载体有玻璃、磷酸锆、沸石、陶瓷、活性炭等。有时为了提高协同作用，再添加一些铜离子、锌离子。其中生物碳负载银离子制成的长效生物碳抗菌材料克服其他如玻璃、磷酸锆、沸石、陶瓷、活性炭这些载体的不稳定和分布不均的特性。此外，还有氧化锌、氧化铜、磷酸二氢铵、碳酸锂等无机抗菌剂。

5.3.2 抗菌功能特殊润湿性棉纤维复合材料的仿生制备方法

随着纳米技术的迅猛发展，SiO_2 微球常常作为纳米 Ag 缓释抗菌的优良载体，制得的 $Ag@SiO_2$ 在一定程度上解决了纳米 Ag 抗菌剂的成本问题。为解决传统工业处理含油废水分离效率低、能耗大等缺陷，世界各地专家和学者们纷纷涌向特殊润湿性材料的仿生合成与多功能性设计领域。这期间，探索了静电纺丝技术、溶胶-凝胶技术、辐射接枝技术、聚合物成膜技术、刻蚀技术、化学气相沉积技术、模板技术、电化学沉积技术、相分离技术、层层自组装技术、熔融-冷却凝固成型技术等。但相关产品在投入实际应用过程中遇到许多问题，例如构建技术操作步骤复杂、成本高、可用基材受限、耐久性和稳定性较弱等，而这些问题严重阻碍了特殊润湿性材料的实际应用。

笔者通过冷等离子体和碱液退浆预处理棉织物基材表面，采用溶胶-凝胶法、高温水浴法与高温煅烧法合成了 $Ag@SiO_2$ 球形颗粒，进一步联合 PU 与全氟硅烷（FAS-18）的使用，通过简单的喷涂技术构建了长效、耐久、稳定的抗菌-特殊润湿性"除油型"油水分离棉织物产品。具体如图 5-19 所示，先将洗净干燥的棉织物置于介质阻挡放电低温等离子体设备的样品室中，将电介质间的距离调至 9mm 或 5mm。启动射频电源，调节处理电压至 50V，频率至 20kHz，样品室气体（空气）起辉，对棉织物表面进行官能团活化，处理时间为 60s。再将低温等离子体处理棉织物浸入 5.0g/L NaOH 溶液中处理 10min，随后经去离子水漂洗，干燥待用。

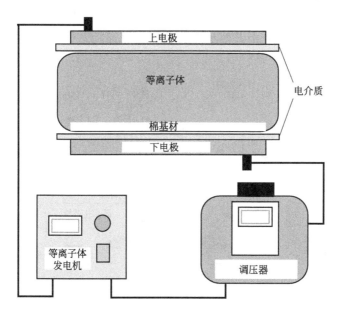

图 5-19　冷等离子体预处理装置示意图

Ag@SiO₂ 的制备方法如图 5-20 所示：a. 室温下，分别将 10mL 正硅酸乙酯、5mL 氨水、90mL 无水乙醇与 10mL 去离子水利用磁力搅拌器充分混合；b. 待搅拌 2h 并进一步静置老化 12h 后，将获得的 SiO₂ 微球做后续的纯化、离心、干燥处理；c. 配制浓度为 0.33g/mL 的 AgNO₃ 溶液与体积比为 1∶1 的乙醇水溶液，将适量柠檬酸钠溶解于上述乙醇水溶液中；d. 将 0.2g SiO₂ 颗粒、6mL AgNO₃ 水溶液投入上述柠檬酸钠的乙醇水溶液中，于室温下磁力搅拌 2.5h，醇洗，离心，真空干燥；e. 将所得颗粒样品置于马弗炉中，以速率 5℃/min 程序升温至 500℃温度，氮气保护，经 3h 煅烧，自然冷却，研磨待用。

首先，配制喷涂过程中用到的试剂 A 与试剂 B：a. 将质量比 1∶100 的单组分 PU 与丙酮，经高速搅拌充分混合 2h，即得喷涂试剂 A；b. 将 Ag@SiO₂ 均匀分散于乙醇中（质量比为 1∶1），即得喷涂试剂 B。随后，固定棉织物样品，缓慢移动喷枪，保持喷枪与样品间的距离在 25cm 左右，喷涂压力为 150kPa 左右，具体如图 5-20 所示：a. 先将试剂 A 均匀地喷涂于棉织物表面，并于室温下放置 6h；b. 以试剂 B 继续喷涂上述棉织物，喷涂次数为 1～5 次，间隔时间为 10s，室温下干燥。最后，将该棉织物浸入 1%的 FAS-18 的甲醇溶液中处理 1h，经进一步甲醇漂洗，真空干燥制得抗菌-超疏水性棉织物（S1）。为说明喷涂试剂

A 与介质阻挡放电低温等离子体预处理对后续制得的超疏水性棉织物各方面性能的影响，还制备了样品 S2（棉织物同样经过低温等离子体预处理，但制备过程中没有使用喷涂试剂 A，其他步骤与样品 S1 相同）与样品 S3（棉织物未经过低温等离子体设备预处理，但其他步骤与样品S1 相同）。

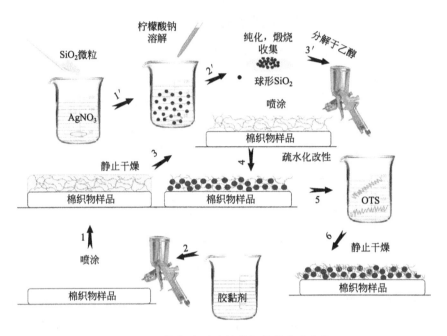

图 5-20　抗菌-超疏水性棉织物的合成路线

图 5-21 反映了 SiO_2 纳米颗粒与 $Ag@SiO_2$ 纳米颗粒的 SEM 图像与 EDS 谱图。对比两者的 SEM 图像［图 5-21(a) 与 (c)］可知，SiO_2 与 $Ag@SiO_2$ 均呈现为规整的球形颗粒，且粒径相差不大，主要集中在 $350\sim450nm$ 之间。通过对比两者的能谱谱图［图 5-21(b) 与 (d)］可知，除了已经在 SiO_2 能谱谱图中出现的 Au、Si、O 衍射峰外，在 $Ag@SiO_2$ 能谱谱图中还发现了 Ag 的衍射峰。再结合拍摄 $Ag@SiO_2$ 的 SEM［图 5-21(c)］时同时拍摄的 Ag 元素分布图像［图 5-21(e)］可以推断，SiO_2 球体表面已经均匀地负载了大量的粒径极小的 Ag 粒子。

图 5-21(f) 为进一步确定 $Ag@SiO_2$ 晶体结构的 X 射线衍射谱图，谱图中 (111)、(200)、(220) 和 (311) 晶面所对应的峰位在 38.04°、44.22°、64.34° 和 77.31°附近得以出现。根据纳米 Ag 的粉末衍射卡（JCPDS，04-0783）可以确定，本实验制得的 $Ag@SiO_2$ 纳米颗粒，其 SiO_2 表面的 Ag 粒子为面心立方晶系 Ag，根据 Scherrer 公式：

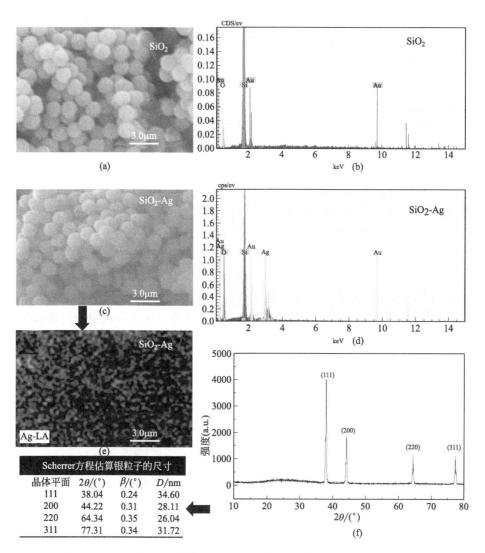

图 5-21　SiO_2 的 SEM 图像（a），SiO_2 的 EDS 谱图（b），Ag@SiO_2 的
SEM 图像（c），Ag@SiO_2 的 EDS 谱图（d）和 Ag 元素分布图（e），及
Ag@SiO_2 的 XRD 谱图（f）

$$D = \frac{0.89\lambda}{B\cos\theta}$$

式中，D 为晶粒垂直于晶面方向的平均厚度，nm；B 为实测样品衍射峰半高宽度（必须进行双线校正和仪器因子校正），在计算的过程中，需转化为弧度，rad；θ 为衍射角，也换成弧度制，rad；λ 为 X 射线波长，为 0.154056nm。

经计算可初步获得 Ag 粒子的晶粒尺寸。制得的 Ag 粒子在四个不同方向的厚度分别为 34.60nm、28.11nm、26.04nm 和 31.72nm，即可推测该 Ag 粒子可近似看作平均粒径为 30.11nm 的球体颗粒。

图 5-22 显示了低温等离子体与进一步碱液预处理对棉织物纤维形貌的影响。对于未处理棉织物，其低倍 SEM 图像展示了其规整的纤维编织结构，以及伸展出来的单根棉纤维［图 5-22(a)］；其高倍 SEM 图像则展现了棉纤维（随机挑选）光滑平整的表面，及其隐约可见的果胶蜡质层［图 5-22(a′)］。经介质阻挡放电低温等离子体预处理：当处理距离 DBD 为 9mm 时，原本光滑的棉纤维表面出现了大量且细小的裂痕，如图 5-22(b) 所示，仔细观察发现这些裂痕较浅，并未对棉纤维的初生壁造成实质性破坏；当处理距离 DBD 缩短至 5mm 时，原本光滑的棉纤维表面则出现了较多处很深的裂缝，如图 5-22(c) 所示，仔细观察，透过这些裂缝能看到内部棉纤维的纤维素微纤丝，对棉纤维的初生壁造成严重破坏。随后，将两者放入碱液中进行退浆处理，图 5-22(b′) 与 (c′) 即为 DBD 分别为 9mm 和 5mm，经低温等离子体预处理，并进一步做退浆处理后棉织物的 SEM 图像。对比图 5-22(b′) 与 (c′)，前者棉纤维表面浮起的果胶蜡质层已经被碱液去除完全，表面变得更为光滑；后者棉纤维表面的果胶蜡质层甚至棉纤维初生壁裂缝中纤维素微纤丝都已经被碱液溶去，表面变得更为粗糙。虽然

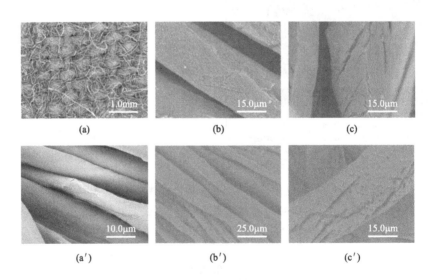

图 5-22　SEM 图像

(a) 和 (a′) 未处理的棉织物；等离子体处理棉织物的扫描电镜图像：处理的距离分别为 9mm(b) 和 5mm(c)，对应碱洗处理棉织物［(b′) 和 (c′)］

粗糙的表面有益于后续超疏水薄膜与之更为牢固地结合，有利于在其表面进一步构建微/纳粗糙结构，但该法对棉纤维结构造成了严重损害，导致纤维强度大大下降，使得棉织物整体更为脆弱，这是后续超疏水性处理所无法补救的。因此，后续试验谈及的低温等离子体预处理的处理距离均为 9mm。

图 5-23 显示了上述预处理棉织物经喷涂处理后的 SEM 图像。经过第 1 次交替喷涂试剂 A 与试剂 B 后，原本光滑的棉纤维表面被一层 $Ag@SiO_2/PU$ 胶层所覆盖，如图 5-23(a) 所示。右图显示了与图 5-23(a) 同时拍摄的 C、Ag、Si 和 O 的元素分布图像，通过这 4 幅图再次验证了 $Ag@SiO_2$ 纳米颗粒经过第 1 次喷涂处理，已经全面且较为均匀地与 PU 胶层复合，覆盖于棉纤维表面。而随着喷涂次数的增加（3 次），棉纤维表面 $Ag@SiO_2/PU$ 复合胶层中 $Ag@SiO_2$ 的含量明显增加，同样地，棉纤维表面的粗糙度亦随之增大，如图 5-23(b) 所示。当喷涂次数增加至 5 次时，过多的 $Ag@SiO_2$ 纳米颗粒会团聚结块，导致棉纤维表面的 $Ag@SiO_2/PU$ 复合胶层局部下滑，如图 5-23(c) 所示。综上，经 3 次喷涂处理的棉织物，其棉纤维表面的 $Ag@SiO_2/PU$ 复合胶层的稳定性最好，$Ag@SiO_2$ 纳米颗粒构成的粗糙度适中，且结构均匀。经进一步氟化处理后，该棉织物与水的接触角由 0° 变为 $(155\pm2)°$；与正己烷的接触角却一直为 0°，并未发生变化。受此启发，笔者尝试将该棉织物应用于油水分离领域。

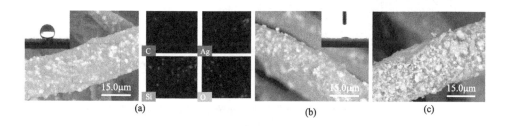

图 5-23　SEM 图像

(a) 1 次喷涂（右：由能谱仪获得的元素分布图）；(b) 3 次喷涂；
(c) 5 次喷涂 [(a) 与 (b) 中的插图为进一步氟化的棉织物与水
和正己烷的接触角图像]

为说明 PU 与低温等离子体预处理对后续制得的超疏水性棉织物耐久性的影响，首先，用大流量自来水柱冲洗三组样品，测试超疏水性棉织物样品的耐冲刷性能。冲洗过程中，水柱会在超疏水性棉织物样品 S1 和 S3 表面完全反射，棉织物样品表面则全程保持干燥，即使冲洗时间长达 60min，S1 和 S3 与水的接触角仍然大于 150°；但对于棉织物样品 S2，自来水柱会在 60s 内将样品 S2 的疏水层彻底破坏，大量 $Ag@SiO_2$ 纳米颗粒被水柱冲走。该结果表明，PU 极大地加强了 Ag@SiO₂ 纳米颗粒与棉纤维表面的结合力，使棉织物的超疏水性能更稳定，纤维表面的微米/纳米粗糙结构更为强健。

众所周知，超声处理可以迅速破坏基材表面的薄膜结构，加速薄膜从基材表面脱落。为进一步考察超疏水性棉织物的超疏水耐久性，将 S1 和 S3 置于水浴中进行超声清洗，图 5-24(a) 反映了等离子体预处理对后续制得的超疏水性棉织物耐久性（超声清洗：53 kHz-100W，50mL 水，1g 中性洗涤剂）的影响。如图 5-24(a) 所示，超声清洗过程的前 5min，样品 S1 和 S3 的疏水性能并未发生明显变化；但随着超声清洗过程的持续，两者疏水性能的差异逐渐拉大。即超声清洗 60min 后，前者的疏水性能略微下降，与水的接触角为 143.8°；而后者的疏水性能则被彻底破坏，继而转变为亲水性，与水的接触角减小至 85°。该结果表明低温等离子体预处理能够有效地加强 Ag@SiO₂/PU 复合胶层与棉纤维表面的黏结性能，极大地稳固了处理后棉织物整体的超疏水性能。

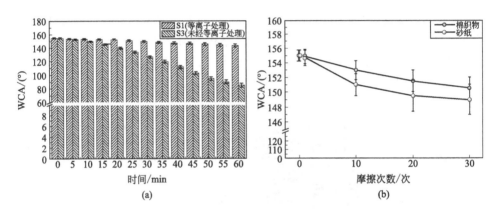

图 5-24　经与未经等离子体预处理的超疏水性棉织物的耐超声清洗
性能（a）以及经等离子体预处理的超疏水性棉织物，其疏水性对
棉织物与砂纸的耐磨性的影响（b）

基于材料机械稳定性对实际应用的决定性作用，笔者对超疏水性棉织物样品 S1 的抗摩擦性能进行了相关测试与评估。图 5-24(b) 显示了以棉织物与砂纸作为摩擦介质对样品 S1 进行摩擦测试时的摩擦次数对其疏水性能的影响：在经过最初的 10 次摩擦测试后，以棉织物摩擦的 S1 样品与水的接触角减小至 153°，而以砂纸摩擦的 S1 样品与水的接触角减小至 151°；在经过 20 次摩擦测试后，以棉织物摩擦的 S1 样品与水的接触角减小至 151.5°，而以砂纸摩擦的 S1 样品与水的接触角减小至 149.5°；在经过 30 次摩擦测试后，以棉织物摩擦的 S1 样品与水的接触角减小至 150.5°，而以砂纸摩擦的 S1 样品与水的接触角减小至 149°。综上可以得出以下结论：a. 超疏水性棉织物样品 S1 的疏水性能随着摩擦次数的增

加而略微下降；b. 超疏水性棉织物样品 S1 经砂纸摩擦，其疏水性能下降得比经棉织物摩擦下降得更快；c. 无论是以砂纸还是棉织物作为摩擦介质，随着摩擦次数的增加，超疏水性棉织物样品 S1 的疏水性下降速度越来越慢。

显然，通过低温等离子体预处理，制备过程中使用 PU 胶黏剂与 Ag@SiO$_2$ 制得的超疏水性棉织物 S1 成为本课题最有价值的一款产品，其不但可以克服高压水柱的冲刷，还经得起长达 60min 的超声处理。另外，即使该款产品历经 30 次的砂纸摩擦测试，也依然展现出稳定的超疏水性能。

众所周知，油水分离的实施方法应依据油水混合液的总量、具体混合方式、配比、物性、存在形式等因素的不同加以选择。对于实验室少量的油水分离实验，该 Ag@SiO$_2$/PU 复合棉织物 S1 可作为选择透过性薄膜介质，置于漏斗中，将实验用油水混合液倾倒于该棉织物表面，如图 5-25(a) 所示。以甲苯与染成蓝色水的混合液为例，当其被倾倒的瞬间，无色的甲苯迅速透过棉织物，顺着棉织物与漏斗间的缝隙迅速流入下方烧杯内，而蓝色的水则完全被截留于棉织物表面，被进一步转移至另一烧杯内，从而实现油与水的彻底分离。此时，近乎 100% 的水被全部截留，96.7% 的甲苯被回收，这里少量被损失掉的甲苯则是由棉织物自身的吸附导致的。棉织物对于乳化液分离的效果也是评价油水分离的重要指标之一，本实验所使用的油包水乳化液由 Span80、氯仿、水按照一定比例组成。过滤前后的实物对比如图 5-26(b) 所示。初始的雾状乳液经过过滤之后变成了澄清透明状液体。将过滤前后的乳化液放在光学显微镜（相同条件）下观察，其结果如图 5-26(a) 和（c）所示。过滤前水液滴分布均匀且粒径在 0~5μm 之间，过滤后消失不见，表明乳液的水分已经被除去，过滤效果优异。且反复数十次的过滤实验结果证明，该 Ag@SiO$_2$/PU 复合棉织物除了突出的分离效果外，其稳定性与耐久性亦十分可观。

而对于大规模的油污泄漏，该 Ag@SiO$_2$/PU 复合棉织物须转为吸附材料。但棉织物的吸附效果较差，远不如棉花、海绵或其他专业吸附材料，好在棉织物胜在其突出的韧性与灵活可造性。这里将 Ag@SiO$_2$/PU 复合棉织物进一步裁剪、缝制成布袋，并以棉花填充至其内部，以此吸附泄漏的油污，随后一并运走。如图 5-25(b) 所示，将原始棉织物制得的布袋浸入水或甲苯与水的混合液后，棉织物与其内部的棉花均被润湿，且被染成蓝色；而 Ag@SiO$_2$/PU 复合棉织物制得的布袋浸入水或甲苯与水的混合液后，前者棉织物 S1 与内部的棉花始终保持干燥，且为白色，后者棉织物与内部的棉花均吸附了甲苯，且保持其白色。显然，Ag@SiO$_2$/PU 复合棉织物作为优异的选择透过性薄膜介质可以赋予很多吸附材料特殊功能，填充材料的选择类型亦不应局限于棉花，还可选择海绵、吸附树脂等专业吸附材料。另外，还可以根据油水分离任务灵活地控制这些特殊布袋的大小，以及内部填充材料的种类、含量等。

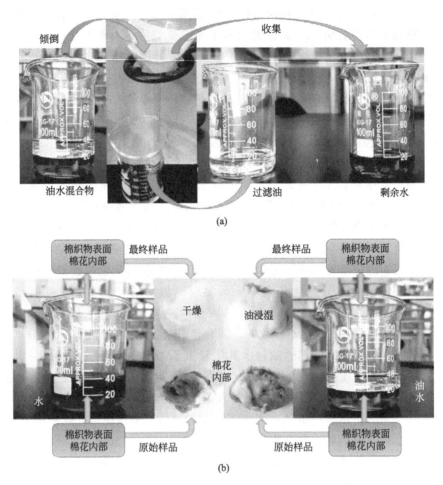

图 5-25 油水分离示意图 (a)，特质面袋的吸附过程图
以及袋中棉花吸附前后的状态 (b)

图 5-26 乳化液分离前图像 (a)、分离前后实物图 (b) 以及分离后图像 (c)

作为未来可以投入使用的油水分离材料，笔者论述了该款超疏水性材料的耐洗性能与酸碱稳定性能。图 5-27(a) 显示了经过纯水、汽油、乙醇、丙酮、正己烷多达 60 次的冲洗过程对 $Ag@SiO_2/PU$ 复合棉织物疏水性能的影响。由图 5-27(a) 可知，棉织物历经 60 次的纯水冲洗，其疏水性能完全不受影响；即使将纯水换成乙醇或者正己烷，冲洗对该样品的影响亦不大，干燥后与水的接触角仍可达 152°或者 152.3°。而对于汽油的冲洗，该款棉织物亦表现了其优异的超疏水稳定性，即 60 次的汽油冲洗过后，该款棉织物表面与水的接触角仍然高于 150°。但为了更全方面地评估 $Ag@SiO_2/PU$ 复合棉织物的耐洗性能，棉织物还历经了 60 次的丙酮（制备聚氨酯喷涂液时的溶剂）的冲洗测试。令人惊喜的是，即使是 60 次的丙酮冲洗依然没有摧毁棉纤维表面的 $Ag@SiO_2/PU$ 复合胶层，该产品与水的接触角只是从 155°略微下滑至 148.3°，依然展示了其优异的疏水性能。图 5-27(b) 反映了 $Ag@SiO_2/PU$ 复合超疏水性棉织物经过不同 pH 液体清洗后的接触角变化。由图可知，该款棉织物的疏水性能并未发生明显减退，即使是强酸强碱清洗的条件下，接触角依然维持在 152.5°以上。

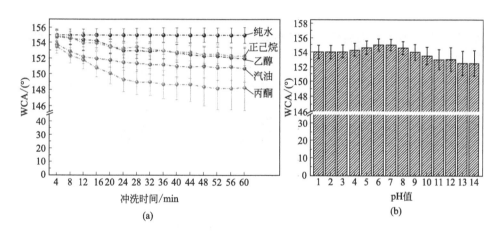

图 5-27　超疏水性棉织物经过多种、多次油水混合物清洗后的接触角
变化曲线 （a） 以及超疏水性棉织物经过不同 pH 液体清洗后的接触角
变化曲线 （b）

综合上述结果可以得出以下结论：a. 棉纤维表面的 $Ag@SiO_2/PU$ 复合胶层与 FAS-18 的接枝非常牢固，乙醇、正己烷这类氟硅烷的常用溶剂亦无法将其冲洗除去；b. $Ag@SiO_2/PU$ 复合胶层与棉纤维的黏合极为有力，即使是 PU 的溶剂丙酮亦无法使其脱落；c. 60 次多种有机溶剂、无机强酸强碱溶液的冲洗都无法摧毁该款棉织物的疏水性能，足以支撑 $Ag@SiO_2/PU$ 复合超疏水性棉织物投

入实际油水分离领域。

图 5-28 显示了原始棉织物与 Ag@SiO$_2$/PU 复合超疏水性棉织物的抗菌性实验照片，其培养基的接种过程中均采用了两种代表性菌种，即革兰氏阴性细菌——大肠杆菌、革兰氏阳性细菌——金黄色葡萄球菌。经 24h 恒温（37℃）培养箱的培养，原始棉织物已经被大肠杆菌与金黄色葡萄球菌大面积侵染，上面生长着大量难以区分的大肠杆菌或者金黄色葡萄球菌的菌落，未体现任何抗菌性能，如图 5-28(a) 与（b）所示。而本实验制得的 Ag@SiO$_2$/PU 复合超疏水性棉织物则展示了其突出的抗菌性能，不但能够杀死下方与它接触的所有大肠杆菌或者金黄色葡萄球菌的菌种，而且可以有效抑制其周围菌种的生长，即在织物周围出现厚度约为 2mm 的抑菌圈，如图 5-28(c) 与（d）所示。而该款棉织物的抗菌机制源于 Ag@SiO$_2$ 表面的纳米 Ag 粒子会逐渐转变成 Ag$^+$，而这些 Ag$^+$ 会以培养基中的水为媒介被释放到该产品的周围，与大肠杆菌或金黄色葡萄球菌接触，继而进入其细胞内，破坏细胞合成酶的活性，使其丧失分裂繁殖能力，待其死亡，Ag$^+$ 又会从菌体中游离出来，重复杀菌，因此表现出持久抗菌的效果。

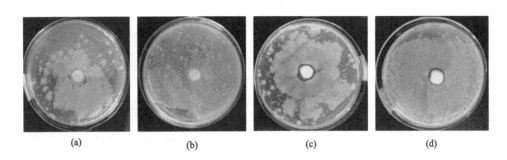

(a)　　　　　　　(b)　　　　　　　(c)　　　　　　　(d)

图 5-28　未处理棉织物的抗菌性实验照片

［接种大肠杆菌（a）与金黄色葡萄球菌（b）］和超疏水性棉织物的抗菌性

实验照片［接种大肠杆菌（c）与金黄色葡萄球菌（d）］

综上，笔者将 PU 与丙酮按照一定比例混合制得喷涂试剂 A，通过溶胶-凝胶法、高温水浴法与高温煅烧法合成了 Ag@SiO$_2$ 球形颗粒，随之制得喷涂试剂 B。等离子体预处理的棉织物通过试剂 A、B 的简单喷涂和 FAS-18 等进一步的处理制得抗菌-超疏水性棉织物。A 试剂与 B 试剂喷涂 3 次时，各方面效果最佳，进一步氟化处理后，该棉织物具有超疏水耐久性，可以克服高压水柱的冲刷与多次砂纸擦拭，以及多次有机溶剂、无机强酸的冲洗。另外，该 Ag@SiO$_2$/PU 复合棉织物不但可以作为过滤介质实现实验室少量油水混合液的分离，而且可以经过进一步剪裁设计完成大量油污的吸附，是一种性能优异的特殊润湿性"除油型"薄膜材料,可解决传统含油废水处理效率低、能耗大等问题。更重要的是,该棉织物还展示了突出的抗菌性能,可以有效抑制革兰氏阳性细菌与革兰氏阴性细菌在其表面的繁殖,有望作为新型的功能性医用防护面料,用于医护人员的工作服、口罩、手术包等,为功能与智能化生物质基网膜材料的设计者们提供一定的理论依据。

5.4 导电功能特殊润湿性棉纤维复合材料

5.4.1 导电高分子材料简介

结构型导电高分子又称本征型导电高分子,其分子结构含有共轭的长链结构,双键上离域的 π 电子可以在分子链上迁移形成电流,使得高分子结构本身固有导电性。在这类共轭高分子中,分子链越长,π 电子数越多,电子活化能越低,即电子更容易离域,则高分子的导电性越好。虽然导电高分子具有共轭的分子结构,但是 π 电子未受激发时仍然难以在分子链上迁移,导电性能并不是非常理想。因此,利用掺杂的方法在高分子链上引入对阴离子(p-型掺杂)或对阳离子(n-型掺杂)来降低能垒,使电子更容易迁移也是增强高分子材料导电性能的有效途径。常用的掺杂剂有碘、五氟化砷、六氟化锑、高氯酸银等等,掺杂剂与共轭结构的物质的量之比(掺杂剂/—C=)一般为 0.01%～2%。

导电聚合物的掺杂和去掺杂过程实际上是阴离子的嵌入和脱嵌过程,通过这个过程,可以将药物通过皮肤送进人的体内。使用这两点,可以生产含有药物的导电聚合物电池,并且当电流接通时,药物释放出来,并通过皮肤而进入血液。聚吡咯是该领域中第一种也是最广泛使用的导电聚合物。另外,导电聚合物材料在电化学掺杂过程中可以发生颜色的改变,因此可以将其作为变色装置广泛用于生活中,例如节能玻璃的涂层、显示组件、仪器仪表等。

此外,导电高分子的导电率随着浓度、外界温度、气体环境等因素的改变而显著变化,利用导电高分子制备的电化学传感器、离子浓度传感器、温度传感器已经得到了广泛的应用,并且由于高分子材料与人体的亲和性,导电高分子作为生物医学传感器正在深入的研究当中。具有可逆的电化学反应和还原特性是导电高分子所具有的另一个重要特征,而且其密度相比于其他导电材料来说要小得多,在室温下具有导电率大和比表面积大的特性。对于电池来说,这是一种非常好的电极材料。例如,由于聚吡咯的高度掺杂和强稳定性,并且对电信息的变化也非常敏感的性质,可以将聚吡咯应用于常规纺织品以使其成为电导体。

5.4.2 导电功能特殊润湿性棉纤维复合材料的仿生制备方法

将纺织技术与电子技术、纳米技术相结合，可以赋予纺织产品更多的功能。例如，具有良好导电性的纳米纤维织物可以进一步组装成柔性电极、可穿戴传感器（感知应变、压力、化学、光学、湿度等的微小变化）、天线、柔性超级电容器、能量存储和转换器设备，显著加快了智能纺织品的发展。具有共轭双键的聚吡咯（PPy）因其导电、电化学和响应特性而闻名。此外，PPy 还具有成膜能力强、抗氧化能力好、合成工艺简单等诸多优点，在各个领域都有应用。Jiang 等报道了一种 PPy 涂层织物膜作为感测肌电图的电极，可用于假肢控制。Xu 等利用气相沉积方法将 PPy 组装到石墨烯涂层织物上制备柔性超级电容器。此外，PPy 卓越的生物相容性和环境稳定性加速了其与织物纤维上 Ag 的结合，可有效抑制细菌的生长。由于电穿孔效应，通过施加适当的电压，也可以显著提高涂有导电 PPy/Ag 纳米颗粒（NPs）基材的杀菌活性。据此，笔者通过原位聚合法制备了导电抑菌功能特殊润湿性复合纤维材料，具体制备方法如下。

如图 5-29 所示，预先将织物样品（30mm×30mm）在 2％乙醇水溶液中洗涤，并在室温、磁力搅拌下浸入 0.4mol/L 吡咯水溶液中 2h。然后，在 5℃的温度下将等体积 0.15mol/L 的 $FeCl_3$ 溶液加入上述溶液中，静置 80min，室温干燥后，得到 PPy 涂层织物。将 PPy 涂层织物浸入 0.5mol/L 的 $AgNO_3$ 溶液中 24h，并在室温下干燥，得到具有超亲水性和水下超疏油性的 PPy/Ag 织物。进一步将 PPy/Ag 织物浸入 1％的 OTS 的正己烷溶液中 90min。最后，用正己烷冲洗，经 60℃真空干燥后，获得超疏水和超亲油性 PPy/Ag/OTS 织物。

在低放大倍数下，原始织物显示出良好的针织结构，其中包含大量微米级纤维 [图 5-30(a)]。图 5-30(b) 显示了从织物中随机选择的高倍率原始纤维，显示其表面光滑平整，没有任何凸起或凹坑。负载 PPy/AgNPs 后，纤维结构变得比原始结构更粗糙，如图 5-30(d) 所示，其嵌入图像清楚地表明大量不规则 PPy/AgNPs 已附着在织物纤维表面。同时，保留了纤维之间的宏观编织结构和孔道 [图 5-30（c）]，确保了空气和液体可以通过。基于 Wenzel 方程 [式(5-1)] 和 Cassie-Baxter 方程 [式(5-2)] 分析了负载 PPy/AgNPs 前后织物的粗糙度：

$$\cos\theta_w = r\frac{\gamma_{sg} - \gamma_{sl}}{\gamma_{lg}} = r\cos\theta \tag{5-1}$$

$$\cos\theta_c = f_s(\cos\theta + 1) - 1 \tag{5-2}$$

其中 θ_w（或 θ_c）和 θ 分别是粗糙表面和光滑表面上的 WCA 值；r 是粗糙度因子，定义为粗糙表面的实际表面积与几何投影面积的比值，始终大于 1。此外，

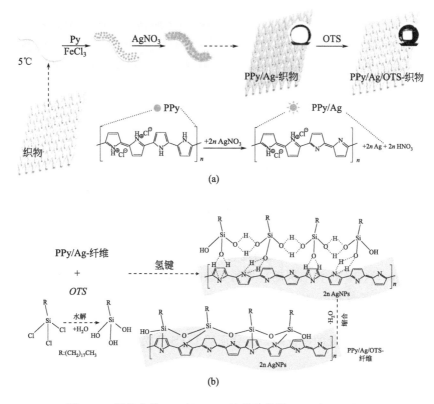

图 5-29　织物负载 PPy/AgNPs 过程示意图（a）和 PPy/Ag
织物接枝 OTS 的反应机理图（b）

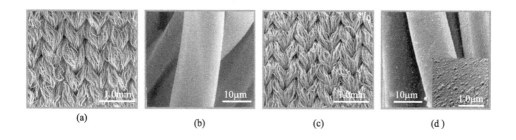

图 5-30　原始织物 ［（a）和（b）］和 PPy/AgNPs 织物 ［（c）
和（d）］的 SEM 图像 ［（d）中插入的是 PPy/AgNPs 纤维的
局部放大图像］

f_s 和 $1-f_s$ 分别是固体和空气与水接触所占有的单位表观面积分数。负载 PPy/AgNPs 并经 OTS 改性的织物与水的 WCA 为 149°[图 5-29(a)]，通过式(5-1)和式(5-2)计算，其粗糙度因子和与水接触所占有的单位表观面积分数分别为 3.39% 和 90.88%。相比之下，未负载 PPy/AgNPs 的 OTS 改性织物粗糙度因子和与水接触所占有的单位表观面积分数分别为 3.04% 和 77.73%。显然，水滴下的 PPy/Ag/OTS 织物中的空气比仅 OTS 改性织物中的空气多得多。这有力地证明了 PPy/AgNPs 的存在确实增加了织物粗糙度，这对织物表面的润湿性能有显著影响。此外，原始织物的 WCA 为 130°，远低于 OTS 改性的织物（WCA=147°），表明选择具有适当表面能的材料改性的重要性。

由图 5-31(a) 所示，在高频区，3424cm^{-1} 处的强吸收峰源于 N—H 的伸缩振动，同时，在 2846cm^{-1} 和 2925cm^{-1} 处的两个吸收峰归因于—CH$_2$ 的不对称伸缩振动和对称伸缩振动。在三个谱图中，1632cm^{-1}、1540cm^{-1}、1453cm^{-1} 和 1380cm^{-1} 处都观察到了吡咯环中 C=N、C=C、C—C 和 C—N 的伸缩振动吸收峰。显然，PPy 在第一步成功地与织物结合。在负载 AgNPs 后的涂层谱图中，2356cm^{-1}（C—H 伸缩振动）处的吸收峰分裂为两个峰，这可能归因于图 5-29(a) 中描述的反应。此外，在 1342cm^{-1}（O—H 弯曲振动）、968cm^{-1}（Si—OH 弯曲振动）、781cm^{-1}（Si—C 拉伸振动）和 725cm^{-1}[面外弯曲振动—(CH$_2$)$_n$—，$n>4$] 处的特征峰，充分证明 OTS 已成功接枝到 PPy/AgNPs 织物上 [图 5-31(b)]。

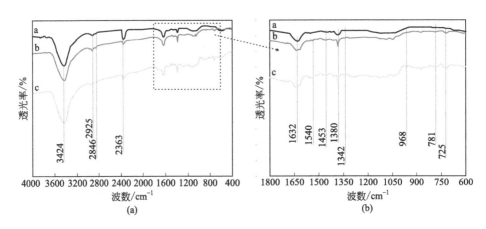

图 5-31 不同织物表面涂层的 FTIR 谱图
a—PPy；b—PPy/Ag；c—PPy/Ag/OTS

如图 5-32(a) 和 (b) 所示，经原位聚合法负载 PPy/AgNPs 后，织物获得了超亲水性和水下超疏油性。正如我们之前所证明的，材料和表面粗糙度是影响基材润湿行为的关键因素。显然，PPy/AgNPs 涂层显著增加了织物样品的表面能和粗糙度。当它浸入水中时，油滴可以停留在其表面，水下油接触角（OCA）为 160 °[图 5-32(b)]。在尝试分离水包氯仿乳液的过程中，PPy/AgNPs 织物被水相润湿，乳液由于重力缓慢过滤，然后滤液落入量筒 [图 5-32(d)]。最后，雾状浑浊液体变得澄清透明 [图 5-32(c)]，微米油滴在光学显微镜下完全消失 [图 5-32(c_0) 和 (c_1)]。经过仔细评估和计算，发现 PPy/AgNPs 织物过滤水包氯仿乳液的分离效率和通量分别为 99.79％ 和 682.14L/(m^2 • h)。在负载 PPy/AgNPs 的基础上，进一步进行 OTS 改性，得到的 PPy/Ag/OTS 织物转为超疏水和超亲油性 [图 5-32(e) 和 (f)]。这是因为 OTS 的存在大大降低了织物的表面能。此外，这种 PPy/Ag/OTS 织物对氯仿包水乳液也有突出的分离效果，其

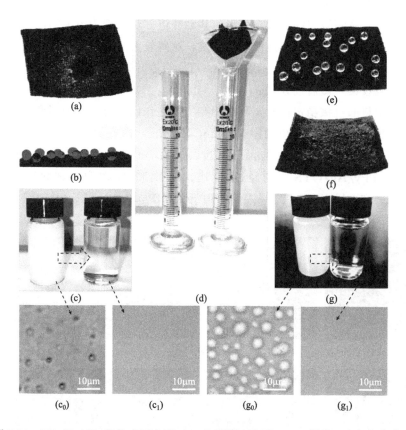

图 5-32　PPy/AgNPs 织物表面水滴 (a) 和油滴（水下）(b) 图像，水包氯仿乳液经 PPy/AgNPs 织物过滤前（c_0) 和后（c_1) 的光学显微镜图像 (c)，油水过滤装置图 (d)，PPy/Ag/OTS 织物表面水滴 (e) 和油滴 (f) 图像，氯仿包水乳液经 PPy/Ag/OTS 过滤前（g_0) 和后（g_1) 的光学显微镜图像 (g)

过滤过程和效果与前者相似。在光学显微镜的观察下，PPy/Ag/OTS织物成功去除了乳液中均匀分布的水滴［图5-32(g)、(g₀)和(g₁)］。经进一步评价计算，PPy/Ag/OTS织物对氯仿包水乳液的分离效率和通量分别为96.84%和1132.34L/(m²·h)。除了氯仿包水乳液外，其他混合物也可以使用两种织物完成有效分离，例如正己烷包水乳液［95.68%和1003.71L/(m²·h)］、甲苯包水乳液［99.85%和721.26L/(m²·h)］等。综上，PPy/AgNPs织物和PPy/Ag/OTS织物对不同的乳液均表现出优异的分离性能，满足实际使用中的各种需求，显示出其巨大的潜力。

PPy/AgNPs织物和PPy/Ag/OTS织物分离相反类型的油水乳液的机理如下：在使用PPy/AgNPs织物（或PPy/Ag/OTS织物）分离水包油乳液（或油包水乳液）的过程中，水（或油）立即润湿并渗透样品，而水（或油）相中的微米油（或水）液滴被织物排斥、变形、移动并进一步凝聚为更大的油（或水）滴中立于样品顶部；之后，通过简单的冲洗，这些较大的油（或水）液滴可以很容易地从PPy/AgNPs织物（或PPy/Ag/OTS织物）表面脱离；最后，油污染物被去除（或收集）做后续处理。

由于材料的机械稳定性对实际应用有决定性作用，对织物的耐摩擦性能进行了评估。具体来说，将每个试样（25mm×25mm）放在原始织物表面，同时将100g砝码放在试样上，试样与尺子一起以大约7mm/s的速度匀速移动。PPy/AgNPs和PPy/Ag/OTS织物经过10次、20次和30次摩擦试验后的状态如图5-33(a)和(b)所示，结果表明，PPy/AgNPs和PPy/Ag/OTS织物表面存

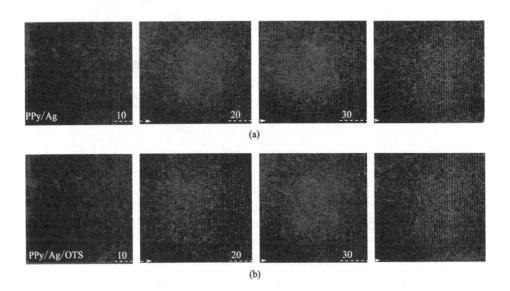

(a)

(b)

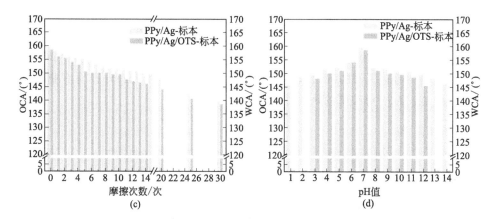

图 5-33　PPy/AgNPs(a) 和 PPy/Ag/OTS(b) 织物在 10 次、20 次和 30 次摩擦试验后的照片，经原始织物摩擦后的 PPy/AgNPs 和 PPy/Ag/OTS 织物样品的特殊润湿性 （c），以及 PPy/AgNPs 和 PPy/Ag/OTS 织物样品的耐酸碱性 （d）

在轻微磨损。PPy/AgNPs 织物摩擦 15 次后，其水下 OCA 保持在 150.5°以上，30 次后仍达到 140°；同时，PPy/Ag/OTS 摩擦织物 10 次后，在空气中其 WCA 保持在 150°以上，30 次后仍达到 138°。显然，两个试样的接触角随着摩擦次数的增加略有下降，表明所制备的 PPy/AgNPs 织物和 PPy/Ag/OTS 织物具有足够的粗糙度和耐磨性。如图 5-33(d) 所示，PPy/AgNPs 织物经强酸强碱洗涤后，其疏油性能没有明显下降，水下 OCA 始终保持在 146°以上，表现出良好的水下超疏油性。而对于 PPy/Ag/OTS 织物，其疏水性对酸和碱的抵抗力是有限的，仅限于 pH 值为 3~12 的范围。然而，上述所有结果都充分证明，PPy/Ag-NPs 确实已经稳定地沉积在织物表面上，OTS 成功接枝于 PPy/AgNPs 织物表面。

本研究采用三种代表性菌种（如金黄色葡萄球菌、枯草芽孢杆菌和大肠杆菌）评估原始织物、PPyNPs 织物、PPy/AgNPs 织物和 PPy/Ag/OTS 织物的抗菌性。如图 5-34 所示，在原始织物和 PPyNPs 织物上生长了许多菌落，即它们没有任何抗菌活性；PPy/AgNPs 织物和 PPy/Ag/OTS 织物表现出优异的抗菌活性，不仅可以杀死下面与其接触的所有细菌，还可以有效抑制周围细菌的生长，特别是 PPy/AgNPs 织物。PPy/AgNPs 织物的抗菌机制源于以下事实：a. 外部的 AgNPs 与细菌酶蛋白中的巯基紧密结合，使蛋白质凝固，破坏其细胞合成酶活性，使其失去增殖和发育能力；b. 然后 Ag^+ 被溶解并进一步与细菌膜蛋白结合，导致膜内物质泄漏；c. Ag^+ 还阻碍肽聚糖的合成和细胞壁的修复，有效地杀死枯草芽孢杆菌、金黄色葡萄球菌和大肠杆菌。最重要的是，Ag^+ 可以从灭活的菌体中分离出来并继续保持其杀菌活性。然而，两者的抗菌活性是不同的。显然，OTS 的引入限制了 AgNPs 从培养基（水系统）中的织物样本中释放。此外，它们对不同种类细菌的抑制活性也不同，按降序为枯草芽孢杆菌（革兰阳性）、金黄色葡萄球菌（革兰阳性）和大肠杆菌（革兰阴性）。这表明织物产品对革兰阳性菌有更好的抗菌作用。主要原因是革兰阴性菌的外膜含有脂多糖，可以延缓 Ag/Ag$^+$ 对细菌的杀菌作用。

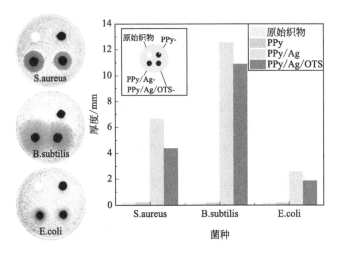

图 5-34　不同织物样品的抑菌效果图像［金黄色葡萄球菌（S. aureus）、
枯草芽孢杆菌（B. subtilis）和大肠杆菌（E. coli）］

　　为了直观地探索电导率，分别将负载 PPy/AgNPs 前后的织物样品引入一个闭环电路，包括两个电池（1.5V）、一个发光二极管（LED）和几根电线。在这个回路中，电流通过 LED 从 P 极流向 N 极，而电子从 N 极流向 P 极。为了应对突然的能级变化，这些电子可以释放额外的能量，将能量差转化为光子，从而产生发光效应。显然，原始织物的引入无法点亮回路中的 LED［图 5-35(a)］，而制备的 PPy/AgNPs 和 PPy/Ag/OTS 织物可以［图 5-35(b) 和 (c)］，表明织物产品具有良好的导电性。可以预见，当通电时，这些织物膜在油水分离过程中由于电穿孔效应可以获得更好的杀菌活性，并且由于电流的热效应，过滤后的湿膜比没有导电性的膜干燥得更快。

　　综上，笔者通过原位聚合法将 PPy/AgNPs 负载于纤维织物表面，通过化学改性处理制得两种特殊润湿性纤维复合材料，即超亲水-水下超疏油性、超疏水-超亲油性纤维复合材料。除了特殊润湿性外，该纤维复合材料还兼具抑菌、导电和油水乳化液分离功能，通过抑菌圈实验、油水乳化液过滤实验、导电测试、耐摩擦及耐酸碱实验，证明了该特殊润湿性纤维复合材料的多功能性和耐久性，为其多场景使用以及开发智能服饰提供便利与重要依据。

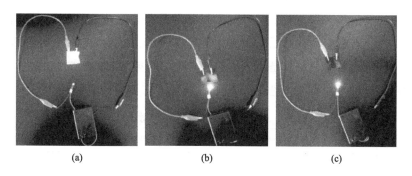

(a)　　　　　　　　　(b)　　　　　　　　　(c)

图 5-35　原始织物（a）、PPy/AgNPs 织物（b）和 PPy/Ag/OTS 织物（c）
在闭环电路中的照片

5.5　抗紫外线功能特殊润湿性棉纤维复合材料

5.5.1　紫外线屏蔽剂简介

紫外光射线的波长范围介于 200～400nm，整个波长范围可以细分为 UVA（320～400nm）、UVB（280～320nm，"皮肤红斑区"）、UVC（100～280nm，"杀菌区"）三部分。其中，UVC 范围内的辐射几乎可以被臭氧层全部屏蔽；UVB 对人类和高分子材料有最严重的危害，高的辐照能量可引起对皮肤及眼睛的伤害，同时加速材料分子的光分解和光氧化反应，使分子链发生降解，最终影响材料的力学、光学等使用性能，减少了材料使用寿命；UVA 范围内的辐照能量小于 UVB，可以将其应用于紫外线固化，使高分子材料形成微米、纳米结构。为了防止长期紫外线辐照对材料的破坏，制备具有优异紫外线屏蔽功能的材料具有非常重要的意义。

（1）无机纳米粒子

无机纳米粒子的量子尺寸效应，使其对某种波长的光吸收带有"蓝移现象"和对各种波长的吸收有"宽化现象"，导致其对紫外线的吸收效果显著增强，保证了紫外线屏蔽效果。无机类紫外线屏蔽剂（例如二氧化钛、二氧化硅、二氧化铈、氧化锌等无机纳米粒子）具有无毒、无味、对皮肤无刺激性、不分解、不变质、热稳定性好、屏蔽范围宽等优点。二氧化钛和氧化锌作为紫外线屏蔽剂的功能机理主要源于其紫外线吸收性能，散射/反射起作用较小，且主要表现在弱吸收和无吸收的长波紫外区，因此，这类紫外屏蔽剂添加到材料内部和外部均可发挥作用。二氧化硅作为紫外线屏蔽剂的功能机理主要源于其对 UVA 和 UVB 的高反射率。其他具有高 UVA、UVB 反射率的紫外线屏蔽剂的机理同二氧化硅。这类无机紫外屏蔽剂用在基质的表面才能发挥作用。不同材料的紫外屏蔽性能有着较大差异，这种差异主要是由不同材料具有的折射率不同所造成的。

常用纳米材料的折射率见表 5-3。

表 5-3　常用纳米材料的折射率

材料	云母	滑石粉	二氧化钛	氧化锌	二氧化硅	硫酸钡
折射率	1.56	1.54	2.71	2.03	1.4	1.64

（2）有机紫外线吸收剂

有机紫外线吸收剂（例如二苯甲酮类、苯并三唑类、三嗪类、水杨酸类等）作为一种重要的屏蔽剂，可以通过分子内氢键作用将紫外线辐照的能量转化成较低的振动能，然后将能量耗散。小分子紫外线吸收剂在材料长时间使用过程中或处于高温、接触溶剂时容易迁移和降解，其紫外线屏蔽性能会逐渐下降，最终失效。需要通过接枝到高分子链、制备交联的高分子纳米/微米颗粒或者插入其他结构等方法，提高紫外线吸收剂的稳定性。双羟基复合金属氧化物（LDHs）是一种阴离子型层状材料，可作为一类有机紫外线吸收剂的载体材料使用。当 LDHs 的尺寸大于紫外线波长（400nm）时，可以通过反射及散射作用阻隔紫外线，能作为紫外线屏蔽剂使用。

（3）新型紫外线吸收剂

黑色素是一种广泛分布于生物（乌贼）体内的聚合物，具有光防护、金属离子螯合、抗菌、自由基清除等作用。盐酸多巴胺易于在材料表面沉积聚合形成 PDA，其结构与黑色素类似，具有吸收紫外线以及猝灭活性自由基的性能，同时 PDA 易溶解于多种溶剂中，与材料有很好的相容性。氧化石墨烯的制备与应用在近年来有很多相关的研究，而且其紫外线吸收性能的应用也逐渐增加。木质素是苯丙醇单元组成的可再生聚合物，由于其可以吸收紫外线、含量丰富、成本低、可生物降解，并且没有毒性，能够被引入高分子材料中提高紫外线屏蔽性能。

5.5.2　抗紫外线功能特殊润湿性棉纤维复合材料的仿生制备方法

笔者通过溶胶-凝胶技术制得疏水性 SiO_2 球形颗粒，进一步与聚苯乙烯（PS）复合，旨在棉织物纤维表面形成牢固、稳定、强健的微米/纳米多级粗糙界面，制得抗紫外特殊润湿性"除油型"油水分离棉织物。本节研究了疏水性

SiO_2 的含量对棉织物表面形貌、润湿性能、耐久性能等多方面的影响，并探讨了该棉织物对甲苯、油酸、汽油、柴油、菜籽油等含水混合液的油水分离效果。

　　超疏水棉织物的制备路线如图 5-36 所示：a. 室温条件下，将体积比为 1∶1∶10 的正硅酸乙酯、氨水与无水乙醇，利用磁力搅拌器充分混合；b. 待搅拌 1h 并进一步静置老化 12h 后，将获得的二氧化硅颗粒做后续的纯化与离心；c. 随后将所得二氧化硅与 0.3mL OTS 分散于无水乙醇中，在磁力搅拌作用下继续反应 12h；d. 最后经过离心、洗涤、真空干燥得到疏水性二氧化硅纳米微球（疏水性 SiO_2）；e. 将聚苯乙烯（PS）与四氢呋喃（THF）充分混合，室温下向其中加入疏水性 SiO_2；f. 待分散均匀，吸取一定该混合液均匀涂布于织物表面，干燥后即得超疏水性棉织物。

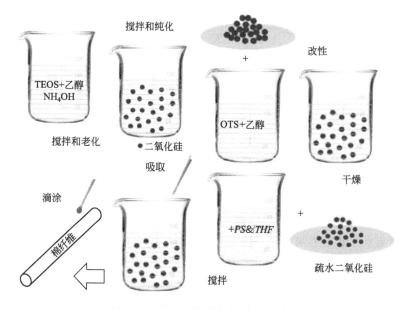

图 5-36　超疏水性棉织物的合成路线

　　图 5-37 表明织物的润湿性能由 PS 与疏水性 SiO_2 含量共同决定。当棉织物仅使用 PS/THF 溶液处理时，待 THF 挥发完全，棉织物纤维表面由纯 PS 包覆，此时棉织物的疏水性变化如下：a. PS 含量低于 2%（质量体积分数）时，棉织物的疏水性能差，且与水的接触角不稳定，这是由于棉织物为亲水性材料，疏水性的 PS 无法将全部的棉纤维包覆其中，使其转变成稳定的疏水性；b. PS 含量高于 2.4%（质量体积分数）时，样品疏水性能稳定，但与水的接触角减小，这是由于过量的 PS 将多根棉纤维包覆在一起，虽使棉织物由亲水性转变为稳定的疏水性，但破坏了棉织物原有的纤维结构与粗糙度，反而降低了其疏水性能；

c. PS 含量等于 2%（质量体积分数）时，棉织物的疏水性能稳定，此时与水的接触角为 135°，由此可以推断该含量的 PS 可将所有棉纤维包覆，且没有破坏织物样品的纤维结构。因此，后续实验均以 2%（质量体积分数）PS/THF 溶液为底液，加入疏水性 SiO_2 后制得疏水性 SiO_2/PS/THF 改性液，以此改性液进一步处理棉织物，待 THF 被完全去除，即得疏水性 SiO_2/PS 复合棉织物。

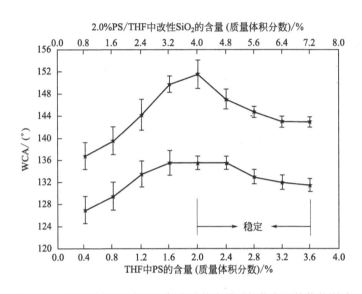

图 5-37　聚苯乙烯与疏水性二氧化硅的含量对织物润湿性能的影响

图 5-37 同样显示了 PS/THF 底液中疏水性 SiO_2 含量对疏水性 SiO_2/PS 复合棉织物疏水性能的影响：a. 疏水性 SiO_2 含量低于 4%（质量体积分数）时，疏水性 SiO_2/PS 复合棉织物的疏水性能随疏水性 SiO_2 含量的升高而迅速增大，这不仅仅是由于疏水性 SiO_2 的疏水性能明显优于 PS，更重要的是疏水性 SiO_2 纳米微球在棉纤维表面还构建了一定的粗糙结构；b. 疏水性 SiO_2 含量等于 4%（质量体积分数）时，棉织物样品疏水性最大，达到了超疏水性标准[$(151.5\pm2)°$]，由此可以断定该含量的疏水性 SiO_2 在棉纤维表面完成了"荷叶表面微米-亚微米级粗糙结构"的构建；c. 疏水性 SiO_2 含量高于 4%（质量体积分数）时，棉织物样品的疏水性随着疏水性 SiO_2 含量的升高而快速减小，这是由于过量的疏水性 SiO_2/PS 破坏了"荷叶表面微米-亚微米级粗糙结构"的构建，使其与水的接触角减小，无法再达到超疏水性标准。综上，当 PS 和疏水性 SiO_2 的含量为 2% 和 4%（质量体积分数，THF）时，处理后的棉织物样品疏水稳定性能最好，与水的接触角最大，可达 $(151.5\pm2)°$。图 5-38 反映了该实验制得的疏水性 SiO_2 的粒度分布与扫描电镜图像。如图 5-38(a) 与 (b) 所示，制得的疏水性

SiO_2 呈粒径较为均一的球形颗粒，其粒径主要集中在 $241\sim244nm$ 之间，平均粒径为 $242.7nm$。

图 5-38　疏水性 SiO_2 的粒度分布（a），SiO_2 的 SEM 图像（b）
以及对比 SiO_2 的 TEM 图像（c）

　　为证明疏水性 SiO_2 球形颗粒的粒径大小对疏水性 SiO_2/PS 复合棉织物的疏水性能有重要影响，这里引入了另一种实验方法（超声水浴）制得的并经进一步疏水处理的疏水性 SiO_2，具体实验步骤可查阅笔者的硕士研究生毕业论文。如图 5-38(c) 所示，制得的疏水性 SiO_2 粒子粒径较小，约为 30nm，同样呈现较为规整、均一的球形颗粒。作为对比，用该疏水性 SiO_2 和 PS 以相同的配比复合处理棉织物样品，所得疏水性 SiO_2/PS 复合棉织物的疏水性则无法达到超疏水性标准，与水的接触角仅为 $(144.5\pm2)°$。该结果进一步验证了 Cassie-Baxter 理论，即疏水性 SiO_2 的形貌与组装方式对棉织物的疏水性能有十分重要的影响。

　　图 5-39 显示了棉织物处理前后的低倍与高倍扫描电镜图像，及其与水的接触角图像。对于未处理棉织物，低倍 SEM 图像展示了其规整的纤维编织结构，以及间或伸展出来的单根棉纤维 [图 5-39(a)]；高倍 SEM 图像则展现了单根棉纤维（随机挑选）光滑平整的表面，及其约 $15\mu m$ 的直径 [图 5-39(b)]。经疏水性 SiO_2/PS 超疏水性处理后，原本光滑的棉纤维被一层均匀致密、包覆性强、掺杂大量疏水性 SiO_2 纳米球体的高分子复合薄膜覆盖。如图 5-39(c) 所示，当使用平均粒径为 242.7nm 的疏水性 SiO_2 时，处理后的棉纤维表面可观察到大量散乱分布的纳米球形颗粒，棉织物的润湿性能由超亲水性（0°）转变为超疏水性 $[(151.5\pm2)°]$。该结果表明当水滴滴于静置疏水性 SiO_2/PS 复合超疏水性表面时，会形成球状水珠，立于织物表面的疏水性 SiO_2/PS 复合涂层的微/纳粗糙结构顶部，更多地与被捕获于结构间的空气相接触。此时，如倾斜或移动该棉织物，水珠便会带着其表面的灰尘滚落，使织物的表面保持干燥并达到自清洁的效果。而当使用平均粒径为 40nm 的疏水性 SiO_2 时，处理后的棉纤维表面较为

光滑，极难观察到纳米颗粒结构，棉织物疏水性亦明显下降（144.5°±2)°，如图 5-39(d) 所示。这是由于该疏水性 SiO_2 粒径过小，与棉纤维表面 PS 薄膜的厚度相差不大，导致球形颗粒大部分被包埋于薄膜之内，无法构成超疏水性表面所必需的微/纳结构。当水滴滴于该棉织物表面时，水珠直接与织物纤维接触，两者间不存在间隙与空气，水滴不易滚落，织物亦无法达到自清洁的效果。

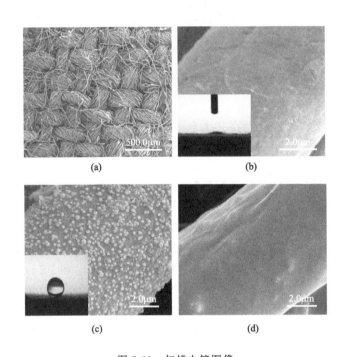

图 5-39　扫描电镜图像

（a）和（b）未处理棉织物；（c）超疏水性棉织物；（d）利用对比二氧化硅处理的棉织物〔(b) 和 (c) 中的插图为未处理棉织物和超疏水性棉织物与水的接触角照片〕

图 5-40 为 SiO_2、疏水性 SiO_2 与超疏水性棉织物表面的疏水性 SiO_2/PS 复合薄膜的傅里叶变换红外光谱谱图。为便于观察理解，笔者对图 5-40(a) 中出现的红外吸收峰与归属进行了详细的归纳总结，已列入表 5-4 中。SiO_2、疏水性 SiO_2 与超疏水性棉织物表面的疏水性 SiO_2/PS 复合薄膜的红外谱图均在 $1052cm^{-1}$ 波数附近和 $794cm^{-1}$ 波数附近显示了强烈的吸收峰，这两个峰表示了 SiO_2 的 Si—O—Si 对称伸缩振动和非对称伸缩振动，也说明了处理后的 SiO_2 基本结构从未发生改变。另外，疏水性 SiO_2 和疏水性 SiO_2/PS 复合薄膜的红外谱图则在 $2917cm^{-1}$ 波数附近和 $2852cm^{-1}$ 波数附近都出现了明显的吸收峰，这两个峰是—CH_3 和—CH_2 的非对称伸缩振动吸收峰和对称伸缩振动吸收峰，表明

十八烷基三氯硅烷（存在长链烷基）已成功接枝于 SiO_2 微球表面。而超疏水性棉织物表面的疏水性 SiO_2/PS 复合薄膜红外谱图在 $1490cm^{-1}$、$1446cm^{-1}$、$690cm^{-1}$ 处出现的三组新峰，则是芳环的特征振动吸收峰，充分证明了 PS 的存在，即可初步断定，棉织物表面的超疏水性涂层确实是由经十八烷基三氯硅烷改性的 SiO_2 纳米微球与 PS 复合而成。图 5-40(b) 为疏水性 SiO_2 与超疏水性棉织物表面的疏水性 SiO_2/PS 复合薄膜的 X 射线光电子能谱谱图。由全谱图得出，疏水性 SiO_2 与疏水性 SiO_2/PS 复合薄膜均由 Si、C、O 三种元素组成，不同的是疏水性 SiO_2/PS 复合薄膜的 C、Si、O 的比例远远高于疏水性 SiO_2，即含量大幅度提高的 C 元素进一步证实了疏水性 SiO_2 纳米微球确已掺杂于 PS，并于棉织物表面形成超疏水性二氧化硅聚苯乙烯复合薄膜。

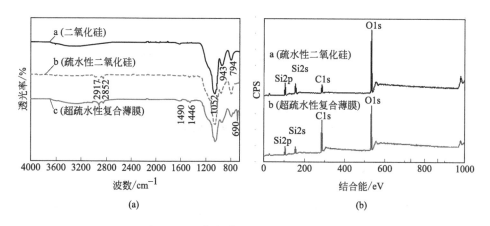

图 5-40 红外光谱（a）与 XPS 光谱（b）

表 5-4 超疏水性二氧化硅聚苯乙烯复合薄膜的红外吸收峰归属

波数/cm^{-1}	特征吸收峰归属	波数/cm^{-1}	特征吸收峰归属
2917	—CH_3、—CH_2 非对称伸缩振动	1052	Si—O—Si 的对称伸缩振动
2852	—CH_3、—CH_2 对称伸缩振动	794	Si—O—Si 的非对称伸缩振动
1490,1446	芳环骨架的伸缩振动	690	芳环骨架的面外弯曲振动

紫外线是一种比可见光波长短的电磁波，波长为 $200\sim400nm$，具备较强的生物活性作用，过量照射紫外线会削弱人体对传染病的抵抗力，引起白内障或其他眼病，严重的可以造成黑色素瘤皮肤癌。因此，笔者对超疏水性二氧化硅聚苯乙烯复合棉织物的抗紫外线性能进行了检测与评估。通过比较原始棉织物、经 PS 处理棉织物以及超疏水性织物的紫外光谱（图 5-41）可以得出，疏水性二氧化硅对增强织物的抗紫外线性能起决定性作用。根据 AS/NZS 4399-1996，紫外线

透过率为 6.7%~4.2%时，其 UPF 范围为 15~24，可起到较好的防护作用；紫外线透过率为 4.1%~2.6%时，其 UPF 范围为 25~39，可起到非常好的防护作用；紫外线透过率小于等于 2.5%时，其 UPF 范围为 40~50、50＋，可起到非常优异的防护作用。而笔者制得的超疏水性织物对紫外线的透过率低于 2%，充分说明了该棉织物极优异的抗紫外防护性能。

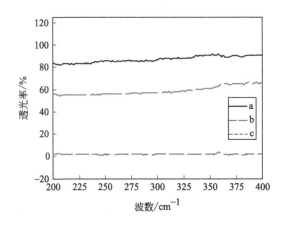

图 5-41　紫外透射光谱
a—未处理棉织物；b—聚苯乙烯处理棉织物；c—超疏水性棉织物

　　如图 5-42(a) 与 (b) 所示，当超疏水性二氧化硅聚苯乙烯复合棉织物表面承接水滴与油滴时，前者会立于棉织物表面呈球状，后者则迅速浸润于棉织物内部，即这款棉织物兼具超疏水性能与超亲油性能。随即笔者尝试将该款棉织物应用于油水分离。如图 5-42(c) 所示，将有机溶剂与水的混合液倾倒于漏斗中的棉织物表面，此时混合液中的有机溶剂迅速浸润棉织物流入下方量筒内，而水则被截留于棉织物表面，从而实现油与水的彻底分离。众所周知，无水硫酸铜为无色透明晶体，遇水极为敏感，立即生成蓝色的五水合硫酸铜。图 5-42(d) 为油水混合液在经过该款特殊润湿性"除油型"油水分离棉织物处理前后的对比照片，通过颜色指示，可以初步断定，经该款超疏水-超亲油性"除油型"复合棉织物处理后的有机溶剂，其纯度得到极大的提高，进一步证实了该款棉织物产品未来在油水分离领域应用的潜能。

　　图 5-43(a) 与 (c) 反映了棉织物表面的疏水性 SiO_2/PS 复合薄膜中疏水性 SiO_2 含量对正己烷/水混合液分离效果与分离速度的影响：当疏水性 SiO_2 含量较低时，棉织物对混合液中正己烷的分离效率随着疏水性 SiO_2 含量的升高而迅速增大，其分离速度同样随着疏水性 SiO_2 含量的升高而加快；当疏水性 SiO_2 与 PS 的质量比为 2：1 时，棉织物对混合液中正己烷的分离效率最大为

图 5-42 水（a）与正己烷（b）滴在超疏水棉织物表面的照片和油水分离照片

[（c）过滤设备；（d）分离前（左）、分离后（右）的正己烷（内含无水硫酸铜）]

92.67％，仅 12s 便可以完全分离；当疏水性 SiO_2 含量继续升高时，棉织物对混合液中正己烷的分离效率随着疏水性 SiO_2 含量的升高而迅速减小，其分离速度同样随着疏水性 SiO_2 含量的升高而减慢。该结果与疏水性 SiO_2 含量对棉织物疏水性能的影响趋势基本一致（图 5-37），不同的是疏水性 SiO_2 含量对棉织物处理混合液中水的效率没有明显影响（均大于 98％）。图 5-43（b）则反映了疏水性 SiO_2/PS 复合棉织物的疏水性对正己烷/水混合液分离速度的影响：用棉织物对水/有机溶剂的混合液进行处理时，其分离速度随着棉织物疏水性能的加强而增大，即织物的接触角越大，分离速度越快。但有一种情况除外，即疏水性 SiO_2/PS 复合棉织物疏水性相差不大时，棉织物的疏水性 SiO_2 含量越高（疏水性 SiO_2：PS＝3：1，WCA＝143.3°），分离速度越慢，这是由于过多的疏水性 SiO_2 颗粒会堵塞油滴透过棉织物的孔道，从而减缓油水分离过程的进行。另外，研究发现超疏水性二氧化硅聚苯乙烯复合棉织物对体积不同、比例相同的正己烷/水混合液进行分离时，棉织物对正己烷的分离效率不同，即总体积越大分离效率越好，这是由正己烷在棉织物与漏斗接触时的损耗造成的。除了正己烷以外，研究发现许多其他种类的水/有机物混合液也可以通过该棉织物实现水油分离与纯化，如甲苯、油酸、汽油、柴油、菜籽油等。

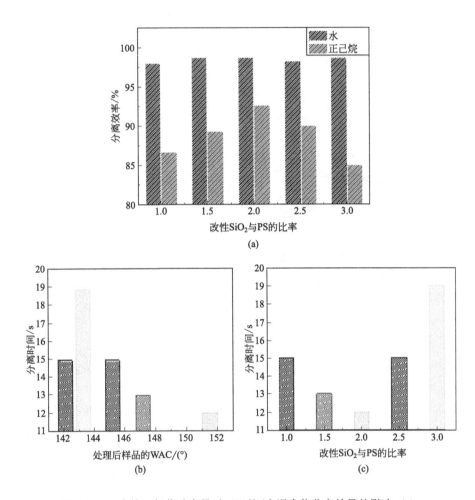

图 5-43　疏水性二氧化硅含量对正己烷/水混合物分离效果的影响（a），
疏水性能（b）与疏水性二氧化硅含量（c）对 30mL/30mL
正己烷/水混合物分离效果的影响

　　综上，基于材料耐久性对其实际应用的决定性作用，笔者对该款特殊润湿性"除油型"油水分离棉织物的多方面性能进行了测试与评估。例如将疏水性 SiO_2/PS 复合棉织物放入超声清洗机中清洗（53kHz-100W，50mL 水，1g 中性洗涤剂）10min，再经进一步烘干后，接触角略微减小，由原来 151.5° 减小至 146.0°，说明该款棉织物具备良好的耐清洗性能。对于未添加 PS 处理的超疏水性 SiO_2 棉织物，其疏水性能在第 3min 的超声清洗过程中丧失殆尽，突出了 PS 的添加对棉织物超疏水性能的稳固所起到的重要作用。另外，笔者还通过摩擦测试结果验证了该棉织物的机械稳定性，即将棉织物固定于磁力搅拌器面板表面，将转子置于棉织物表面，调节转速为 150r/min，使转子在棉织物表面集中高速摩擦 2min。结果显示，该款特殊润湿性"除油型"油水分离棉织物的接触角仍能维持在 145°以上，足以体现这款产品的性能之强健。

笔者所做工作总结如下：

① 通过溶胶-凝胶技术，十八烷基三氯硅烷的进一步改性，制得一种平均粒径为 242.7nm 的疏水性 SiO_2 球形颗粒。随后与 PS 复合，以 THF（四氢呋喃）为载体，一步喷涂于棉织物表面制得特殊润湿性"除油型"油水分离棉织物。

② 探讨了疏水性 SiO_2 的含量、PS 与 THF 的配比、疏水性 SiO_2 的粒径对处理后棉织物表面的疏水性能以及处理后棉纤维表面疏水性 SiO_2/PS 复合薄膜微观形貌的影响。结果表明，当 PS 的含量为 2%（质量体积分数，THF），平均粒径为 242.7nm 的疏水性 SiO_2 的含量为 4.0%（质量体积分数，2% PS/THF）时，棉织物的超疏水性能最优，接触角测量值最大$[(151.5\pm2)°]$。

③ 通过红外光谱谱图验证了该款特殊润湿性"除油型"油水分离棉织物表面纳米高分子复合薄膜的化学组成，即疏水性 SiO_2 与 PS 的完美掺杂；又通过紫外光谱谱图证实了该款超疏水性二氧化硅聚苯乙烯复合棉织物非凡的抗紫外线性能，紫外透过率低于 2%（质量分数）。

④ 探讨了特殊润湿性"除油型"油水分离棉织物的超疏水性与超亲油性。重点研究了处理后棉织物的疏水性，疏水性 SiO_2/PS 复合薄膜中疏水性 SiO_2 含量对油水分离效率和分离速度的影响。结果显示，当疏水性 SiO_2（242.7nm）与 PS 质量比为 2∶1 时，棉织物的疏水性最好，分离效率最佳，分离速度最快。

⑤ 尝试了该款抗紫外特殊润湿性"除油型"油水分离棉织物对其他种类的水/有机物混合液（如甲苯、油酸、汽油、柴油、菜籽油等）的水油分离实验，并取得了成功。同时通过超声清洗测试与高速摩擦测试，验证了该产品强健稳固的超疏水耐久性。

5.6　其他多功能特殊润湿性棉纤维复合材料

5.6.1　特殊润湿性 PDMS/SiO_2 复合棉纤维材料的仿生制备方法

传统的疏水-亲油滤膜处理相关的浮油时存在以下缺陷：首先难以快速有效地分离三相油水混合物（如轻油/水/重油三相混合溶液）；其次，传统疏水膜或者亲水膜在分离油水乳液时主要针对油包水乳液或者水包油乳液，很少能应用于分离三相油包水乳液/水的混合物；最后，滤膜法或夹层膜法在分离油水乳液过程中往往需要借助外力（真空泵提供负压），这限制了滤膜材料在浮油处理方面的应用。

为了解决上述缺陷并综合考虑原料成本和分离能力等方面，本课题组采用麻布袋、棉花和秸秆粉作为原材料，制备了不同类型的且可用于分离多相分层油/水混合物和多相油乳/水的混合物的超浸润油水分离器。通过浸泡法，利用PDMS预聚体溶液将纳米级二氧化硅粒子均匀地粘接在麻布纤维表面，所制得超疏水-超亲油麻布织物材料，可用于分层油水混合物的分离。

在麻布袋中装填不同类型的吸附材料后可以实现对不同种类油水混合物的分离。当填充物为棉花类块体材料时，可构成吸附式油水分离器。该吸附式分离器可在重力、毛细作用力、表面张力以及液体内部压力的共同作用下，自发选择性地清除水面浮油以及三相油水混合物。随后将棉花取出并将油分挤出或者更换棉花后，超疏水麻布袋仍可多次重复使用，这在一定程度上降低了特殊润湿性吸附材料的制作成本并成功用于分离三相油水混合溶液。

当内部填充物采用超亲水/油下亲水的秸秆颗粒多孔材料时，可构成悬挂式油乳分离器，该复合体系可以快速有效地分离乳化剂稳定型油包水乳液甚至多相油乳/水混合物。在分离过程中，油水乳液中的油组分能够迅速浸润木粉表面且穿过麻布织物并从织物底部或底部两侧漏出，而乳液中的微小水滴则在接触到木粉颗粒时，因木粉油下亲水特性被吸附在木粉颗粒表面，而混合物中的水分无法快速在堆叠木粉孔隙内部穿梭从而被截留在堆叠木粉孔隙中，即这些超亲水秸秆粉状颗粒能够在富油环境中阻挡和捕获微小的水滴。与此同时，即使木粉颗粒无法完全截留成股流下的水，分离器中的超疏水-超亲油麻布织物可以将其截留在织物底部，最终实现多相油乳/水混合物的高效分离。

疏水/油下疏水油水分离器，制备简便，原料经济环保，分离速率快，分离效率高且可重复利用，这值得我们对油水分离组合装置做进一步的探索，力求在以后的研究中实现对多相油水混合物甚至多相乳液油水混合物的分离。

用粉碎机对得到的秸秆粉颗粒进行粉碎处理，随后使用 60 目和 80 目标准筛对秸秆粉进行筛分。用无水乙醇和去离子水对筛分后的木粉进行超声清洗，每次30min，随后用 120 目的尼龙膜进行收集。将收集到的木粉颗粒置于 80℃的电热鼓风干燥箱中干燥。48h 后取出，并浸泡在 400mL 0.5%氢氧化钠和 14mL 30%过氧化氢的混合溶液中，室温浸泡 10h 除去表面不溶性杂质并脱去部分木质素增强其表面亲水性，用盐酸将 pH 值调节至 6.5～7.5。最后用去离子水将取出木屑反复洗净，然后在 70℃的真空炉中彻底干燥。

简而言之，用去离子水、正己烷和乙醇分别对麻袋进行超声波清洗 20min。然后将麻布织物浸入含有 900mL 正己烷、30g 聚二甲基硅氧烷预聚物（Sylgard 184A）、3g PDMS 预聚物（Sylgard 184B）和 36g 纳米二氧化硅的均匀超声分散液中，在磁性搅拌下浸泡 10min。最后取出浸没的布袋，用正己烷洗涤，60℃下烘干 3h。图 5-44 为超疏水-超亲油麻袋制备流程示意图。

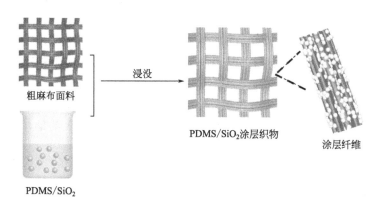

图 5-44　超疏水-超亲油麻袋制备流程示意图

本实验所采用的试剂包括以下几种：豆油、正己烷、四氯化碳、柴油、汽油、氯仿和甲苯。采用的分离方式有悬挂式油水分离和吸附式油水分离。

悬挂法过滤分离油/水/油混合溶液实验，利用系绳将超疏水-超亲油麻布袋固定在铁架台上，随后将正己烷/水/四氯化碳三相油水混合物从布袋口处倾倒，待油水混合物完全分离，收集分离后的水溶液。该方法同样可以用于分离分层多相油水混合物。

在油水分离过程中，悬挂式油水分离实验和油吸附式油水分离实验均以水的回收体积作为参照，其油水分离效率 w 定义为：

$$w = \frac{v_1}{v_0} \times 100\%　　　　　　　(5\text{-}3)$$

式中，v_0 为油水混合物分离前水的体积；v_1 为油水混合物分离后水的体积，取三次结果的均值作为最终结果。

将 0.5g Span80 乳化剂滴加到 114mL 四种不同类型的有机试剂（甲苯、正己烷、三氯甲烷、四氯化碳）中并充分搅拌 3min，随后加入 2mL 水，继续在室温条件下搅拌 3h，得到乳白色且稳定的乳状液。

多相油包水乳液与水混合物制备：将 30mL 甲苯包水乳液、20mL 超纯水和 30mL 四氯化碳包水乳液按次序缓慢加入玻璃瓶中，并使玻璃瓶内的溶液由上到下分层呈现出甲苯包水乳液/水/四氯化碳包水分层结构。

悬挂式油水乳液与水三相混合物分离试验，将砂芯过滤器组件（圆筒形玻璃仪器，两端开口且开口直径不同）窄口部分埋入布袋中并用单臂夹夹紧且竖直悬挂固定在铁架台上，圆筒形玻璃仪器在上方，布袋在下方。通过圆筒形玻璃仪器将 30g 秸秆粉装填到布袋中，并用油组分简单润湿（正己烷、四氯化碳、甲苯或氯仿），使油包水乳液在穿过秸秆粉时更容易浸润秸秆粉颗粒。将三相油水混合物甲苯包水乳液/水/四氯化碳包水乳液从圆筒玻璃仪器开口处倾倒，待三相油水混合物完全分离且无液体滴出后，收集分离后的滤液用于后续水分含量检测。该分离法同样适用于乳化剂稳定型油包水乳液混合物的分离。

吸附式油水分离器分离实验，将装填 5g 棉花的超疏水-超亲油麻布袋浸没到正己烷/水/四氯化碳三相油水混合物中，待油被完全吸附后，测量分离后剩余水溶液的体积，计算油水分离效率。该方法同样适用于水面浮油的收集。

在吸附式油水分实验开始之前需要检测原始棉花的饱和吸油量，饱和吸油量 Q 按以下公式进行计算：

$$Q=(m_1-m_0)/m_0 \tag{5-4}$$

具体步骤：棉花的初始质量，记录为 m_0，然后将上述样品置入含有油相的玻璃容器中，待样品达到吸油饱和后，将样品从油品中取出，称其质量为 m_1。每个样品对同一有机溶剂或油质重复测定三次，取均值作为最终结果。在吸附有机溶剂和低黏度的油质（汽油和柴油）时，取出的吸附饱和的样品在空气中停滞一段时间直至无成股油分流下。

采用扫描电镜（SEM）对原始麻布表面形貌［图 5-45(a) 和 (b)］和超疏水-超亲油麻布表面形貌［图 5-45(c) 和 (d)］进行观测分析。通过观测发现，原始麻布织物在宏观上呈现三维交错结构，且有不同程度的弯曲变形。放大后麻布织物单根纤维表面除了明显的褶皱纹理结构外表面较为光滑。如图 5-45(c) 所示，PDMS/SiO$_2$ 麻布织物表面的三维交错结构并未发生明显的改变，在一定程度上说明织物表面或织物内部孔道未被完全堵塞，但纤维表面变得凹凸不平，放大后单根纤维表面出现明显的纳米级粗糙结构［图 5-45(d)］，这是由于纳米二氧化硅的存在使得 PDMS 固化时，织物纤维表面形成明显的凹凸结构。

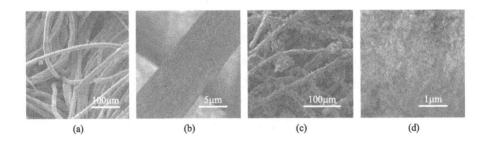

图 5-45　扫描电镜图像

（a）和（b）原始麻布织物及其放大图像；（c）和（d）
超疏水-超亲油麻布织物及其放大图像

经过超声清洗处理的原始麻布袋对水的接触角可在几秒内达到 0°，证明其表面是亲水的［图 5-46(a)］。麻布表面经过充分清洗之后表面亲水基团（如—OH）充分暴露，水滴在接触到麻布表面时，其自身表面张力小于材料表面界面对其的拉力，使水滴快速在麻布材料表面铺展。麻布表面附着有 PDMS/SiO₂ 后，表面能将低且具有较大的粗糙度，对水的接触角为 156°，对油的接触角为 0°，说明样品具有超疏水-超亲油特性［图 5-46(b) 和 (c)］。由 Wenzel-Cassie 方程及推导式可知，当亲和性较低的水滴接触材料表面时，由于材料表面能较低且表面粗糙结构内部空气垫的存在，减少了水与材料表面的直接接触面积，导致水滴难以在材料表面铺展，从而使水滴在织物表面呈现超疏态。而当亲和性较高的油滴接触材料表面时，材料会被油滴迅速润湿且由于表面粗糙结构的存在使油组分与材料表面的实际接触角面积更高，因而使样品对油组分表现出更高的亲和特性。

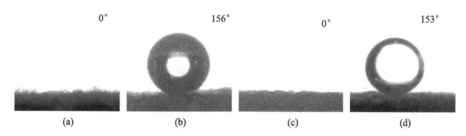

图 5-46　原始麻布织物表面（a）、PDMS/SiO₂ 麻布织物表面（b）在空气中对水的接触角，PDMS/SiO₂ 麻布织物表面在空气中对油的接触角（c）以及 PDMS/SiO₂ 麻布织物表面在油中对水的接触角（d）

如图 5-46(d) 可知，PDMS/SiO₂ 织物样品在油下对水的接触角为 153°，表面该样品具备油下超疏水的特性。在油下时，材料表面会将水牢牢吸附并凹陷在材料表面的孔隙结构中，形成“油垫”。这些“油垫”会极大地减小水滴与麻布表面的实际接触面积，从而使水滴在样品表面呈现球状。

如图 5-47 所示，用 X 射线［图 5-47(a)］和 FT-IR 光谱［图 5-47(b)］对制备的麻布进行化学成分检测。通过对比原始麻布织物和浸渍后样品的 XPS 图，显示浸渍后样品表面出现 Si2p 和 Si2s 峰，说明麻布表面负载含 Si 元素物质。通过对比 PDMS 与 PDMS/SiO₂ 涂层样品发现 O 元素含量有明显提升，可能主要来源于 SiO₂。图 5-47(b) 显示 1050cm⁻¹ 和 1262cm⁻¹ 处的吸收峰归属于 Si—O—Si 键的伸缩振动。在 796cm⁻¹ 处出现显著的条带 Si—C，主要来源于 PDMS。

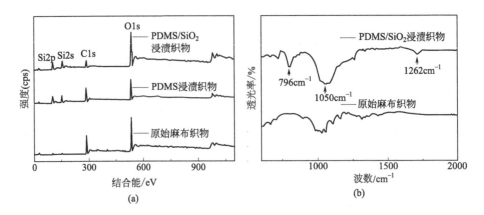

图 5-47　X 射线光电子能谱分析图（原始麻布织物、PDMS 浸渍织物和 PDMS/SiO₂
浸渍织物）（a）和傅里叶红外光谱图（原始麻布
织物和 PDMS/SiO₂ 浸渍织物）（b）

通过 EDS 能谱分析进一步给出 SiO_2 负载成功的直接证据。如图 5-48 所示，与 PDMS/SiO₂ 处理后织物相比，浸渍 PDMS 后的织物上的 O/C 和 Si/C 值明显高于 PDMS/SiO₂ 织物表面相应的 O/C 和 Si/C 值。说明 SiO_2 成功负载到麻布织物表面。

超疏水-超亲油麻袋涂层表面的化学稳定性测试通过麻布材料表面对水的接触角（WCA）来表征，如图 5-49 所示。将酸、碱溶液分别滴于材料表面静止 10min 后，WCA 仍保持在 155°以上，这说明疏水麻布表面涂层对酸碱腐蚀具有较好的抵抗性。在不同有机溶剂中浸泡 5 天后，材料表面对水的接触角仍在 154°以上，表现出良好的耐油腐蚀性。这是由于交联固化后的 PDMS 是一种惰性物质，其本身具有疏水性且难以被有机溶剂溶解。浸泡后的布袋在烘箱中完全烘干后，材料表面负载的 PDMS/纳米二氧化硅粒子复合物使麻布织物表面具有良好的抗腐蚀性与疏水性。

如图 5-50 所示，将麻布袋固定在铁架台上，从上方将正己烷/水（蓝色）/四氯化碳三相溶液从上口处倒入麻布袋中 [图 5-50(a)～(c)]。由于麻布织物具有超疏水-超亲油性且在油浸湿后仍具有超疏水性，因此在倾倒的过程中三相体系中的油组分迅速地从超疏水-超亲油布袋中渗出，而三相体系中的亚甲基蓝染色的水相则被滞留在超疏水布袋中，所得到的滤液清澈透明，最终实现油水分离的目的 [图 5-50(d)]。经过 20 次循环分离后，油水分离效率不低于 99.9%（图 5-51），说明制备的超疏水-超亲油麻布袋具备优异的油水分离特性和重复使用性。

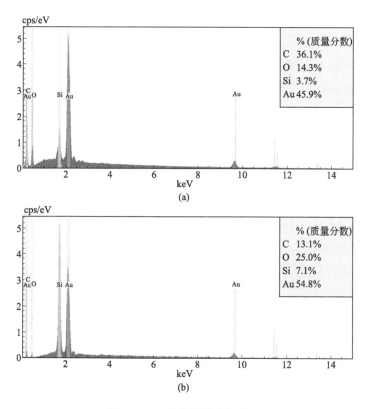

图 5-48　X 射线能谱分析谱图

（a）PDMS 浸渍织物；（b）PDMS/SiO₂ 浸渍织物

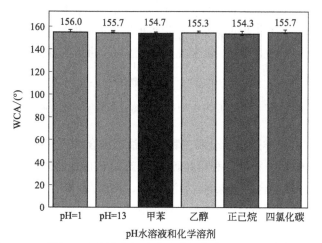

图 5-49　不同 pH 水溶液中超疏水麻布织物表面对水的接触角和超
疏水麻布织物在溶剂中浸渍 5 天后对水的接触角

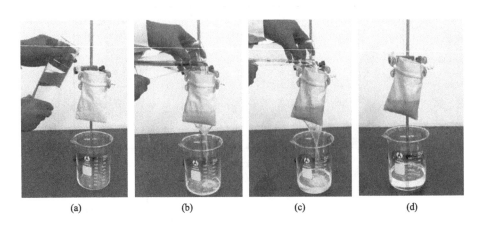

图 5-50　超疏水-超亲油性麻布织物分离三相油水
混合物（正己烷/水/四氯化碳）演示实验照片

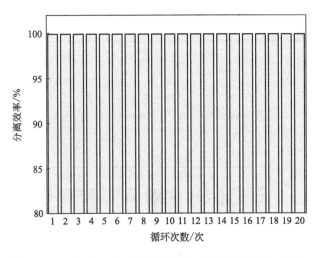

图 5-51　三相分层混合物油水分离效率随循环次数的变化

　　悬挂式分离法同样适用于分离多种两相油水混合溶液（如轻油/水或水/重油混合溶液）。如图 5-52 所示，利用超疏水-超亲油麻布袋同样实现了对四氯化碳/水混合物、甲苯/水混合物、柴油/水混合物、汽油/水混合物以及豆油与水混合物的分离且分离效率不低于 99.9%，说明该麻布织物对多种油水混合物均具有良好的分离性能。

　　一般来说，表面能高的表面对水的亲和力比油强，而表面能低的表面对油的亲和力较强。众所周知，稻草的主要成分是纤维素、半纤维素和木质素，它们提供了丰富的亲水基团，使稻草表面具有较高的表面能。如图 5-53(a) 所示，用接触角分析仪分别测定了玉米秸秆粉在油下对水的表面润湿性能以及水下油的表面

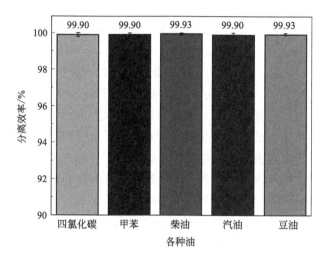

图 5-52　超疏水-超亲油性麻布织物对多种分层油水混合物分离效率图

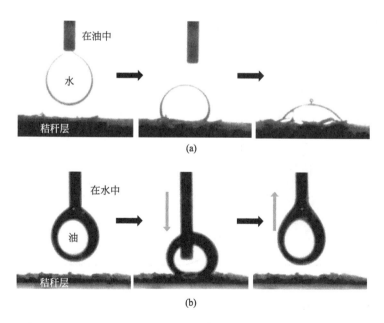

图 5-53　润湿性照片
（a）在油环境中水滴接触秸秆表面；（b）在水环境中油滴接触秸秆粉表面

润湿性能,结果显示:5μL 水滴进样针接触浸没在油相中的木粉表面时,水滴逐渐在木粉表面铺展开,表现为水滴被木粉逐渐吸附,说明木粉即使在油环境中仍对水具有较强的亲和性 [图 5-53(a)];而携带 5μL 油滴进样针接触水下木粉表面时,油滴即使在压力驱动下仍无法在木粉表面铺展并且随着进样针拉升而离开表面 [图 5-53(b)]。实验证明经过预处理的木粉对水的亲和特性明显高于油组分,根据公式 $\cos\theta_{ow}=(\gamma_{L_oV}\cos\theta_o-\gamma_{L_wV}\cos\theta_w)/\gamma_{L_oL_w}$ 可知,木粉表面润湿特性应满足 $\gamma_{L_oV}\cos\theta_o<\gamma_{L_wV}\cos\theta_w$。从表观接触角来看,在空气条件下秸秆粉表面水和油的接触角均为 0°,说明固/水界面张力高于固/油界面张力。这是由于木粉表面富含羟基等极性基团,对富含极性分子的水的亲和性更高,当油下木粉接触到水时,秸秆粉表面的油会受到排斥并逐渐从木粉颗粒表面脱落,而水则被秸秆粉牢牢地吸附在表面的粗糙结构中从而形成"水垫",这些"水垫"会促使木粉颗粒吸附更多的水滴直至饱和。因此秸秆粉所具备的油下亲水特性,使其在富油环境中对微小水滴具有一定的吸附特性。

为了了解悬挂式油乳分离器对多相油包水乳液/水混合物的分离机理,笔者给出了油包水乳状液分离过程的原理示意图(图 5-54)。如图 5-54(a)所示,将

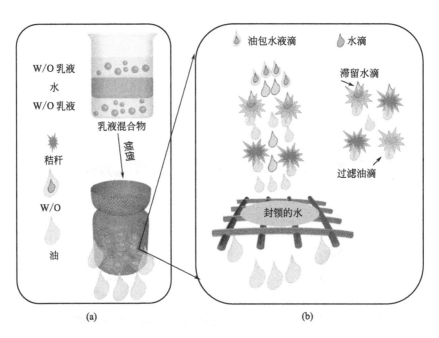

图 5-54 悬挂式油乳液分离器(超疏水-超亲油麻布填充秸秆粉)分离多相乳液/水混合物(甲苯包水乳液/水/四氯化碳包水乳液)的原理示意图(W/O 乳液代表油包水型乳液)

秸秆粉作为吸附剂材料装填到袋子底部，并用甲苯简单浸润，将多相乳液与水混合物倒入袋子中。如图 5-54(b) 所示，在重力作用下油水乳液中的油组分能够迅速地浸润木粉表面且穿过麻布织物并从织物底部或底部两侧漏出，而乳液中的微小水滴则在接触到木粉颗粒时，由于木粉油下亲水特性被吸附到木粉颗粒表面，而混合物中的水分无法快速在堆叠木粉孔隙内部穿梭从而被截留在堆叠木粉孔隙中，即这些超亲水秸秆粉能够在富油环境中吸附捕获和截留微小的水滴。与此同时，超疏水-超亲油麻布织物能够将木粉颗粒无法完全阻挡的水相截留在特殊润湿性麻布织物底部，最终实现多相油包水乳液与水混合物的高效分离。

如图 5-55 所示，将多相乳液与水混合物 [图 5-55(e)，甲苯包水乳液/水/四氯化碳包水乳液] 倒入乳液分离器中，在重力作用下透明的滤液从分离器底部漏出 [图 5-55(c)]。图 5-55(d) 和 (f) 分别为乳化剂稳定型甲苯包水乳状液和多相油乳/水混合物透明滤液在显微镜下的分离结果。光学显微镜检测结果显示乳液中存在肉眼可见且随机分布的微小水滴；经分离器处理后，滤液中均没有明显可见的水滴，说明原始滤液中的水滴经过滤后基本已被除去。

图 5-55　油乳分离器分离多相油包水乳液/水混合物的照片 (a)～(c)，甲苯/水乳状液的显微图片 (d) 以及多相乳液/水混合物滤液显微镜图片 (f)

光学显微镜照片虽然可以初步展示油乳分离器对乳液的分离效果，但难以精确反映分离器对乳液的分离效率。因此，笔者采用卡尔费休滴定仪对油乳分离器的分离性能进行检测，值得注意的是，在分离三相乳液之前已经对多种油水乳液进行分离实验，所分离乳化剂稳定型乳液包含：乳化剂稳定型甲苯包水乳液、四氯化碳包水乳液、氯仿包水乳液和正己烷包水乳液等。取100mL的乳化剂稳定的油包水乳液进行过滤，过滤结束后分别使用50mL的无水乙醇和50mL的正己烷进行过滤清洗。如图5-56所示，分离器对上述乳液的平均纯化率均在99.95%以上，对正己烷包水乳液的平均纯化效率可达99.98%，说明该分离器可对多种油水乳液进行有效的分离。

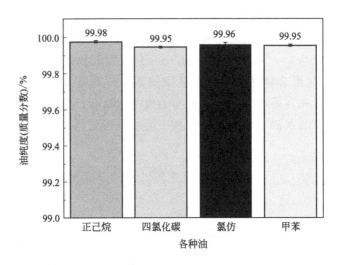

图5-56　不同油包水乳液经乳液分离器过滤分离后滤液的油纯度

通过反复过滤乳化剂稳定型甲苯包水乳液和多相油乳混合物（甲苯包水乳液/水/四氯化碳包水乳液）来测试分离器的循环性能。每次循环实验中，量取100mL的乳化剂稳定的甲苯包水乳液进行过滤，过滤结束后使用50mL的无水乙醇和50mL的正己烷进行过滤清洗。这个过程重复进行10次，通过测定每次过滤的滤液的油纯度，我们可以得到油纯度随循环次数的变化关系，如图5-56所示。由图可知经过10次循环测试，滤液中甲苯的含量始终保持在99.9%以上，平均含量为99.95%。而同样对于分离多相油乳与水的混合物，经过10次循环测试滤液中油的纯度始终保持在99.8%以上，平均油纯度高于99.85%。综上所述，分离器对乳液以及多相乳液/水混合物具有良好的油乳分离性能以及循环性能。

如图5-57所示，通过对比，油乳分离器对多相油乳与水混合物的油的纯化率整体低于甲苯包水乳液分离液中的油纯度，这是由于多相油乳与水混合物中水含量较高，而加入乳化剂后，也会提升水在油中的溶解度，从而导致在分离过程中多相油乳混合物滤液中的水分含量，但分离效果仍保持较高水平。

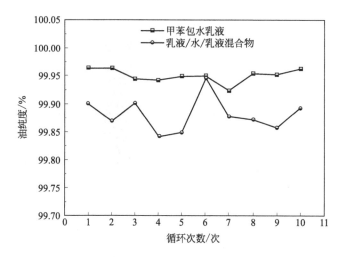

图 5-57　甲苯包水乳液和多相油乳/水混合物滤液的
油纯度随重复使用次数的变化关系

通过实验，发现棉花具备良好的保油能力以及饱和吸油量，这主要是由于材料本身呈三维结构，并且具有发达的孔隙结构，这些孔隙通过毛细作用力能够有效吸附有机溶剂和油质，并将吸收的油品贮藏于孔隙之中。针对低黏性有机试剂来说，饱和吸油量在 12～27g/g 之间，这是由于较低的黏度对于吸油材料保油率的影响不大，因而棉花饱和吸油量主要取决于有机溶剂密度，密度越高，相应的饱和吸油量也越高。如图 5-58 所示，而对于黏性油质来说，如豆油，其密度约为 0.91g/L，小于氯仿密度（1.48g/L）。但是经过实验检测显示棉花对其保油率较高，为 23.7g/g，这是由于油质黏度升高会提高吸油材料的保油率，吸附的油质会更多地凹陷在材料的孔结构之间，并利用油的黏附减少在重力作用下的滴落。以上的结论只针对同一种吸油材料而言。

然而，当直接用于处理水面浮油时，棉花等超亲水吸附材料在吸油的同时会吸附大量的水分，最终无法实现油水分离。这是由于超亲水棉花表面富含亲水基团，导致超亲水棉花对水的亲和特性明显高于油组分，根据公式 $\cos\theta_{ow} = (\gamma_{L_oV}\cos\theta_o - \gamma_{L_wV}\cos\theta_w)/\gamma_{L_oL_w}$ 可知，木粉表面润湿特性应满足 $\gamma_{L_oV}\cos\theta_o < \gamma_{L_wV}\cos\theta_w$，即棉花表面的固水界面张力大于固油界面张力，符合实际情况。与此同时，对棉花纤维进行超疏水化改性，由于其三维结构中存在较大孔隙，这些大孔结构使疏水改性后的棉花在浸泡过程中因孔径过大而无法完全避免吸附水分，并且改性过程可能会对棉花类的孔隙结构造成影响进而影响其吸附性能。基

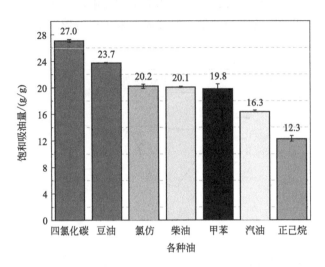

图 5-58　超亲水棉花对各种有机溶剂和油质的饱和吸油量

于此笔者设计了吸附式油水分离器，即将棉花装填到超疏水/超亲油麻布袋中，这不仅避免了棉花因直接接触到水而吸水，又可以充分利用棉花自身的吸附性能。如图 5-59 所示，在外力负压输送、织物表面张力以及棉花毛细作用力的协同作用下，豆油被选择性地吸附到分离器中，而由于织物自身的疏水特性以及附着在织物表面的油阻水性而产生的斥力使水无法穿过麻布织物而被排斥在外，分离效率高达 99.9%，且更换棉花滤芯后麻布袋可以反复使用。此外，我们分别对正己烷、甲苯、汽油以及柴油进行油水分离试验，结果表明吸附式油水分离器对其分离效率均不低于 99.9%。证明该油水分离器对多种水面浮油具备良好的油水分离特性，为超亲水吸附材料在油水分离方面的应用提供新的思路。

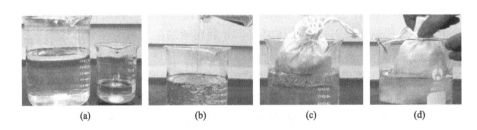

图 5-59　超疏水-超亲油吸附式油水分离器分离豆油浮油的照片

　　将吸附式油水分离器垂直置入轻油/水/重油互不相容性三相油水混合物中。由图 5-60（a₁）和（a₂）可知，在重力 F_1、表面张力、液体内部压力 F_3 和毛细作用力 F_4 的协同作用下，混合溶液中油分在超疏水-超亲油麻布织物表面张力的作用下迅速地铺展在布袋表面，在液体自身重力 F_1 和液体压力 F_3 的作用下渗透到麻布织物内部，并在毛细作用力 F_4 的作用下，有机溶剂被持续并完全地收集到分离器内部孔隙中。与此同时，三相油水混合物中的水相则被具有超疏水性能的麻布织物阻挡在布袋外面，疏水性产生的斥力为 F_2。

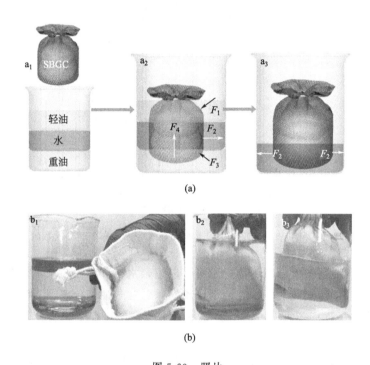

图 5-60　照片
（a）三相油/水/油混合物分离过程受力分析；（b）特殊润湿性吸附式油水分离器对
三相甲苯/水/四氯化碳混合物分离实验

　　图 5-60（b）为吸附式油水分离器分离三相分层油水混合物（甲苯/水/四氯化碳）的分离过程。图 5-60（b_3）显示油组分被完全吸附到分离器中，而水则被排斥在外部，油水分离效率不低于 99.9％。

　　通过反复分离三相甲苯/水/四氯化碳混合物来测试特殊润湿性吸附式分离器的循环性能。在一个周期中，对 30mL 甲苯、100mL 水以及 30mL 四氯化碳组成的三相油水混合物进行吸附分离，分离结束后将棉花取出，将吸附油的混合物挤出后，用乙醇洗涤并回收烘干。所使用的疏水麻袋经简单沥干后，再填充棉花吸附剂，可重复用于三相油水分离试验。这个过程重复进行 15 次，通过测定每次回收水的体积，我们可以得到油水分离效率随循环次数的变化关系，如图 5-61所示。由图可知在经过 15 次的循环测试后油水分离效率始终保持在

99.8%以上，说明吸附式油水分离器对三相甲苯/水/四氯化碳混合物具有良好的可循环使用能力以及油水分离特性。

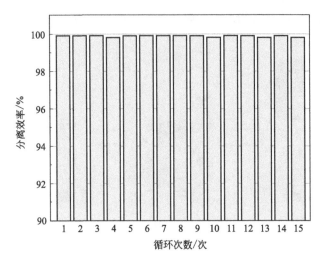

图 5-61　三相甲苯/水/四氯化碳混合物油水分离效率随循环次数的变化

综上，本课题组以麻布织物为原料，以超亲水秸秆粉和超亲水棉花作为内部填充物制备了特殊润湿性多功能油水分离器（悬挂式油乳分离器，吸附式三相油水分离器），并对其在两相、三相以及多相油水混合物方面的油水分离能力进行了较为全面的研究，结论如下：

① 采用浸渍法将超亲水麻布织物浸泡在含有无机纳米二氧化硅粒子和聚二甲基硅氧烷（PDMS）预聚体的混合溶液中，通过热交联固化得到了表面负载 PDMS/SiO₂ 的麻布袋。该 PDMS/SiO₂ 织物具备超疏水和超亲油特性，且具有一定的抗酸碱腐蚀和抗油腐蚀特性。

② 在重力作用下，超疏水-超亲油麻布袋能够快速有效地分离互不相溶的三相油水混合物并且在未进行任何清洗处理的前提下可以被循环使用。对具备一定黏性的油水混合物（豆油/水混合物）同样具备优异的分离效果。

③ 悬挂式乳油分离器。在超疏水-超亲油麻布袋内填装有 60～80 目的秸秆粉吸附剂后，可以有效地分离油包水乳液以及多相油乳/水的混合物。在反复使用过程中均保持较高的纯化效率，对乳化剂稳定型油包水乳液的平均纯化率不低于 99.95%，对多相油乳/水混合物的平均纯化率不低于 99.85%，适用于多相油包水乳液/水混合物的分离。

④ 吸附式油水分离器。将块体吸附剂（棉花）装填到特殊润湿性布袋内制得吸附式油水分离器，该分离器可以有效地处理水面浮油以及具有明显分层结构

的三相油水混合物,分离效率不低于99.9%。吸附式油水分离器具有以下优点:在吸附黏度较低的有机溶剂后可通过将滤芯取出并挤压的方式对样品进行回收再利用;对于黏度高的油质可以通过更换滤芯的方式对超润湿布袋回收,回收后的疏水-亲油麻布袋在被油分完全浸湿之后依然保持优异的疏水亲油性能,并且在对三相油水混合物进行分离时,经过15个循环后其油水分离效率仍保持在99.8%,具有良好的可循环使用性能。

5.6.2 湿固化聚氨酯构筑特殊润湿性棉纤维复合材料的仿生制备方法

面对日趋严重的水面浮油污染问题,特殊润湿性油水分离膜材料越来越受到研究人员的青睐。然而,在4.2.3中合成的疏水-亲油粉状颗粒材料在处理简单分层油水混合物时无法实现连续分离。因此本研究制备了疏水-亲油膜可用于连续分离分层油水混合物。

研究荷叶等自然界疏水材料时,发现材料表面超疏水特性主要是由表面粗糙结构以及低表面能物质共同决定的。因此制备超疏水表面材料主要通过两种方法:a. 利用低表面能物质对表面具有一定粗糙结构的材料进行修饰;b. 对低表面能材料表面进行改造使其具备粗糙结构。目前制备超疏水材料的方法有光刻蚀法、化学刻蚀法、灼烧炭化、层层自组装法、溶胶凝胶法、气相沉积法等。然而这些方法面临制备工艺复杂、造价昂贵、耗时长等缺点,不利于规模化生产和使用。

浸泡法制备超疏水-超亲油材料一般指将经过简单处理的原始材料放置于含有纳米颗粒的胶黏剂溶液中,控制浸泡时间与胶黏剂浓度,从而在该材料表面均匀地黏附一层微纳米粗糙结构。该方法具有制备简单、可控性强、原料便宜等优势。本实验采用单组分聚氨酯胶黏剂,利用其黏附特性以及湿固化发泡特性在织物表面直接构筑微纳米粗糙结构,对织物表面进行烷基化修饰,使其最终具备超润湿特性。区别于传统胶黏剂粘接微纳米不溶性颗粒以增加材料表面粗糙度的方式,本实验采用单组分聚氨酯胶黏剂,不添加微纳米粗糙粒子,能够在多种不同基材表面构建粗糙结构。

聚氨酯性胶黏剂一般指分子中含有异氰酸酯基团(—NCO)和氨基甲酸酯基(—NH—COO—)等极性基团的一类胶黏剂。胶黏剂本身具有很强的极性,因而可以和多种含有活泼氢的官能团反应,在界面之间形成化学键,从而黏接于多种材料表面。湿固化型胶黏剂可以和空气中的微量水分发生化学反应,伴随物理固化的同时,聚氨酯中端链基团异氰酸酯基(—NCO)能够和附着在材料表面的水分发生化学凝固反应,产生脲键,并在反应过程中生成二氧化碳,最终固化后的胶黏剂胶层结构为聚氨酯-聚脲结构,具有良好的韧性与优异的机械稳定性能。

织物材料因具有柔韧多孔、材质轻便、机械纺织以及在恶劣环境下机械稳定和经久耐用等特性而备受关注。本课题组以麻布织物和湿固化单组分聚氨酯胶黏剂为原料，通过磁力搅拌的方式，将单组分聚氨酯溶液均匀分散于 N-甲基吡咯烷酮（NMP）中，随后将清洁预处理的织物样品浸泡在上述溶液中；随后，将简单沥干后的样品垂直缓慢浸没在丙三醇水溶液中，通过非溶剂致相分离的方式使吸附在织物表面的 NMP 溶剂迅速溶于水中，而单组分聚氨酯因遇水固化且不溶于水则从原溶液体系中迅速析出并固化。快速的相转化过程以及固化反应过程使织物表面聚氨酯胶黏剂在固化时出现无规则凝固现象，并在材料表面逐渐生长出凹凸不平的微纳米级粗糙结构。所谓非溶剂致相分离法，就是在含有高分子混合物的均相分散液中，缓慢加入与溶剂互溶性更强的非溶剂（非溶剂不能溶解高分子聚合物），在与大量非溶剂进行充分接触后，这时原高分子溶液中的溶剂迅速分散到非溶剂中，而高分子聚合物因无法溶解从原溶液体系中固化析出。而本实验中的单组分聚氨酯在不溶于水的同时会与水反生固化反应并生成聚氨酯。通过十八烷基三氯硅烷（OTS）对满足超疏水粗糙结构的织物表面进行修饰后，即可得到空气条件下水接触角大于 150°、油接触角为 0° 的超疏水-超亲油织物材料。通过油水分离测试发现，该织物可以有效地将简单油水混合物进行分离，且具备良好的重复利用性和油水分离效率，其具体制备方法如下。

配制 50g/L 的单组分聚氨酯胶黏剂的 N-甲基吡咯烷酮稀释溶液。将超声清洗处理的麻布织物垂直浸泡于该溶液中且保持垂直状态，1h 后，将样品垂直抽出，在空气中简单沥干 30 s，将其缓慢垂直插入按 7∶3 比例混合的丙三醇水溶液中，并保持垂直浸泡状态。6h 后，将样品从丙三醇水溶液中取出，随后用超纯水反复清洗。清洗完毕，将麻布放入电热鼓风干燥箱中干燥 2h。取出样品并将其浸泡在 OTS 的正己烷溶液（1%，体积分数）中，1h 后取出，用正己烷与无水乙醇对其进行清洗。继续 50℃烘干 30min 后即可得到超疏水-超亲油麻布材料。该制备方法可应用于制备多种不同基材疏水化表面，如尼龙-66、载玻片、滤纸、玻璃纤维布、密胺海绵。

超疏水-超亲油麻布的制备流程与机理如图 5-62 所示。麻布浸泡在单组分聚氨酯的 N-甲基吡咯烷酮的分散溶液中，麻布表面在表面毛细作用下快速吸附一层胶黏剂溶液 [图 5-62(a)]。将麻布取出后浸没到丙三醇水溶液中时，吸附的混合物中的水溶性 N-甲基吡咯烷酮被水迅速从材料表面移除。单组分聚氨酯因不溶于水而固化析出，并与水发生化学固化反应。单组分聚氨酯中的异氰酸酯基与水反应生成氨基甲酸，而生成的氨基甲酸因自身极不稳定分解成二氧化碳和氨基（—NH$_2$）。但异氰酸酯基过量时，氨基与异氰酸酯基发生进一步反应生成的氨酯键或脲键，统属于聚氨酯 [图 5-62(b)]。湿固化型单组分聚氨酯溶液遇水反应剧烈，在析出固化的同时，往往伴随着从材料表面的脱落过程，使得麻布织物表面会生成多级微纳米粗糙结构。剧烈的化学固化反应产生的二氧化碳气体，同样加剧了样品表面粗糙结构的形成过程。利用低表面能物质（十八烷基三氯硅烷）对织物表面固化聚氨酯涂层进行修饰，干燥后即可得到超疏水-超亲油麻布织物。在修饰过程中十八烷基三氯硅烷（OTS）中的硅羟基基团（—Si—OH）会与材料表面的基团上的活泼氢发生脱水缩合反应，且在反应开始后 OTS 自身硅羟基之间也会发生脱水缩聚反应生成—Si—O—Si—基团，并最终在织物纤维表面接枝上一层硅烷化疏水薄膜。

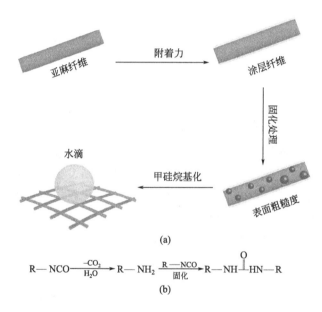

图 5-62　超疏水麻布制备流程（a）和聚氨酯
与水接触后化学固化反应机理（b）

　　原始麻布织物与超疏水-超亲油麻布织物的形貌如图 5-63 所示。通过对比可以看出，原始麻布织物在宏观上呈现三维交错结构，且有不同程度的弯曲变形 [图 5-63(a)]。放大后麻布织物单根纤维表面除了明显的褶皱纹理结构外表面较为光滑 [图 5-63(b)]。湿固化聚氨酯处理后，麻布织物表面的三维交错结构并未发生明显的改变 [图 5-63(c)]，在一定程度上说明织物表面或织物内部孔道大部分仍被保留。但纤维表面呈现出球状凸起结构，放大后单根纤维表面的粗糙结构尺寸为几百纳米到几微米且表面分级结构明显 [图 5-63(d)]。这是由于织物纤维表面的单组分聚氨酯胶黏剂遇水后迅速从原溶液中不规则析出，固化过程中伴随着固化胶黏剂在材料表面脱落的现象，同时在化学固化过程中产生二氧化碳气泡使聚氨酯按颗粒状球形状态生长，最终在织物纤维表面形成明显的粒状结构与凹槽结构。

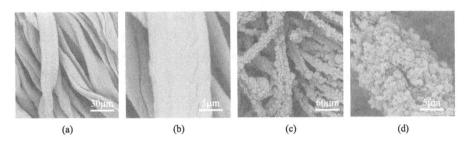

(a)　　　　　　　(b)　　　　　　　(c)　　　　　　　(d)

图 5-63　未改性麻布表面 SEM 图［(a) 和 (b)］和
超疏水麻布表面 SEM 图［(c) 和 (d)］

　　研究发现通过调节胶黏剂的浓度和丙三醇水溶液浓度可以有效地控制织物材料表面聚氨酯粗糙结构，进而达到调控材料表面疏水特性的目的。如图 5-64 和表 5-5 所示，丙三醇水溶液浓度一定时，麻布对水的接触角值随着胶黏剂浓度的增加基本呈先增后减，主要归因于当胶黏剂浓度较低时，胶黏剂因非溶剂致相分离，在纤维表面快速固化析出，聚氨酯发生物理固化析出的同时能够与水分子充分反应，剧烈的化学反应以及二氧化碳气体使得纤维表面产生不规则球状凸起结构，但是剧烈的化学固化过程易使黏附在麻布织物表面的聚氨酯脱落，因此在一定范围内随着胶黏剂浓度的增加，纤维表面粗糙度增强，

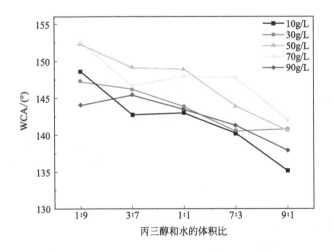

图 5-64　在一定浓度的聚氨酯溶液中丙三醇和水的体积比对预处理麻布织物水接触角的影响

表现为对水的接触角会逐步增大；而当胶黏剂浓度过高时，胶黏剂在遇水后会在材料表面直接固化凝结，从而未能生长出明显的粗糙结构。

表 5-5　同浓度单组分聚氨酯溶液和丙三醇与水比例

对疏水性材料水接触角的影响　　　　　　单位：（°）

丙三醇与水体积比	胶黏剂浓度/(g/L)				
	10	30	50	70	90
1∶9	148.6	147.3	152.4	152.6	144.1
3∶7	142.8	146.2	149.2	146.7	145.4
1∶1	143.0	143.8	148.9	148.0	143.6
7∶3	140.3	140.6	143.9	147.8	141.3
9∶1	135.2	140.8	140.7	142.1	137.9

当胶黏剂浓度一定时，麻布对水的接触角基本随着丙三醇浓度增加而逐级递减，主要归因于溶液中水分含量的降低且三维结构麻布织物表面本身具有较高的吸附性能，在一定程度上增强了胶黏剂在材料表面或三维结构孔隙内部吸附的牢固程度，这增加了单组分聚氨酯溶液中 NMP 溶剂的移除难度。随着丙三醇溶液中水分含量的降低，材料表面黏附的聚氨酯胶黏剂遇水后反应温和且脱落现象明显减少。单组分聚氨酯温和的固化方式，使材料固化后表面更为平滑。结果显示，当胶黏剂的浓度为 70g/L，丙三醇与水的体积比为 1∶9 时，经 OTS 处理后即制备得到具有超润湿特性的麻布织物。

为了清晰地展示麻布织物的润湿特性变化情况，采用接触角测量仪对样品进行检测。检测结果表明经过超声清洗的原始麻布织物样品对水的接触角为 0°，表明其初始表面具有超亲水特性 [图 5-65(a)]。而采用纯水固化的聚氨酯样品经 OTS 改性后对水的接触角为 146°，具备一定的疏水能力，但受表面粗糙结构的限制而未实现超疏态 [图 5-65(b)]。如图 5-65(c) 所示，当胶黏剂的浓度为 70g/L，丙三醇与水的体积比为 1∶9 时，经 OTS 处理后的麻布织物表面对水的接触角达到 152°，具备了超疏水特性，这也证明材料表面黏附的微纳米聚氨酯粗糙结构存在的必要性。

采用衰减全反射傅里叶红外光谱和能谱对疏水亲油麻布进行表面分析，其相应红外光谱如图 5-66 所示。在 FT-IR 谱图中，$2914cm^{-1}$ 和 $2852cm^{-1}$ 处主要是 C—H 伸缩振动引起的，OTS 的加入使 C—H 吸收峰明显增强；$3300cm^{-1}$ 处的峰值是由麻布织物表面 O—H 的拉伸振动引起的，以及与 N—H 的拉伸振动有关，N—H 吸收峰被 O—H 吸收峰覆盖；$1110cm^{-1}$ 与 $1723cm^{-1}$ 处分布代表了 C—O 吸收峰（覆盖 Si—O—Si 吸收峰）和羰基 C=O吸收峰，这主要来源于单组分聚氨酯；$790cm^{-1}$ 和 $1030cm^{-1}$ 处代表 C—Si 和 Si—O—Si 吸收峰（覆盖

C—O 吸收峰），主要来自接枝共聚的 OTS 分子。

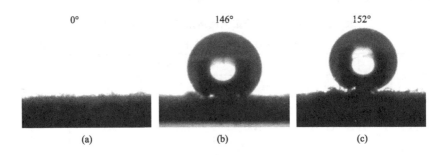

图 5-65　不同处理织物表面接触角

（a）原始麻布织物；（b）十八烷基三氯硅烷改性聚氨酯浸渍麻布织物（使用纯
水固化，不含丙三醇）；（c）超疏水麻布织物

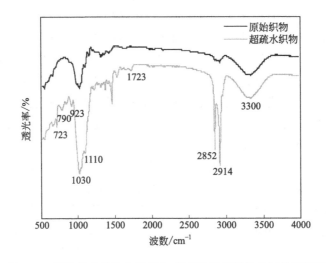

图 5-66　原始麻布织物和超疏水-超亲油麻布织物的红外光谱图

　　采用能谱仪进一步分析麻布织物表面。通过对比发现，原始麻布织物的谱图 [图 5-67(a)]，只检测到 C、O 元素的存在；而经过改性处理的麻布织物能谱图中 [图 5-67(b)]，除了检测到 C、O 元素的存在以外，同时检测到 Si 元素的存在，其中 Si 元素的出现，说明 OTS 成功接枝到麻布织物表面。

　　超疏水-超亲油麻布涂层表面的化学稳定性通过麻布材料表面的水接触角（WCA）来表征，如图 5-68 所示。将酸碱腐蚀性溶液滴于材料表面后，静置一段时间，接触角测量值仍保持在 150°以上，这说明疏水麻布表面涂层对酸碱腐蚀具有较好的抵抗性 [图 5-68(a)]。在四氯化碳有机溶剂中浸泡 7 天后，材料表面对水的接触角仍在 150°以上，表现出良好的油浸蚀耐久性 [图 5-68(b)]。上

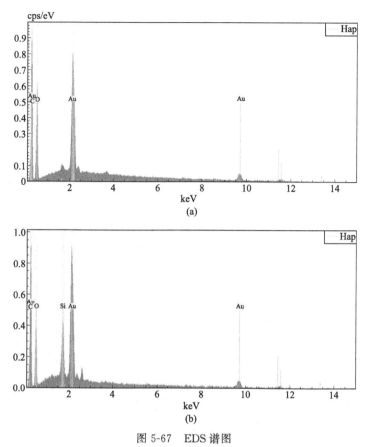

图 5-67 EDS 谱图

(a) 原始麻布织物；(b) 超疏水麻布织物

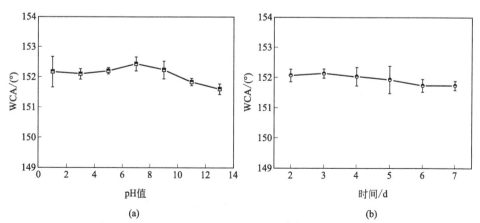

图 5-68 超疏水麻布对不同 pH 溶液的接触角变化（a）以及超疏水-超亲油麻布织物在
不同浸泡时间下的接触角变化（b）

述结果表明，超疏水麻布织物具有一定的耐酸碱性、耐油浸蚀性。这是由于交联固化后的单组分聚氨酯粘接性能优良，具备防水、耐腐蚀以及耐老化等特性，难以被有机溶剂溶解，从而使麻布织物表面生成了一层耐酸碱、耐油浸蚀、柔韧无缝的弹性防水涂层。

首先将两片超疏水麻布织物滤膜覆盖于玻璃瓶口处并用橡皮绳扎紧瓶口，随后用十字夹和烧瓶夹将其固定在铁架台上并用螺钉拧紧，并在下方放置烧杯容器用于收集分离后的滤液，油水分离装置如图 5-69 所示。该装置主要用于分离密度大于 1g/L 的互不相溶的油与水的混合溶液。将烧杯中的油水混合物（其中四氯化碳用苏丹Ⅲ染色，且与水的体积比为 1∶1）从分离装置上方倒入，在重力作用下，超疏水-超亲油麻布织物滤膜可以选择性使四氯化碳迅速穿过并流入烧杯容器中，而水被阻挡在膜上方的玻璃器皿中，倾倒后可被收集到烧杯中，油水分离效率高于 99%，证明其具备优异的油水分离特性以及良好的防水亲油性。

(a)　　　　　(b)　　　　　(c)　　　　　(d)

图 5-69　超疏水-超亲油麻布织物分离两相分层油水混合物
四氯化碳用苏丹Ⅲ染色

超疏水-超亲油麻布织物重复性能测试如图 5-70 所示。从图中可以看出，经过 15 次油水分离实验后，油水分离效率降幅不大，整体仍保持在 99.3% 以上，这说明超疏水-超亲油麻布织物结构性能稳定，具备良好的油水分离和循环使用性能。

图 5-71 为不同基材表面经过湿固化聚氨酯浸渍并疏水改性后的 SEM 图以及相应基材表面静态水滴照片。从左到右依次为尼龙（a）、滤纸（b）、玻璃纤维布（c）和密胺海绵（d）。由 SEM 图可以看出上述材料表面上均构筑了一定粗糙度的微纳米多级结构，表明聚氨酯湿合成法成功地在不同基材表面构筑了符合条件的微纳米级粗糙结构，且经 OTS 修饰改性后其对应的接触角均高于 150°，具备超疏水特性。

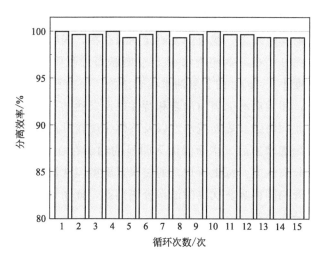

图 5-70　超疏水-超亲油麻布织物油水分离效率

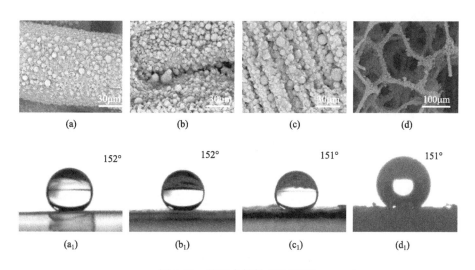

图 5-71　超疏水材料 SEM 图像

[（a）尼龙；（b）滤纸；（c）玻璃纤维布；（d）密胺海绵] 以及水滴在超疏水基材表面照片 [（a₁）尼龙；（b₁）滤纸；（c₁）玻璃纤维布；（d₁）密胺海绵]

图 5-72（a）为超疏水尼龙织物过滤除油的过程示意图，该分离试验主要分离密度小于 1g/L 的分层油水混合溶液。首先将超疏水尼龙网滤膜覆盖于小玻璃瓶口处并用橡皮绳将其扎紧固定在瓶口。将烧杯中的油水混合物（正己烷用苏丹Ⅲ染色，正己烷与水的体积比为 1∶1）从分离装置上方倒入，当油水混合物上层

浮油接触尼龙织物表面时，油相会迅速穿过滤膜并进入玻璃瓶中。与此同时，阻挡的水溶液从尼龙表面沿容器外侧滚落到底部烧杯中。整个过程仅在重力作用下完成，不需要借助其他外力，滤液中无明显油滴存在，表明超疏水尼龙网具有良好的分离性能。图 5-72(b) 为超疏水-超亲油密胺海绵吸附除油的过程，该分离试验主要分离密度小于 1g/L 的分层油水混合溶液。将密胺海绵置于正己烷与水的混合溶液表面，超润湿海绵表面油亲和特性以及发达的孔道结构使得表面浮油被迅速吸附，与此同时因其表面疏水性以及整体密度较低而漂浮在水面上。使用镊子将吸附后的海绵取出后，水面澄清无明显的油层存在，表明超疏水-超亲油海绵具有良好的分离性能。综上所述，通过聚氨酯湿固化法制备的超浸润尼龙织物和超浸润密胺海绵同样具备优良的油水分离性能，证明该制备方法可用于制备多种超浸润油水分离材料。

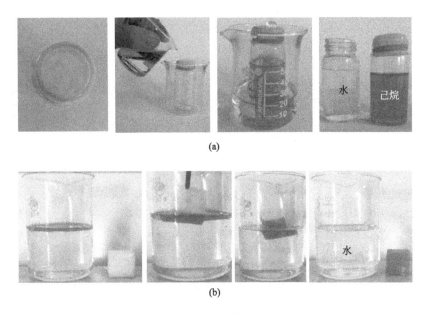

图 5-72 两相油水分离示意图

(a) 超疏水-超亲油尼龙；(b) 超疏水-超亲油密胺海绵

为了验证超润湿织物滤膜材料对不同油水混合物的分离特性，分别测量了超润湿麻布织物滤膜以及超润湿尼龙滤膜对不同密度油相与水混合溶液的分离特性。在分离过程中，油用苏丹Ⅲ染色且与水的体积比为 1∶1(30mL)，分离完毕后计算油水分离效率，结果见图 5-73。从图中可以看出，超润湿麻布织物滤膜对氯仿/水和 1，2-二氯乙烷/水混合溶液的分离效率的三次均值分别为 99.7% 与

99.8%；超润湿尼龙滤膜对甲苯、环己烷、汽油以及柴油等四种低密度油水混合溶液的分离效率均不低于99.7%。结果表明，湿固化聚氨酯制备的超浸润织物滤膜材料对不同种类的低黏度油质和有机溶剂具有普遍适用性。

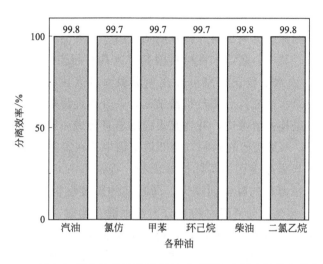

图 5-73　超疏水-超亲油织物滤膜材料对不同油水混合物分离效率图

综上，本课题组以聚氨酯湿法分别制备了多种特殊润湿性油水分离材料，并着重对超润湿麻布织物表面性能与油水分离能力进行了较为全面的研究，主要得出了以下结论：

① 通过聚氨酯湿固化法在麻布纤维表面构筑了微纳米多级粗糙结构并对表面结构形成机理进行了较为详细的探讨，经十八烷基三氯硅烷（OTS）改性后制得了超疏水-超亲油麻布滤膜材料。所制备的超疏水性麻布织物对水的接触角为152°，并具有良好的抗酸碱性、抗油浸蚀性。

② 超疏水-超亲油麻布织物滤膜材料可用于分离正己烷/水混合物。循环实验表明，经过15次油水分离实验后，该织物对正己烷/水混合溶液的分离效率仍保持在99.3%以上，这说明超疏水-超亲油麻布织物结构性能稳定，具备良好的油水分离性能和循环使用性能。

③ 将单组分聚氨酯湿固化合成法成功地应用到了多种不同基材表面，经OTS改性后均具备了超疏水特性。与此同时，所制备的超润湿尼龙织物与超疏水密胺海绵同样具备优异的油水分离特性，证明湿固化聚氨酯法可成功用于制备多种超浸润油水分离材料。其中，湿固化聚氨酯制备的超浸润织物滤膜材料（麻布织物与尼龙织物）能够分离不同种类的互不相容的油水混合物，分离效率高于99%，对不同种类的油水混合物具有普遍适用性。

5.6.3 特殊润湿性自驱动集油器的仿生制备方法

实际的废弃食用油、机械废油、工业溢油等油品污染物往往具有一定的黏性，这对生态系统和人类健康造成严重威胁。近年来，科研工作者设计和制备了多种具有特殊润湿性的分离材料并将其成功应用于分离油水混合物，如薄膜、多孔材料、凝胶等。其中，超亲水性材料因其对水具有超亲和的特性而备受青睐。如图 5-74 所示，由水下杨氏模型可知在光滑表面难以达到水下超疏油的效果。目前所制备的超亲水表面具有明显粗糙结构，在分离过程中一旦与水接触，水被吸附并困在粗糙结构的缝隙中，并在其表面附着且形成一层薄薄的水膜。由水下Cassie 模型可知，水被吸附在材料表面凹槽结构中并在表面形成一层水膜，水膜的存在减小了油与样品表面的实际接触面积。根据水下 Cassie 公式可知，水下油的接触角因接触面积的降低而增大，同时油的黏着性也因此降低。基于此原理，超亲水-水下超疏油分离膜材料在分离油水混合物时，油水混合物中的水分被迅速过滤而油组分则被分离膜阻挡，最终实现油水分离的目的。虽然目前报道的大多数材料具备一定的抗油污特性和优异的油水分离特性，但是主要集中在有机溶剂或轻质油（如汽油和柴油）上，难以长时间应用于分离黏性油水混合物。与此同时，在实际应用过程中这些材料往往面临烦琐的制备和使用流程，生成和使用的高能耗以及使用后孔阻塞带来的循环性差等缺陷，限制了其在含油废水中的可持续使用性。在分离水面上黏性浮油时往往需要提前将油水混合物收集起来并通过倾倒的方式将油水混合物分离，这同样限制了膜法分离的实际应用。

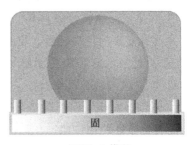

水下杨氏模型　　　　　　　　　　　水下Cassie模型

图 5-74　水下表面润湿性理论模型

超疏水-超亲油吸附材料（海绵、泡沫材料、橡胶、碳基材料、化学合成吸附剂等）通常具有优异的吸附能力和优异的分离效率，能自发选择性地吸附水面上的油。但是，吸附剂材料在用于黏油吸附和去除时，油品的黏性和运动黏度会不可避免地造成污染物在材料孔道中的积累，最终导致材料吸附性能的不可逆下降。并且即使是一次性使用，其制备与分离过程所带来的能耗问题和吸附后处理问题同样制约着吸附材料的实际应用。5.6.1中我们通过在特殊润湿性麻布袋中装填棉花的方式对黏性油水混合物中的油分进行回收，同样遇到了类似的问题。由于油的黏附性，难以通过传统方式将棉花滤芯中的吸附材料清洗干净，从而导致吸附材料的吸附性能下降。

考虑到以上问题，本课题组设计了一种超润湿自驱动集油器，通过自驱动的方式将水面具有一定黏度的浮油收集到上述集油容器中，该油水分离器选用中空多孔聚乙烯球作为超疏水-超亲油布袋内部填充物和内部框架支撑材料，具备操作简单、自驱动集油以及循环性能稳定等优势，避免了传统膜法分离黏性油水混合物需要提前收集的缺陷，并解决了吸附材料因油黏性所造成的吸附性能下降以及循环性能差的问题。

如图 5-75 所示，将直径为 60mm 的中空多孔聚乙烯球装填到 PDMS/SiO$_2$ 麻布袋中，并用系绳封口即得到超润湿自驱动集油器 （SFGD）。将超润湿自驱动集油器放置到含有 350mL 自来水 （亚甲基蓝染色） 和 100mL 二甲基硅油 ［黏

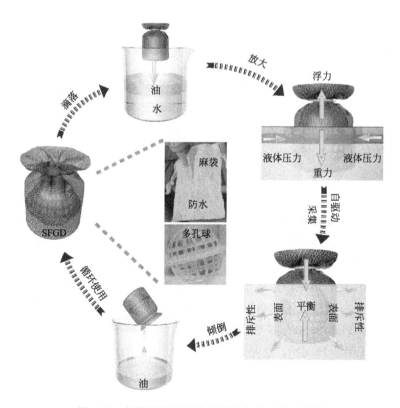

图 5-75　超润湿自驱动集油器收集水面黏油简图

度为（100±8）MPa•s］分层溶液的500mL烧杯容器中。该集油器可自发收集浮于水面的二甲基硅油。待收集完毕后，将集油器取出并倾倒后，该集油器可直接回收并重复使用，在重复收集过程中不需要额外清洗处理。并且通过同样的方法，该装置用于收集各种黏油，如豆油、真空泵油、抗磨液压油、汽油机油（5W-40）等。集油完毕后，油回收效率 W 定义为：

$$W = m_1/m_0 \times 100\% \tag{5-5}$$

式中，m_0 和 m_1 分别为收集前后的黏油的质量。

当达到收集平衡时，理论基础如下所示，超润湿自驱动集油器与收集油的总重力等于所受到的总浮力。

$$G_{SFGD} = F_{buoyancy} - G_{oil} = \rho_H g V_H - \rho_o V_o g \tag{5-6}$$

$$G_{SFGD} = (m_a + m_b)g \tag{5-7}$$

$$G_{oil} = \rho_o V_o g \tag{5-8}$$

$$F_{buoyancy} = \rho_H g V_H \tag{5-9}$$

式中，G_{SFGD}、m_a、m_b 分别表示表面黏附油质的超润湿自驱动集油器的重力、未吸附油质的质量、集油器表面黏附的油质量；G_{oil}、ρ_o、V_o 分别代表收集到的油的重力、油的密度和收集到的油的体积；$F_{buoyancy}$、ρ_H、V_H 分别代表浮力、水的密度和集油器排开水的体积。

假设达到平衡 $V_o = V_H = V$，则式（5-7）可简化为 $V = G_{SFGD}/[(\rho_H - \rho_o)g]$。实验中表面吸附二甲基硅油集油器的平均质量为37.61g，硅油的密度为0.963g/mL，根据方程简化式算得，达到平衡时二甲基硅油最大回收体积的理论值为1016.5mL。而装填的中空多孔聚乙烯球的体积约为113mL，小于1016.5mL。因此，本实验中选取黏油量100mL作为初始用量。该初始用量同样适用于其他黏油（其他黏油密度均低于水的密度且可被集油器完全回收）。

采用扫描电镜（SEM）对原始麻布表面形貌［图5-76(a)和(d)］和超疏水-超亲油麻布织物表面形貌［图5-76(c)和(d)］进行观测分析。通过观测发现，原始麻布织物在宏观上呈现三维交错结构，且有不同程度的弯曲变形。放大后麻布织物单根纤维表面除了明显的褶皱纹理结构外表面较为光滑。浸渍PDMS预聚体和SiO_2混合溶液后，麻布织物表面的三维交错结构并未发生明显的改变［图5-76(c)］，一定程度上说明织物表面或织物内部孔道未被完全堵塞。但纤维表面因附着油 PDMS/SiO_2 变得较为粗糙，放大后单根纤维表面出现明显的纳米级粗糙结构［图5-76(d)］，这是由于纳米二氧化硅的存在使得PDMS固化后在织物纤维表面形成明显的凹凸结构，说明PDMS/SiO_2麻布织物表面具有超疏水特性和超亲油特性。与此同时，在稳定性方面所制备的PDMS/SiO_2展示了一定的抗水冲击能力和水贮存能力，为在后续油水分离实验过程中始终保持对水的排斥性提供依据。如图 5-76(d) 所示,当水贮存于麻布袋中时,可以明显地看到水前表面有一层光亮的镜面反射层,这个反射层源于超疏水麻布织物表面被困住的空气和这些被困空气周围的水所构成的界面。空气层的存在也表明超疏水磁性炭粉在水下具有优异的防水性。

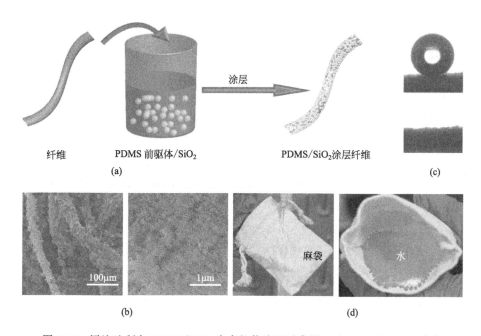

图 5-76 浸泡法制备 PDMS/SiO₂ 麻布织物流程示意图 (a);PDMS/SiO₂ 麻布
SEM 图 (左) 和局部放大 SEM 图 (右)(b);在空气条件下水接触角 (上) 和
油接触角 (下) 的照片 (c) 以及水冲击试验 (左) 和水贮存试验 (右) 照片 (d)

根据杨氏方程,在不同的三相界面系统 (固体/水/空气、油/水/空气和固体/水/油) 中,理想的光滑表面油下水的接触角推导式如下:

$$\cos\theta_{wo} = \frac{\gamma_{wv}\cos\theta_w - \gamma_{ov}\cos\theta_o}{\gamma_{wo}} \tag{5-10}$$

式中,θ_w 和 θ_o 分别代表空气条件下材料表面对水的表观接触角和油的表观接触角;γ_{wv},γ_{ov} 和 γ_{wo} 分别代表水的表面张力、油的表面张力和水/油之间界面张力。

实际条件下,材料表面多存在不均匀的粗糙结构。因此,对比 Wenzel 和 Cassie 不等式,材料表面油下对水的接触角,方程修订式如下:

$$\cos\theta'_{wo} = r\cos\theta_{wo} \tag{5-11}$$

式中,θ'_{wo} 代表粗糙表面在油下对水的接触角;r 代表材料表面的粗糙度。

根据公式可知，由于 r 的值大于 1，在一定范围内，材料在油下对水的接触角 θ_{wo} 大于 $90°$ 时，其表观接触角 θ'_{wo} 会随之增大，因此提高材料表面粗糙度同样能够提升材料表面油下疏水性。

如图 5-77 所示，在富油相环境中，超亲油麻布织物能快速吸附油质，使油与表面粗糙纹理结构紧密结合，并贮藏在织物表面粗糙结构的内部孔隙中。PDMS/SiO₂ 涂层织物表面油下水黏附实验结果显示，进样针所携带的 $5\,\mu L$ 水滴在接触到样品表面时，即便对液滴施加向下的压力，水滴仍能在麻布织物表面快速左右移动并随着进样针探测头的拉升而脱离织物表面，展示了优异的油下疏水特性。

材料表面油下水接触角检测结果显示，在正己烷环境中，超润湿麻布织物表面对水的接触角为 $154.1°$［图 5-77(g)］；在二甲基硅油环境中，超润湿麻布织物表面对水的接触角为 $165.8°$［图 5-77(h)］。如图 5-78 所示，样品表面浸没在多种黏油环境中时对水的接触角均在 153 以上。综上所述，PDMS/SiO₂ 麻布织物具有优异的亲油性和油下疏水特性，为水面上黏性浮油的选择性收集提供了理论基础。

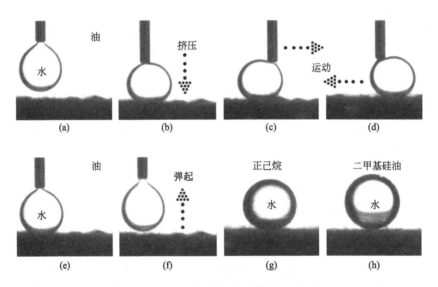

图 5-77　PDMS/SiO₂ 涂层织物表面油下水黏附实验照片（a）～（f）和正己烷（g）、二甲基硅油（h）油下接触角

特殊润湿性材料表面微纳米级粗糙涂层结构的机械稳定性是衡量特殊润湿性表面的重要组成部分，它的好坏直接影响到材料的实用性。防水性聚二甲基硅氧烷作为一种透明弹性体，因其良好柔韧性而被应用于耐磨超润湿材料表面

的构建。利用 PDMS 预聚体的黏性可以将纳米颗粒包覆固定在织物纤维表面，干燥后聚合形成 PDMS。PDMS 弹性具有分散机械力的作用，可以保护被包覆的纳米二氧化硅不受外力的直接作用，并且 PDMS 所具备的韧性可以增强表面耐磨损性能。如图 5-79（a）所示，采用沙粒振荡仪对制备的样品表面 PDMS/SiO$_2$ 的力学稳定性进行研究。如图 5-79（b）所示，经过 1500 次振荡磨损测试后，样品对水的接触角不低于 152°，说明样品表面仍保持超疏水能力；对比磨损前后的 SEM 图，发现磨损后麻布织物纤维表面仍附着足以包覆整个纤维表面的 PDMS/SiO$_2$ 涂层，其原因主要源于 PDMS 自身的柔韧性以及对外力的分散作用，证明 PDMS/SiO$_2$ 麻布织物具有良好的力学稳定性。

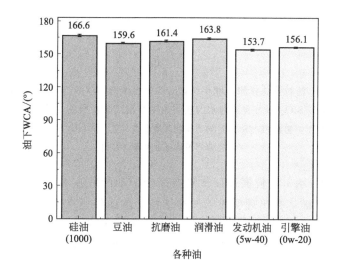

图 5-78　材料表面多种油环境下对水的接触角

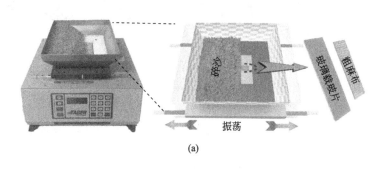

(a)

图 5-79

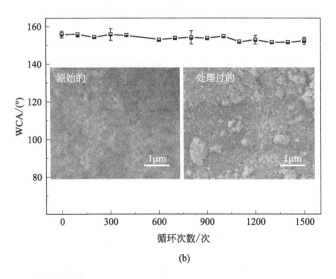

(b)

图 5-79　沙粒振荡仪测试麻布织物表面过程示意图（a）和磨损试验过程
中 PDMS/SiO$_2$ 麻布表面对水的接触角随磨损实验次数的变化关系图（b）
[SEM插图：初始 PDMS/SiO$_2$ 麻布织物纤维表面（左）和 1500 次循环后 PDMS/
SiO$_2$ 麻布织物纤维表面（右）]

　　如图 5-80 所示，沙粒振荡仪往复振荡会带动沙粒左右滚动，在滚动的过程
中双面胶表面被破坏并出现明显的凹槽结构。然而经过 1500 次循环振荡磨损试
验后，麻布织物表面无明显破损情况，且利用胶头滴管在样品表面逐滴滴落水滴
时，水滴发现明显的弹起与滚落现象，说明 PDMS/SiO$_2$ 织物具备良好的结构稳
定性和耐磨性能。

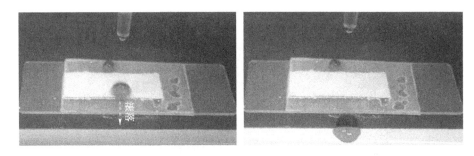

图 5-80　沙粒振荡仪处理 1500 次后，蓝色水滴从织物表面滚落的照片

　　如图 5-81 所示，超疏水-超亲油麻布袋在经过 15 天的水贮存实验后，布袋
外侧无明显渗漏现象。如图 5-81(b) 所示，在水浸泡条件下观测布袋内部，结

果显示布袋内侧外观结构无明显改变。将贮存的水倾倒到烧杯中未发现明显的
PDMS/SiO₂ 涂层附着颗粒脱落现象，证明超疏水-超亲油麻布织物具备良好的耐
水稳定性。

图 5-81　水贮存实验照片
（a）超疏水性布袋在贮存 15 天后无明显渗水现象；
（b）织物中的贮存的水；（c）倒入烧杯的水

　　图 5-82 为超润湿自驱动集油器在收集水面黏性浮油自驱动时的力学原理示
意图。超润湿自驱动集油器由超疏水-超亲油麻布袋和中空多孔聚乙烯球组装而
成 [图 5-82(a) 和 (b₁)]。其中，中空多孔聚乙烯球作为内部支撑物，可以最大
限度地撑开并稳定布袋内部空间。将自驱动集油器放入装有黏油/水混合物的烧
杯容器中 [图 5-82(b₂)]，在自身重力作用下，集油器部分浸没在水中；然而由
于集油器整体密度小于水，在浮力作用下，集油器浮于水面上 [图 5-82(b₃)]。
由于集油器表面超疏水-超亲油特性且表面能较低，水面黏油在样品材料表面张
力作用下迅速浸润集油器表面，并在浮油自身重力和液体内部压力的共同作用下
缓慢且自发地穿过集油器外侧织物滤膜，而水则因麻布织物超疏水以及油下超疏
水特性被选择性阻挡在外侧，最终完成水面黏油的全部收集 [图 5-82(b₃)]。集
油器在收集过程中，因重力增加逐渐下降，而油质则持续不断地从水油界面上层
流入，浸没于水中的部分则因为水的存在而将油相阻隔在织物膜层处，最终水中
的油相即能连续不断地流入集油器中，同时又被水相阻隔无法从集油器底部溢
出。由图 5-82(b₄) 可知，当油收集完毕后且达到力学平衡（零合力）时，由于
集油器整体密度仍然小于水从而能够在水面上漂浮。由于实验所用的黏油黏度较
高，采集的原油几乎不发生渗漏，取出集油完毕的集油器，并将油倒入玻璃容器
中进行回收。集油器取出后可直接反复使用，无需额外清洗处理 [图 5-82(b₁)
和 (b₅)]。

　　如图 5-83(a) 所示，当布袋放置在液体混合物表面时，由于 SFGD 的重力

作用，布袋部分浸入液体混合物中，使得集油器内外出现液位差。因此，在液体内部压力和油相自身重力作用下，流动的黏油持续不断地通过织物滤膜孔隙而水被排斥在外侧［图 5-83(a₂)］。

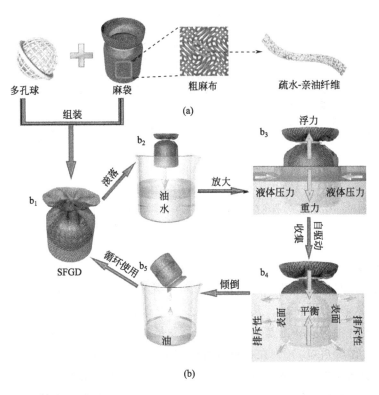

图 5-82　超润湿自驱动集油器的制备（SFGD）（a）和集油器黏性浮油收集过程（b）

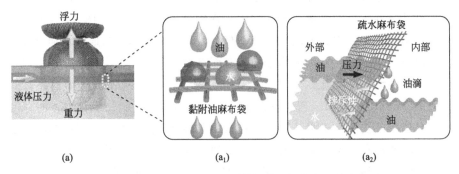

图 5-83　集油器油受力分析图（a），附着黏油织物表面疏水机理（a₁）
及油水混合分离机理（a₂）

如图 5-84(a) 所示，超疏水-超亲油集油器自发地将水面上的浮油完全收集起来，收集完毕后依然保持漂浮状态。将集油器从水中取出后，短时间内织物外表面未发生明显的黏油渗漏现象，随后将收集的二甲基硅油倒入烧杯中，即完成了水面浮油的收集。在初次使用时由于集油器本身会黏附一部分油质，因此待分离完毕后初始集油器的质量由 14.67g 提高到 38.09g（集油器简单沥干未清洗，表面含附着黏油），使用前后的称重差为 23.42g，所得油的回收质量和回收效率分别为 68.9g 和 71.5％，如图 5-84(b) 所示。随后，在对未清洗的集油器进行重复利用时，将使用前后的集油器称重差值控制在 ±2g，经过 50 次循环后平均油回收率为 94.81％，说明该集油器具备优异的循环使用特性。

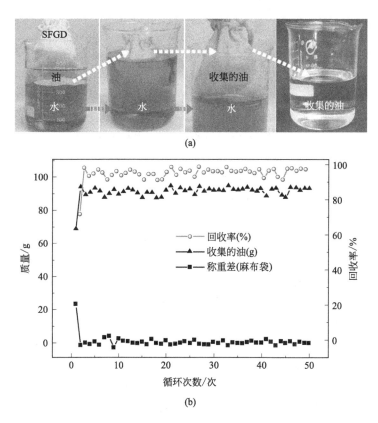

(a)

(b)

图 5-84　超润湿自驱动集油器采集水面二甲基硅油照片（a）和
二甲基硅油的回收质量、回收率，以及集油器使用前后袋
称重差随着浮油收集循环次数变化曲线（b）

如图 5-85 所示，超润湿自驱动集油器由于长时间浸泡在水中，导致织物材料表面霉变黑化，但这对油品回收率影响不大，浸泡 15 天后，二甲基硅油回收

率为 95.8％[图 5-85(d)]，证明其具备稳定的表面防水性和一定的涂层结构稳定性。对比图 5-85(a) 和 (c)，水面液位明显下降，这主要是由于未密封烧杯内水分自然蒸发。

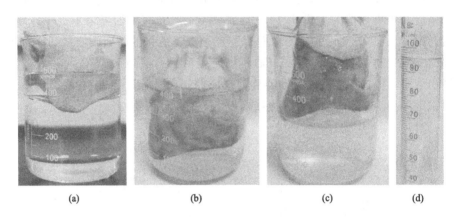

图 5-85　超润湿自驱动集油器置入含有二甲基硅油/水混合物的烧杯中 (a)，
油收集完毕后集油器漂浮在水面上 15 天 (b)，从容器中提出
含油集油器 (c)，以及收集的二甲基硅油 (d)

如图 5-86 所示，集油器可以应用于收集多种黏性浮油，如二甲基硅油 [黏度 $(100\pm8)mPa\cdot s$，$(500\pm8)mPa\cdot s$，$1000\pm8(mPa\cdot s)$]、豆油、润滑油、抗磨液压油以及机油等，油质回收率均在 94％以上。将直径为 10 cm 的中空多孔聚乙烯球放入 15cm×20cm(长×宽) 的超疏水-超亲油麻布袋中，可用于收集 300mL 多种黏油混合物组成的浮油，如图 5-86(b) 所示。结果表明，该浮油集油器可适用于多种黏油的收集，且在一定程度上进行比例放大后，仍能应用于多种混合黏性浮油的收集，具有较为广泛的实用性。

综上，本课题组以麻布织物、PDMS、SiO_2 以及中空多孔聚乙烯球为原料设计合成了具有超润湿自驱动特性的集油装置，并对其表面稳定性以及黏性浮油的收集能力等实用方面进行了较为细致的研究，主要得出以下结论：

① 超润湿自驱动特性集油装置外侧的麻布织物，在磨损实验、酸碱腐蚀实验以及油腐蚀实验中，展示出良好的抗腐蚀特性以及力学稳定性。

② 超润湿自驱动特性集油装置在不借助其他外力情况下可自发收集水面浮油，且经过 50 次循环后，平均二甲基硅油回收率为 94.81％，说明该集油器具备优异的油水分离特性以及循环使用特性。另外，在耐水稳定性检测实验中，经过 15 天的水贮存实验后，布袋外侧无明显渗漏现象；集油器完成油收集后浸泡在水中长达 15 天且漂浮黏油回收率不低于 95.8％，证明其表面满足对黏性浮油进行长时间分离的要求。

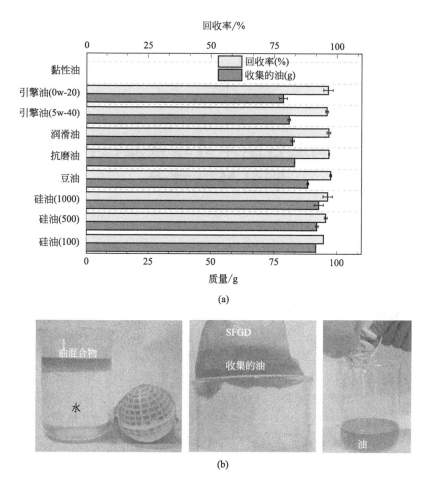

(a)

(b)

图 5-86　超润湿自驱动集油器对多种黏性浮油的回收质量与回收率（a）以及集油
器收集多种黏油混合物图片（b）

③ 超润湿自驱动特性集油装置能够应用于多种黏油的收集，具有一定的实用价值和应用潜力。

$$\boxed{\text{第6章}}$$

多功能特殊润湿性纳米纤维素复合材料的仿生制备关键技术

6.1 纳米纤维素简介

纳米纤维素被定义为纤维直径小于100nm且具有纳米尺度的横截面结构，即一维尺度达到纳米级别。纳米纤维素主要包含三种，即纤维素纳米纤维（CNF）、纤维素纳米晶（CNC）和细菌纤维素（BC）。其中，长度约几微米，直径约十至几百纳米的CNF与长度约十至几百纳米，直径约几纳米的CNC可以从植物（木质纤维素）或动物（海鞘纤维素）中获得。而细菌纤维素是由直径40～60nm、长度20μm的纤维束组成的，具有高结晶度（95%）和高聚合度（2000～8000）。植物细胞壁结构是以纤维素微纤作为"构建骨架"，周围胶黏包裹无定形半纤维素和具有三维空间网状交联结构的木质素大分子，形成"钢筋混凝土"结构，该结构导致木质纤维素原料中纤维素、半纤维素和木质素三大组分的分离极为困难。细菌纤维素没有植物纤维素含有的木质素、果胶和半纤维素等伴生产物。

纳米纤维素因其自身性质、独特的纳米结构以及衍生出的一系列优异性能（如质轻、比表面积大、生物相容性好、表面含有大量羟基、高亲水性、高杨氏模量、高强度、高热稳定性、易于加工成型、超精细结构及独特光学特性），成为近年来生物质新材料科学领域的研究热点。但纳米纤维素亦存在诸多不足，例如：表面大量的羟基决定了纳米纤维素不能很好地溶解于弱极性溶剂和聚合物介质；较大的比表面积和较高的热力学势能决定了纳米纤维素极易团聚；纳米纤维素缺少高分子化合物的目标属性等。基于纳米纤维素表面富含羟基并具有较强的化学反应活性，可通过进一步的磺化、氧化、酯化、环氧化、醚化、氨酯化、硅烷化等一系列化学改性处理使上述问题得以解决，以实现纳米纤维素的仿生智能化重组。

6.1.1　纤维素的化学结构

纤维素大分子由 D-葡萄糖以 β-1，4 糖苷键联结而成，分子量 $50000\sim$ 2500000，相当于 $300\sim15000$ 个葡萄糖基。纤维素的分子式为 $(C_6H_{10}O_3)_n$，每个相邻葡萄糖基扭转 $180°$，每隔两环有周期性重复，两环为一基本链节（也称纤维素二糖，cellobiose），大分子的链节数为 $(n-2)/2$，n 为葡萄糖基数，即纤维素的聚合度。纤维素大分子的两个末端葡萄糖基，其一端有四个自由羟基，另一端有三个自由羟基和一个半缩醛羟基（称为潜在羟基），半缩醛羟基可显示醛基性质。因此，纤维素大分子具有还原性，但大分子链较长，羟基还原性不明显；随着纤维素大分子的降解，分子量变小，半缩醛羟基增多，还原性还会增强。因此，可利用纤维素中醛基含量的变化来测定其经酸处理后平均聚合度的变化。纤维素大分子链中间每环上有三个自由羟基，其中两个为仲羟基（C_2、C_3），一个为伯羟基（C_6），它们具有一般醇羟基的性质，能起酯化、醚化等反应，活泼性以伯羟基较强，纤维素大分子链中的糖苷键对碱的稳定性较高，在酸中易发生水解，使大分子链聚合度降低，大分子间作用力减弱，纤维强度降低。

6.1.2　纤维素的聚集态结构

纤维素的聚集态结构即超分子结构，反映了纤维素分子间的相互排列情况。在有序的区域中，纤维素链紧密排列在一起形成结晶区，由于该区域有很强的非常复杂的分子内和分子间氢键力的作用，因此结晶区很稳定。X 射线衍射研究发现，纤维素的大分子聚集体中，结晶区部分分子的排列整齐、有规则，呈现清晰的 X 射线衍射图，结晶区纤维素的密度为 $1.588g/cm^3$；无定形区部分的分子链排列不整齐，较疏松，因此分子间距离较大、密度较低，无定形区纤维素的密度为 $1.500g/cm^3$，但其分子链取向大致与纤维主轴平行，故纤维素的结晶度一般在 $30\%\sim80\%$。纤维素的氢键网络和分子取向会因为来源、提取手段、处理方法的不同而导致纤维素同质异构体（化学结构相同而单元晶胞不同）的形成，大致存在六种可部分相互转换的结晶变体：纤维素 Ⅰ、Ⅱ、Ⅲ$_Ⅰ$、Ⅲ$_Ⅱ$、Ⅳ$_Ⅰ$、Ⅳ$_Ⅱ$型。

纤维素材料的聚集态结构主要指纤维素大分子的排列状态、排列方向、聚集紧密程度等。材料中纤维素大分子形成的三维有序的点阵结构，称为结晶结构；纤维素大分子呈不规则排列的区域称为非晶区，或无定形区。结晶度指的是结晶部分在整体材料中的含量。例如：棉纤维的结晶度约为70%，苎麻纤维为90%，丝光棉纤维约为50%，黏胶纤维约为40%。材料的结晶度与其物理性质、化学性质、力学性质均有密切关系。结晶度越高，材料中纤维素分子排列越规整，缝隙孔洞较少且较小，分子间的结合力越强，材料的断裂强度、屈服应力和初始模量表现得越高，但其伸长率降低，脆性增加。例如：纤维素纤维中麻的结晶度最高，约为90%，它的强度也最高；棉纤维的结晶度为70%，强度比较高。

6.2 纳米纤维素的制备方法

6.2.1 化学法

化学法制备纳米纤维素最常用的方法是酸解法，酸在整个反应当中起到催化剂的作用，酸在适当浓度下会电离出氢离子，氢离子首先破坏纤维素结构中的非晶区，导致非晶区发生降解，随后再进入结晶区中一些晶形有缺陷的部分使其降解，最终使得纤维素的结晶结构得以保留，从而得到高结晶度的纳米纤维素。通常采用稀酸（例如硫酸、盐酸、硝酸及磷酸）从植物类生物质原料中提取纤维素，因为浓酸提取会对纤维素造成腐蚀。通过稀酸处理，能够有效水解去除半纤维素以得到高纯度纤维素，然而稀酸也会使部分纤维素水解。因此，还需要加入碱或有机溶剂溶解除去水解产物。氢氧化钠、氢氧化钾、氨水等碱液通过使纤维结构溶胀破坏结构中半纤维素及木质素，而纤维素也会因为在碱性环境下发生剥皮反应导致聚合度降低。Bondeson等将硫酸酸解通过响应面法进行优化，当硫酸浓度为63.5%（质量分数）、反应时间为2h时，制备的CNC呈棒状结构且长度为200~400nm、直径小于10nm。虽然硫酸酸解制备的纳米纤维素有利于在水中的分散，但是在酸解过程中在纳米纤维素表面形成的硫酸酯基团会导致其热稳定性降低。因此，近年来用混合酸制备纳米纤维素是研究热点。

离子液体是指在室温或接近室温下呈现液态的、完全由阴阳离子所组成的盐，也称为低温熔融盐。离子液体作为离子化合物，其熔点较低的主要原因是其结构中某些取代基的不对称性使离子不能规则地堆积成晶体。它一般由有机阳离子和无机或有机阴离子构成，常见的阳离子有季铵盐离子、季鏻盐离子、咪唑盐离子和吡咯盐离子等，阴离子有卤素离子、四氟硼酸根离子、六氟磷酸根离子等。离子液体具有强极性、高热稳定性、基本无挥发性等特点，在较低温度下即可溶解纤维素、木质素与半纤维素等组分，对纤维处理效果优异。然而其造价昂贵且合成工艺复杂，使用过程中需要回收，目前常被用于溶解纤维素及制备纤维类产品，较少用于纳米纤维素提取。综上，根据组成和作用机理，纤维素溶剂可以归纳为三类：a. 水性络合剂（铜乙二铵溶液、酒石酸铁碱性水溶液及其他络合物）；b. 碱性及相关系统［NaOH、LiOH 和其他碱性体系，添加某些化学试剂（例如尿素、硫脲、氧化锌）可以促进纤维素的溶解］；c.非水系统［极性有机液体（例如二甲基亚砜、二甲基乙酰胺或甲酰胺），伯、仲或叔脂肪胺的混合物，氨基成分与极性有机液体和无机盐的结合，N-甲基吗啉-N-氧化物和离子液体］。

6.2.2　物理法

物理法包括研磨、高强度超声波处理、微射流、高压均质及冷冻粉碎等。与化学法相比，物理法处理对纤维素的内部结晶结构和性质影响较小，但得到的纳米纤维素的尺寸均一性较差。

研磨法制备纳米纤维素是纤维分散液在高转速下进行研磨，纤维之间的氢键断裂，纤维细胞壁在剪切力作用下不断地脱落，经多次循环，便会得到纳米纤维素。将原木削片或切屑制成 10～50mm 大小的试样，再通过磨盘或球磨将试样磨至 0.2～2mm，即得到纤维产物。通过该物理手段粉碎处理可大幅提升原料的有效比表面积，且不会造成纤维水解。然而，仅通过粉碎研磨不能除去原料中的其他非纤维素组分，并且会使纤维素的聚合度与结晶度降低。

在高强度超声波处理过程中，声致空化现象会形成强大的机械振动能量和高密集的波，在这种条件下，线型高分子的链间氢键破坏，逐步将生物质纤维分解成纳米纤丝化纤维。高强度超声波处理通过在纤维交联结构间生成大量的小型气泡可有效破坏纤维素与木质素间的连接。然而高强度超声波处理存在对纤维素破坏严重且对设备要求较高等问题，因而难以用于大规模生产。

高压均质法制备纳米纤维素的原理是以高压往复泵为动力将纤维溶液输送至工作阀，在纤维溶液通过工作阀的过程中，同时受到强烈的剪切、撞击、空穴和湍流涡旋等机械力作用，从而使纤维不断微纤化得到纳米纤维素。该法制备的纳米纤维素的直径一般为 20～100nm，长度为几十微米。通常情况下，多次重复该过程，能够得到粒径更小、更均匀的纳米纤维素。对于不同的纤维原料，如纸浆、竹子、稻草和 MCC 等，都可以通过该方法得到形态和性能较为理想的纳米纤维素。然而，此方法在制备纳米纤维素的过程中仍存在一些问题，例如，均质器容易堵塞、能耗高、强烈的机械作用损坏纤维晶体的结构等，所以合理的预处理是非常重要的。

冷冻粉碎技术产生于 20 世纪初，其主要利用冷冻和粉碎相结合的技术，使原料在低温冻结状态下进行粉碎制成粒状或粉状物。冷冻粉碎制备纳米纤维素是先将润胀的纤维原料浸于液氮中冷冻，然后粉碎机以高剪切力作用使纤维细胞壁剥离，接着将冷冻粉碎后的纤维稀释成一定浓度的浆料，最后再用高压均质器处理即可得到稳定的纤维素微米纤丝（MFC）悬浮液。

6.2.3 物理化学法

物理处理法一般需要消耗大量的能量，会导致得率和纤维长度急剧下降，且对植物纤维原料非纤维素组分的去除效果不好，而化学处理存在纤维素水解等问题，即采用单种方法处理原料均存在一定缺陷。研究表明，植物纤维预处理、两种或两种以上方法联合使用起到了积极的作用，即将物理、化学处理方法中两种或多种结合，用于共同处理提取纤维素。处理过程常通过物理处理增大原料比表面积，并利用化学试剂去除纤维素之间其他组分，对原料的处理效果优于单一处理。蒸汽爆破、有机热溶剂法、水热处理、氨纤维爆破、超临界 CO_2 爆破处理也是目前应用广泛的植物纤维原料处理方法，其处理方式是将原料置于一定的温度及高压环境内使爆破试剂充分进入植物组织内部，并通过短时间内迅速降压使其内部的气体冲破细胞壁结构，以分离纤维素与木质素和半纤维。高温高压会使植物纤维发生断裂且会破坏其氢键结构，降低纤维素的聚合度与结晶度，半纤维素及木质素也在高压及溶剂作用下水解或解聚。但它们对原料中木质素的去除效果不理想，具有能量耗费（加热蒸汽）较大、存在安全隐患等问题。以有机热溶剂法为例，采用有机试剂（如丙二醇、甲醇、水杨酸等）或含水有机溶剂在高温（100～250℃）或酸碱催化条件下去除木质素并溶解半纤维素的过程，但高温条件下，有机溶剂易挥发、爆炸，因此对反应容器的密封性和安全性要求较高。

6.2.4 酶解法

纤维素酶水解原料制备纳米纤维素，可以减少对环境的污染，并且所用的酶制剂和纤维原料具有可再生的优点。由于木质纤维素的结构组成非常复杂，单一组分的酶很难对其高效水解，常选用复合纤维素酶来酶解木质纤维素制备纳米纤维素。纤维素酶是一种复合酶系，主要包括：a. 内切葡聚糖酶，也称 Cx 酶，其作用是随机地进攻无定形区纤维素的骨架，使 β-1,4-糖苷键断裂；b. 外切葡聚糖酶，也称 C1 酶，该酶可以从纤维素糖链的还原端或非还原端逐步降解纤维素，释放出纤维二糖或葡萄糖；c. β-葡萄糖糖苷酶，也称纤维二糖水解酶，其可以将纤维二糖或低分子的纤维糊精水解生成葡萄糖。纤维素酶酶解木质纤维原料的过程是以上 3 种酶的协同作用。酶解法制备 NCC 会产生大量的水解液，水解液中含有大量的还原糖，如葡萄糖、木糖、阿拉伯糖、半乳糖和甘露糖等，具有很好的回收再利用价值。纤维素酶预处理可以大大降低 NFC 制备过程中的能量消耗。有研究发现，酶预处理可以分解木纤维，降低原料纤维的长度，增加细小纤维的含量，得到了比强酸水解的纳米纤丝更加均一的产物。

Berglund 等采用内切葡聚糖酶处理木质纤维素纤维，利用内切葡聚糖酶选择性地水解掉生物质纤维中的半纤维素、木质素等低分子物质，并在一定程度上水解掉纤维素的无定形区，在此基础上利用机械高压均质处理纤维素纤维，也得到了分散均匀的纤维素纳米纤丝水悬浊液，所得纳米纤丝具有十分精细的尺度及缠结紧密的网络结构，但是由于生物酶的培养及应用条件相对苛刻，使得这一方法对反应环境的要求相对较高，并具有较高的原料成本。Henriksson 等分别用纤维素酶和酸催化水解纤维素，通过原子力显微镜对二者制备的纳米纤维素观察表明，酶解法制备的纳米纤维素具有更大的长径比，单一的纤维素酶对纤维素的水解能力有限，因此，为了提高纤维素酶的水解效率，可以通过超声波处理或者添加表面活性剂以及使用多种酶组成的体系来水解。

6.2.5 静电纺丝法

静电纺丝是近些年来一种新兴的制备 10nm～10mm 超精细纤维的新型加工技术，即利用带电的溶有纤维素的溶液在静电场作用下进行流动或变形的方法。在高压电场下，液滴中的离子或者分子向不同的方向聚集，储液管口原为球形的液滴慢慢被拉伸变长，形成泰勒锥。当超过某个临界值时，液滴中的电荷做电场运动，喷射流不断地被拉伸、细化、固化，形成更长的纤维素纳米纤丝。静电纺丝法操作简单方便，高效低耗，污染少。Kulpinski 等将纤维溶解于 N-甲基吗啉-N-氧中，通过静电纺丝法制备出具有纳米尺寸的纤维，用于制备无纺纤维网络和纤维薄膜。Kim 等将纤维溶解于 LiCl/DMAc/NMMO 溶剂体系中，通过静电纺丝法制备出直径为 250～750nm 的纤维素，同时，还研究了纺丝条件对纤维的影响。Frey 等用乙二胺硫氰酸盐溶解纤维素纸浆（Sigmacell Type 20）、棉花纸和手术棉球形成 8% 的溶剂，然后在 30kV 下静电纺丝，得到了超细的纤维素纤维。赵胜利等在四氢呋喃溶液中静电纺丝制备乙基氰乙基纤维素超细纤维，纤维直径为 250～750nm，纤维的结晶度随着静电电压变化，当电压为 50kV 时结晶度最大。Ma 等以溶解于丙酮二甲基甲酰胺三氟乙烯（3:1:1）的 0.16g/mL 的醋酸纤维素静电纺丝制备超细、高亲和力膜，超细纤维直径为 200nm～1mm，然后再生制备成再生纤维素超细膜，可以用于过滤水和生化制品。Uppal 和 Ramaswamy 在 N-甲基吗啉-N-氧化物-N-甲基吡咯烷酮水的混合溶剂中溶解 α 纤维素，38℃、28kV 电压下静电纺丝制备出直径为 80nm 左右的纤维素纤维，其中有一些结成珠状。

6.2.6 微生物法

微生物法利用细菌发酵和降解来产生纤维素，这种纤维素通常被称为细菌纤维素。木醋杆菌、假单细胞菌、无色杆菌、土壤杆菌和根瘤杆菌都可以自身合成细菌纤维素。目前，大多数研究以木醋杆菌来合成纤维素，它的物理和化学性质与植物纤维素相近，但不含有木质素、果胶和半纤维素等，具有可达95％的高结晶度，聚合度高达2000～8000，具有超细的网状纤维结构，每一束丝状纤维由一定数量的纳米级的微纤维组成。微生物合成法具有能耗低、污染小、质量高的优点，但处理过程复杂、耗时较长、成本较高，产生的纤维素有很强的持水能力、较高的生物相容性、适应性和良好的生物可降解性。Hestrin 等在葡萄糖和氧气存在下，利用木醋杆菌合成了细菌纤维素，并对其合成的条件进行了深入的探讨。关晓辉等以木醋杆菌为目标菌株，对生产细菌纤维素的发酵条件进行优化并进行微观结构分析，结果表明在最优发酵条件下，细菌纤维素的产量可以高达11.49g/L，且制得的细菌纤维素为纤维素 I 型，尺寸达到纳米级。通过对不同菌株的培养、改善培养条件可以得到不同性质的细菌纤维素。

6.3 纳米纤维素的改性方法

6.3.1 物理吸附改性

物理吸附改性主要是通过物理相互作用（如静电力、氢键和范德华力）将带有相反电荷的表面活性剂或聚电解质吸附到纳米纤维素的表面。由于纳米纤维素表面存在大量的羟基，具有亲水性，容易吸收环境中的水分降低材料的力学强度。通过采用物理吸附的方式能够较温和地对材料进行疏水改性，常见的方式有吸附聚合物、使用表面活性剂和添加烷基季铵盐进行物理改性。Lozhechnikov 等通过合成 GGM-b-PDMS 共聚物吸附在纳米纤维素的表面，加强疏水性，来使纳米纤维素的聚集减少，使其能够更好地在非极性溶剂中分布。表面活性剂改性是指纤维素表面的负电荷吸附疏水的阳离子表面活性剂进行改性。Syverud 等以 CTAB 为阳离子表面活性剂，吸附于氧化钠纤维素膜的阴离子上，在未破坏薄膜中氢键的情况下，成功将其由亲水性改为疏水性。烷基季铵盐改性是通过添加不同比例的季铵盐（QAS）来改变纤维素的力学性能，一般依靠正负离子的吸附作用固定在纤维素表面。Shimizu 等通过四甲基铵和四乙基铵的 TOCN 膜去吸附 QAS 来使其变得高透明，且其疏水性也有所改善。Heux 等使用烷基酚聚氧乙烯（9）醚磷酸酯（BNA）对棉绒纳米纤维素和被囊类动物纤维分别进行了改性，按质量比 4：1 的比例将 BNA 与纳米纤维素在碱性条件下混合，改性后的纳米纤维素能够很好地分散在甲苯等有机溶剂中。Zhou 等报道了一种温和的纳米纤维素表面改性方式，通过在其表面吸附木葡低聚糖-聚乙二醇-聚苯烯三嵌段共聚物，极大地改进了纳米纤维素在非极性溶剂中的溶解性。

6.3.2 表面化学改性

（1）酯化改性

纤维素表面存在大量的羟基，在强酸溶液中，能够与一些酸、酰卤、酸酐等发生亲核取代反应生成纤维素酯，其中存在一种特殊的酯化叫作乙酰化，通过用乙酰基来取代纤维素中的羟基进行反应，达到纤维素表面效果。Ifuku 等通过将乙酰基引入细菌纳米纤维素进行乙酰化，再通过加入丙烯酸树脂形成纳米复合材料，随着乙酰化取代程度的加强，复合材料的光学透明度也随之增强。酯化反应能够增加纤维素的某些特定功能，但需要有机溶剂处理，不符合"绿色化学"原则。Yuan 等选择烯基琥珀酸酐（ASA）对纳米纤维素进行表面修饰，大大提高了纳米粒子的疏水性，使它容易分散到不同介电常数的极性溶剂中，包括高介电常数的二甲基亚砜（DMSO）和极低介电常数的 1,4-二氧六烷。Berlioz 等采用气相酯化的方法将脂肪酸链接枝到纳米纤维素表面，得到了几乎完全表面酯化的纳米晶体。王能等使用醋酸酐对纳米纤维素进行酯化改性，得到的改性产物经冷冻干燥处理，结果发现纳米粒子尺寸未发生明显变化，但再分散性变差；Akihiro 等以 N-甲基-2-吡咯烷酮为溶剂，4-二甲基氨基吡啶为催化剂，将纳米纤维素与烯基琥珀酸进行酯化反应。Yoo 等报道了一种方法，可以避免上述一些问题，即在水中将乳酸和脂肪酸与 CNC 进行酯化反应，得到的产物可以均匀地分散于乙醇和丙酮中。

（2）接枝共聚改性

纳米纤维素接枝共聚物不仅可以保持纳米纤维素原来的性质，还可以通过引入化合物侧链，有目的地加强其功能性。纳米纤维素可以与多种聚合物完成接枝共聚改性，如图 6-1 所示，具体方式分为直接接枝、间接接枝和共价接枝。直接接枝是将纳米纤维素主链上的羟基和疏水的功能性端基聚合物进行偶联；间接接枝是较为流行的一种方式，它利用引发剂将单体从表面直接聚合，能够轻松地将活性基团接枝到纳米纤维素表面；共价接枝通常由分子量较低的共聚单体和纳米纤维素的乙烯基大分子单体聚合反应而得。整个接枝过程难以控制接枝物分子的大小，较为复杂。Habibi 等将不同分子量的聚己酸内酯接枝到异氰酸酯偶联的纳米纤维素表面，达到了对纳米纤维素改性的目的。该课题组还报道了使用辛酸亚锡作为接枝聚合剂，通过开环聚合的方法接枝聚己酸内酯长链，接枝后纳米纤维素能长时间稳定悬浮于甲苯中，电镜扫描和 X 射线衍射分析表明接枝改性并未破坏其完整的初始形态和结晶结构。Yi、Morandi 等以溴异丁酸乙酯为引发剂，通过原子转移自由基聚合接枝聚苯乙烯，改性后纳米纤维素不仅在热致性液晶和溶致性液晶中都呈现出手性向列结构，而且提高了其对 1,2,4-三氯苯的吸附性。Krouit 等通过均相点击化学的聚合方法将聚己酸内酯接枝到纳米纤维素晶须表面，接枝后纳米纤维素增重 20%，其热稳定性和力学性质也有所提高。

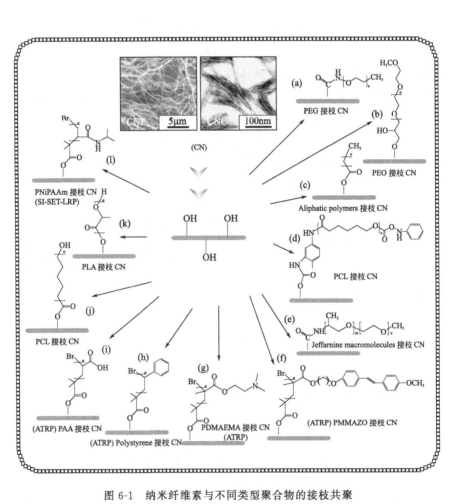

图 6-1　纳米纤维素与不同类型聚合物的接枝共聚

（3）TEMPO 氧化改性

2,2,6,6-四甲基哌啶-1-氧自由基（TEMPO）氧化改性可以将纳米纤维素表面的羟甲基氧化为羧基，提高它的水溶性。Araki 等使用 TEMPO 改性盐酸水解纳米纤维素，结果表明氧化改性后的纳米纤维素保持了完整的结晶结构，并形成了均匀的水相悬浮液。Isogai 等利用 TEMPO 作为催化剂，通过向反应体系中添加催化剂及氧化剂，对纤维素 C6 上的伯羟基进行选择性氧化，将其氧化成聚葡萄糖醛酸，使纤丝表面带有负电荷，纤丝之间产生一定的电斥力，进而降低纤丝间的氢键作用力。然后对纤维进行高压均质处理或高强度超声破碎处理，即可得到分散均匀的纤维素纳米纤丝水悬浊液，所得纤丝的直径可达 3～5nm，属于构成木质纤维素的基元原纤丝，具有十分精细的结构。Habibi 等将 CNC 进行 TEMPO 氧化，结果表明，制备的氧化 CNC 在水中的分散性提高，且内部结晶结构未被破坏。

（4）硅烷化处理改性

如图 6-2 所示，除了酯化、TEMPO 氧化改性外，硅烷化也被广泛用于纤维素晶须的表面化学修饰，修饰后的纳米粒子在有机溶剂中的分散性得到了改善，但是其形貌会发生些许改变。硅烷偶联剂在水解条件下，硅烷基团形成硅醇，进一步与纤维素表面得羟基结合形成疏水结构。这种方式的优点是简单无污染，效果显著；其缺点是溶剂交换复杂，一旦硅烷化处理过度，会使纤维素表面变得粗糙，透明度降低。Khanjanzadeh 等通过 3-氨丙基三乙氧基硅烷（APTES）对纳米纤维素表面进行无溶剂甲硅烷基化改性，有效加强了纳米纤维素的疏水性，并提高了其热稳定性。γ-甲基丙烯酰氧基丙基三甲氧氧基硅烷 KH-570 被用来改性

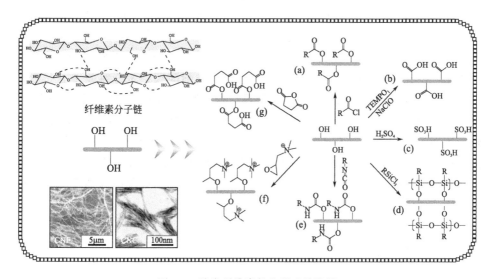

图 6-2 纳米纤维素的化学改性路线

纳米纤维素，结果发现采用的硅烷偶联剂改性的纳米纤维素能够均匀分散在 N，N-二甲基酰胺中，且纳米纤维素的结构没有发生变化。Gousse 等用一系列烷基二甲基氯硅烷对纳米纤维素晶须进行硅烷化改性，其中烷基基团分别为异丙基、正丁基、正辛基和正十二烷基，结果表明，当纳米纤维素晶须取代度为 0.6～1 时，可以稳定地分散在丙酮和四氢呋喃等有机溶剂中，且结晶结构保持完整性，而取代度大于 1 时，内部结晶结构发生了破坏。

6.4 纳米纤维素的组装方法

6.4.1 纳米纤维素基复合膜

由于纳米纤维素材料的独特物理性质和化学性质，其可以广泛应用于多功能薄膜、污染物吸附、电化学储能、催化、传感、检测、生物医药、荧光成像等众多领域。Ma 等将 CNF 渗透到静电纺聚丙烯腈（PAN）纳米纤维（直径约150nm）支架中，开发出具有高通量、低压降和高效截留细菌与噬菌体的复合纳米纤维微滤（MF）膜。该 MF 膜具有良好的力学性能和较高的表面电荷密度，对染料的吸附能力是商业 MF 膜产品的 16 倍。研究发现，随着 CNF 的加入，纳米纤维支架的孔径减小，纯水流量降低约 28%。因此，该复合膜非常适用于湖泊、河流或池塘低能耗饮用水的净化。Zhang 等采用原位聚合法制备了具有核壳结构的纳米纤维素/聚苯胺（NC/PANI）和纳米纤维素/聚（3,4-乙烯二氧噻吩）（NC/PEDOT）纳米复合薄膜。研究表明，基于 NC/PANI 或 NC/PEDOT薄膜的单、双 ECDs 的电致变色行为更出色，其双 ECD 反应速度更快（漂白1.5s，着色 1.9s），光学对比度更大（30.3%），显色效率更高（241.6cm^2/C），循环稳定性更好（超过 150 次）。Xu 等以蓝藻为原料，采用水热法制备了发光碳量子点（CQDs，产率为 5.30%），进一步与聚乙烯醇和纳米纤维素复合，获得一种在紫外线照射下发出明亮蓝光的薄膜材料。研究表明，该复合膜具有较高的耐水性和较好的紫外线/红外线阻隔性能，在软包装材料、防伪材料、紫外线/红外线阻隔材料等方面具有潜在的应用前景。Zhou 等开发了具有 CNF 和 MXene交替层的可穿戴柔性电磁界面屏蔽膜。当 EM 辐射通过 CNF/MXene 薄膜时，由于高阻抗失配以及 EM 与高密度载流子的相互作用，展现出高达 7029dBcm/2g 的比屏蔽效能。

6.4.2 纳米纤维素水凝胶

水凝胶是含有高水分含量的三维交联网络，可以基于共价键或非共价键相互作用而形成。制备水凝胶的天然高分子材料主要包括纤维素、甲壳素、海藻酸钠等，尤其纤维素是自然界中最丰富的天然高分子材料，具备可再生、易获取和绿色可持续的优点，是生物质研究中极为重要的资源。纤维素溶液或悬浮液可以通过物理交联的非共价键作用力、静电相互作用和链缠结形成凝胶，其凝胶化速率主要取决于纤维素溶液的浓度和温度。当在液体中加入环氧氯丙烷（ECH）和MBA 等化学交联剂或改变反应条件（温度、pH 值、超声波）时，通过化学交联形成共价键，促进胶粒聚集形成三维互联网络结构，从而将溶胶转变为固体。此外，也可以通过电子束或 γ 辐射、复合凝聚、化学酶修饰使纤维素凝胶化。一般来说，化学交联过程比物理交联速率快，形成的凝胶结构更稳定。

　　Dai 等通过阴离子 TEMPO 氧化纤维素纳米纤维（TOCN）和阳离子瓜尔胶（CGG）之间的静电/氢键相互作用原位自组装合成了三维多孔结构及力学性能优异的全多糖基水凝胶材料（TOCN/CGG）。该水凝胶相互连接的多孔结构及分子上存在的羟基和羧基为污染物离子提供了大量的结合位点，可作为吸附剂应用于废水中重金属离子（Cu^{2+}、Fe^{3+}）及有机染料（硫黄素 T、甲基橙）的吸附处理。另外，其废水处理产物 Cu@TOCN/CGG 复合水凝胶，可作为应变传感器应用于柔性可穿戴领域，通过对其施加压力，产生形变，进而获取电信号，操作简单，灵敏度高，且实现了资源的高值化利用。Chen 等首先将 CNF 作为增强剂加入 PVA 中，之后在戊二醛的交联作用下制成 PVA 水凝胶，由于该水凝胶具有优异的力学性能、热稳定性、生物相容性和无毒性，有望应用于生物医学中的 3D 支架材料。Zhang 等首先对 CNC 进行季铵盐化制备出带有正电荷的CNC，之后将季铵盐化的 CNC 与丙烯酸采用原位聚合的方法制备出 PAA 水凝胶纳米复合材料，季铵盐化 CNC 在 PAA 中同时起到了交联剂和填料的作用，对其性能分析表明，该复合水凝胶具有 pH 响应性，力学性能也有了明显的提升，同时可逆的物理交联赋予了水凝胶部分自恢复能力。Yang 等研究了 CNC的长径比和添加量的不同对 PAA 水凝胶力学性能的影响，拉伸测试和 DMA 分析结果表明，当加入浓度 0.5%（质量分数）、长径比 31 的 CNC 时，水凝胶的拉伸强度和断裂伸长率均达到最大，储能模量出现了明显的提高，这说明 CNC的加入可以明显提高水凝胶的力学性能。

6.4.3　纳米纤维素气凝胶

　　气凝胶是一种超轻的三维（3D）多孔新材料，具有高孔隙率和大比表面积，同时具备出色的吸声、耐高温、绝热等优异性能。美国科学家 Kistler 通过去除凝胶中所有溶剂而未显著减小体积的方式首先制得了气凝胶。Ziegler 等认为只有直径为几百纳米的中孔和大孔且孔隙率超过 95% 的材料才能被称为气凝胶。

现在人们重新定义了气凝胶，并随着气凝胶定义的不断扩展，提出了由凝胶制备气凝胶的多种干燥方法。此外，气凝胶也已由多种材料制得，例如天然聚合物气凝胶、无机气凝胶、合成聚合物气凝胶等。纤维素被公认为是最丰富的可再生天然高分子聚合物，因其出色的可生物降解性和生物相容性等，被认为是未来最有前途的材料。

纤维素及其衍生物制备的气凝胶具有高孔隙率（84.0%～99.9%）、大比表面积（10～975m²/g）、超轻密度（0.0005～0.35g/cm³）和生物相容性特征，根据不同的原料和合成方法，可以归纳为三种：纳米纤维素气凝胶、再生纤维素气凝胶和纤维素衍生物气凝胶。其优点在于：a. 纤维素是可再生生物聚合物，可从多种来源中提取；b. 由于在气凝胶合成过程中几乎不需要交联剂，纤维素链的羟基通过分子内的氢键以及分子间的物理交联作用，构建气凝胶的 3D 网络结构，简化制备过程；c. 通过纤维素的化学改性或物理共混，更易改善纤维素气凝胶的结构特性。表 6-1 总结了纤维素气凝胶在不同研究领域的制备技术、物理性能和广泛应用。

表 6-1　各种纤维素气凝胶在不同研究领域的制备技术、物理性能和应用

序号	气凝胶	干燥方式	性能	应用
1	纳米纤维素	冷冻干燥	密度:20～40mg/cm³;表面积:74m²/g	有机催化
2	纤维素三乙酸酯/PEI	超临界干燥	密度:10～97mg/cm³;表面积:234～447m²/g;CO_2 吸附:2.31mmol/g;吸附-脱附循环:10 次	CO_2 吸附
3	醋酸纤维素/GO	冷冻干燥	孔隙率:>99%;密度:1.8mg/cm³;表面积:33.0m²/g;孔尺寸:50-100μm;接触角:148.5°;吸附能力:230～734g/g	油水分离
4	细菌纤维素/聚酰亚胺	冷冻干燥	孔隙率:93.1%～97.7%;密度:46mg/cm³;热导率:23mW/(m·K)	保温
5	纳米纤维素/碳量子点	冷冻干燥	孔隙率:98.5%;密度:0.02mg/cm³;表面积:113m²/g;压缩强度:21.52kPa	传感器
6	纳米纤维素/聚乙二醇	冷冻干燥	孔隙率:90%;孔结构:大孔 80～400μm,微孔 20～80μm	细胞培养
7	纳米纤维素/明胶	冷冻干燥	密度:20mg/cm³;表面积:132.28m²/g	药物载体

由于成本低、安全性高、清洁和无污染等特性，冷冻干燥已成为制备气凝胶的最佳方法，即采用低温冷冻凝胶，然后在高真空条件下使凝胶中的冰升华，用气体代替凝胶中的液体以产生孔结构。气凝胶的孔结构（孔的形态和孔分布）主要取决于凝胶的冷却速度、结晶温度和凝胶中冰晶的生长行为，而凝胶中液体（固态）的升华速率则与凝胶浓度、形状、温度等因素有关。科学家普遍认为温度和浆液浓度是影响凝胶中冰晶生长的主要因素。Ni 等通过低温偏振显微镜观

察发现：在$-15 \sim -40℃$之间，冰晶的平均直径随温度降低而显著减小，即气凝胶的孔径也随之减小。另外，液氮冷冻（$-196℃$）可实现超低温冷冻，从而制备出孔径约为$4 \sim 8 \mu m$的气凝胶。若采用高压缩短冷冻过程的时间，凝胶中会形成更小、更规则的冰晶，继而获得孔结构更规则、更小的气凝胶。这是由于H_2O分子的稳定结构在高压下会被破坏，断裂的键趋于彼此靠近，从而导致气凝胶的孔结构更紧密。而且根据糖溶液中冰晶的模拟实验，在晶体生长期间，溶质将被推至更高的浓度区域，这将抑制凝胶中冰晶的进一步生长，获得孔径更小的气凝胶。

在超临界CO_2条件下，液体和气体之间的表面张力为零，液体和气体之间将不再出现弯曲界面。由于固/液相和液/气相变的比能不同，在靠近溶剂弯月面的毛细管壁会形成一种内向力，所以超临界CO_2干燥的产物普遍呈现出菜花状和小而粗糙的珠状聚集体。也因为如此，必须将高表面张力的水完全用低表面张力的溶剂取代。一般情况下，纤维素及衍生物交联形成凝胶后，需要单独与乙醇或丙酮交换溶剂，最后采用超临界技术干燥。研究表明，天然纤维素气凝胶通常需要用乙醇交换；较高的干燥压力会产生孔径较小的气凝胶；减压的速度也会影响孔隙的生长，导致气凝胶的孔隙变大。表6-2比较了两种干燥方法制得纤维素气凝胶的孔结构、比表面积、密度等。

表 6-2 纤维素气凝胶的不同制备方法及物理特性

序号	气凝胶	制备方法	孔隙率/%	比表面积 /(mg/cm²)	密度 /(g/cm³)	孔径
1	纳米纤维素	钙离子交联；超临界干燥	—	353	—	8.86nm
2	纳米纤维素	乙醇溶剂交换；超临界干燥	99.4	33.1	0.009	—
3	纳米纤维素	超声波凝胶；乙醇溶剂交换；超临界干燥	96.6～99.4	72～115	0.009～0.05	1.7～300nm
4	纳米纤维素	冷冻干燥	85	—	0.2	25nm～14.5μm
5	纳米纤维素	混合凝胶；叔丁醇溶剂交换；冷冻干燥	—	342	0.0077	20～40μm
6	纳米纤维素	7.5%（质量分数）NFC；冷冻干燥	92.5～95.6	2.73	0.06～0.1	11.8～50.6μm
7	纤维素	DMSO/EMImAc 溶解；乙醇溶剂交换；超临界干燥	86～92	239～312	0.126～0.25	10nm～10μm
8	纤维素Ⅱ	（TBAF）·H_2O/DMSO溶解；乙醇再生纤维素；超临界干燥	—	470	0.04～0.07	5～8nm
9	纤维素	离子液体溶解；乙醇溶剂交换；超临界干燥	95.3～97.3	240～340	0.04～0.07	—

序号	气凝胶	制备方法	孔隙率/%	比表面积 /(mg/cm²)	密度 /(g/cm³)	孔径
10	纤维素	离子液体溶解;水/乙醇再生纤维素;冷冻干燥	98.8	296~412	0.017~0.028	7.6~13.1μm
11	纤维素	NaOH/尿素溶解;乙醇溶剂交换;冷冻干燥	95	327.42	—	5.45μm
12	纤维素	LiCl/DMSO 溶解;叔丁醇再生纤维素;冷冻干燥	96.7~97.2	51~146	0.041~0.050	
13	Ln³⁺-CMC 复合	Ln³⁺ 交联;乙醇溶剂交换;超临界干燥	—	80.9~84.4	—	5μm
14	三醋酸纤维素	二氧六环溶解;超临界干燥	96	229~958	0.005~0.05	
15	醋酸纤维素	丙酮溶解;超临界干燥	47~82	140~250	0.045~0.15	13~25μm
16	羧甲基纤维素	硼酸交联;冷冻干燥	98.48		0.0243	50~200μm
17	羧甲基纤维素	Fe³⁺ 交联;冷冻干燥	59.7~90.5		0.0568~0.1847	—
18	弹性可回收	CMC 交联 CNTs;冷冻干燥	99		0.01~0.015	50~200μm

　　Li 等通过纤维素氧化、交联、冷冻干燥和冷等离子体改性,成功制备了一种新型纤维素气凝胶。所得气凝胶的水接触角可达 152.8°,对各种油和有机溶剂的吸附能力为 13.77~28.20g/g,表现出优异的油水选择性。此外,这种气凝胶可以通过简单的压缩重复利用。吸附-解吸过程可以重复至少 50 个循环。Zheng 等采用冷冻干燥工艺制备了交联 PVA/CNF 复合气凝胶。通过简单的热化学气相沉积过程,经甲基三氯硅烷处理后,PVA/CNF 气凝胶具有超疏水性-超亲油性、大孔隙率(>98%)、优异的油/有机溶剂吸收能力(自身重量的44~96 倍)、显著的金属离子清除能力、优异的弹性和力学耐久性。

6.4.4　纳米纤维素基炭气凝胶

　　纳米纤维素及其衍生物能够构建为具有三维网络结构的纳米纤丝化纤维素气凝胶(CNFA),CNFA 能够作为一种碳基质材料或者碳骨架支撑材料,应用于能源储存与转换。纤维素基炭气凝胶作为新型的纳米级多孔碳材料,相比于普通纤维素气凝胶,具有很多优点,除了原料来源广泛、成本低、制备工艺简单、具有很高的孔隙率和比表面积、密度低、吸附能力很强外,还具有稳定性、疏水性和导电性等优点。由于细菌纤维素生物质较为优异的特性,能够高效地制备炭气凝胶，直接作用于氧化还原催化剂，有着广泛的应用前景，但其产量远远低于植物纤维素原料。根据纤维素不同的形态差异，纤维素基炭气凝胶有几种制备方式。一种是先冷冻干燥得到气凝胶，再将处理过的气凝胶通过高温碳化处理，能够制备多孔道结构的炭气凝胶。另一种是对纤维素材料直接进行水热碳化或者高温碳化，再进一步去除杂质获得纤维素基炭气凝胶。Zu 等通过溶解微晶纤维素进行再生，制备出了具有高比表面积的储能炭气凝胶。Wan 等以秸秆作为原料，再通过 NaOH/PEG 体系进行再生，制备出多孔的纤维素基炭气凝胶。Bi 等利用棉花为原料，借助于其缠绕的纤维结构，直接碳化生成炭气凝胶。纤维素基炭气凝胶在吸附、电化学、储能和隔热等领域有着极其重要的应用前景。

6.5　多功能特殊润湿性纳米纤维素复合材料的制备

6.5.1　超亲水性细菌纤维素/钯复合膜的制备

随着工业的发展和生活水平的提高，染料在生产和使用中进入水环境中，同样威胁着水体健康。因此处理单一污染物的过滤材料不能满足大量复杂污水的高效处理。含油、染料废水中有机污染物的同步去除可以有效解决这一问题，这就要求过滤材料除了具备油水的选择分离性外，还要具备去除染料的功能。染料通常可以通过传统的物理化学方法去除，例如吸附或反渗透，但这些方法只涉及染料的相转移。最有效的解决方法是在金属纳米颗粒（NPs）存在的情况下，通过催化还原将染料转化为无毒化合物。钯纳米颗粒（PdNPs）对染料具有良好的催化性能。然而，负载 PdNPs 的高分子膜的制备通常涉及高剂量［如二甲基甲酰胺、硼氢化钠（$NaBH_4$）］的使用，甚至为了防止合成的 PdNPs 发生团聚而加入稳定剂，这构成了潜在的环境和生物风险。

因此，为了解决上述关键问题，使用高孔隙率的天然高分子聚合物膜作为 PdNPs 载体的想法引起了研究者的注意。如 β-D-葡萄糖、壳聚糖和淀粉等，被用作还原剂和模板来合成 PdNPs。纤维素作为一种来源广泛的天然高分子，由于其独特的结构，可以解决对额外稳定剂或还原剂的需要，被认为是一种很好的继任者。纤维素纤维表面丰富的氢氧化羟基基团可以参与 PdNPs 的还原。而在天然纤维素中，细菌纤维素（BC）具有独特的三维超长纳米纤维网络结构，是制备纤维素膜的优质原料。

本课题组基于纤维素的纤维可交联成网络的性质，采用长纤维型的 BC 制备超亲水细菌纤维素膜（BCM），作为负载 PdNPs 的生物还原剂。在此基础上，利用纤维素表面的化学活性，采用水热合成法将最多的 PdNPs 固定在多孔 BCM 表面，得到了超亲水细菌纤维素/钯复合膜（BCMPd）。为了提高其适用性，深入探索 BCMPd 同步去除水包油型乳液和染料 [以亚甲基蓝（MB）和 NaBH₄ 体系为降解模型] 性能。本工作系统研究并揭示了 BCMPd 催化降解 MB 的能力和机理。这项工作为开发一种同时去除乳液中的油分和降解水中染料的双功能催化膜反应器提供了新思路，这将有助于更高效地处理真实水体中的油和染料。

超亲水性细菌纤维素/钯复合膜（BCMPd）的合成路线示意图如图 6-3（a）所示。第一步是用真空抽滤法制备细菌纤维素膜（BCM）。将分散好的 0.01%（质量分数）细菌纤维素分散液（BCS）用真空泵（−0.05MPa）驱动，在聚偏二氟乙烯（PVDF）膜上抽滤，并在鼓风干燥机中烘干（35℃，24h）得到 BCM。为了控制纤维素膜的通量，分别使用 1mL、3mL、5mL 和 7mL 的 BCS 进行真空抽滤，得到的样品分别记为 BCM-1、BCM-3、BCM-5 和 BCM-7。第二步是用水热合成法在 BCM 上负载钯纳米粒子（PdNPs）。将 250mg 的 PdCl₂ 溶于 100mL 浓度为 20mmol/L 的盐酸溶液中，在 60℃下搅拌 1h 得到浓度为 1.5mg/L 的 PdCl₂ 溶液。然后，将已经制好的 BCMs 浸泡在 PdCl₂ 溶液中，在

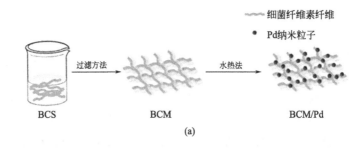

图 6-3　BCMPd 的合成路线示意图（a）以及纤维素悬浮液
在 pH=1～14 的酸碱条件下的照片（b）

80℃下反应12h，冷却至室温后用去离子水洗涤得到超亲水性细菌纤维素/钯复合膜（BCMPs）。样品分别表示为 BCMPd-1、BCMPd-3、BCMPd-5 和 BCMPd-7。

先用真空抽滤法制膜，后经过水热反应负载钯纳米粒子是为了避免细菌纤维素纤维在过酸或过碱环境下发生团聚，如图6-3（b）所示，在pH＝1～3和pH＝12～14时细菌纤维素分散液发生了团聚，这会影响细菌纤维素膜的均匀性，导致其不能有效分离乳液。因此，预先制膜使BC提前形成水凝胶，可以降低水热反应的影响，从而获得结构均匀的BCMPd。

采用扫描电镜（SEM）对原始细菌纤维素膜（BCM）和超亲水性细菌纤维素/钯复合膜（BCMPd）的表面形貌进行测试和分析。BCM的低倍扫描电镜图［图6-4（a）］显示，BCM的表面是光滑的。不同于BCM的光滑表面，在水热反应负载PdNPs后，可以观察到在BCMPd上有大量粒子出现，说明在没有额外还原剂的情况下PdNPs成功负载在BCMPd上［图6-4（b）］。因为细菌纤维素的长纤维互相缠绕形成膜，所以在图6-4（c）和（d）中均可观察到纤维素长纤维交联形成的网状结构。此外，PdNPs均匀分布在BCMPd表面，没有团聚现象发生［图6-4（d）］。这主要是由于纤维素纤维表面羟基的存在起到了原位还原PdNPs的作用。表明了纤维素可以作为还原和负载PdNPs的双功能基材。

为了更好地观察BCMPd的结构和进一步确定PdNPs的成功负载，对

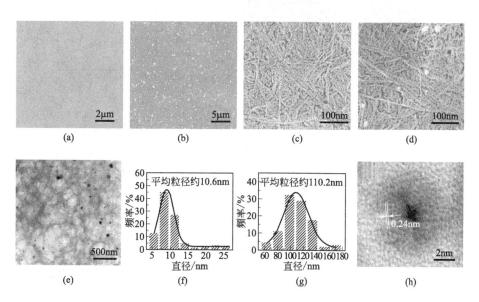

图6-4 BCM(a) 和 BCMPd(b) 表面的 SEM 图像，对应于 (a) 和 (b) 的放大倍数的扫描电镜图像 (c) 和 (d)，BCMPd 的 TEM 图像 (e)，PdNPs 的大小分布 (f) 和纤维素膜的孔径分布 (g)，以及 BCMPd 中 PdNPs 的 HRTEM 图像 (h)

BCMPd 进行了透射电镜（TEM）的观察和分析。在 BCMPd 的 TEM 图像中可以观察到纤维素的网络结构上负载了大量的 PdNPs［图 6-4(e)］，PdNPs 的平均直径为 10.6nm［图 6-4(f)］。纤维素网络的平均孔径为 110.2nm［图 6-4(g)］，膜孔径远小于微米级乳液的乳滴直径，因此可以起到阻挡油滴的作用，这为 BC-MPd 应用于乳液分离中提供了必要条件。通过对 PdNPs 的高分辨率透射电子显微镜（HRTEM）图像［图 6-4(h)］的观察发现，面心立方的 PdNPs 的（111）晶格条纹宽度为 0.24nm。PdNPs 的成功负载为 BCMPd 应用于染料的催化降解提供了保障。

通过 EDS 能谱分析进一步给出 PdNPs 负载成功的直接证据以及 PdNPs 的分布情况。如图 6-5(a) 所示，大量的 PdNPs 均匀分布在 BCMPd 表面。为了进一步探索表面化学成分，进行了 XPS 测试和分析，结果如图 6-5(b) 所示。在 287eV、535eV 和 342 eV 附近出现的特征峰分别归属于 C 1s、O 1s 和 Pd 3d，清楚地揭示了 BCMPd 主要由 Pd、O 和 C 三种元素组成。此外，图 6-5(c) 显示

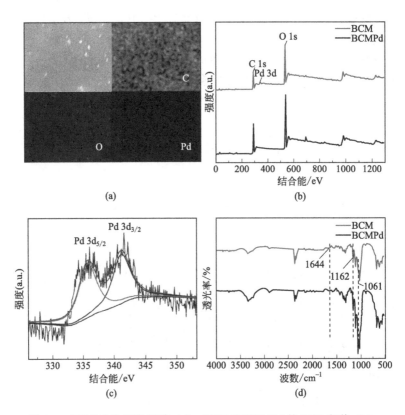

图 6-5　BCMPd 的元素图谱（a），BCM 和 BCMPd 的 XPS 光谱（b），
BCMPd 的 Pd 3D（c）以及 BCM 和 BCMPd 的 FT-IR 光谱（d）

了 BCMPd 的 Pd 3d 峰区域，在 335.88eV 和 341.28eV 处观察到的特征峰分别归属于 Pd $3d_{5/2}$ 和 $3d_{3/2}$，表明了通过水热过程可以在没有稳定剂和还原剂的情况下通过 BCM 成功负载和还原 PdNPs。

红外光谱仪测试进一步确定了 PdNPs 与 BCM 的连接方式，结果如图 6-5(d) 所示。在红外光谱图中显示了位于 1061cm^{-1} 和 1162cm^{-1} 处的特征峰，分别归属于 C—OH 的伸缩振动和 C—O—C 的弯曲振动。在负载 PdNPs 的水热反应发生后，这些特征峰的强度减弱，这意味着在水热反应过程中，Pd 和 BCM 上 C—OH 基团之间发生了相互作用，从而改变了 C=O 基团的结构。此外，与 BCM 的 O—H 弯曲振动有关的 1644cm^{-1} 处的强度在 BCMPd 中移动到 1626cm^{-1}，这也表明 Pd 与 BCM 纤维链发生了部分相互作用。

BCMPd 的表面润湿性直接关系到油水分离的成功与否，所以通过测试 BC-MPd 的接触角来研究其润湿性。图 6-6 显示了 BCM 和 BCMPd 在空气中和水中对油的润湿行为。对于 BCM，当水滴接触膜表面时，水在大约 7.20s 内完全润湿，水接触角为 0°[图 6-6(a)]，并观察到水下油接触角为 151.0°[图 6-6(b)]，BCM 表现为亲水性和水下疏油性。相比之下，BCMPd 表现出更强的亲水性，水滴在 6.45s 内完全润湿 BCMPd[图 6-6(c)]。此外，还观察到水下油接触角为 151.7°[图 6-6(d)]，亲水性的增强和水下疏油性的增强的原因是 PdNPs 增加了 BCMPd 表面的粗糙度，而粗糙度的增大可以增强亲水物质的亲水性。为了更好地确定其水下疏油的能力，在水下测量了 BCM 和 BCMPd 的表面对油的黏附行为。在水下对油滴施加向下的压力使油滴变形，然后在松弛过程中观察到油滴在

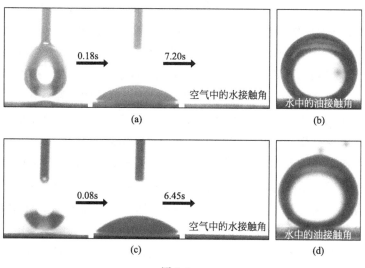

图 6-6

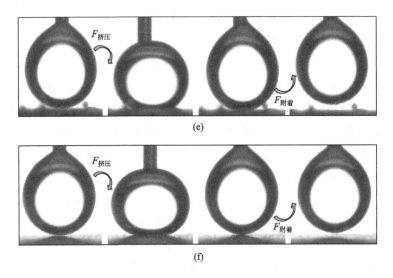

图 6-6　油在空气中和水中对 BCM ［(a) 和 (b)］和 BCMPd
［(c) 和 (d)］的润湿性，BCM(e) 和 BCMPd(f) 在水下测试
油黏附力过程的照片

水下能够保持球形［图 6-6(e) 和 (f)］，这可能归因于水与 BCMPd 表面亲水基
团之间形成了氢键而产生的优异的防黏附性能。

　　此外，还测定了 BCMPd 的水通量和乳液通量，以评价 BCMPd 的透水性和
破乳能力。支撑膜（SM）的水通量为 $(1930.38\pm35.69)L/(m^2 \cdot h)$，分离乳液
通量为 $(127.48\pm19.09)L/(m^2 \cdot h)$，SM 分离乳液的通量为水通量的 1/15，
SM 分离乳液的速度慢说明了 SM 的破乳能力较差。有趣的是，BCMPd-1 的水
通量$[(3832.74\pm48.74)L/(m^2 \cdot h)]$ 比 SM 增加了一倍，而分离乳液的通量比
SM 增加了约 25 倍，这说明细菌纤维素通过提高亲水性增强了破乳能力。当细
菌纤维素的剂量继续增加时，水通量和乳状液通量都急剧下降，并在细菌纤维素
的剂量增加到 7mL 时，通量下降到 SM 的水平［图 6-7(a)］，这是由于过量的细
菌纤维素会覆盖膜孔。因此，在添加适量细菌纤维素的情况下，BCMPd-1 表现
出优异的水通量和分离乳液的通量，大大高于其他 BCMPd 和已报道的研究中的
通量。此外，对于不同的乳液和乳化剂稳定的水包油型乳液的分离，分离后滤液
中的油分含量分别小于 45×10^{-6} 和小于 90×10^{-6}，结果表明 BCMPd-1 适用于
不同乳液的分离［图 6-7(b)］。因此，BCMPd-1 被选用于后续实验中。

　　为了评价 BCMPd 对染料的催化降解性能，选择 MB 还原作为污染物模型，
结果如图 6-8 所示。经过 240s 的过程中，在对照溶液 TS_1 和添加了 BCM 的测试

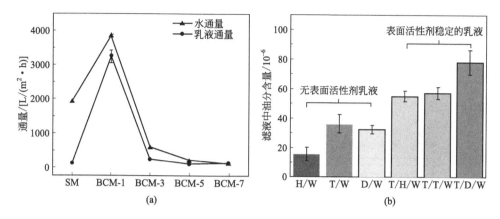

图 6-7 支撑膜（SM）和 BCMPds 的水通量和分离乳液的通量（a）以及
BCMPd 分离乳液后滤液中的油分含量（b）

溶液 TS_0 中均没有观察到明显的颜色差异［图 6-8(a)］，这说明 BCM 没有催化降解的能力。相反，添加了 BCMPd 的测试液 TS_2 中，经过 240s 溶液颜色由蓝色褪至无色，色差也从 82.1 降低到几乎为零［图 6-8(b)］。这清楚地表明，在不引入 PdNPs 的情况下，BCM 对 MB 的还原没有催化作用，而 BCMPd 表现出优异的染料催化降解能力。

为进一步确定 BCMPd 对染料的催化降解能力，对 BCMPd 参与的 MB 降解过程进行了动力学研究。通过检测 MB 的特征峰（664nm）强度的变化，计算了 A_t/A_0，如图 6-8(c) 所示，BCMPd 在 170s 内对 MB 的降解效率达到 99%，表现为一级动力学。由于存在过量的 $NaBH_4$，还原速率应与硼氢化物无关，这表明 BCMPd 对 MB 的还原具有显著的催化能力。此外，从 $\ln(A_t/A_0)$ 与时间的线性关系图［图 6-8(d)］并依据公式计算出 BCMPd 的反应速率常数（k）为 $1.03min^{-1}$，这进一步证明了 BCMPd 对 MB 还原具有良好的催化能力。

在某些实际情况下（例如皮革废水），有毒染料通常与乳液共存，两种污染物总是难以同时去除。因此，为了更好地评价 BCMPd 对复杂废水的适用性，制备了同时含有 MB 和正己烷乳液（H/W）的模拟废水作为试验的待测试液。如图 6-9(a) 所示，BCMPd 固定在两个玻璃管之间。用水预润湿后，将模拟废水倒入装置中。观察到透明水透过 BCMPd，这可能是由于 $NaBH_4$ 存在下 BCMPd 的 PdNPs 破坏了 MB 的共轭发色团结构。蓝色乳液以 3250L/(m² · h) 的通量通过 BCMPd，分离后的滤液呈无色透明状，同时在滤液中没有观察到亚甲基蓝的特征吸收峰［图 6-9(b)］。这表明 BCMPd 是一种具有分离水包油乳液的同时降解 MB 的性能优良的膜。为了评估 BCMPd 的可重复使用性能，

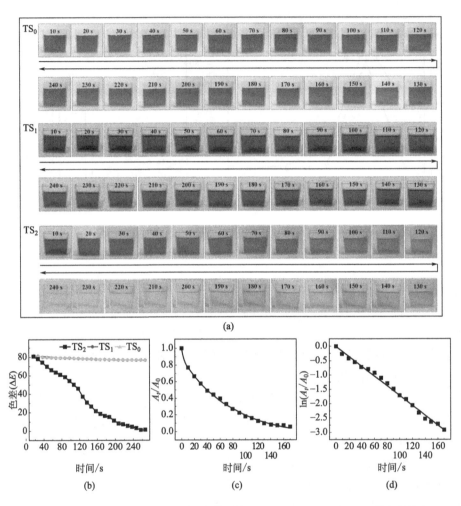

图 6-8　TS$_0$、TS$_1$ 和 TS$_2$ 在 240s 内的照片（a），TS$_0$、TS$_1$ 和 TS$_2$ 的色差值与
降解时间的关系（b）以及 BCMPd 存在下 MB 还原的 UV-vis 光谱结果
[（c）A_t/A_0-时间图；（d）ln（A_t/A_0）-时间图]

测定了 6 次循环分离实验，测试了分离通量、除油率和亚甲基蓝的降解效率
[图 6-9（c）]。在 6 个循环实验中，乳液的除油率和 MB 的降解效率均没有明显
下降，表明 BCMPd 具有很好的可重复使用性能。

图 6-10 显示了 BCMPd 对含有乳液和 MB 的模拟废水的分离和催化机理。
当模拟废水通过膜时，BCMPd 的预润湿表面成为油相的阻挡屏障，油滴在膜的
上部聚集。然后，由于膜具有超亲水性和较高的孔隙率，水相可以通过
BCMPd。与此同时，由于纤维素中含有大量的羟基，当 MB 分子扩散时会被吸

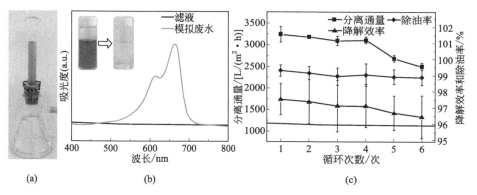

图 6-9 BCMPd 分离催化系统装置（a），模拟废水流经 BCMPd 前后的
UV-Vis 光谱（b），以及 BCMPd 的可回收性测试（c）

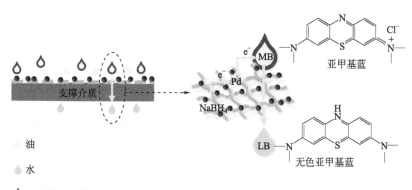

图 6-10 BCMPd 中乳液分离和降解过程的示意图（a），
MB 降解的机理（b）和电子转移路线的示意图（c）

附在 BCMPd 表面,以 NaBH₄ 为还原剂,PdNPs 为催化剂,MB 在膜表面发生了降解。在此过程中,PdNPs 具有很强的氧化还原活性,可以作为电子中继系统将电子从 NaBH₄ 转移到 MB,促进 MB 发生降解。

在 MB 催化降解的过程中,PdNPs 的电子转移可能是影响动力学的关键问题,这可能取决于 MB 到达和离开 PdNPs 表面的扩散速度。在这一点上,反应速率常数可以用如下公式表示:

$$\frac{1}{k_{pd}}=\frac{1}{4\pi R^2}\left(\frac{1}{k_e}+\frac{R}{D}\right)$$

其中,R 是 PdNPs 的半径;k_e 是速率常数;D 是 MB 的扩散系数。当溶液扩散比非均相电荷转移慢得多时,我们假设 BCMPd 的反应速率主要由 MB 扩散决定,这一点可以通过连续流动来提高。此外,缩短 MB 分子到达反应核心和 LB(MB 降解产物)分子离开反应中心所需的时间将加快反应物到 BCMPd 表面的传质速率,这也将增大反应的速度。此外,由于 PdNPs 与 MB 的有效接触,在 BCMPd 表面高度分散的 PdNPs 有利于催化效率的提高,而且不会阻碍待降解的 MB 接近催化剂表面,也不会覆盖 BCMPd 本身的超亲水性。

图 6-10(b)显示了从 MB 到 LB 的详细降级机制。NaBH₄ 与水反应生成 H₂ 和 BO₂⁻,4e⁻ 转移到 H₂O 中。然后,4e⁻ 进一步传输到表面暴露的 PdNPs 以形成钯-氢(H—Pd—H)键(过程Ⅰ),并且 4e⁻ 最终通过 H—Pd—H 键传递到 MB 以产生 LB(过程Ⅱ)。相比之下,NaBH₄ 需要爬两阶楼梯才能将 4e⁻ 传输给 MB(过程Ⅰ′)。这可以通过 PdNPs 在催化过程中费米能级的变化来进一步解释。如果没有 PdNPs,BH₄⁻ 和 MB 之间的电位差太大。在引入 PdNPs 之后,PdNPs 的费米电位可以随着 BH₄⁻ 和 MB 之间电位差的减小而降低,从而通过 PdNPs 加快电子的转移。综上所述,在 PdNPs 的介入下,PdNPs 增强了还原反应的电子传递,从而获得了更好的 MB 催化降解效率。

本课题组以细菌纤维素为原料制备超亲水性细菌纤维素/钯复合膜,并对其油水乳液分离的能力和染料催化降解的能力进行了研究,主要得出以下结论:

① 利用细菌纤维素长纤维相互缠绕成网络结构的成膜特性,结合水热反应制备了超亲水性细菌纤维素/钯复合膜。该复合膜与水的接触角为 0°,水下油接触角为 151.7°,表现出超亲水性和水下超疏油性。本实验通过探索细菌纤维素的使用剂量对膜的水传导性和破乳能力的影响,发现了适量的细菌纤维素有利于提高水的传导性和破乳能力。为提高膜的亲水性和油水分离能力做出了启发。

② 超亲水性细菌纤维素/钯复合膜能够连续、高效(>97%)、高速[3832.7L/(m²·h)]分离水包油型乳液。同时,对 MB 进行了催化降解,反

应速率常数为 $1.03\mathrm{min}^{-1}$。水包油型乳液经过 6 次循环后，除油率大于 99.0%，染料降解效率大于 96.5%，且通量没有明显下降，表现出较好的可重复使用性。

综上所述，利用真空抽滤的方法和水热合成的方法制备的超亲水性细菌纤维素/钯复合膜具有结构稳定，可同时分离乳液、降解染料的性能，而且操作简单、可重复使用，可在污水中连续分离水包油型乳液的同时降解有机染料，为复杂废水的处理提供了新的思路。

6.5.2　超亲水性玉米秸秆粉/尼龙复合膜的制备

目前，越来越多的行业排放未经处理的含油废水，严重威胁了人类健康和生态系统。大多数工业过程中会产生乳化油/水混合物，如石化、钢铁生产、金属加工、纺织生产、食品生产和皮革生产，这些含油废水中油组分占据很高的比例。浮选、聚结器、深度过滤器、离心和吸油材料等传统技术是分离油水混合物的有效技术，然而，这些技术对于乳液和乳化剂稳定的乳液无效，尤其是对于液滴尺寸为 $20\mu\mathrm{m}$ 的乳状液。虽然通过电场或加药剂等方式可以使乳状液破乳，但这些方法都存在能耗高、易二次污染等缺点。因此，对废水中油水乳状液的有效分离技术提出了很高的要求。目前，在回收油和纯净水方面，最有潜力的候选技术是膜技术。然而，膜技术最大的限制是容易被污染，油污造成的孔隙堵塞会直接导致通量的快速下降。

最近，具有特殊润湿性的膜已被用于分离油水乳液，这种膜可以有效地防止膜本身被污染。人们通常认为超润湿性可以显著提高膜的耐污染性。超亲水和水下超疏油分离膜，如二氧化硅修饰的聚丙烯微滤膜、聚电解质/聚偏氟乙烯（PVDF）共混膜以及碳纳米管修饰的 PVDF 膜能够选择性地从乳化的油水混合物中去除水分。然而，聚合物膜的制备过程复杂、试剂毒性大、材料和设备成本高等缺点限制了其实际应用。因此，开发低成本、环保和高效的分离油水混合物的过滤材料具有重要意义。近年来，许多废弃物和可持续利用的材料被用作制备油水分离材料的原料，以缓解环境压力。例如，Chen 等以废粉煤灰和天然铝土矿为原料，添加 $\mathrm{WO_3}$ 制备用于分离水包油乳状液的高孔晶须状莫来石陶瓷膜；以马铃薯废渣为原料制备选择性油水分离用筛网；利用超疏水玉米秸秆纤维分离油水混合物。玉米秸秆也是一种丰富的农业残渣，如果处置不当可能会造成严重的环境问题。因此，以玉米秸秆为原料制备过滤材料，可以在有效地减少秸秆的直接燃烧的同时处理水污染。

综合材料本身润湿性和环保性考虑，本课题组选择废弃玉米秸秆为原材料，通过机械磨碎、筛选得到合适目数的玉米秸秆粉，又采用搅拌共混、刮涂铺膜、相转化合成等工艺进行制膜，得到了超亲水性玉米秸秆粉/尼龙复合膜（CSPNM），用于微米级无表面活性剂和表面活性剂稳定的水包油型乳液的高效分离（99.60%），通量大。此外，CSPNM 还表现出优异的力学强度、防污性能、环境稳定性和可回收性，这对于实际应用是必不可少的。玉米秸秆粉的存在使尼龙膜在水凝固浴中的相转化过程变得温和。同时，玉米秸秆粉作为复合膜的骨架，在尼龙膜的相转化过程中提供了稳定的结构，不仅提高了尼龙膜的力学性能，而且使其在油水分离中表现优异。本研究对秸秆在油水分离膜材料中的应用进行了研究，开发了玉米秸秆废弃物的高附加值利用方法，对工业油水分离亲水膜的工艺进行优化。

本课题组以水为凝固浴，通过相转化法制备了超亲水玉米秸秆/尼龙复合膜（CSPNM）。图 6-11 为膜制备的示意图。将 7.47g 尼龙 6,6 粉末溶于 50g 甲酸中，并在 3000r/min 转速下搅拌 1h，获得尼龙 6,6 的甲酸溶液（NFS）。然后，将 7.47g 玉米秸秆粉加入制好的 NFS 中，并在 3000r/min 转速下搅拌 3h，制得玉米秸秆粉/尼龙 6,6 的甲酸溶液（CSPNFS）。将该溶液置于 40kPa 的环境下脱气，以除去溶液中的气体。大约 3min 后，放置于常压下。真空-常压交替的过程重复三次，以确保气体完全去除。如图 6-11(a) 所示，取 1.5mL 制备好的 NFS 或 CSPNFS 浇铸到预先清洁的玻璃板（12cm²）上，随后将玻璃板浸入 500mL 去离子水的凝固浴中进行相转化。将生成的薄膜从玻璃板上剥离，并用去离子水冲洗三次，得到纯尼龙膜（PNM）和 CSPNM。

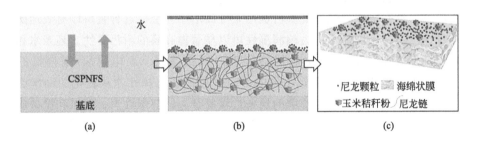

图 6-11　通过相转化方法制备 CSPNM 的过程

在相转化过程中，水会将一些不稳定的尼龙颗粒（INP）从 CSPNM 表面带走，如图 6-11(b) 顶部所示，其中，CSP 的加入减少了 INP，并形成了海绵状的膜结构［图 6-11(c)］。

图 6-12(a) 为纯尼龙膜（PNM）表面的扫描电镜图，可以观察到 PNM 的上表面有许多微小缺陷，在放大倍数的扫描电镜图［图 6-12(b)］中可以看到 PNM 表面有明显的裂痕缺陷。PNM 的横截面［图 6-12(c)］显示 PNM 由许多粒子堆积形成。我们认为 CSP 在 CSPNM 中扮演着两个角色。首先，CSP 减少

了 INP 的数量，以防止尼龙颗粒（NP）离开，因此更多的尼龙颗粒将参与结构的形成。其次，如图 6-12（d）所示，CSPNM 上表面的结构更粗糙。根据 Wenzel 模型，由于毛细管效应，表面粗糙度增加会增强亲水性固体表面的亲水性。放大倍数的图像［图 6-12（e）］清楚地展示了 CSPNM 的微观结构。此外，如图 6-12（f）所示，膜的结构发生了改变，由 PNM 的颗粒堆积结构转变为 CSPNM 的连续海绵结构。这是由于在相转化过程中，CSP 的加入改变了尼龙的形态，从而改善了膜的形貌和微观结构，弥补了缺陷。

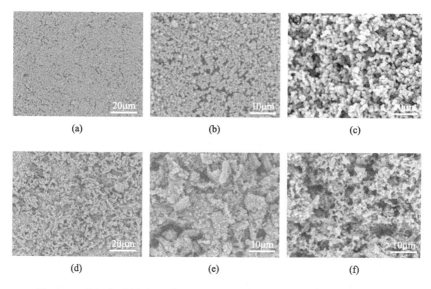

图 6-12　纯尼龙膜的表面［(a) 和 (b)］和横截面 (c) 的扫描电镜图，
以及 CSPNM 的表面［(d) 和 (e)］和横截面 (f) 的扫描电镜图

为了测试 CSPNM 的柔韧性，将 CSPNM 卷起并释放 500 次。如图 6-13(a) 所示，弯曲循环后没有裂纹，表明 CSPNM 具有优异的力学性能和灵活性。将 PNM 和 CSPNM 切割成 30mm×10mm 的形状，以测定抗拉强度，结果如图 6-13(b) 所示。PNM 的拉伸强度为 0.377MPa，伸长率为 2.2%。CSPNM 具有较高的机械强度，抗拉强度为 0.689MPa，伸长率较低，为 1.4%，这归因于颗粒堆积结构向海绵状结构的转变。PNM 中尼龙颗粒（NP）之间的结合强度较弱，导致其力学性能较差。CSP 与尼龙之间较强的结合强度提高了 CSPNM 的力学性能，表明 CSPNM 的海绵状结构比 PNM 的颗粒堆积结构更稳定。CSPNM 的伸长率较低，说明 CSPNM 具有较好的尺寸稳定性，适合重复使用。这些结果表明 CSPNM 具有优异的力学性能和柔韧性。

图 6-14(a) 显示了 CSPNM 在空气中对水和水下对油的润湿行为。当水滴

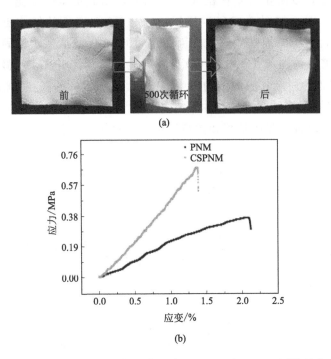

图 6-13　CSPNM 弯曲 500 次前后的照片（a），以及 PNM（原始尼龙 66 膜）
和 CSPNM 的应力-应变曲线（b）

（5μL）与膜接触时，在 0.78s 内扩散并渗透到 CSPNM 中，在空气中观察到接近 0°的 CA[图 6-14(a)，左]，表明 CSPNM 具有很高的亲水性。油滴在膜的水下表面呈准球形，CA 为 157°，显示出膜的水下超疏油性能 [图 6-14(a)，右]。当 CSPNM 在水下与油接触时，水会被困在膜的粗糙结构中，这会使油滴与膜表面的接触面积显著减小，膜在水下表现出较大的水下油 CA。因此，CSPNM 具有超亲水和水下超疏油性能。

　　为了更好地评价膜在水下的疏油性能，测量了膜在水下油与膜表面接触过程中的附着行为。在实验开始时，在水下挤压一个油滴（5μL）到 CSPNM 表面，以力向下压油滴，然后释放油滴。在释放力的过程中，油滴在水下保持球形 [图 6-14(b)]，表明 CSPNM 在水下与油滴的附着力极低。结果表明，CSPNM 具有很好的水下防油黏附性能，这可能是由于 CSPNM 中的亲水组分与水之间形成了氢键。

　　在超亲水玉米秸秆粉/尼龙复合膜的应用研究中，过滤系统如图 6-15(a) 所示。将制备的 CSPNM 剪成合适大小并夹持在过滤器中。用去离子水预先润湿 CSPNM 后，将水包油型乳液倒入垂直玻璃管中，用真空泵在 0.01MPa 下驱动

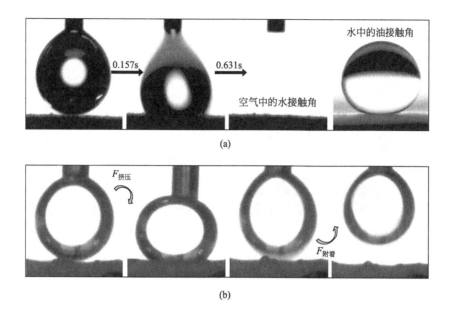

图 6-14　CSPNM 对空气中水（左）和水下油（右）的润湿性（a），
以及水下油接触 CSPNM 的照片（b）

乳液的分离。在锥形瓶中可收集到去除油分后的澄清滤液。图 6-15（b）是乳液分离的机理图，可以清楚地了解该分离过程。经水预润湿后，膜的润湿行为由空气中的超亲水性转变为水下的超疏油性。在油与膜的界面处形成水层可以起到排斥油的作用。乳液与 CSPNM 的上表面接触，当乳滴接触膜表面时，乳液就会破乳。水相通过 CSPNM 被收集在锥形瓶中，同时油滴被阻隔在膜的上面并逐渐聚合。

　　为了更好地了解 CSPNM 的分离能力，我们选用正己烷、柴油和甲苯来制备无乳化剂的乳液和乳化剂稳定的乳液，对超亲水玉米秸秆粉/尼龙复合膜的乳液分离性能进行分离实验。并对不同乳液及其相应的澄清滤液的状态进行了光学显微镜观察，以确定乳液乳滴已经发生破乳，测试结果在图 6-16 中呈现。在图 6-16（a）中，展示了 CSPNM 对不同种类的水包油型乳液和不同种类乳化剂稳定的水包油型乳液的分离结果。在中间的照片中，原始的白色乳液（左）与透明的收集滤液（右）形成鲜明对比。在分离前的乳液中观察到微米级的乳滴，而在分离后的滤液的图像中没有观察到乳滴。图 6-16（b）～（f）也展现了与图 6-16（a）中相似的结果，滤液的图像均未观察到任何乳滴，这表明 CSPNM 成功地分离了不同乳液，意味着 CSPNM 对各种乳液均具有良好的分离能力。

　　为了进一步研究 CSPNM 的分离能力，对各种乳液及其分离后相应的滤液进

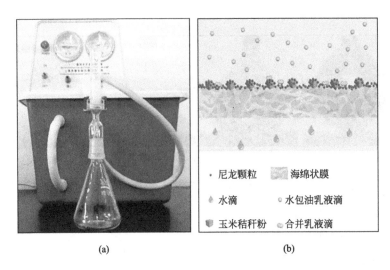

(a)　　　　　　　　　　　　　(b)

图 6-15　乳液分离装置（a）和 CSPNM 的乳液破乳过程示意图（b）

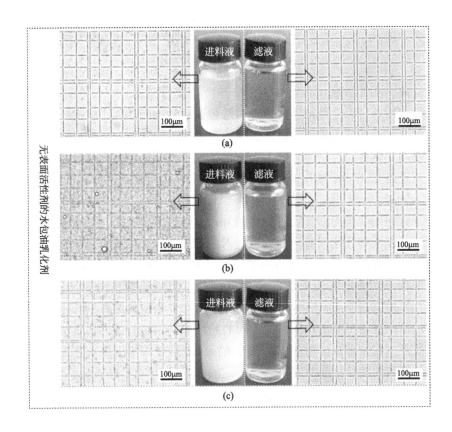

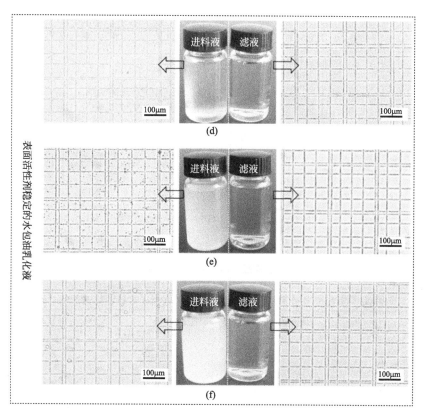

图 6-16　各种无表面活性剂的水包油型乳液的分离结果[(a)H/W；(b)T/W；(c)D/W] 以及各种表面活性剂稳定的水包油型乳液的分离结果[(d)T/H/W；(e)T/T/W；(f)T/D/W]

行总有机碳（TOC）的分析测试，以确定 CSPNM 分离后滤液中油分的残余量。对于每一种乳化剂稳定的乳液，滤液中的油含量加上乳化剂残留量就是 TOC 值。如图 6-17 所示，除 D/W 乳液外，其余乳液在分离后滤液中的油分含量均小于 45×10^{-6}，表明 CSPNM 具有较高的乳液分离效率和普适性。而 D/W 乳液显示出较高的含油量，可能是因为在分离前的乳液中液滴十分密集，增大了分离难度，如图 6-16(b) 左图所示。

　　CSPNM 的除油率直接说明了 CSPNM 的乳液分离效果。表 6-3 给出了各种乳液在分离前的油分含量和 CSPNM 对各种乳液的除油率。原始乳液中的油分含量从 12200×10^{-6} 到 33360×10^{-6} 不等，CSPNM 对所有乳液的除油率均在 99.60％以上，有的甚至高达 99.85％，由此说明 CSPNM 对多种乳液展现出很高的分离效率。

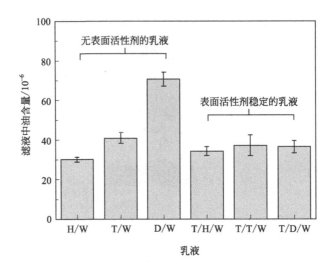

图 6-17 不同乳液经 CSPNM 分离后滤液中的油含量

表 6-3 原始乳液分离前的油分含量以及 CSPNM 对各种乳液的除油率

乳液	进料液中的油含量/(mg/L)	CSPNM 的除油/%
H/W	12200	99.75
T/H/W	23600	99.85
T/W	12840	99.68
T/T/W	23650	99.84
D/W	33360	99.79
T/D/W	24730	99.84

　　用紫外-可见光谱法对各种乳液及其分离后相应的滤液进行测试以确定 CSPNM 分离后滤液中残余的油分。CSPNM 分离 H/W 乳液的紫外-可见光谱结果如图 6-18(a) 所示，原始乳液经过 400 倍的稀释后仍然可以检测到明显的正己烷吸收峰，而分离后的滤液经 40 倍稀释后没有观察到明显的正己烷特征吸收峰。在另外五种乳液（T/H/W，T/W，T/T/W，D/W，T/D/W）的分离结果中可以得到与正己烷乳液分离结果相似的结果 [图 6-18(b)～(f)]。这与总有机碳分析测试到的滤液中油分含量均低于 75×10^{-6} 的结果相吻合，由此可证明 CSPNM 对多种无乳化剂乳液和乳化剂稳定的乳液能有效分离。其中，T/T/W 和 T/D/W 乳液分离后滤液的紫外吸收光谱中显示有较弱的吸收峰，可以解释为 CSPNM 对这两种乳液的分离能力较其他乳液弱，这与油种类不同以及油水形成的水包油型乳液状态不同有很大的关系。

　　在超亲水玉米秸秆粉/尼龙复合膜的乳液分离能力的研究中，为了解

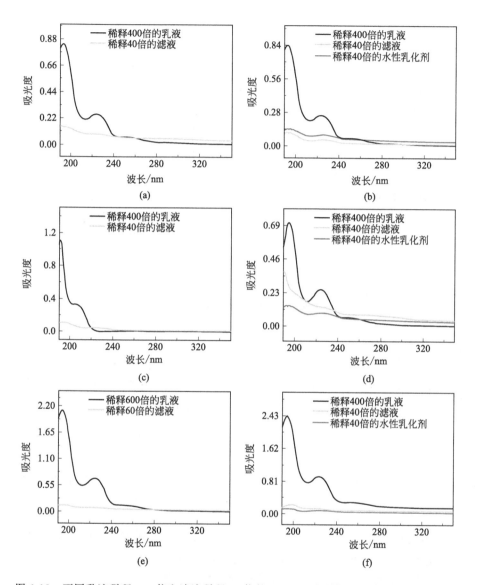

图 6-18　不同乳液稀释 400 倍和滤液稀释 40 倍的 UV-Vis 光谱[(a)H/W；(b)T/H/W；
(c)T/W；(d)T/T/W；(f)T/D/W]，以及 D/W 乳液稀释
600 倍和滤液稀释 60 倍的 UV-Vis 光谱 (e)

CSPNM 对各种乳液分离的速率，对各种乳液的分离通量进行了测试和计算，结果如图 6-19(a) 所示。在 0.01MPa 的压力驱使下，对无表面活性剂 H/W、T/W 和 D/W 乳液的分离通量分别为 (2133.33±22.34)L/(m² · h)、(1792.64± 32.58)L/(m² · h) 和 (666.39±16.78)L/(m² · h)。CSPNM 对无表面活性剂

乳液的分离通量较高，但对这三种乳液的分离通量差异较大，其中 D/W 乳液的低通量是由于乳液乳滴的分布密度高 [图 6-15(b)，左侧]，从而降低了 D/W 乳液的通量。这表明 CSPNM 乳液的分离通量与待分离乳液的种类有关。这是由于油种类差异导致形成的水包油型乳液乳滴的大小、密度不同以及油对膜表面的黏附力不同，进而影响了破乳的速度和分离通量。CSPNM 对吐温 80 稳定的 T/H/W、T/T/W 和 T/D/W 乳液的分离通量分别为 $(1572.54\pm58.18)L/(m^2 \cdot h)$、$(1039.28\pm50.61)L/(m^2 \cdot h)$ 和 $(831.73\pm26.62)L/(m^2 \cdot h)$。数据显示 T/H/W 和 T/T/W 的通量较 H/W 和 T/W 低，这是由于乳化剂稳定的乳液中，水和油的结合更强，因此降低了分离通量，从而增大了分离难度。然而，T/D/W 较 D/W 的通量升高，这是因为虽然乳化剂稳定增大了分离难度，但是乳滴密度降低，两种因素相互作用导致结果中的通量升高。由此可知，有无乳化剂稳定会引起形成乳液状态的差异，因此乳化剂稳定也是影响通量的因素之一。

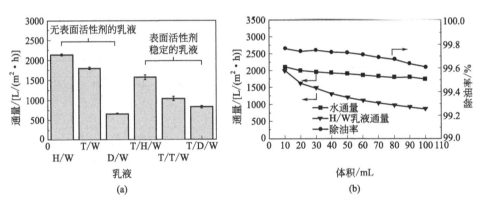

图 6-19　各种乳液通过 CSPNM 的通量 (a)，连续通过 CSPNM 的水通量和 H/W 通量，以及 CSPNM 连续分离 H/W 乳液的分离效率 (b)

为测试 CSPNM 处理大量乳液的能力，测试了连续分离 100mL 水后的水通量以及连续分离 100mL 的 H/W 乳液后的除油率和乳液通量，每次测试取样 10mL，结果如图 6-19(b) 所示。连续分离 100mL 水后，水通量下降不明显，水的体积从 10mL 增加至 100mL，通量下降了 17.4%。对于 H/W 乳液的分离，乳液的体积从 10mL 增加至 20mL 时，通量从 $2002.65L/(m^2 \cdot h)$ 降至 $1624.15L/(m^2 \cdot h)$，通量下降了 18.9%。分离乳液的体积从 20mL 增加至 30mL 时，通量降幅为 9.2%。直至分离乳液的体积增加为 100mL 时，分离乳液的体积每增加 10mL，通量减少率均小于 10%。数据说明随连续分离乳液体积的增加，CSPNM 通量呈小幅稳定下降趋势，预测连续分离乳液体积增加至 300mL 前，通量将不会降低为 $0L/(m^2 \cdot h)$。通量的下降是由截留在膜上方的油污染导致的，及时清理膜表面油污或采用错流分离方式可解决通量下降的问题。在连续分离乳液的体积从 10mL 增加至 100mL 时，CSPNM 连续分离 H/W 乳液的除油率从 99.76％降至 99.60％，并未发生明显下降，表明了 CSPNM 在连续的乳液分离中具有稳定的分离效率和较高的通量。

超亲水玉米秸秆粉/尼龙复合膜应用于含油污水的处理，其可重复使用性尤为重要。因此，循环实验测试了 CSPNM 的可重复使用性和防油污性能。使用 10mL H/W 乳液进行分离，分离后用乙醇清洗 3 次后烘干，此为一次循环使用，20 个循环后的滤液中的通量和油分含量结果如图 6-20 所示。在整个循环试验过程中，相邻循环中通量没有明显下降。从第一个循环到第 20 个循环，通量从 1940.17L/(m² · h) 下降到 1561.09L/(m² · h)，CSPNM 的通量下降了 19.54％。并且在 20 次循环内，滤液中的油分含量均在 50×10^{-6} 以下，在循环使用中并未发生明显下降，展现出 CSPNM 良好的乳液分离效果，表明在多次循环使用中膜的结构未发生破坏。因此，可得出该膜具有较好的可重复使用性和良好的抗油污染性能的结果。

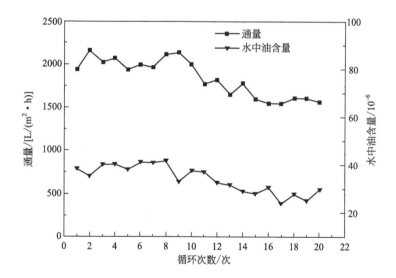

图 6-20　以正己烷水包乳液为模型对 CSPNM 循环性能测试的结果

为了进一步研究 CSPNM 的热稳定性能，测定了 CSPNM 在不同温度下加热 12h 后的水下油接触角和滚动角，结果如图 6-21 所示。环境温度从 0° 升高至 120° 时，水下油接触角均大于 150°，滚动角均小于 15°，表明 CSPNM 在环境温度为高温或低温情况下，均能保持其超润湿性。这些结果表明 CSPNM 具有优异的热稳定性，有利于在温度多变的环境下使用。

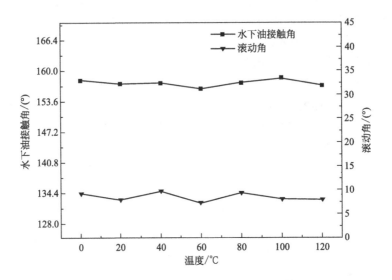

图 6-21 CSPNM 的水下油接触角和滚动角随温度升高的变化

　　膜在复杂化学环境中的耐久性也十分重要。通过测量 CSPNM 在不同 pH 值溶液中浸泡 30h 后的水下油接触角和滚动角来测试 CSPNM 的化学耐久性，结果如图 6-22 所示。在不同的酸碱度环境下，CSPNM 水下油接触角均大于 150°，滚动角均小于 15°。结果表明 CSPNM 在与腐蚀性水溶液（pH＝1～14）长时间接触后，仍能保持其超润湿性，由此可说明 CSPNM 在恶劣条件下具有优异的环境稳定性和耐久性。

　　本研究以废弃的玉米秸秆粉为原料制备超亲水性玉米秸秆粉/尼龙复合膜，并对其油水乳液分离的能力进行了分析，主要得出以下结论：

　　① 利用尼龙 6,6 的相转化成膜性能，与玉米秸秆粉结合制备了超亲水性玉米秸秆粉/尼龙复合膜。该复合膜与水的接触角为 0°，水下与油的接触角为 157°，表现为超亲水性和水下超疏油性。本实验中玉米秸秆粉的尼龙替代量为 50%，并且起到了骨架的作用，使尼龙膜在水凝固浴中的相转化过程变得温和，从而获得稳定的结构。不仅用水代替了有机溶剂作凝固浴，还提高了尼龙膜的力学性能。

　　② 超亲水性玉米秸秆粉/尼龙复合膜能够有效分离无乳化剂和乳化剂稳定的正己烷、甲苯和柴油的水包油型乳液，分离后滤液中的油分含量小于 75×10^{-6}，除油率大于 99.5%，通量大于 660.00L/(m²·h)。水包油乳液经过 20 次分离循环后，除油率仍大于 99.50%，通量没有明显下降，具有较好的可重复使用性。此外，CSPNM 长期处于不同温度下或浸泡在 pH＝1～14 的水溶液中，都能保持其水下超疏水性，表现了良好的热稳定性和化学稳定性。

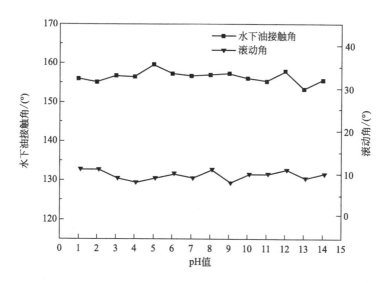

图 6-22 水下油接触角和滚动角随 CSPNM 浸泡溶液的 pH 值升高的变化

综上所述，本课题组利用相转化的方法制备的超亲水玉米秸秆粉/尼龙复合膜具有成本低、操作简单省时、绿色环保、可重复使用和环境耐久性能特点，可用于油水乳液的高效分离，并且为利用纤维基生物质材料替代高分子聚合物膜处理各种油水乳液分离和环境可持续发展具有重要意义。

6.5.3 超亲水性 PAA/纳米纤维素/BF 复合纤维膜的制备

在传统纺织行业，纤维是纺织的主体材料，基于目前纺织加工技术制得的纤维均在 $10\mu m$ 以上，但采用高倍拉伸法、模板合成法、海岛法以及静电纺丝法等技术可获得直径锐减、性能奇特、功能各异的纳米纤维。静电纺丝技术是一种能够直接、连续制备纳米纤维的最简单快捷、成熟有效的纤维合成技术，其纺出的纤维种类与直径可通过更换纺丝液配方和调节静电纺丝过程参数，从几纳米至几十微米进行精确控制。天然纤维素是地球上最丰富的可再生资源，可分离得到直径小于 100nm 的纳米纤维素，即纳米纤维素纤丝（CNF）和纳米纤维素晶体（CNC）。该材料除了具备质轻、比表面积大、生物相容性良好、超精细结构等优点外，还具有独特的强度和光学性能，在吸附材料、增强复合材料、基质材料、生物医药材料、显示材料等多领域具备重要应用价值。pH 响应型材料是一类能够随着外界 pH 变化而改变自身形态、体积、颜色的材料，在药物控制释放、酶的固定、物质选择性分离、水处理、化学阀以及人工肌肉等领域具有十分广阔的应用前景。笔者选用速生杨木粉为原料提取 CNC，将其与聚丙烯酸

（PAA）和碱性副品红（BF）等复合配制纺丝液，通过调控纺丝液配方与静电纺丝过程参数，并经进一步高温处理，制得 pH 响应型 PAA/CNC/BF 复合纤维材料。探讨了制得 PAA/CNC/BF 复合纤维材料的微观形貌和力学性能，进行了强酸/碱/盐溶液膨胀性能与 pH 响应性能的有效评估，并通过多种测试方法研究了复合纤维样品在强酸/碱/盐溶液中的颜色与尺寸响应性机理。

参考文献制备 CNC：利用化学法对木粉进行酸碱处理，脱除其中的木质素及大部分半纤维素，得到纯化纤维素，再利用机械法将纯化纤维素研磨成 CNF，进一步强酸水解制得 CNC。纺丝液的制备：将 CNC 经高强度超声处理分散于 95％乙醇中，加入适量 PAA、BF，并经 24h 磁力搅拌制成纺丝液。静电纺丝设备操作：将配制好的纺丝液吸入注射器并固定于微量注射泵中，将注射器金属针头连接高压正电，接收装置接地，通过静电纺丝设备的触控面板调节电压、纺丝液流速、温度、湿度、距离等参数。交联热处理：将收集的样品放置于温度为 135℃的真空干燥箱中，进行交联热处理 30min。

采用场发射扫描电镜（SEM，Quanta FEG 250 型）观察分析样品的表面形貌特征；利用傅里叶变换红外光谱仪（FT-IR，Magna-IR 560 型）对样品化学组成进行分析；采用万能力学试验机（Instron 4465 型）测试样品的拉伸性能；膨胀性能测试，即称量样品质量 m_i；转入 1mol/L NaCl 溶液中，静置 1h 后取出称量其质量 $m_{i_{NaCl}}$，再分别浸入 1mol/L HCl 与 1mol/L NaOH 溶液中各 1h，称量其质量 $m_{i_{HCl}}$ 与 $m_{i_{NaOH}}$，则样品经 NaCl、HCl 与 NaOH 溶液处理后的膨胀增重百分数计算公式见式（6-1）～式（6-3）。

$$膨胀增重百分数_{NaCl}(\%) = \frac{m_{i_{NaCl}}(g) - m_i(g)}{m_i(g)} \times 100\% \qquad (6\text{-}1)$$

$$膨胀增重百分数_{HCl}(\%) = \frac{m_{i_{HCl}}(g) - m_i(g)}{m_i(g)} \times 100\% \qquad (6\text{-}2)$$

$$膨胀增重百分数_{NaOH}(\%) = \frac{m_{i_{NaOH}}(g) - m_i(g)}{m_i(g)} \times 100\% \qquad (6\text{-}3)$$

图 6-23 为 PAA、PAA/BF、PAA/GA、PAA/CNC、PAA/BF/CNC 和交联 PAA/BF/CNC 的 SEM 图。由图可见，PAA 纤维材料的结构松散，纤维直径为 1500～1800nm。引入 BF 后，纤维直径减小为 500～800nm，且 PAA/BF 纤维材料的结构更加紧凑。而 PAA/CNC 纤维直径虽然减小至 600～1000nm，但结构较松散。这是由于 PAA 带有大量负电荷，引入的 BF 与 CNC 则分别带有大量正电荷与负电荷。综上：a. BF 与 CNC 的引入可导致 PAA 基纤维直径变小；b. BF 与 CNC 所带电荷对总体纤维结构（松散/紧凑）影响很大。

另外，PAA/BF/CNC 纤维直径减小至 600～800nm，但其结构并没有 PAA/BF 紧凑，更倾向于 PAA/CNC 的松散结构。PAA/GA 纤维间则存在明显

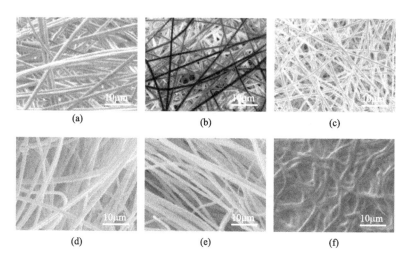

图 6-23 PAA(a)、PAA/BF(b)、PAA/GA(c)、PAA/CNC(d)、PAA/BF/CNC(e) 和交联
PAA/BF/CNC(f) 的 SEM 图

的交联现象,其纤维直径范围为 600~800nm。但由于 GA 与 BF 之间的醛胺缩合作用,若在纺丝液中加入 GA 会削弱 BF 与 PAA 之间的脱水缩合作用。因此,本研究采用 PAA/BF/CNC 复合纤维经热处理,在水环境中引入 GA 加强样品交联的方法。此时,样品颜色由红色转为紫色,干燥后的微观形貌显示纤维全面交联且保持着纤维结构,其直径为 120~160nm。

对 PAA/CNC 与 PAA/BF/CNC 纤维进行偏光电子显微镜分析,结果证实了 CNC 在 PAA/CNC 与 PAA/BF/CNC 复合纤维中的均匀、定向分散情况。

PAA、PAA/BF、PAA/GA、PAA/CNC 和 PAA/BF/CNC 的拉伸强度曲线见图 6-24。由图可见,PAA 纤维样品的拉伸性能较弱,其断裂强度仅为 2.8MPa,断裂伸长率可达 108.0%,而杨氏模量仅为 2.6MPa;引入 CNC 后,PAA/CNC 的拉伸性能得到一定改善,其断裂强度、断裂伸长率和杨氏模量分别为 5.1MPa、70.2% 和 7.3MPa;PAA/BF 与 PAA/CNC 的拉伸性能相近,断裂强度为 9.0MPa,断裂伸长率可达 60.8%,杨氏模量为 14.8MPa;而同时引入 BF 和 CNC 后,PAA/BF/CNC 的拉伸性能获得巨大提升,此时其断裂强度提至 14.0MPa,断裂伸长率为 46.5%,而杨氏模量增至 30.0MPa;另外,单独引入 GA 的纤维样品,PAA/GA 的拉伸性能同样十分突出,即断裂强度为 19.3MPa,断裂伸长率可达 60.3%,杨氏模量为 31.5MPa。综上,引入 GA 或同时引入 BF 和 CNC 均可使 PAA 基纤维样品的拉伸性能得到显著提升。

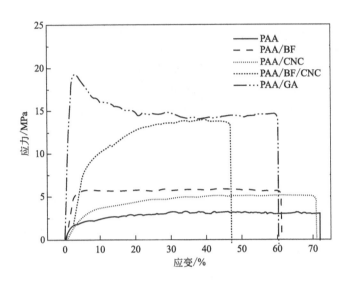

图 6-24　PAA、PAA/BF、PAA/GA、PAA/CNC 和
PAA/BF/CNC 的拉伸强度曲线图

　　热处理 PAA/BF/CNC 复合纤维样品浸入 1mol/L NaCl、1mol/L HCl、1mol/L HCl/＋GA、1mol/L NaOH 溶液后的实物图见图 6-25。

　　由图 6-25 可见，在 NaCl 溶液中，热处理 PAA/BF/CNC 纤维样品呈深红色；转入 HCl 溶液后，颜色变浅；滴入 2μmgA 后，颜色由边缘向中心加深，从鲜红色转为蓝紫色；再转入 NaCl 溶液中，颜色为深蓝色；移入 NaOH 溶液后，颜色由边缘向中心变浅，从深蓝色转为无色透明，同时样品尺寸变大，质量增加明显；倘若再将其放入 NaCl 溶液中，样品颜色无变化，但其尺寸略有减小。另外，若将 NaCl 溶液（无 GA 添加）中的深红色 PAA/BF/CNC 样品直接移入 NaOH 溶液，则样品颜色从边缘向中心变浅，转为透明无色，且其尺寸增大；倘若再放入 NaCl 溶液中，则样品保持无色透明，但其尺寸略有减小。

　　综上，在 NaCl 与 HCl、NaOH 与 NaCl、HCl 与 NaOH 溶液中，样品颜色与尺寸的变化是可逆的。另外，样品在循环实验（a）→（e）→（f）→（b）与（d）→（e）→（f）→（c）中可以持续数十次乃至上百次（图 6-25 为第 20 个循环过程中所拍摄），进一步验证其稳定性与 pH 响应性。研究还发现，除 GA 以外，其他含醛基试剂也可使该样品不可逆转地变为深蓝色，具备较好的醛基指示作用。

　　图 6-26 为交联 PAA/BF/CNC 纤维样品在 1mol/L NaCl、1mol/L HCl、1mol/L NaOH 溶液中处理 1h 后的质量变化图和 1mol/L NaCl 溶液中温度对其质量的影响。

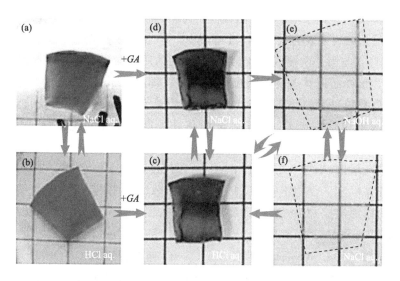

图 6-25　热处理 PAA/BF/CNC 复合纤维样品浸入 1mol/L NaCl、
1mol/L HCl、1mol/L HCl/＋GA、1mol/L NaOH 溶液后的实物图
（a）1mol/L NaCl；（b）1mol/L HCl；（c）1mol/L HCl/＋GA；
（d）1mol/L NaCl；（e）1mol/L NaOH；（f）1mol/L NaCl

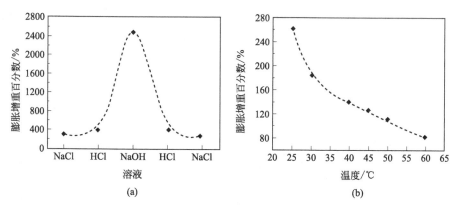

图 6-26　交联 PAA/BF/CNC 纤维样品在 1mol/L NaCl、1mol/L HCl、
1mol/L NaOH 溶液中处理 1h 后的质量变化图（a）和 1mol/L NaCl
溶液中温度对其质量的影响（b）

　　由图 6-26（a）可见，环境温度为 18℃时，样品浸入 NaCl 溶液中 1h 后，其
质量膨胀 298.36％；转入 HCl 溶液中，质量膨胀 383.53％；再浸入 NaOH 溶液

中，样品尺寸明显增大，其质量膨胀 2480.03%；再经 HCl 溶液处理，样品中的水分大量释放，其膨胀增重百分数减至 385.23%，基本回归之前浸入 HCl 溶液时样品的质量与尺寸；再转回 NaCl 溶液中，样品的膨胀增重百分数进一步减小为 293.42%，与第一次浸入 NaCl 溶液时样品的质量与尺寸较为相近。由图 6-26 (b) 可见，该样品还具备良好的温度响应性，即在 1mol/L NaCl 溶液中，其膨胀增重百分数随温度的升高（25℃→60℃）而减小（262.82%→82.05%），随温度降低而恢复到原始状态。综上，该样品具备良好的交联稳定性、耐酸碱性、pH 与温度响应性。

图 6-27 为 PAA 与 PAA/BF/CNC 的 FT-IR 谱图。由于 BF 与 CNC 的添加量较低，PAA 与 PAA/BF/CNC(1) 的振动吸收峰几乎一致。据此，笔者将 BF 与 CNC 的添加量扩大 10 倍（PAA 依然过量），获得 PAA/BF/CNC(2) 的 FT-IR 谱图。由图可见，在 3141cm^{-1}、1715cm^{-1} 和 1410cm^{-1} 附近的吸收峰分别源自 PAA 中羧基的 COO—H 伸缩振动、C=O 伸缩振动和 COO—H 弯曲振动；而 2967cm^{-1} 和 1450cm^{-1} 附近出现的吸收峰表明了 PAA 中 C—H 的伸缩振动与弯曲振动；至于 PAA 中 C—O 的伸缩振动吸收峰，则在 1251cm^{-1} 和 1173cm^{-1} 附近有所体现。引入 BF 与 CNC 后，3323cm^{-1} 附近出现了新的 N—H 伸缩振动吸收峰；1639cm^{-1}、1587cm^{-1}、1520cm^{-1} 和 1450cm^{-1} 附近出现了新的苯环碳链 C=C、C—C 伸缩振动特征吸收峰；907cm^{-1} 和 845cm^{-1} 附近出现了新的苯环上=C—H、—C—H 的弯曲振动吸收峰，证明了 BF 与 PAA 的结合。另外，1410cm^{-1} 附近 COO—H 弯曲振动吸收峰的消失，1251cm^{-1} 和 1173cm^{-1} 附近 C—O 的伸缩振动吸收峰加强，以及 1373cm^{-1} 和 1341cm^{-1} 附近 O—H 弯曲振动吸收峰的出现，则验证了 CNC 与 PAA 的化学键合。

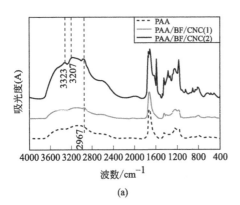
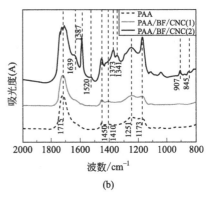

图 6-27　PAA 与 PAA/BF/CNC 的 FT-IR 谱图

(b) 为 (a) 的局部放大图

综上，笔者从杨木粉中提取 CNC，并与 PAA 和 BF 复合，通过静电纺丝技术合成了 PAA/CNC/BF 复合纤维材料，经高温热处理与 GA 交联，获得颜色与尺寸随水环境 pH 改变而改变的 pH 响应型纤维复合材料。结果显示，CNC 均匀、定向地分散于复合纤维中；BF 与 CNC 的引入使 PAA 基纤维直径变小，两者所带电荷对纤维结构影响较大；引入 GA 或同时引入 BF 和 CNC 可使 PAA 基纤维样品的拉伸性能显著提升；热处理后，PAA/CNC/BF 复合纤维样品可在 NaCl 与 HCl、NaOH 与 NaCl、HCl 与 NaOH 溶液中做可逆的颜色与尺寸变化；样品经 GA 处理会由深红色不可逆地转变为深蓝色，且可对其他含醛基试剂具备指示作用；GA 处理后样品在膨胀性能测试中表现出了良好的交联稳定性、耐酸碱性、pH 与温度响应性。此外，本研究还推断出 PAA/BF/CNC 纺丝液配制与纤维样品热处理过程中 PAA、BF 与 CNC 之间的作用机理。

6.5.4　抑菌型特殊润湿性 $Ag@TiO_2$/PVA/纳米纤维素复合薄膜的制备

CNF 不仅具有高强度、高模量、结晶度高等优良特性，也具有来源广泛、可再生、质轻、生物相容、可降解等特点，是一种理想的天然高聚物纳米填料，在高性能复合材料的研发上展现出广阔的应用前景。PVA 具有良好的成凝胶性、化学反应性，而且具有较强的黏结力、气体阻隔性和耐溶剂性，进行化学交联可以显著提高其力学性能和化学稳定性。但 PVA 存有耐水性差、加工成型困难等问题。CNF 与 PVA 极性相近，界面相容性良好，在一定程度上可以提高 PVA 的化学稳定性、气体阻隔性以及力学、热力学性能等，拓宽 PVA 的应用范围，使其成为一种可再生、对环境友好、性能优异的新型复合材料。在制备 PVA/CNF 复合材料的过程中加入 $Ag@TiO_2$，还可以赋予复合材料抑菌性能。笔者对 CNF/PVA/$Ag@TiO_2$ 复合薄膜的制备方法概括如下。

$Ag@TiO_2NPs$ 的制备：将硝酸银溶解在去离子水中，同时将柠檬酸钠溶解在去离子水中。在环境温度磁力搅拌下，将二氧化钛（0.2g）、硝酸银溶液和柠檬酸钠溶液加入 50mL 浓度为 50% 的乙醇溶液中搅拌 2.5h，进行醇洗、离心、真空干燥；将所得样品置于氮气保护的管式炉中，以 5℃/min 的速度程序升温至 500℃，持续煅烧 3h，自然冷却，研磨，即制得 $Ag@TiO_2NPs$。

纳米纤维素的制备：如图 6-28 所示，配制 1% 亚氯酸钠溶液，将杨木粉加入亚氯酸钠溶液中，同时加入 300~600μm 冰醋酸，使溶液 pH 值维持在 4~5 左右，利用磁力搅拌器将混合溶液在 80℃ 下搅拌 6h，每隔 1h 加入适量的亚氯酸钠和冰醋酸，使木粉能充分反应，此过程可去除木粉中大部分的木质素，杨木粉由原来的黄色变为白色；配制 65% 乙醇溶液并加入 0.07mol/L 硫酸溶液，将处理过的木粉与配制好的溶液按固液比 1：9 加入反应釜内，搅拌完全使木粉充分润湿，将反应釜放置于烘箱内，185℃下加热80min；取出反应釜并迅速置于冷水中冷却，随后用60℃蒸馏水冲洗至中性，利用步氏漏斗抽滤，即得到高纯度纤维素；配制5%（质量分数）过氧化氢（H_2O_2）水溶液，进一步加入4%的氢氧化钠（NaOH）；按固液比1∶20将纤维素样品与配制好的上述溶液混合，在50℃水浴中搅拌90min；待反应结束后，用蒸馏水反复冲洗样品至洗涤液呈中性，真空抽滤，抽滤过程中保持样品呈水润状态；随后，加入适量的去离子水，将悬浮液置于冰水中，并移至超声波细胞破碎机内，调节功率为900W，超声40min，完成纤维素纳米纤丝化，制得纳米纤维素（CNF）悬浮液。

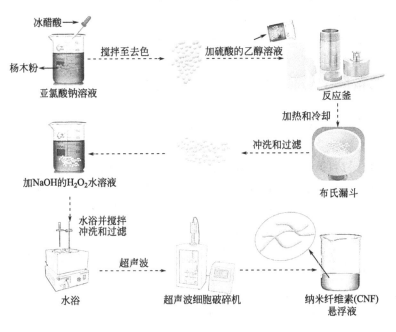

图6-28　纳米纤丝化纤维素制备流程图

图6-29展示了两种特殊润湿性 CNF/PVA/Ag@TiO₂ 复合薄膜的制备方法。即将5g PVA溶解在100mL去离子水中，在85℃下搅拌8h，直到PVA完全溶解。将PVA溶液（0.05g/mL）和CNF悬浮液（制备方法详见6.3.5）混合搅拌1h。将戊二醛［200μL，25%（质量分数）］和硫酸［50μL，2.0%（体积分数）］加入上述混合液中，继续搅拌1h。进一步加入制备好的1mL Ag@TiO₂（10%，质量分数）溶液，磁力搅拌30min。继续将此混合液超声处理10min，再在75℃下真空交联/固化3h，形成 CNF/PVA/Ag@TiO₂ 水凝胶。将水凝胶进行减压抽滤，并置于−20℃下冷冻12h，再冷冻干燥12h（−60～−50℃），即得到超亲水-水下超疏油性 CNF/PVA/Ag@TiO₂ 复合薄膜。将该

复合薄膜通过进一步 OTS 改性，即得到超疏水-超亲油性 CNF/PVA/Ag@TiO₂ 复合薄膜。

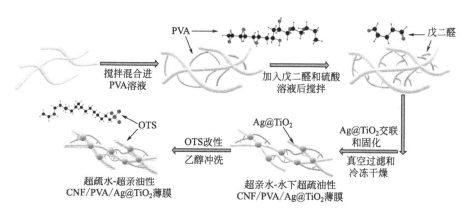

图 6-29　CNF/PVA/Ag@TiO₂ 复合薄膜的制备流程图

图 6-30 比较了 CNF 膜、CNF 气凝胶和 CNF/PVA/Ag@TiO₂ 复合薄膜的微观形貌和结构。图 6-30(a) 是纤维素纳米纤丝悬浮液经减压抽滤与真空干燥制得的 CNF 膜在不同放大倍数下的扫描图像，可以看出 CNF 薄膜结构致密，缺乏孔隙结构，表面凹凸不平是由纤维素纳米纤丝相互缠绕所致。图 6-30(b)

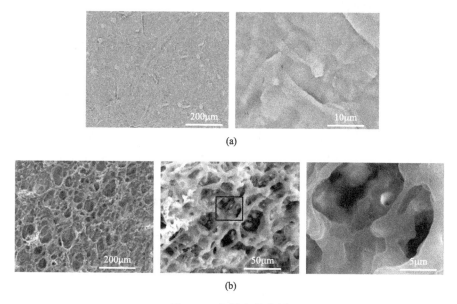

图 6-30　扫描电镜分析

(a) CNF 薄膜；(b) CNF/PVA/Ag@TiO₂ 复合薄膜

是经减压抽滤与冷冻干燥制得的 CNF/PVA/Ag@TiO$_2$ 复合薄膜的扫描电镜图像，可以看出，复合薄膜具有明显的孔隙结构，并且孔隙排列紧密，随着放大倍数的增大，在孔隙中存在负载的纳米颗粒，表明 Ag@TiO$_2$ NPs 已经成功掺杂于复合薄膜内部。

图 6-31 为 OTS 疏水改性后的 CNF/PVA/Ag@TiO$_2$ 复合薄膜的 X 射线光电子能谱（XPS）谱图。图 6-31（a）为超疏水-超亲油性 CNF/PVA/Ag@TiO$_2$ 复合薄膜的 XPS 全元素扫描能谱图，可以观察到 Ag 3d、Si 2s 和 Si 2p 元素的峰值，说明 Ag 和 Si 元素的存在，表明 Ag@TiO$_2$ 的成功负载和 OTS 疏水改性成功。由图 6-31（b）和（c）可知，O 元素（533.2eV、532.2eV）和 C 元素（286.87eV、285.24eV、285.04eV）证明了纤维素、聚乙烯醇的存在与复合。图 6-31（d）是 Ag 3d 的窄谱分析图，结合能为 374.49eV 和 368.53eV 处分别是 Ag^0 的不同位置，说明 Ag 的存在，表明 Ag 已经负载在 TiO$_2$ 表面，成功掺杂于复合薄膜。

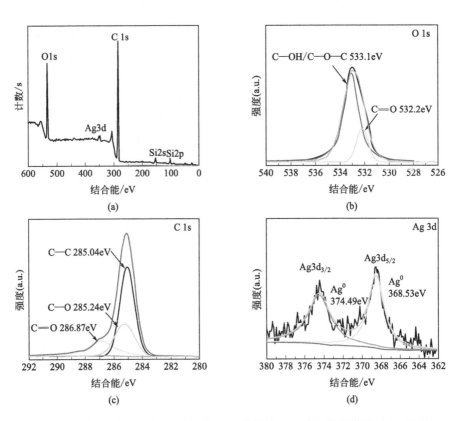

图 6-31　改性后的 CNF/PVA/Ag@TiO$_2$ 薄膜的 XPS 全扫描能谱图（a），以及 O 1s(b)、C 1s(c)、Ag 3d(d) 的窄谱分析图

图 6-32(a) 是 CNF/PVA/Ag@TiO$_2$ 复合薄膜的油水润湿性能分析图像，去离子水被 MB 染色，滴在复合薄膜表面，复合薄膜被完全浸润，表现出了超亲水性能。1,2-二氯乙烷被苏丹Ⅲ染色，将复合薄膜放在水底，油滴滴在复合薄膜表面，油滴仍保持球形，表明复合薄膜具有水下超疏油性能，最大疏油接触角是159°，滚动角仅有5°。图 6-32(b) 是复合薄膜在水下与油的动态接触图像，油滴在复合薄膜表面的弹跳时间仅为 1s，说明复合薄膜具有良好的超亲水-水下超疏油性能。这是因为 CNF 与 PVA 含有大量羟基，PVA 溶液在和 CNF 悬浮液搅拌共混过程中以戊二醛（GA）进行交联，制得的复合薄膜仍含有大量羟基，表现

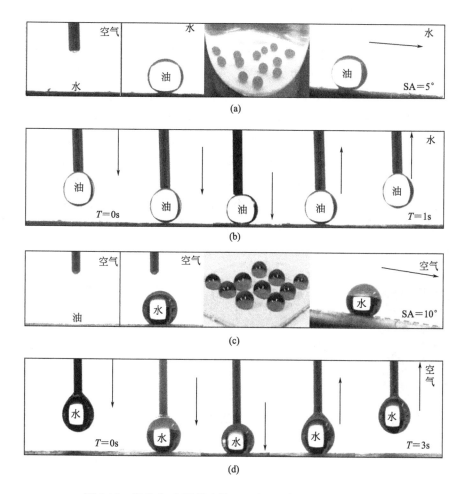

图 6-32　超亲水-水下超疏油 CNF/PVA/Ag@TiO$_2$ 复合膜

[(a) 接触角和滚动角的图像；(b) 油接触角动态吸附图像] 和超疏水-超亲油
CNF/PVA/Ag@TiO$_2$ 复合薄膜 [(c) 接触角和滚动角的图像；(d) 水接触角
动态吸附图像]

出优异的超亲水-水下超疏油性能。如图 6-32(c) 所示,当油滴滴在改性 CNF/PVA/Ag@TiO$_2$ 复合薄膜表面时,复合薄膜被完全浸润,当水滴滴在复合薄膜表面时,水滴为球形,与水的接触角为 151°,滚动角为 10°。图 6-32(d) 是改性复合薄膜疏水的动态接触角图像,水滴在复合薄膜表面的弹跳时间为 3s,表现出了良好的超疏水-超亲油性能。

将具有超亲水-水下超疏油性能的 CNF/PVA/Ag@TiO$_2$ 复合薄膜置于过滤器 [图 6-33(a)] 中间,使水包氯仿乳化液、水包正己烷乳化液、水包甲苯乳化液和水包 1,2-二氯乙烷乳化液从复合薄膜滤过,由光学显微镜图像 [图 6-33 (b)] 可以看出,四种水包油乳化液在过滤之前,油滴清晰可见,直径大约为 5~10μm,经过复合薄膜过滤后,油滴消失,油水分离效果优异。图 6-33(e) 展示了 CNF/PVA/Ag@TiO$_2$ 复合薄膜的油水分离效率,可以看出,水包氯仿乳化液的分离效率最大,可达 98.95%。图 6-33(c) 和 (d) 分别展示了超疏水-超亲油性 CNF/PVA/Ag@TiO$_2$ 复合薄膜在水上和水下的动态吸油过程。由图所示,将 2mL 油滴滴在培养皿上,用镊子夹住部分复合薄膜于油滴处,仅经过 5s,油滴被完全吸附干净,吸油效果显著;将油滴滴于水底,用镊子夹住复合薄膜浸入水下吸附油滴,仅经过 3s,油滴即被吸附干净;另外,将复合薄膜从水底取出,其表面未被水分润湿,表现出良好的超疏水-超亲油性能。图 6-33 (f) 是超疏水-超亲油性复合薄膜针对不同有机溶剂与油品的吸附容量,其中,对二氯甲烷的吸附容量最大,可吸附自身质量的 12 倍,吸油量超过普通薄膜材料。

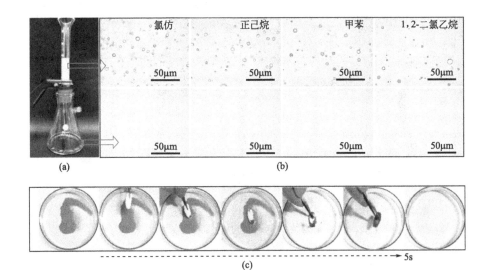

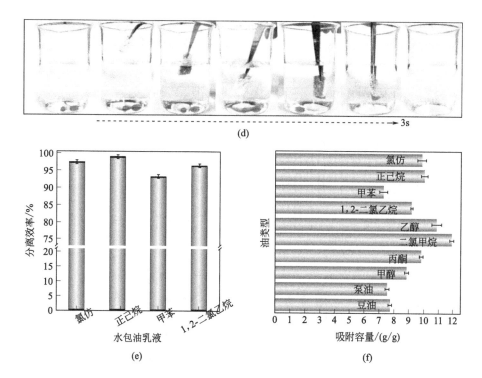

图 6-33　CNF/PVA/Ag@TiO₂ 复合薄膜过滤器（a），CNF/PVA/Ag@TiO₂ 复合薄膜过滤前后的光学显微镜图像（b），改性 CNF/PVA/Ag@TiO₂ 复合薄膜的水上吸油效果（c），改性 CNF/PVA/Ag@TiO₂ 复合薄膜的水下吸油效果（d），CNF/PVA/Ag@TiO₂ 复合薄膜的分离效率（e）和改性 CNF/PVA/Ag@TiO₂ 复合薄膜的吸附容量（f）

图 6-34 是对超亲水-水下超疏油性 CNF/PVA/Ag@TiO₂ 复合薄膜的耐久性分析图像。图 6-34（a）是复合薄膜在不同酸碱溶液中与油的接触角（OCA）变化图像，其 OCA 在 154°上下浮动，表明超亲水-水下超疏油性 CNF/PVA/Ag@TiO₂ 复合薄膜具有良好的耐酸碱性能。图 6-34（b）是复合薄膜在不同浓度的氯化钠溶液中与油的接触角变化图像，其 OCA 在 153.5°上下浮动，表明超亲水-水下超疏油性 CNF/PVA/Ag@TiO₂ 复合薄膜具有优异的耐盐性能，而海水中 NaCl 含量约 3.5%（质量分数），因此超亲水-水下超疏油性 CNF/PVA/Ag@TiO₂ 复合薄膜有望应用于海上油污处理。图 6-34（c）展现了复合薄膜经负重 200g 摩擦（摩擦介质为滤纸，摩擦距离 100mm 为一个循环次数）后的润湿性与质量分数的变化情况。结果表明，随着摩擦次数的增加，超亲水-水下超疏油性 CNF/PVA/Ag@TiO₂ 复合薄膜的水下疏油接触角变化不大，基本在 152°上下浮

动，但其质量分数逐渐减小至 56%（摩擦 10 次），表明纳米纤维素和聚乙烯醇经戊二醛的交联，与 $Ag@TiO_2NPs$ 的掺杂，使超亲水-水下超疏油性 CNF/PVA/$Ag@TiO_2$ 复合薄膜结合得更牢固，具备良好的耐摩擦性能。

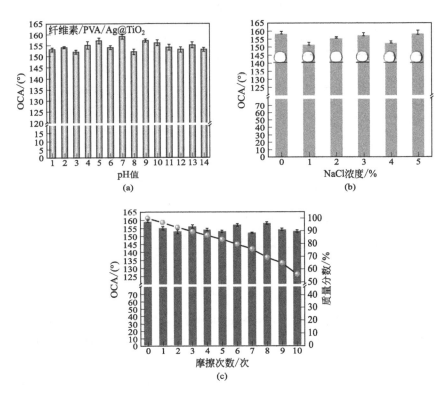

图 6-34　超亲水-水下超疏油性 CNF/PVA/$Ag@TiO_2$ 复合薄膜耐久性分析结果
(a) 在不同酸碱溶液中的接触角变化图像；(b) 在不同浓度的氯化钠溶液中的
接触角变化图像；(c) 摩擦后的接触角和质量变化图像

图 6-35 是对超疏水-超亲油性 CNF/PVA/$Ag@TiO_2$ 复合薄膜的耐久性分析结果。图 6-35(a) 是复合薄膜浸入不同酸碱溶液中处理 30min 以上，与水的接触角（WCA）的变化图像，其 WCA 在 145°上下浮动，表明超疏水-超亲油性 CNF/PVA/$Ag@TiO_2$ 复合薄膜具有良好的耐酸碱性能。图 6-35(b) 是复合薄膜浸入不同浓度氯化钠溶液中处理 30min 以上，与水的接触角的变化图像，其 WCA 在 145°上下浮动，表明超疏水-超亲油性 CNF/PVA/$Ag@TiO_2$ 复合薄膜具有优异的耐盐性能，而海水中 NaCl 含量约 3.5%（质量分数），因此超疏水-超亲油性 CNF/PVA/$Ag@TiO_2$ 复合薄膜有望应用于海上油污处理。图 6-35(c) 展现了复合薄膜经负重 200g 摩擦后的润湿性与质量分数的变化情况。结果表明，

经摩擦测试后的超疏水-超亲油性 CNF/PVA/Ag@TiO$_2$ 复合薄膜的 WCA 变化不大，基本在 142°上下浮动，但其质量分数变化较小，只减小至 92.21%（摩擦 10 次），表明超疏水-超亲油性 CNF/PVA/Ag@TiO$_2$ 复合薄膜十分牢固，具备良好的耐摩擦性能。

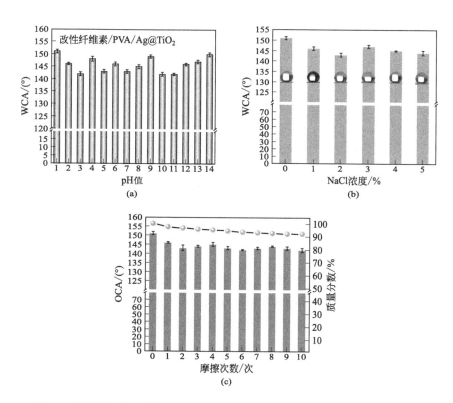

图 6-35　超疏水-超亲油性 CNF/PVA/Ag@TiO$_2$ 复合薄膜的耐久性测试结果
（a）在不同酸碱溶液中的接触角变化图像；（b）在不同浓度的氯化钠溶液中的
接触角变化图像；（c）摩擦后的接触角和质量变化图像

由于原料以生物质为主，本课题组还对制得样品进行了抗菌性能评估。由图 6-36可知，CNF 薄膜和 CNF/PVA 复合薄膜没有产生抑菌圈，即没有抑菌效果。两种特殊润湿性能的 CNF/PVA/Ag@TiO$_2$ 复合薄膜对大肠杆菌、金黄色葡萄球菌和枯草芽孢杆菌都具有抑菌圈，超亲水-水下超疏油性复合薄膜的抑菌圈厚度分别为 5.24mm、8.44mm 和 15.02mm，超疏水-超亲油性复合薄膜的抑菌圈厚度分别为 5.82mm、3.76mm 和 11.47mm。显然，超亲水-水下超疏油性 CNF/PVA/Ag@TiO$_2$ 复合薄膜的抑菌效果明显优于改性后的超疏水-超亲油性 CNF/PVA/Ag@TiO$_2$ 复合薄膜。这是因为经过 OTS 疏水改性之后的复合薄膜表面形成疏水层，在一定程度上影响 Ag^+ 在水性介质中的释放。

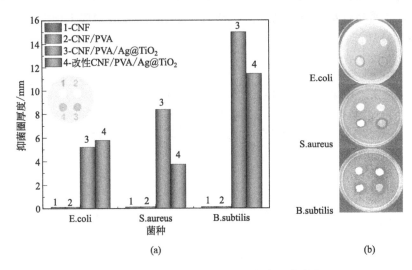

图 6-36　薄膜样品对大肠杆菌（E. coli）、金黄色葡萄球菌（S. aureus）、
枯草芽孢杆菌（B. subtilis）的抑菌圈厚度（a）与照片（b）

综上，笔者将纳米纤维素悬浮液、聚乙烯醇溶液和 $Ag@TiO_2$ 溶液按一定比例在室温下通过磁力搅拌均匀混合，经过戊二醛交联，真空烘箱保持 75℃ 交联固化 3h，最后通过减压抽滤、冷冻干燥技术制备特殊润湿性 $CNF/PVA/Ag@TiO_2$ 复合薄膜。

① 对于超亲水-水下超疏油性 $CNF/PVA/Ag@TiO_2$ 复合薄膜，水下 OCA 最大为 159°，滚动角为 5°，油滴于其表面落下并弹起的时间为 1s。水包油乳化液经超亲水-水下超疏油性 $CNF/PVA/Ag@TiO_2$ 复合薄膜过滤后，白浊的乳化液转为澄清，油滴在光学显微镜下消失，油水分率效率最大为 98.95%。

② 对于超疏水-超亲油性 $CNF/PVA/Ag@TiO_2$ 复合薄膜，WCA 最大为 151°，滚动角为 10°，水滴于其表面落下并弹起的时间为 3s。水上和水下的油可以快速被超疏水-超亲油性 $CNF/PVA/Ag@TiO_2$ 复合薄膜吸附，时间分别在 5s 和 3s 以内，表明其优异的吸油性能。

③ 两种特殊润湿性 $CNF/PVA/Ag@TiO_2$ 复合薄膜均具有显著的抑菌活性。超亲水-水下超疏油性 $CNF/PVA/Ag@TiO_2$ 复合薄膜的抑菌效果明显优于改性后的超疏水-超亲油性 $CNF/PVA/Ag@TiO_2$ 复合薄膜。

④ 两种特殊润湿性 $CNF/PVA/Ag@TiO_2$ 复合薄膜经不同 pH、盐浓度溶液浸泡处理，以及负重摩擦测试，其润湿性能（超亲水-水下超疏油性、超疏水-超亲油性）基本保持不变，即具有突出的耐酸碱、盐、摩擦性能。

6.5.5　多功能特殊润湿性 Ag@TiO₂/PVA/纳米纤维素复合气凝胶的制备

笔者对两种特殊润湿性 Ag@TiO₂/PVA/纳米纤维素复合气凝胶的制备方法如图 6-37 所示。首先，将 5g PVA 溶解在 100mL 去离子水中，在 85℃下搅拌 8h，直到 PVA 完全溶解。将 PVA 溶液（0.05g/mL）和 CNF 悬浮液（制备方法详见 6.3.5）混合搅拌 1h。将戊二醛［200μL，25%（质量分数）］和硫酸［50μL，2.0%（体积分数）］加入上述混合液，继续搅拌 1h。进一步加入制备好的 1mL Ag@TiO₂［10%（质量分数），制备方法详见 6.3.5］溶液，磁力搅拌 30min。继续将此混合液超声处理 10min，再在 75℃下真空交联/固化 3h，形成 CNF/PVA/Ag@TiO₂ 水凝胶。将水凝胶在 −20℃下冷冻 12h，再冷冻干燥 12h（−60～−50℃），即得到超亲水-水下超疏油性 CNF/PVA/Ag@TiO₂ 复合气凝胶。进一步将复合气凝胶浸泡在 OTS 改性溶液中处理 20min，再用无水乙醇冲洗、干燥，即得到超疏水-超亲油性 CNF/PVA/Ag@TiO₂ 复合气凝胶。

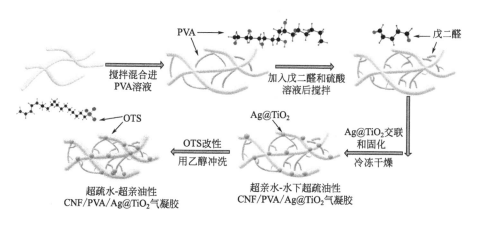

图 6-37　CNF/PVA/Ag@TiO₂ 复合气凝胶的制备流程图

图 6-38 是杨木粉、CNF、CNF/PVA 以及 CNF/PVA/Ag@TiO₂ 复合气凝胶经 OTS 改性前后的红外光谱谱图。1732cm⁻¹ 处的吸收峰源于半纤维素的乙酰基、酯基与羧基酯键，以及木质素的对香豆酸。木质素的特征吸收峰出现在 1640cm⁻¹（侧链上的羰基）和 1600～1450cm⁻¹（苯环）处。1246cm⁻¹ 处的吸收峰源于半纤维素的 C—O 伸缩振动，1050cm⁻¹ 处的吸收峰源于纤维素与半纤维素的伯、仲醇的特征振动。经提取、纯化后 CNF 的红外谱图中，上述吸收峰

消失，但保留了 $3450\sim3200cm^{-1}$（O—H 伸缩振动）、$2979\sim2850cm^{-1}$（C—H 伸缩振动）、$1637cm^{-1}$（C=O 伸缩振动）、$1435\sim1400cm^{-1}$（CH$_2$、—OCH 与 —OH 弯曲振动）、$890cm^{-1}$（纤维素中葡萄糖之间 β-糖苷键的 C1—H 变形振动）处的吸收峰，表明半纤维素与大部分木质素已经被去除。相比于 CNF 红外谱图，CNF/PVA 在 $3450\sim3200cm^{-1}$（O—H 伸缩振动）和 $1435\sim1400cm^{-1}$（CH$_2$、—OCH与—OH 弯曲振动）处存在更宽的吸收峰，在 $750\sim650cm^{-1}$（O—H 面外弯曲振动）处存在更强烈的吸收峰，表明聚乙烯醇的存在，以及纳米纤维素与聚乙烯醇的成功交联。由于 Ag@TiO$_2$ NPs 添加较少，其特征峰未被发现。在改性 CNF/PVA/Ag@TiO$_2$ 复合薄膜的红外谱图中，$1106cm^{-1}$（Si—O 伸缩振动）和 $2979\sim2850cm^{-1}$（长碳链中 C—H 伸缩振动）处的吸收峰进一步验证十八烷基三氯硅烷已成功接枝于 CNF/PVA/Ag@TiO$_2$ 复合薄膜表面。综上，CNF、PVA 与 Ag@TiO$_2$ NPs 完成了较好的复合，形成的 CNF/PVA/Ag@TiO$_2$ 复合薄膜具有微纳分级结构、孔隙以及独特的润湿性能。

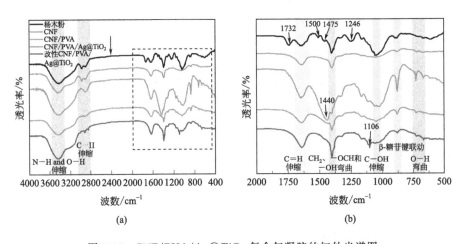

图 6-38　CNF/PVA/Ag@TiO$_2$ 复合气凝胶的红外光谱图

图 6-39（a）是 CNF 气凝胶在不同放大倍数下的扫描电镜图像，随着放大倍数的不断增大，发现纤维素纳米纤丝之间相互缠绕，经冷冻干燥形成结构松散、孔隙较大的气凝胶。图 6-39（b）为 CNF/PVA/Ag@TiO$_2$ 复合气凝胶不同放大倍数的扫描电镜（SEM）图像，其插图为 CNF/PVA/Ag@TiO$_2$ 复合气凝胶立于桃花花蕊之上的图像。由图可知，戊二醛的存在使 PVA 与 CNF 进行交联，这使得 CNF/PVA/Ag@TiO$_2$ 气凝胶的孔隙与结构较 CNF 气凝胶更为紧致，更多的是以纤维素纳米纤丝、聚乙烯醇与 Ag@TiO$_2$ NPs 在冰晶作用下自组装成复合片层结构，继而以交错的片层网络形式存在。

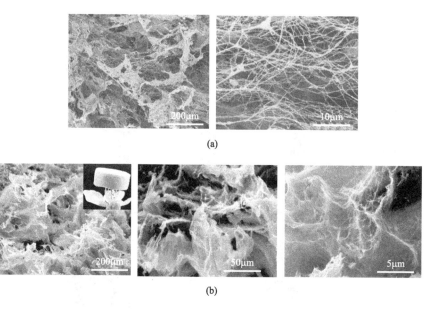

图 6-39　SEM 图

(a) CNF 气凝胶；(b) CNF/PVA/Ag@TiO$_2$ 复合气凝胶

图 6-40(a) 是 CNF/PVA/Ag@TiO$_2$ 复合气凝胶的油水润湿性能分析图像，去离子水被 MB 染色，滴在复合气凝胶表面，复合气凝胶被完全浸润，表现出了超亲水性能。1,2-二氯乙烷被苏丹Ⅲ染色，将复合气凝胶放在水底，油滴滴在复合气凝胶表面，油滴仍保持球形，表明复合气凝胶具有水下超疏油性能，与油的接触角可达 156°，滚动角仅有 9°。图 6-40(b) 是复合气凝胶在水下与油的动态接触图像，油滴在复合气凝胶表面的弹跳时间仅为 1s，说明复合气凝胶具有良好的超亲水-水下超疏油性能。这是因为 CNF 与 PVA 含有大量羟基，PVA 溶液在和 CNF 悬浮液搅拌共混过程中以戊二醛（GA）进行交联，制得的复合气凝胶仍含有大量羟基，表现出优异的超亲水-水下超疏油性能。如图 6-40(c) 所示，当油滴滴在改性 CNF/PVA/Ag@TiO$_2$ 复合气凝胶表面时，复合气凝胶被完全浸润，当水滴滴在复合气凝胶表面时，水滴呈球形，与水的接触角为 147°，滚动角为 12°。图 6-40(d) 是改性复合气凝胶疏水的动态接触角图像，水滴在复合气凝胶表面的弹跳时间为 1s，表现出了良好的超疏水-超亲油性能。

将具有超亲水-水下超疏油性能的 CNF/PVA/Ag@TiO$_2$ 复合气凝胶置于过滤器中间，使水包正己烷乳化液、水包甲苯乳化液和水包 1,2-二氯乙烷乳化液从复合气凝胶上滤过。图 6-41(a) 展示了 CNF/PVA/Ag@TiO$_2$ 复合气凝胶的油水分离效率，可以看出，三种水包油乳化液的分离效率在 90.00% 上下浮动。

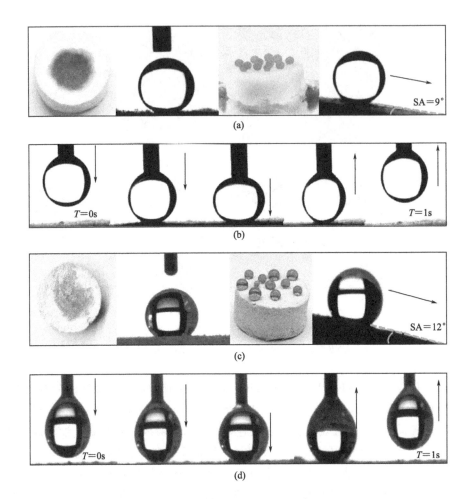

图 6-40　超亲水-水下超疏油性 CNF/PVA/Ag@TiO$_2$ 复合气凝胶
[(a) 接触角和滚动角的图像；(b) 与油的动态接触角图像] 和超疏水-超
亲油性 CNF/PVA/Ag@TiO$_2$ 复合气凝胶[(c) 接触角和滚动角的图像；
(d) 与水的动态接触角图像]

图 6-41(c) 和 (d) 分别展示了超疏水-超亲油性 CNF/PVA/Ag@TiO$_2$ 复合气凝
胶在水上和水下的动态吸油过程。由图所示，将 2mL 油滴滴在培养皿上，用镊
子夹住复合气凝胶于油滴处，仅经过 2s，油滴被完全吸附干净，吸油效果显
著；将油滴滴于水底，用镊子夹住复合气凝胶浸入水下吸附油滴，仅经过
0.4s，油滴即被吸附干净；另外，将复合气凝胶从水底取出，其表面未被水分
润湿，表现出良好的超疏水-超亲油性能。图 6-41(b) 是超疏水-超亲油性 CNF/
PVA/Ag@TiO$_2$ 复合气凝胶针对不同有机溶剂与油品的吸附容量，即对正己烷

的最大吸附容量是 27.7g/g；对 1,2-二氯乙烷的最大吸附容量是 26.7g/g，对乙醇的最大吸附容量是 25.3g/g，对二氯甲烷的最大吸附容量是 16.0g/g，对丙酮的最大吸附容量是 37.6g/g，对甲醇的最大吸附容量是 22.2g/g，对泵油的最大吸附容量是 39.0g/g，对大豆油的最大吸附容量是 17.6g/g。显然，超疏水-超亲油性 CNF/PVA/Ag@TiO$_2$ 复合气凝胶对于泵油的吸附容量最大，可吸附自身质量的 39 倍，表现出极为优异的吸油效果。

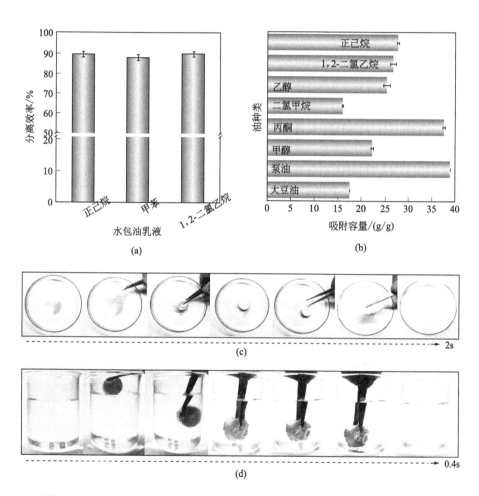

图 6-41　CNF/PVA/Ag@TiO$_2$ 复合气凝胶水包油乳化液分离效率（a），改性
CNF/PVA/Ag@TiO$_2$ 复合气凝胶的吸油能力（b），改性 CNF/PVA/Ag@TiO$_2$
复合气凝胶水上吸油效果（c），以及改性 CNF/PVA/Ag@TiO$_2$ 复合气凝胶水
下吸油效果（d）

配制不同 pH 值的水溶液，将气凝胶浸泡其中，采用接触角测量仪测试其在

不同 pH 值水溶液中与油的接触角。如图 6-42(a) 所示，CNF/PVA/Ag@TiO₂ 复合气凝胶在 pH 值为 1 ～ 14 的溶液中，与油的接触角存在一定浮动，但影响不大，验证 CNF/PVA/Ag@TiO₂ 复合气凝胶具有良好的耐酸碱性能。取气凝胶分别浸泡在 1% ～5%（质量分数）的 NaCl 溶液中，采用接触角测量仪测试其在不同浓度盐溶液中与油的接触角。如图 6-42(b) 所示，CNF/PVA/Ag@TiO₂ 复合气凝胶在 1% ～5%（质量分数）的 NaCl 溶液中，与油的接触角均在 155°以上，表明 CNF/PVA/Ag@TiO₂ 复合气凝胶具有良好的耐盐性能。

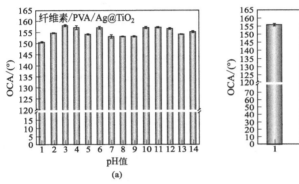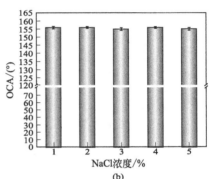

图 6-42　CNF/PVA/Ag@TiO₂ 复合气凝胶：
(a) 耐 pH 性能评估；(b) 耐盐性能评估

图 6-43(a) 中的 CNF/PVA/Ag@TiO₂ 复合气凝胶可立于迎春花的顶部，计算其密度为 30mg/cm³。在空气中，将 200g 砝码置于该复合气凝胶顶部，未发现压缩情况出现。经计算，CNF/PVA/Ag@TiO₂ 复合气凝胶可以负荷自身质量的 2299 倍，表现出非常显著的压缩强度。如图 6-43(b) 所示，本课题组将 CNF/PVA/Ag@TiO₂ 复合气凝胶浸入水下，使其负重 200g，发现该复合气凝胶的可压缩性能。研究结果表明，此时 CNF/PVA/Ag@TiO₂ 复合气凝胶压缩至其自身的 83.3%。图 6-43(c)～(e) 是复合气凝胶的水下压缩-回弹测试图像，即 CNF/PVA/Ag@TiO₂ 复合气凝胶的压缩极限为 82.2%，待释放压力，该复合气凝胶可以在 5s 内回复到原始状态，说明 CNF/PVA/Ag@TiO₂ 复合气凝胶具有优异的压缩-回弹性能。

表 6-4 与图 6-44 展示了 CNF 气凝胶、CNF/PVA 气凝胶、超亲水-水下超疏油性 CNF/PVA/Ag@TiO₂ 复合气凝胶和超疏水-超亲油性 CNF/PVA/Ag@TiO₂ 复合气凝胶的抑菌测试结果。从图 6-44 中可以看出，菌落布满含有 CNF 气凝胶和 CNF/PVA 气凝胶的培养皿，说明纤维素与聚乙烯醇不具有抑菌效果。相较之下，对大肠杆菌、金黄色葡萄球菌和枯草芽孢杆菌，超亲水-水下超疏油性 CNF/PVA/

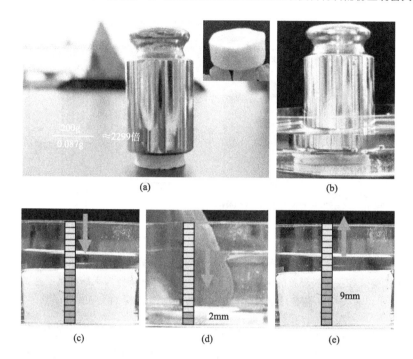

图 6-43　CNF/PVA/Ag@TiO₂ 复合气凝胶的性能检测图

（a）复合气凝胶立在迎春花顶部的照片；（b）复合气凝胶最大
压缩前后的状态；（c）200g 砝码压缩前后的照片

Ag@TiO₂ 复合气凝胶和超疏水-超亲油性 CNF/PVA/Ag@TiO₂ 复合气凝胶的抑菌效果极好。如图 6-44(b) 所示，超亲水-水下超疏油性 CNF/PVA/Ag@TiO₂ 复合气凝胶对大肠杆菌的抑菌效率是 100%，对金黄色葡萄球菌的抑菌效率是 99.96%，对枯草芽孢杆菌的抑菌效率是 99.12%；超疏水-超亲油性 CNF/PVA/Ag@TiO₂ 复合气凝胶对大肠杆菌的抑菌效率是 99.97%，对金黄色葡萄球菌的抑菌效率是 74.10%，对枯草芽孢杆菌的抑菌效率是 79.65%。显然，超亲水-水下超疏油性 CNF/PVA/Ag@TiO₂ 复合薄膜的抑菌效果明显优于改性后的超疏水-超亲油性 CNF/PVA/Ag@TiO₂ 复合薄膜。这是因为经过 OTS 疏水改性之后的复合薄膜表面形成疏水层，在一定程度上影响 Ag⁺ 在水性介质中的释放。

表 6-4　菌落数表

菌种	气凝胶类型			
	CNF	CNF/PVA	疏水-亲油型	亲水-疏油型
大肠杆菌菌落数	3978	1750	4	1
金黄色葡萄球菌菌落数	2429	2149	629	5
枯草芽孢杆菌菌落数	4300	2300	875	38

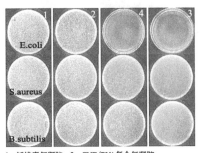

1—纤维素气凝胶；2—CNF/PVA复合气凝胶；
3—OTS的疏水改性之后的CNF/PVA/Ag@TiO₂复合气凝胶；
4—CNF/PVA/Ag@TiO₂复合气凝胶

(a)

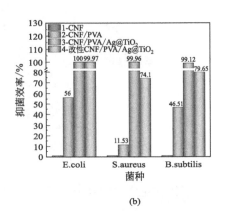

(b)

图 6-44　平板计数法抑菌图像（大肠杆菌菌落；金黄色葡萄球菌菌落；枯草芽孢杆菌菌落）和气凝胶的抑菌活性（a）以及复合气凝胶对大肠杆菌、金黄色葡萄球菌和枯草芽孢杆菌的抑菌效率（b）

具体机理如下：TiO_2 的电子结构是一个满的价带和一个空的导带，当电子能量达到或超过其带隙能时，电子就可以从价带激发到导带，同时在价带产生相应的空穴（即生成电子-空穴对），在电场的作用下，电子与空穴发生分离，迁移到粒子表面的不同位置，发生一系列反应。具体地，吸附溶解在 TiO_2 表面的氧俘获电子形成 $O_2\cdot$，生成的超氧化物阴离子自由基可以与细菌内的有机物或水中的有机染料反应，生成 CO_2 和 H_2O。而空穴将吸附 TiO_2 表面的 $\cdot OH$ 和 H_2O，并氧化成具有很强氧化能力的 $\cdot OH$，继而攻击细菌内的有机物或水中的有机染料的不饱和键，产生新的自由基，激发链式反应，最终致使细菌分解、有机染料降解。AgNPs 可转变成 Ag^+，从 CNF/CS/Ag@TiO₂ 复合薄膜中逐渐游离出来，而这些 Ag^+ 会以培养基中的水为媒介被释放到样品周围，与大肠杆菌、金黄色葡萄球菌或枯草芽孢杆菌接触，继而进入其细胞内，破坏细胞合成酶的活性，使其丧失分裂繁殖能力，待其死亡，Ag^+ 又会从菌体中游离出来，重复杀菌，因此表现出持久抗菌的效果。

综上，笔者介绍了两种特殊润湿性 CNF/PVA/Ag@TiO₂ 复合气凝胶的制备方法，并对复合气凝胶的化学组成、微观形貌、润湿性能、抑菌性能、抗压缩-回弹性能、油水分离效率、吸油性能及耐久性能进行了仔细分析。研究结构表明，CNF/PVA/Ag@TiO₂ 复合气凝胶具有超亲水-水下超疏油性能，在经过 OTS 改性后具有超亲油-超疏水性能。超亲水-水下超疏油性 CNF/PVA/Ag@TiO₂ 复合气凝胶对水包甲苯乳化液、水包正己烷乳化液、水包1,2-二氯乙烷乳化液的分离效率均在 90% 左右；即使经过强酸、强碱、高盐度溶液等腐蚀性液体浸泡，也不能大幅改变 CNF/PVA/Ag@TiO₂ 复合气凝胶的特殊润湿性能，表现出良好的耐酸、碱、盐性。另外，制得的 CNF/PVA/Ag@TiO₂ 复合气凝胶不仅有超低的密度，在空气中具有超强的抗压缩效果，浸泡在水中的 CNF/PVA/Ag@TiO₂ 复合气凝胶具有良好的可压缩与回弹性能。而且两种特殊润湿性 CNF/PVA/Ag@TiO₂ 复合气凝胶对于大肠杆菌、金黄色葡萄球菌、枯草芽孢杆菌均有优异的抑制作用，其抑菌效率近 100%，有望应用于治理含油污和微生物的复杂污水。

6.5.6　抑菌光催化功能特殊润湿性 Ag@TiO₂/CS/纳米纤维素复合薄膜的制备

壳聚糖是自然界中唯一含有大量碱性基团（—NH₂）的多糖。许多研究表明，壳聚糖具有安全、无毒、抗菌等独特的物理、化学和生物特性，生物相容性和优异的成膜性能。壳聚糖分子量从几万到数百万不等，不溶于水，溶于稀醋酸溶液。由于壳聚糖含有大量的氨基和羟基，在特定的条件下会发生化学反应，如碱性化、酰化、酯化、醚化、烷基化、氧化、水解、交联、接枝共聚，继而形成多种壳聚糖衍生物。这些衍生物可应用于生物医药、环境保护、食品包装、功能材料、膜技术等领域。大量研究表明，壳聚糖复合膜具有良好的抗粘接、抗凝血和抗菌作用。然而，仅由壳聚糖组成的膜材料机械强度低、脆性高、耐热性差、耐水性差，限制了壳聚糖的应用。

纤维素与壳聚糖具有相似的分子结构，很容易与其他物质接枝共聚。壳聚糖是阳离子聚合物，纳米纤维素是阴离子聚合物。壳聚糖与纳米纤维素共混可以制备纳米复合材料，两者在水溶液中相互作用，自发形成聚电解质复合物，实现性能优异复合薄膜的自组装。另外，由于两种材料表面都含有大量的羟基，所以两者的复合材料具有超亲水性。据此，笔者联合减压抽滤与冷冻干燥技术制备了 CNF/CS/Ag@TiO₂ 复合薄膜，通过加入 Ag@TiO₂ NPs，使复合薄膜的抑菌性能更好，抑菌活性更强。通过 FT-IR、SEM 和 XPS 等表征手段对材料的成分和结构进行分析；通过润湿性能测试，验证其超亲水-水下超疏油性能，以及改性后的超疏水-超亲油性能；通过油水分离测试、抑菌性能测试、降解 MB 测试和耐久性测试，证明 CNF/CS/Ag@TiO₂ 复合薄膜的多功能应用潜能。具体实验操作如下。

CNF/CS/Ag@TiO₂ 复合薄膜的制备：将壳聚糖（CS）溶解于 1%（体积分数）醋酸溶液，磁搅拌 45min，得到 2%（质量分数）透明的壳聚糖溶液；将 CNF 悬浮液（制备方法详见 6.5.4）与壳聚糖溶液以 10:1 的体积比混合，在连

续磁搅拌下均匀混合，完成 CNF/CS 的良好复合；然后，加入制备好的 1mL Ag
@TiO₂NPs（质量分数 10%）分散液，继续磁力搅拌 30min；进一步将上述混合
液利用砂芯过滤器进行过滤，待形成 CNF/CS/Ag@TiO₂ 凝胶膜，置于 -20℃
下冷冻 12h；随后，将其在温度为 -60~-50℃，压强为 10~15Pa 条件下冷冻干
燥 12h，得到超亲水-水下超疏油性 CNF/CS/Ag@TiO₂ 复合薄膜；配制十八烷
基三氯硅烷改性液（OTS：正己烷=1：15），将复合薄膜浸泡在 OTS 改性溶液
中处理 20min，然后用无水乙醇冲洗，得到超疏水-超亲油性 CNF/CS/Ag@
TiO₂ 复合薄膜，如图 6-45 所示。

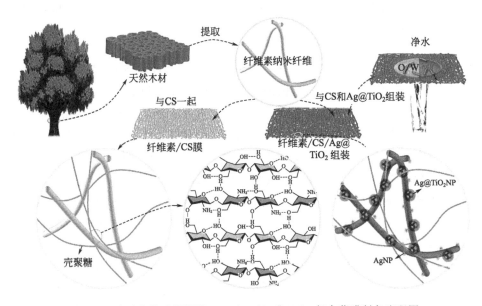

图 6-45　多功能特殊润湿性 CNF/CS/Ag@TiO₂ 复合薄膜制备流程图

图 6-46 是杨木粉、CNF、CNF/CS 以及 CNF/CS/Ag@TiO₂ 复合薄膜经
OTS 改性前后的红外光谱谱图。如图 6-46 所示，$1738cm^{-1}$ 处的吸收峰源于半纤
维素的乙酰基、酯基与羧基酯键，以及木质素的对香豆酸。木质素的特征吸收峰
出现在 $1640cm^{-1}$（侧链上的羰基）和 $1600~1450cm^{-1}$（苯环）处。$1246cm^{-1}$
处的吸收峰源于半纤维素的 C—O 的伸缩振动，$1050cm^{-1}$ 处的吸收峰源于纤维
素与半纤维素的伯、仲醇的特征振动。经提取、纯化后 CNF 的红外谱图中，上
述吸收峰消失，但保留了 $3450~3200cm^{-1}$（O—H 伸缩振动）、$2979~2850cm^{-1}$
（C—H 伸缩振动）、$1637cm^{-1}$（C=O 伸缩振动）、$1435~1400cm^{-1}$（CH₂、
—OCH 与 —OH 弯曲振动）、$890cm^{-1}$（纤维素中葡萄糖之间 β-糖苷键的 C1—H
变形振动）处的吸收峰，这表明半纤维素与大部分木质素已经被去除。相比于

CNF 红外谱图，CNF/CS 在 3450～3200cm^{-1}（N—H/O—H 伸缩振动） 和 1435～1400cm^{-1}（CH$_2$、—OCH 与—OH 弯曲振动）处存在更宽的吸收峰，在 750～650cm^{-1}（O—H 面外弯曲振动）处存在更强烈的吸收峰，表明壳聚糖的存在，以及纳米纤维素与壳聚糖之间的氢键作用。由于 Ag@TiO$_2$ NPs 添加较少，其特征峰未被发现。在改性 CNF/CS/Ag@TiO$_2$ 复合薄膜的红外谱图中，785cm^{-1} 处的吸收峰源于 Si—O—Si 的对称伸缩振动，验证了 OTS 成功接枝于 CNF/CS/Ag@TiO$_2$ 复合薄膜表面。综上，CNF、CS 与 Ag@TiO$_2$ NPs 较好复合成为具备微纳分级结构、孔隙以及独特润湿性能的 CNF/CS/Ag@TiO$_2$ 复合薄膜。

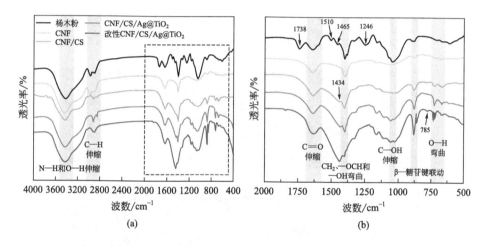

图 6-46　CNF/CS/Ag@TiO$_2$ 复合薄膜的红外光谱图

图 6-47 比较了 CNF 薄膜、CNF 气凝胶和 CNF/CS/Ag@TiO$_2$ 复合薄膜的微观形貌和结构。图 6-47（a）是纤维素纳米纤丝悬浮液经减压抽滤与真空干燥制得的 CNF 薄膜在不同放大倍数下的扫描图像，可以看出 CNF 薄膜结构致密，缺乏孔隙结构，表面凹凸不平是由纤维素纳米纤丝相互缠绕所致。图 6-47（b）是 CNF 气凝胶在不同放大倍数下的扫描电镜图像，随着放大倍数的不断增大，发现纤维素纳米纤丝之间相互缠绕，在冰晶作用下自组装成片层结构，经冷冻干燥形成孔隙较大的气凝胶。图 6-47（c）是经减压抽滤与冷冻干燥制得的 CNF/CS/Ag@TiO$_2$ 复合薄膜的扫描电镜图像，可以看出，纤维结构之间相互缠绕，纤维之间排列致密，虽没有 CNF 气凝胶的空隙大，但具有一定孔隙结构，且强度远大于 CNF 气凝胶。图 6-47（d$_1$）～（d$_3$）是图 6-47（d）的 C、Ag 和 Ti 元素分布图。图 6-47（e）所呈现的纳米纤丝结构，表明复合薄膜中纳米纤维素的存在。

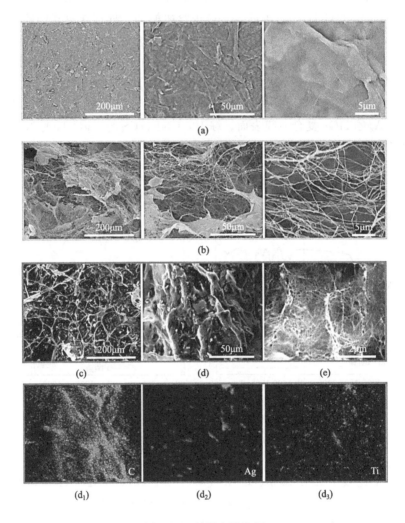

图 6-47　扫描电镜分析
（a）CNF 薄膜；（b）CNF 气凝胶；（c）CNF/CS/Ag@TiO₂ 复合薄膜；
（d）CNF/CS/Ag@TiO₂ 复合薄膜的 SEM 放大图像，及其对应的
元素映射 [（d₁）～（d₃）]；（e）CNF/CS/Ag@TiO₂
复合薄膜的高倍 SEM 图像

图 6-48（a）是 CNF/CS/Ag@TiO₂ 复合薄膜的 EDS 谱图，证明 CNF/CS 复合薄膜成功与 Ag@TiO₂ 复合。图 6-48（b）是 OTS 疏水改性后的 CNF/CS/Ag@TiO₂ 复合薄膜的 X 射线光电子能谱（XPS）谱图。如图所示，Ag 3d、Si 2s 和 Si 2p 元素峰的存在，说明薄膜中 Ag@TiO₂ 的成功复合与 OTS 的成功改

性。图 6-48(d) 和（e）分别是 Ag 3d、N 1s 的窄谱分析图。图 6-48(d) 中结合能为 374.58eV 和 368.62 eV 处分别是 Ag^0 的不同位置，说明 AgNPs 的存在。图 6-48(e) 中结合能为 402.66eV 和 400.24eV 处分别是 C—N 和 N—H，源自 CS 上的氨基。Ti 2p 窄谱不明显，可能是因为在制备复合薄膜的过程中 Ag@TiO$_2$ 的含量较少，TiO$_2$ 又被 AgNPs 包覆，但由 EDS 谱图及其对应 Ag 和 Ti 元素分布图，足以证明 Ag@TiO$_2$ 的存在。

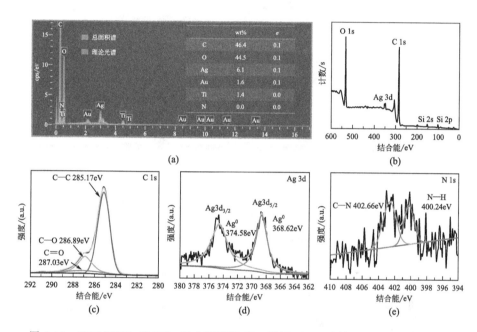

图 6-48　CNF/CS/Ag@TiO$_2$ 复合薄膜的 EDS 谱图（a），改性后的 CNF/CS/Ag@TiO$_2$ 复合薄膜的 XPS 全元素扫描能谱图（b），C 1s(c)、Ag 3d(d)、N 1s(e) 的窄谱分析图

图 6-49(a) 是 CNF/CS/Ag@TiO$_2$ 复合薄膜的油水润湿性能分析图像，去离子水被 MB 染色，滴在复合薄膜表面，复合薄膜被完全浸润，表现出超亲水性能。1,2-二氯乙烷被苏丹Ⅲ染色，将复合薄膜放在水底，油滴滴在复合薄膜表面，油滴仍保持球形，表明复合薄膜具有水下超疏油性能，最大疏油接触角是 159°，滚动角仅有 5°。图 6-49（b）是复合薄膜在水下与油的动态接触图像，油滴在复合薄膜表面的弹跳时间仅为 1s，说明复合薄膜具有超亲水-水下超疏油性能。这是因为 CNF 与 CS 含有大量羟基，CS 溶液和 CNF 悬浮液搅拌共混过程中，羟基断裂，与纤维素以氢键相连，表现出了超亲水-水下超疏油性能。如图6-49(c) 所示，当油滴滴在改性 CNF/CS/Ag@TiO$_2$ 复合薄膜表面时，复

合薄膜被完全浸润，当水滴滴在复合薄膜表面时，水滴呈球形，与水的接触角为150°，滚动角为5°。图 6-49(d) 是改性复合薄膜疏水的动态接触角图像，水滴在复合薄膜表面的弹跳时间为 3s，表现出了良好的超疏水-超亲油性能。

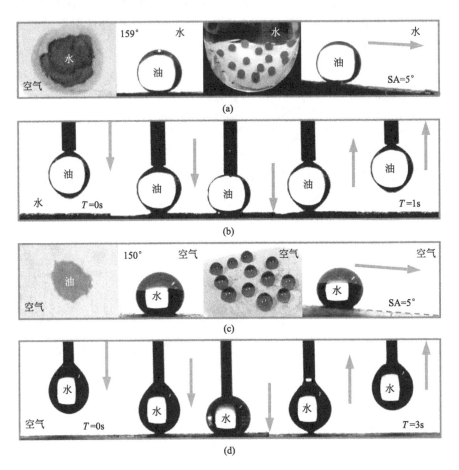

图 6-49　超亲水-水下超疏油 CNF/CS/Ag@TiO$_2$ 复合薄膜 ［(a) 接触角和滚动
角的图像；(b) 与油的动态接触角图像］和超疏水-超亲油 CNF/CS/Ag@TiO$_2$
复合薄膜 ［(c) 接触角和滚动角的图像；(d) 与水的动态接触角图像］

　　将具有超亲水-水下超疏油性能的 CNF/CS/Ag@TiO$_2$ 复合薄膜置于过滤器 ［图6-50(a)］ 中间，使水包氯仿乳化液、水包正己烷乳化液、水包甲苯乳化液和水包 1,2-二氯乙烷乳化液从复合薄膜上滤过，由光学显微镜图像 ［图 6-50(b)］ 可以看出，四种水包油乳化液在过滤之前，油滴清晰可见，直径大约为 5～10μm，经过复合薄膜过滤后，油滴消失，油水分离效果优异。图 6-50(c) 展示了 CNF/CS/Ag@TiO$_2$ 复合薄膜的油水分离效率，可以看出，水包氯仿乳化液的分离效率最大，可达 98.48%。图 6-50(d) 和（e）分别展示了超疏水-超亲油性 CNF/CS/Ag@TiO₂ 复合薄膜在水上和水下的动态吸油过程。由图所示，将 2mL 油滴滴在培养皿上，用镊子夹住部分复合薄膜于油滴处，仅经过 5s，油滴被完全吸附干净，吸油效果显著；将油滴滴于水底，用镊子夹住复合薄膜浸入水下吸附油滴，仅经过 3s，油滴即被吸附干净；另外，将复合薄膜从水底取出，其表面未被水分润湿，表现出良好的超疏水-超亲油性能。图 6-50(e) 是超疏水-超亲油性复合薄膜针对不同有机溶剂与油品的吸附容量，其中，对二氯甲烷的吸附容量最大，可吸附自身质量的 10 倍，吸油量超过普通薄膜材料。

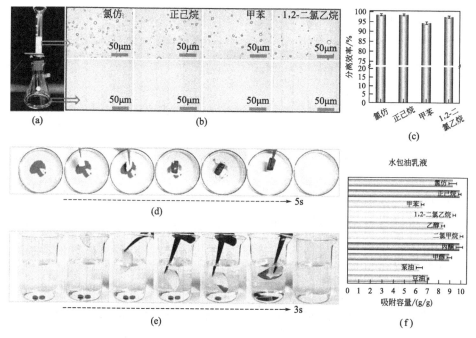

图 6-50　油水乳化液分离装置（a），水包油乳化液经 CNF/CS/Ag@TiO₂ 复合薄膜过滤前后在 40 倍光学显微镜下的图像（b），CNF/CS/Ag@TiO₂ 复合薄膜的分离效率（c），改性 CNF/CS/Ag@TiO₂ 复合薄膜水上吸油效果（d），改性 CNF/CS/Ag@TiO₂ 复合薄膜水下吸油效果（e）以及改性 CNF/CS/Ag@TiO₂ 复合薄膜对不同有机溶剂和油品的吸附容量（f）

图 6-51 是对两种特殊润湿性 CNF/CS/Ag@TiO₂ 复合薄膜的耐久性分析。将超亲水-水下超疏油性 CNF/CS/Ag@TiO₂ 复合薄膜浸入不同 pH 与盐浓度溶液中处理 30min 以上，并测其在水下与油的接触角。结果表明，浸入不同 pH

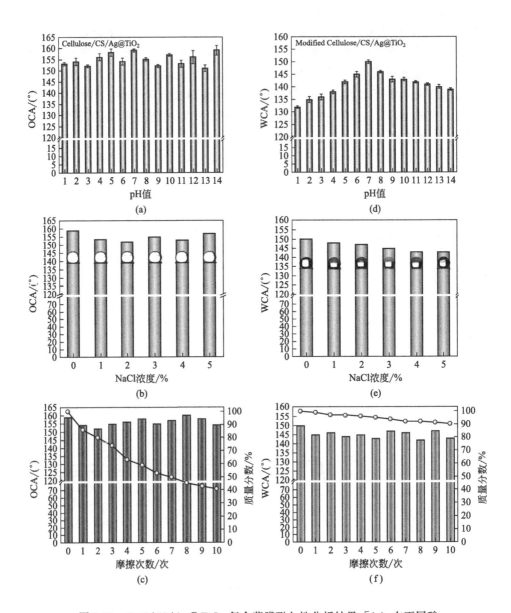

图 6-51　CNF/CS/Ag@TiO₂ 复合薄膜耐久性分析结果 ［(a) 在不同酸
碱溶液中的接触角变化图像；(b) 在不同浓度的氯化钠溶液中的接触角
变化图像；(c) 摩擦后的接触角和质量变化图像] 和改性 CNF/CS/Ag@
TiO₂ 复合薄膜耐久性分析结果 ［(d) 在不同酸碱溶液中的接触角变化图
像；(e) 在不同浓度的氯化钠溶液中的接触角变化图像；(f) 摩擦后的接
触角和质量变化图像]

溶液中处理后，复合薄膜在水下与油的接触角在 156°上下浮动，如图 6-51（a）所示；浸入不同盐浓度溶液中处理后，复合薄膜在水下与油的接触角在 154°上下浮动，如图 6-51（b）所示。将超疏水-超亲油性 CNF/CS/Ag@TiO$_2$ 复合薄膜浸入不同 pH 与盐浓度溶液中处理 30min 以上，并测其与水的接触角。结果表明，浸入不同 pH 溶液中处理后，复合薄膜与水的接触角在 132°上下浮动，如图 6-51（d）所示；浸入不同盐浓度溶液中处理后，复合薄膜与水的接触角在 143°上下浮动，如图 6-51（e）所示。上述研究验证了两种特殊润湿性 CNF/CS/Ag@TiO$_2$ 复合薄膜良好的耐酸碱性与耐盐性。图 6-51（c）和（f）展现了超亲水-水下超疏油性 CNF/CS/Ag@TiO$_2$ 复合薄膜与超疏水-超亲油性 CNF/CS/Ag@TiO$_2$ 复合薄膜经负重 200g 摩擦（摩擦介质为滤纸，摩擦距离 100mm 为一个循环次数）后的润湿性与质量分数的变化情况。结果表明，CNF/CS/Ag@TiO$_2$ 复合薄膜在水下与油的接触角在 152°上下浮动，但其质量分数随着摩擦次数的增加而减小。这是由于复合薄膜具有超亲水-水下超疏油性能，在水底吸水溶胀，纤维之间结合力减弱。改性后 CNF/CS/Ag@TiO$_2$ 复合薄膜经过 10 次摩擦之后，与水的接触角不低于 142°，而随着摩擦次数的增加，复合薄膜质量分数减小不明显，进一步验证了其突出的耐摩擦性能。

　　有机合成染料的广泛使用造成了严重的水污染问题，更威胁着人类和动物的生命安全。太阳光作为一种丰富的绿色能源，可有效替代化石燃料以解决环境污染问题，例如有机化合物的降解。传统的半导体光催化剂具有较大的禁带宽度，尤其是 TiO$_2$ 只有在吸收紫外线时才能发生光催化作用。但超过 43% 的太阳能在光谱的可见部分，因此，越来越多的专家和学者致力于开发在可见光下即可发生作用的光催化剂。众所周知，由于存在表面等离子体共振（SPR）效应，AgNPs 对可见光具有很强的吸收能力。在可见光照射下，负载在氧化物（例如 TiO$_2$）上的 AgNPs 对合成染料表现出显著的降解作用。以亚甲基蓝（MB）作为模型染料，本课题组研究了 CNF/CS/Ag@TiO$_2$ 纳米复合薄膜在紫外线和模拟太阳光下的脱色能力。图 6-52（a）和（b）为 10mg/L 和 20mg/L MB 溶液在黑暗、紫外线和模拟太阳光下经 50 mg CNF/CS/Ag@TiO$_2$ 纳米复合薄膜处理前后的紫外-可见光谱图。显然，在初始黑暗处理过程中，纳米复合薄膜即可降低溶液中的 MB 含量。这是因为纺织工业中广泛应用的 MB 是一种阳离子染料。尽管 CS 也是一种带正电荷的聚合物，但它同时也含有许多羟基和氨基基团。而且在 CNF/CS/Ag@TiO$_2$ 纳米复合薄膜中占有更大比例的 CNF 具有更多的负电荷和羟基基团。因此，在物理吸附（如范德华力、氢键相互作用、静电吸引）作用下，大部分 MB 被纳米复合薄膜直接去除。

　　当置于紫外线或模拟太阳光下时，随着时间的推移，两种情况下溶液中的 MB 含量均迅速下降，表明无论在紫外线还是可见光照射下，纳米复合薄膜均具

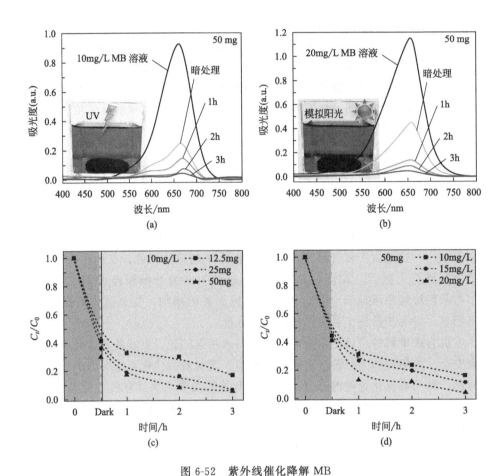

图 6-52 紫外线催化降解 MB

（a）和（b）10mg/L 和 20mg/L 的 MB 溶液在黑暗、紫外线和模拟太阳光下经 50mg CNF/CS/Ag@TiO₂ 纳米复合薄膜处理前后的紫外-可见光谱图；（c）MB 浓度为 10mg/L 时，不同质量的 CNF/CS/Ag@TiO₂ 复合薄膜的降解速率；（d）MB 浓度为 20mg/L 时，不同质量的 CNF/CS/Ag@TiO₂ 复合薄膜的降解速率

有催化活性。如图 6-52(c) 所示，随着复合薄膜添加量的增多，纳米复合薄膜在紫外线下能够将 MB 含量降解到更低水平；当 MB 浓度为 10mg/L，复合薄膜添加量为 50mg 时，经 3h 光照处理后，薄膜对 MB 的降解效率达到 94.50%。与相同条件于模拟太阳光下处理的薄膜相比，其 MB 降解效率减小至 84.02%〔见图 6-52(d) 中的黑色曲线〕。显然，此时紫外线处理对含有 MB 污染水的治理更为有利。这是因为 AgNPs 在紫外线照射下也能降解有机化合物，而且 AgNPs 在吸收紫外线后可以激发带间跃迁用于驱动光反应，从而表现出更好的催化活

性。值得注意的是，随着溶液中 MB 含量的增加，例如 MB 浓度增加到 20mg/L 时，如图 6-52(d) 所示，在模拟太阳光照下，CNF/CS/Ag@TiO$_2$ 纳米复合薄膜对 MB 的降解效率可达 96.33%；在紫外线照射下，CNF/CS/Ag@TiO$_2$ 纳米复合薄膜对 MB 的降解效率为 96.25%，两者对 MB 的降解效果基本一致。

由于原料以生物质为主，本课题组还对制得样品进行了抗菌性能评估。由图 6-53(a) 和 (b) 可知，CNF 薄膜和 CNF/CS 复合薄膜没有产生抑菌圈，即没有抑菌效果。CS 虽然具备一定抑菌效果，但是由于加入量少，抑菌效果不明显。两种特殊润湿性能的 CNF/CS/Ag@TiO$_2$ 复合薄膜对大肠杆菌、金黄色葡萄球菌和枯草芽孢杆菌都具有抑菌圈，超亲水-水下超疏油性复合薄膜的抑菌圈厚度分别为 7.13mm、7.94mm 和 8.58mm，超疏水-超亲油性复合薄膜的抑菌圈厚度分别为 5.76mm、7.94mm 和 8.21mm。由图 6-53(c) 和 (b) 可知，菌落布满含有 CNF 薄膜的培养皿，再次说明纤维素不具有抑菌效果。而含有 CNF/CS 培养皿的菌落数明显减少，说明该复合薄膜对细菌显示出一定的抑制作用，CS 起主要作用。这是由于 CS 带有正电荷，细菌表面带有负电荷，由于正、负电荷之间的电中和反应，可破坏细菌细胞壁，继而改变细菌细胞膜的流动性和通透性，使细菌不能生长繁殖直至死亡，起到抑菌作用。对于革兰氏阳性菌，其细胞壁结构紧密且较厚，CS 的氨基（正电荷）与细菌细胞壁的磷壁酸（负电荷）相互作用，会损坏或溶解细胞壁，导致菌体细胞死亡。对于革兰氏阴性菌，其细胞壁结构松散且较薄，CS 可穿过其细胞壁使细胞质中内含物絮凝变性，或直接干扰蛋白质和核酸等带负电物质，影响其 DNA 的复制和蛋白质的合成，导致菌体死亡。超亲水-水下超疏油性复合薄膜对大肠杆菌、金黄色葡萄球菌和枯草芽孢杆菌的抑菌效果极好，抑菌率分别为 99.7%、99.98% 和 99.98%。经过疏水改性后的复合薄膜稍逊色于超亲水-水下超疏油性复合薄膜，对三种菌的抑菌率分别为 94.05%、99.83% 和 99.93%。显然，超亲水-水下超疏油性 CNF/CS/Ag@TiO$_2$ 复合薄膜的抑菌效果明显优于改性后的超疏水-超亲油性 CNF/CS/Ag@TiO$_2$ 复合薄膜。这是因为经过 OTS 疏水改性之后的复合薄膜表面形成疏水层，在一定程度上影响 Ag$^+$ 在水性介质中的释放。

如图 6-53(d) 所示，TiO$_2$ 的电子结构是一个满的价带和一个空的导带，当电子能量达到或超过其带隙能时，电子就可以从价带激发到导带，同时在价带产生相应的空穴（即生成电子-空穴对），在电场的作用下，电子与空穴发生分离，迁移到粒子表面的不同位置，发生一系列反应。具体地，吸附溶解在 TiO$_2$ 表面的氧俘获电子形成 O$_2$·，生成的超氧化物阴离子自由基可以与细菌内的有机物或水中的有机染料反应，生成 CO$_2$ 和 H$_2$O。而空穴将吸附 TiO$_2$ 表面的·OH和 H$_2$O，并氧化成具有很强氧化能力的·OH，继而攻击细菌内的有机物或水中的有机染料的不饱和键，产生新的自由基，激发链式反应，最终致使细菌分解、

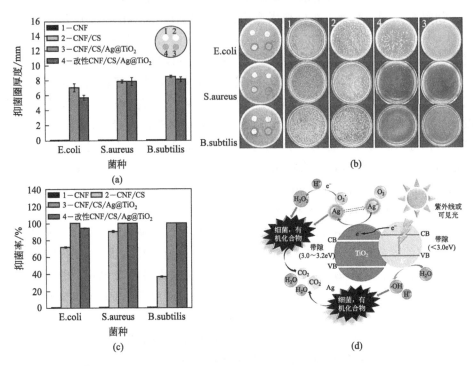

图 6-53　不同样品对大肠杆菌、金黄色葡萄球菌和枯草芽孢杆菌的抑菌圈厚度（a）与照片［（b），左］，不同样品对大肠杆菌、金黄色葡萄球菌和枯草芽孢杆菌的抑菌率（c）与照片［（b），右］，以及 Ag@TiO$_2$ 的抑菌与有机化合物降解机理（d）

有机染料降解。AgNPs 可转变成 Ag$^+$，从 CNF/CS/Ag@TiO$_2$ 复合薄膜中逐渐游离出来，而这些 Ag$^+$ 会以培养基中的水为媒介被释放到样品周围，与大肠杆菌、金黄色葡萄球菌或枯草芽孢杆菌接触，继而进入其细胞内，破坏细胞合成酶的活性，使其丧失分裂繁殖能力，待其死亡，Ag$^+$ 又会从菌体中游离出来，重复杀菌，因此表现出持久抗菌的效果。

综上，笔者利用纳米纤维素悬浮液、壳聚糖溶液和 Ag@TiO$_2$ 分散液按一定比例在室温下通过磁力搅拌均匀混合，联合减压抽滤与冷冻干燥技术制备特殊润湿性 CNF/CS/Ag@TiO$_2$ 纳米复合薄膜。

① 对于超亲水-水下超疏油性 CNF/CS/Ag@TiO$_2$ 复合薄膜，水下 OCA 最大为 159°，滚动角为 5°，油滴于其表面落下并弹起的时间为 1s。水包油乳化液经超亲水-水下超疏油性 CNF/CS/Ag@TiO$_2$ 复合薄膜过滤后，白浊的乳化液转为澄清，油滴在光学显微镜下消失，油水分率效率最大为 98.48%。

② 对于超疏水-超亲油性 CNF/CS/Ag@TiO$_2$ 复合薄膜，WCA 最大是 150°，

滚动角为5°，水滴于其表面落下并弹起的时间为3s。水上和水下的油可以快速被超疏水-超亲油性 CNF/PVA/Ag@TiO$_2$ 复合薄膜吸附，时间分别在5s和3s以内，表明其优异的吸油性能。

③ 两种特殊润湿性 CNF/CS/Ag@TiO$_2$ 复合薄膜均具有显著的抑菌活性。超亲水-水下超疏油性 CNF/CS/Ag@TiO$_2$ 复合薄膜的抑菌效果明显优于改性后的超疏水-超亲油性 CNF/CS/Ag@TiO$_2$ 复合薄膜，其最高抑菌率可达到99.98%。

④ 不论在紫外线还是模拟太阳光照下，CNF/CS/Ag@TiO$_2$ 复合薄膜均表现出优异的有机染料降解能力，对 MB 溶液的降解效率最高可达96.33%。

⑤ 两种特殊润湿性 CNF/CS/Ag@TiO$_2$ 复合薄膜经不同 pH、盐浓度溶液浸泡处理，以及负重摩擦测试，其润湿性能（超亲水-水下超疏油性、超疏水-超亲油性）基本保持不变，即具有突出的耐酸碱、盐、摩擦性能。

第7章

智能生物质复合材料的仿生制备关键技术

7.1 pH 响应智能变色纳米纤维素复合纱线

7.1.1 智能纤维材料的研究目的与应用

纤维材料在纺织服装领域如此璀璨，以致让很多人忽视了它在其他领域的应用与发展，诸如蓄热设备与发电设备中采用的隔热材料，飞机机翼上采用的增强材料，工业上应用的油水分离材料，建筑领域使用的防水与纤维增强复合材料，甚至缝合线、人造皮肤、人造血管、人造骨骼、人造关节、人工韧带、人工肺、人工肝、人工肾、人工心脏等重要医用材料。显然，纤维材料凭借自身结构的特殊性，展现出传统固体材料不可比拟的物理学特性，加之其质轻、易于整体成型等特点，已经受到各个领域的高度重视。

随着仿生科学的蓬勃发展，纳米技术受到万众瞩目，纳米材料产品不再仅仅是高新技术产业的专属用品，而是越来越贴近人们的日常生活。纳米材料的奇异之处在于材料的纳米尺寸可以赋予材料许多新奇的性能，例如量子尺寸效应、体积效应、表面效应、宏观量子隧道效应以及介电限域效应等。近年来，纳米纤维材料已经在各个领域展现了其重要应用潜能，例如：在医学领域，纳米纤维可作为载体包覆药物应用于药物控释，可因其较大的比表面积和良好的皮肤黏附性应用于创伤修复，还可凭借其利于细胞黏附、迁移与增殖的优点应用于生物组织工程；在过滤和防护领域，纳米纤维由于直径和孔径较小、比表面积和空隙率大，不但能有效阻止粉尘、病菌等的渗入，还能保持良好的透湿性；在传感器领域，由于纳米纤维膜具有三维结构，空隙率和比表面积大，且结构易于控制，已经成为研究者眼中制备性能优异的传感器元件的最佳材料；在材料工程领域，具有特殊强度与光学特性的纳米纤维，已经用于增强材料、计算机信号传送、光电显示器等。迄今，越来越多的专家和学者们尝试将纳米技术应用到传统的纺织材料中，试图赋予材料更崭新、更敏锐的功能与智能性，继而向传统纺织材料发起新一轮的挑战。

7.1.2　pH 响应智能材料简介

pH 响应型智能材料在酶的固定、药物控制释放、生化物质的分离提纯、水处理、人工器官、化学传感器或化学阀等领域，具有十分广阔的应用前景和极大的开发与研究价值。

（1）pH 响应性智能微球

Ping 等以多孔 $CaCO_3$ 颗粒为模板，在其表面合成了鞣酸-多酚配体-金属离子络合物，除去模板后制得空心 pH 响应性纳米金属-酚类网络（MPN）胶囊。测试结果显示，该 MPN 胶囊是药物的良好载体，具有突出的 pH 调控生物降解性与卓越的细胞内部药物传递性。随着周围环境 pH 值从 7.4 降低至 5.0，MPN 胶囊的稳定性下降，降解速度加快，此时，对于负载盐酸阿霉素（DOX）的 MPN 胶囊，DOX 亦会加速从 MPN 胶囊中释放。蔡少凡等制备了一种接枝异硫氰酸罗丹明 B(RITC) 的介孔荧光纳米硅球（FMSNs），再经聚丙烯酸（PAA）连接，获得具有 pH 响应性的荧光纳米硅球（PAA-FMSNs）。研究结果显示，负载药物 DOX 的荧光纳米硅球 PAA-FMSNs，在 pH 值范围为 5.4～7.4 时，DOX 的释放具有明显的 pH 响应性。

（2）pH 响应性智能薄膜

Koh 等将无线电通信系统、PDMS 薄膜与微流体孔道、pH/Cl^-/葡萄糖/乳酸响应性物质和黏合层组装为一体，设计出一种柔软便携式汗液（pH/Cl^-/葡萄糖/乳酸）响应性微流体薄膜传感器，该薄膜传感器能很好地贴合于人体皮肤，收集汗液，对人体健康状况进行实时准确的监测与分析。Lee 等以丙烯酸、甲基丙烯酸和异丙基丙烯酰胺为原料，通过等离子体接枝聚合法制得 pH 快速响应性智能薄膜。核黄素渗透结果表明，该薄膜具备良好的 pH 响应性、可逆性和耐久性，其 pH 响应范围由接枝聚合物 pK_a 值决定，但接枝聚合物的分子量、接枝密度、接枝链段的性质以及盐的加入等因素会使智能膜的 pH 响应性有所浮动。Zhang 等利用硫醇与金基底的成键作用，制备了 pH 响应性薄膜。该薄膜混有金、—SH 基团和—COOH 基团，通过改变薄膜所处环境的 pH 值，可以调控其表面的润湿性能，实现该薄膜超疏水性-超亲水性的润湿性转换。即在酸性条件下，由于溶液中含有较多的质子，薄膜中—COOH 基团能够稳定存在，其表面呈现超疏水状态；在碱性条件下，由于溶液中含有的质子较少，薄膜中—COOH基团去质子化变成—COO⁻成为盐类物质，其表面转为超亲水状态。

（3）pH响应性智能凝胶

陈怀俊等以水为介质、碳酸钠为催化剂，在室温下制备了水溶性丁二酸酐酰化壳聚糖，并研究了反应物料比对产物酰化取代度及水溶性的影响。经激光粒度分析仪（DLS）测试发现，制得的丁二酸酐酰化壳聚糖纳米凝胶粒子对外环境的pH变化极为敏感，随pH值的增大，其粒径可从70～80nm增大到350～700nm，作为智能型药物载体具备极大潜力。Xiao等设计出一种具有光/pH/热响应性的形状记忆性水凝胶，该水凝胶以聚丙烯酰胺为骨架，在材料中融合了光响应的主客体识别（β环糊精/偶氮苯）和pH响应的疏水作用（丹磺酰基团疏水聚集）两种独立的分子开关。研究结果显示，这种材料可在特定pH或光照条件下保持稳定的暂时形状，而当pH和光条件均改变或简单加热时则恢复初始形状。陈柳等以锂藻土为交联剂，将丙烯酰胺在锂藻土分散液中进行原位自由基聚合形成第一个网络，随后以海藻酸钠（SA）与钙离子（Ca²⁺）进行物理交联形成第二个网络，制得具有高强度和pH/光响应性的互穿网络水凝胶。

（4）pH响应性智能纤维

Versluis等以两亲性β环糊精泡囊（CDV）作支架，在其表面接枝八肽/金刚烷分子层（A），制得pH响应性超分子系统（CDV＋A）。研究结果表明，该pH响应性超分子材料，在pH=7.4的环境下呈球状，而在pH=5.0的环境下呈纤维状。马晓娜等改变纺丝工艺湿法纺制共聚丙烯腈（AN）和丙烯酸（AA）纤维，研究结果表明，Poly(AN-co-AA)纤维具有pH响应特点，纤维在碱性溶液中的平衡溶胀度与纤维的晶态结构有关，结晶度越大，平衡溶胀度越小；纤维的响应时间与纤维直径、孔洞结构有关，直径越小，孔洞越多，响应速率越快。王兵等以 N,N-二甲基甲酰胺（DMF）为溶剂，通过气流-静电纺丝法制备具有pH响应性的丙烯腈-丙烯酸共聚物 Poly(AN-co-AA) 超细纤维。研究了聚合单体中AA的含量、纺丝溶液中L-苯丙氨酸（L-Phe）的含量和浸泡时间对 Poly(AN-co-AA) 超细纤维形貌的影响，探讨了 Poly(AN-co-AA) 超细纤维直径对外界pH的可逆性响应，确定了制备pH响应性 Poly(AN-co-AA) 超细纤维的最佳工艺参数。

（5）pH响应性智能生物质复合材料

综合pH响应性微球、薄膜、凝胶、纤维等智能材料的相关研究，制备手段多以pH响应性高分子聚合物为主，具备光、电、磁学特性无机纳米粒子为辅，但生物质智能材料的相关研究尚处于探索阶段。李昕等以表面存在大量微/纳米裂纹、横截面为十字形异型纤维的涤棉混纺织物作为基材，采用全氟壬烯氧基苯磺酸钠为掺杂剂、FeCl₃为氧化剂，通过原位化学氧化法制得具有超疏水性能和耐水洗的聚苯胺/涤棉复合导电织物（PANI/CPCCT）。研究结果显示，导电织物 PANI/CPCCT 与水的接触角高达 162°，不仅其颜色会随着外界酸度增大（pH＝1～14）而发生可逆性改变（墨绿色—蓝绿色—蓝黑色—褐色），其润湿性同样可以快速响应外界酸度变化，实现超疏水到超亲水的可逆性转变，具有良好的 pH 响应性。除了以生物质作为基材外，还可将生物质进一步降解，使其作为原料直接合成智能生物质材料。李冬平以从虾、蟹壳中提取的壳聚糖（CS）及丙烯酸（AA）、甲基丙烯酸-N,N-二甲基氨基乙酯（DMAEMA）为原料，通过水溶液自由基聚合法合成了一种具有高机械强度的物理交联的 pH 响应性半互穿网络凝胶 P(CS-co-AA-co-DMAEMA)。载药评估结果显示，5-氟尿嘧啶（5-Fu）和牛血清蛋白（BSA）的释放，能通过改变凝胶的组成及释放介质的 pH 值进行精确调控。

7.1.3　静电纺丝设备简介

在传统纺织行业中，纤维与纱线是纺织的主体材料，但就目前的纺织加工技术而言，制得的纤维均在 $10\mu m$ 以上，但若采用高倍拉伸法、模板合成法、"海岛"法以及静电纺丝法等纳米技术，即可获得直径锐减、性能奇特、功能各异的纳米纤维。静电纺丝技术是一种能够直接、连续制备纳米纤维的最为简单快捷、成熟有效的纤维合成技术，其纺出的纤维种类与直径可通过更换纺丝液配方和调节静电纺丝过程参数，从几纳米至几十微米进行精确控制。传统静电纺丝装置主要由注射泵、注射器、针头、收集板、高压发生器构成。在静电纺丝过程中，位于高电势针头中的纺丝液在一定速度下输出，带电溶液在库仑力的作用下克服溶液的表面张力和黏滞力后演变为泰勒锥、直线射流和不稳定射流，期间伴随着溶剂的挥发，射流最终在低电势的收集板上固化形成纳米纤维毡。然而通过传统静电纺丝技术制得的纳米纤维毡，其纤维排布多为随机无序，表现出力学性能差、二次加工困难等缺陷，严重限制了其纳米纤维产品的应用范围。若将传统的静电纺丝进行改良，可以直接、连续地制备纳米纤维轴向规整排列的纳米纤维纱线，则可使纳米纤维通过针织和机织等机械纺织手段进行二次加工成为可能，为纳米纤维融入纺织领域，合成高端多功能智能型新材料提供依据。

迄今，各国专家和学者们以高分子聚合物为原料获得 pH 响应性微球、薄膜、凝胶、纤维等智能材料的研究成果颇丰，但真正将生物质材料或生物质提取物，以基材或原料的形式合成智能材料的相关报道却凤毛麟角。生物质是目前地球上最为丰富的可再生资源，其中绝大部分是以秸秆、棉料、木材、木屑等植物纤维源的形式存在。而从植物纤维中提取的直径小于 $100nm$ 的纤维素纳米晶体（CNC），除了具备质轻、比表面积大、生物相容性良好、超精细结构等优点外，还具有独特的强度和光学性能，在吸附材料、增强复合材料、基质材料、生物医药材料、显示材料等多领域具备重要应用价值。据此，笔者设计新型静电纺丝设备，以提取物的 CNC、聚丙烯酸（PAA）、碱性副品红（BF）、乙二醇（EG）和乙醇为原料，分别合成 PAA、PAA/BF、PAA/EG、PAA/CNC、PAA/BF/CNC 和 PAA/BF/EG 纤维纱线。探讨了 CNC、BF、EG 对制得的静电纺丝纤维纱线微观形貌和拉伸强度的影响，并对其交联热处理后的强酸/碱/盐溶液膨胀性能，以及膨胀可逆响应性能进行了有效评估，最终证实了交联 PAA/BF/CNC 的纳米纤维纱线的颜色与长度 pH 智能响应性。通过 PAA/BF/CNC 红外光谱，联合交联 PAA/BF/CNC 线体在强酸/碱/盐溶液中的颜色变化，进一步推断了 PAA/BF/CNC 纤维纱线合成过程中所发生的化学反应，以及交联 PAA/BF/CNC 纤维纱线在强酸/碱/盐溶液中的颜色响应性机理。

7.1.4　pH 响应智能变色纱线的制备方法

聚丙烯酸（PAA）、聚丙烯酸/碱性副品红（PAA/BF）、聚丙烯酸/纤维素纳米晶体（PAA/CNC）、聚丙烯酸/乙二醇（PAA/EG）、聚丙烯酸/碱性副品红/纤维素纳米晶体（PAA/BF/CNC）、聚丙烯酸/碱性副品红/乙二醇（PAA/BF/EG）静电纺丝液的具体配制方法如下：

① 将 PAA 溶解于乙醇中，经 24h 高速磁力搅拌后，制成 PAA 纺丝液；

② 将 BF 利用超声清洗仪溶解于乙醇中，制成 BF 乙醇溶液；

③ 将 CNC 利用超声清洗仪分散于乙醇中，制成 CNC 乙醇悬浮液；

④ 将 CNC 利用超声清洗仪分散于②中的 BF 乙醇溶液，制成 BF/CNC 乙醇悬浮液；

⑤ 将 PAA 溶解于②中的 BF 乙醇溶液，配制 PAA/BF 纺丝液，具体操作方法与①相同；

⑥ 将 PAA 溶解于③中的 CNC 乙醇悬浮液，配制 PAA/CNC 纺丝液，具体操作方法与①相同；

⑦ 将 EG 试剂滴加于①中的 PAA 纺丝液，经进一步高速磁力搅拌后，制成 PAA/EG 纺丝液；

⑧ 将 PAA 溶解于④中的 BF/CNC 乙醇悬浮液，配制 PAA/BF/CNC 纺丝液，具体操作方法与①相同；

⑨ 将 EG 试剂滴加于⑤中的 PAA/BF 纺丝液，经进一步高速磁力搅拌后，制成 PAA/BF/EG 纺丝液。

须注意，对于上述九种混合液，配制过程中所用的溶剂均为乙醇，而其中的六种聚丙烯酸（PAA）基纺丝液，配制过程中所用的 PAA 与乙醇的配比均为

4∶100。另外，以上纺丝液均现用现配，放置时间不宜超过一周。

如图 7-1(a) 所示，本实验制备 PAA 基纤维纱线所用的静电纺丝设备，共由以下六个部分组成：纱线滚筒接收器、微量注射泵、塑料注射器（金属针头）、高压发生器、纤维收集旋转漏斗、电脑（过程参数控制）。PAA、PAA/BF、PAA/CNC、PAA/EG、PAA/BF/CNC、PAA/BF/EG 静电纺丝纤维纱线的具体制备过程如下：

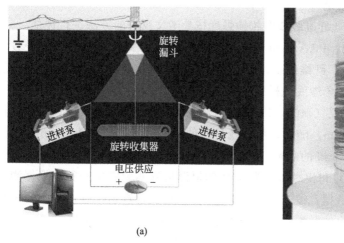

(a)   (b)

图 7-1 静电纺纱装置图（a）和电纺
PAA/BF/CNC 纳米纤维纱线（b）

① 调整滚筒接收器与其正上方纤维收集旋转漏斗的垂直距离，以及滚筒接收器两侧两个微量注射泵之间的水平距离；

② 将配制好的同种 PAA 基纺丝液注入注射器（两支）中，随后固定于滚筒接收器两侧的微量注射泵中，再进一步将正、负高压电连接于注射器上方的金属针头上；

③ 通过电脑控制静电纺丝过程中施加的电压、纺丝液的挤出速度、上方纤维收集漏斗的转速、下方纱线滚筒接收器的转速；

④ 将制得的六种 PAA 基静电纺丝纤维纱线收集到相应的六个纱线盘上，图 7-1(b) 显示了纱线盘收集好的静电纺丝 PAA/BF/CNC 纳米纤维纱线。

将已收集到纱线盘上的六种 PAA 基静电纺丝纤维纱线放置于温度为 135℃ 的真空干燥箱（27 in Hg，86 kPa）中，进行交联热处理 30min。须注意，交联热处理过程中，避免已收集的纱线产品与真空干燥箱壁面的直接接触，致使纱线局部过热。

7.1.5 智能变色纱线的测试与检测方法

(1) 扫描电子显微镜（SEM）表征

通过德国 Carl Zeiss 公司生产的 AURIGA 型扫描电子显微镜观测样品的微观形貌。整个测试过程处于高真空模式，在 15kV 的加速电压下进行。测试前样品须置于真空室，经 Au/Pd 处理 20s。

(2) 拉伸强度测试

PAA 基静电纺丝纤维纱线的拉伸强度按参考文献中的方法进行评估。首先，各取 PAA 纤维纱线、PAA/CNC 纤维纱线、PAA/BF 纤维纱线、PAA/EG 纤维纱线、PAA/BF/CNC 纤维纱线、PAA/BF/EG 纤维纱线各 5 根，剪裁成长度为 30mm 的试样，而各个纱线试样的直径则通过电子显微镜进行观测。测试前，固定 Instron 拉力测试仪（4465，Illinois Tool Works Inc，USA）的夹具，保持夹具两端的距离为 10mm。随后，将纱线试样的两端分别固定在 Instron 拉力测试仪的夹具两端，在 10 N 的载荷下以 5mm/min 的速度对试样进行拉伸。整个测试过程在温度为 23℃和相对湿度为 50% 的恒温恒湿实验室中进行。根据测试采集到的强力与伸长数据，按式(7-1)和式(7-2)可以计算出试样的断裂强度与断裂伸长率，绘制相应的断裂强度-断裂伸长率（stress-strain）曲线：

$$断裂强度(MPa) = \frac{f(N)}{\frac{\pi}{4}d^2(mm^2)} \tag{7-1}$$

$$断裂伸长率(\%) = \frac{l(mm) - l_0(mm)}{l_0(mm)} \times 100 \tag{7-2}$$

式中，f 为纱线试样的拉伸断裂强力；d 为纱线试样的直径；l 为纱线试样拉伸至断裂时的长度；l_0 为拉力测试仪两夹具之间的隔距，这里固定为 10mm。

(3) 膨胀性能测试

取长度一定的已交联的 PAA 纤维纱线、PAA/CNC 纤维纱线、PAA/BF 纤维纱线、PAA/EG 纤维纱线、PAA/BF/CNC 纤维纱线、PAA/BF/EG 纤维纱线，称量其质量 $m_i(m_1, m_2, m_3, \cdots, m_6)$，并分别浸入浓度为 1mol/L 的盐水中静置，1h 后取出悬挂至不滴水，称量其质量 $m_{iNaCl}(m_{1NaCl}, m_{2NaCl}, m_{3NaCl}, \cdots, m_{6NaCl})$，测量其长度 $l_{iNaCl}(l_{1NaCl}, l_{2NaCl}, l_{3NaCl}, \cdots, l_{6NaCl})$。此时，在 1mol/L 盐水中的膨胀增重百分数用式(7-3)进行计算：

$$膨胀增重百分数(\%) = \frac{m_{iNaCl}(g) - m_i(g)}{m_i(g)} \times 100 \tag{7-3}$$

随后，以浸入浓度为 1mol/L 的盐水 1h 后的已交联 PAA 纤维纱线、PAA/

CNC 纤维纱线、PAA/BF 纤维纱线、PAA/EG 纤维纱线、PAA/BF/CNC 纤维纱线、PAA/BF/EG 纤维纱线为原点，再放入 1mol/L 盐酸溶液中静置，1h 后取出悬挂至不滴水，称量其质量 $m_{i\text{HCl}}(m_{1\text{HCl}}, m_{2\text{HCl}}, m_{3\text{HCl}}, \cdots, m_{6\text{HCl}})$，测量其长度 $l_{i\text{HCl}}(l_{1\text{HCl}}, l_{2\text{HCl}}, l_{3\text{HCl}}, \cdots, l_{6\text{HCl}})$。此时，在 1mol/L 盐酸溶液中的膨胀增重百分数（weight swelling）与膨胀伸长百分数（length swelling）分别用式(7-4)与式(7-5)进行计算：

$$膨胀增重百分数(\%) = \frac{m_{i\text{HCl}}(g) - m_i(g)}{m_i(g)} \times 100 \tag{7-4}$$

$$膨胀伸长百分数(\%) = \frac{l_{i\text{HCl}}(mm) - l_{i\text{NaCl}}(mm)}{l_{i\text{NaCl}}(mm)} \times 100 \tag{7-5}$$

同理，在 1mol/L 氢氧化钠溶液中的膨胀增重百分数与膨胀伸长百分数分别用式(7-6)与式(7-7)进行计算：

$$膨胀增重百分数(\%) = \frac{m_{i\text{NaOH}}(g) - m_i(g)}{m_i(g)} \times 100 \tag{7-6}$$

$$膨胀伸长百分数(\%) = \frac{l_{i\text{NaOH}}(mm) - l_{i\text{NaCl}}(mm)}{l_{i\text{NaCl}}(mm)} \times 100 \tag{7-7}$$

（4）傅里叶变换红外光谱（FTIR）分析

利用美国 Nicolet 公司生产的 Magna-IR 560 型傅里叶变换红外光谱仪进行：将配制好的纺丝液样品均匀滴涂于溴化钾（KBr）基片表面并进行真空干燥，波数范围为 4000～400cm^{-1}，分辨率为 4cm^{-1}，整个测试过程在室温下进行。

7.1.6 智能变色纱线的微观形貌分析

图 7-2 显示了通过新型静电纺丝设备制得的 PAA 纤维纱线、PAA/CNC 纤维纱线、PAA/BF 纤维纱线、PAA/EG 纤维纱线、PAA/BF/CNC 纤维纱线、PAA/BF/EG 纤维纱线的扫描电镜图像。如图 7-2(a) 所示，PAA 静电纺丝纤维纱线的结构十分松散，纱线平均直径为 500μm，其中 PAA 纤维的平均直径为 $(1.5 \pm 0.1)\mu m$。当纺丝液中引入 BF 后，纺出的纤维直径减小为 (1.2 ± 0.2) μm，此时，PAA/BF 纤维纱线的结构表现得更加紧凑，两者直接导致 PAA/BF 纤维纱线的平均直径大幅紧缩至 316μm，如图 7-2(b) 所示。相较而言，引入 CNC 纺出的纤维直径比上述 PAA/BF 纤维直径小得多 $[(1 \pm 0.1)\mu m]$，但因其松散的纤维结构，反而致使 PAA/CNC 纤维纱线的平均直径有所增大（460μm），如图 7-2(c) 所示。这是由于 PAA 带有大量负电荷，而引入的 BF 与 CNC 则分别带有大量的正电荷与大量的负电荷，继而导致了前者（PAA/BF 纱线）的纤维结构更紧密，而后者（PAA/CNC 纱线）的纤维结构更松散。综上可

知：a. PAA 基纺出纤维与纤维纱线的直径并非同时增大，或同时减小；b. BF 与
CNC 的引入可导致 PAA 基纺出纤维变细；c. 纤维的整体结构（松散/紧凑）是
影响纤维纱线直径大小的决定性因素；d. 引入试剂所带电荷对纤维整体结构
（松散/紧凑）有所影响。

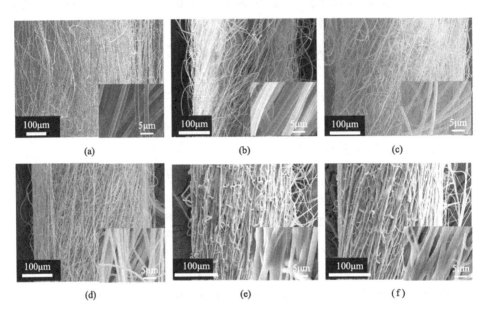

图 7-2　静电纺丝纤维纱线扫描电镜图像
(a) PAA；(b) PAA/BF；(c) PAA/CNC；(d) PAA/BF/CNC；
(e) PAA/EG；(f) PAA/BF/EG

　　图 7-2(d) 显示了 PAA/BF/CNC 纤维纱线的微观形貌，显然，BF 和 CNC
的同时引入致使 PAA 基纺出纤维直径进一步减小至 $(0.8\pm0.2)\mu m$，而 PAA/
BF/CNC 纤维纱线的直径基本维持在 $430\mu m$，并没有像 PAA/BF 纤维纱线一般
具有更紧凑的纤维结构。相反，它更倾向于 PAA/CNC 纤维纱线，具有更为松
散的纤维结构，即 BF 和 CNC 同时引入 PAA 基纤维纱线时，CNC 对纤维结构
的影响强于 BF。需注意，上述 PAA 基纤维纱线中 BF 与 CNC 的添加量极少，
所占比例均不到 PAA 的 1%，例如 PAA/BF(100/0.625)、PAA/CNC(100/
0.75)、PAA/BF/CNC(100/0.625/0.75)。如图 7-2(e) 所示，已引入 10% EG
的 PAA 基纺出纤维纱线的纤维很粗，其平均直径可达 $(1.8\pm0.2)\mu m$，但
PAA/EG 纱线整体具有极为紧密、高度交联的纤维结构，其直径仅为 $243\mu m$。
而进一步引入 BF 制得的 PAA/BF/EG 纤维纱线，其直径变得更小，仅为
$147\mu m$，如图 7-2(f) 所示。这是由于 BF 的引入不但可使上述 PAA/EG 基纤维

直径进一步减小，而且促进纤维整体的聚集，即 PAA/BF/EG 的纺出纤维更细，且整体排列得更为紧密。综上所述，PAA 基纤维纱线的直径由小到大依次为 PAA/BF/EG 纤维纱线＜PAA/EG 纤维纱线＜PAA/BF 纤维纱线＜ PAA/BF/CNC 纤维纱线＜ PAA/CNC 纤维纱线＜ PAA 纤维纱线。

7.1.7　智能变色纱线的拉伸强度分析

图 7-3 反映了 PAA 纤维纱线、PAA/CNC 纤维纱线、PAA/BF 纤维纱线、PAA/EG 纤维纱线、PAA/BF/CNC 纤维纱线、PAA/BF/EG 纤维纱线的拉伸性能。为便于读者深入理解与比较，笔者将上述六种 PAA 基静电纺丝纤维纱线的拉伸性能参数（断裂强度、断裂伸长率和杨氏模量）进行了详细归纳和总结，并列入表 7-1 中。如图 7-3 所示，PAA 静电纺丝纤维纱线的拉伸性能较弱，其断裂强度仅为 2.8MPa，断裂伸长率可达 108.0%，而杨氏模量仅为 2.6MPa；而引入 EG 的 PAA/EG 静电纺丝纤维纱线的拉伸性能并未得到改善，甚至造成拉伸性能的略微削弱，即其断裂强度为 2.5MPa，断裂伸长率为 108.8%，杨氏模量为 2.3MPa；至于进一步引入 BF 的 PAA/BF/EG 静电纺丝纤维纱线，其拉伸性能略有增强，但仍易断裂并无突破性改善（断裂强度为 3.3MPa，断裂伸长率为 61.7%，杨氏模量为 5.4MPa），远远弱于单独引入 BF 的 PAA/BF 静电纺丝纤维纱线的拉伸性能（断裂强度为 9.0MPa，断裂伸长率可达 60.8%，杨氏模量为 14.8MPa）；而引入 CNC 的 PAA/CNC 静电纺丝纤维纱线的拉伸性能明显优

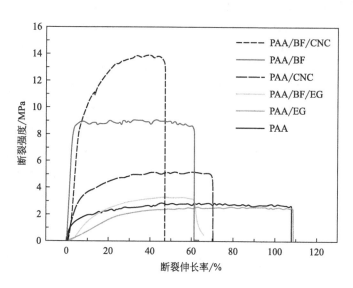

图 7-3　聚丙烯酸基静电纺丝纱线的拉伸强度曲线

于引入 EG 的 PAA/EG 静电纺丝纤维纱线，此时，PAA/CNC 纤维纱线的断裂强度、断裂伸长率和杨氏模量分别为 5.1MPa、70.2% 和 7.3MPa；当进一步引入 BF 制得 PAA/BF/CNC 静电纺丝纤维纱线时，纱线的拉伸性能得到了巨大提升，此时的 PAA/BF/CNC 纤维纱线的断裂强度提升至 14.0MPa，断裂伸长率为 46.5%，而杨氏模量增大至 30.0MPa。

表 7-1　聚丙烯酸基静电纺丝纱线的拉伸强度

组成	PAA/BF/CNC(EG)/%	断裂强度/MPa	断裂伸长率/%	杨氏模量/MPa
PAA	100/0/0	2.8	108.0	2.6
+EG	100/0/10	2.5	108.8	2.3
+BF+EG	100/0.625/10	3.3	61.7	5.4
+CNC	100/0/0.75	5.1	70.2	7.3
+BF	100/0.625/0	9.0	60.8	14.8
+BF+CNC	100/0.625/0.75	14.0	46.5	30.0

综上所述，添加量为 10% 的 EG 虽然可以促进 PAA 的交联，但会略微削弱 PAA 基纤维纱线（PAA/EG 与 PAA/BF/EG）的拉伸性能；而添加量仅为 0.75% 的 CNC 与 0.625% 的 BF 却大大提高了 PAA 基纤维纱线（PAA/CNC、PAA/BF 与 PAA/BF/CNC）的拉伸性能，尤其 PAA/BF/CNC 纤维纱线。另外，结果显示 PAA 纤维纱线的断裂强度很小，但断裂伸长率却很大，而随着 BF 与 CNC 的引入，制得 PAA/BF/CNC 纤维纱线的断裂强度虽然大幅增强，但其断裂伸长率竟迅速减小。这是由于 PAA 为单链线型大分子，当 PAA 纤维纱线受力伸长时，即是 PAA 大分子的伸直伸长，以及 PAA 大分子间的滑移；而当 PAA 纤维纱线受力断裂时，即是 PAA 大分子链的断裂，以及 PAA 大分子间的滑脱。当引入碱性副品红与纤维素纳米晶体时，BF 与 CNC 分子中的氨基和羟基会与 PAA 中的羧基发生化学键合作用，不但加强了 PAA/BF/CNC 大分子主链间的相互作用，而且会连接部分 PAA/BF/CNC 大分子短链，从而限制了 PAA/BF/CNC 纤维纱线受力时，PAA/BF/CNC 大分子的伸长及其大分子间的滑移。另外，CNC 由于其纤维状的几何形貌能够在 PAA/BF/CNC 纳米纤维纱线受力时改变取向而吸收能量，即通过相对的滑移和取向调整来分散纤维纱线受力，继而导致 PAA/BF/CNC 纤维纱线的断裂强度大幅增强，但断裂伸长率却迅速减小。

7.1.8　智能变色纱线的膨胀性能分析

图 7-4(a) 与（b）反映了交联 PAA 基静电纺丝纤维纱线在盐（NaCl）水、

盐酸溶液、氢氧化钠溶液中的稳定性能与膨胀性能。由于 PAA 静电纺丝纤维纱线与 PAA/CNC 静电纺丝纤维纱线无法仅通过热处理完成交联，遇水立即收缩成团并迅速溶解完全，因此这两种纱线的质量与长度膨胀数据未出现于图 7-4 中。但图 7-4 依然完美展现了 PAA/BF 纤维纱线、PAA/BF/CNC 纤维纱线、PAA/EG 纤维纱线、PAA/BF/EG 纤维纱线经热处理之后的交联情况，遇强酸、碱、盐溶液时的稳定性能与膨胀性能。首先，由图 7-4 可知热处理后的 PAA/BF/EG 纤维纱线与 PAA/BF 纤维纱线在经历了盐溶液、强酸溶液与强碱溶液的处理后，质量与长度膨胀数据先后消失，而热处理后的 PAA/BF/CNC 纤维纱线与 PAA/EG 纤维纱线的数据始终保持完整。显然，相较于 PAA/EG 和 PAA/BF/CNC 纱线，PAA/BF/EG 和 PAA/BF 纤维纱线的交联程度较低且化学稳定性更弱，在耐强酸强碱试验处理过程之初，便相继发生了断裂与分解现象。为了便于读者进行观察与比较，笔者将图 7-4 中 PAA 基静电纺丝纤维纱线的形状、颜色、质量与长度膨胀参数进行详细的归纳和总结，并列入表 7-2 中。

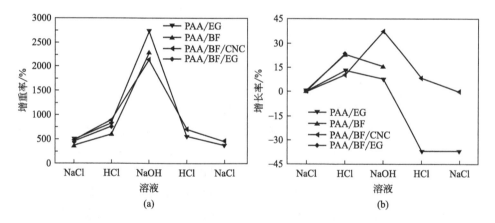

图 7-4 交联 PAA 基电纺纤维纱线在酸、碱、盐溶液中的
质量（a）与长度（b）变化图

表 7-2 热处理 PAA 基静电纺丝纤维纱线在酸、碱、盐溶液中变化参数汇总

1mol/L 溶液	参数	PAA	PAA/CNC	PAA/BF/EG	PAA/BF	PAA/EG	PAA/BF/CNC
氯化钠	形状	球-消失	球-消失	线状	线状	线状	线状
	颜色	透明	透明	深红	深红	透明	深红
	质量/%	—	—	457.1	366.7	512.5	480.0
	长度/%	—	—	0	0	0	0

1mol/L 溶液	参数	PAA	PAA/CNC	PAA/BF/EG	PAA/BF	PAA/EG	PAA/BF/CNC
盐酸	形状	—	—	线状	线状	线状	线状
	颜色	—	—	鲜红	鲜红	透明	鲜红
	质量/%	—	—	757.1	600.0	825.0	900.0
	长度/%	—	—	23.3	23.1	13.2	10.4
氢氧化钠	形状	—	—	断裂	线状	线状	线状
	颜色	—	—		透明	透明	透明
	质量/%	—	—	—	2283.3	2725.0	2140.0
	长度/%	—	—	—	15.4	7.9	37.5
盐酸	形状	—	—	—	断裂	线状	线状
	颜色	—	—	—		透明	鲜红
	质量/%	—	—	—	—	562.5	700.0
	长度/%	—	—	—	—	−36.8	8.5
氯化钠	形状	—	—	—	—	线状	线状
	颜色	—	—	—	—	透明	深红
	质量/%	—	—	—	—	375.8	463.5
	长度/%	—	—	—	—	−36.8	0

　　具体地，将剩余四种已交联纤维纱线继续浸入盐水中1h，测得其质量膨胀分数（PAA/BF/EG：457.1%；PAA/BF：366.7%；PAA/EG：512.5%；PAA/BF/CNC：480.0%）与相应长度 l_{iNaCl}（以此为基准：0%）。再经1h盐酸溶液处理后，交联 PAA/BF/EG 纤维纱线的质量和长度的膨胀分数分别为757.1%和23.3%；而交联 PAA/BF 纤维纱线的质量和长度的膨胀分数分别为600.0%和23.1%。即前者整体的膨胀程度优于后者，但前者较后者亦更快地进入分解断裂阶段。而整体性能更优良的交联 PAA/EG 纤维纱线和交联 PAA/BF/CNC 纤维纱线，进一步经盐水、盐酸的浸润，其质量膨胀分数迅速升高至825.0%和900.0%，但其长度膨胀性能则大幅度减弱为13.2%和10.4%。随后，将性状保持良好的交联 PAA/BF、PAA/EG 和 PAA/BF/CNC 纱线样品转入氢氧化钠溶液中浸润1h。结果显示，三种纱线样品的质量膨胀分数均大幅度增大，甚至高达2283.3%、2725.0%和2140.0%，但长度的膨胀分数却变化各异，即交联 PAA/BF 和 PAA/EG 纱线样品的长度膨胀性能较在盐酸溶液中有所减弱（15.4%和7.9%），而只有交联 PAA/BF/CNC 纱线样品的长度进一步伸

长，其长度膨胀分数为 37.5%。为确定纱线的膨胀现象在酸、碱性溶液转移过程中的可逆性，笔者提供了将上述纱线转移回原来盐酸溶液的相关数据。遗憾的是，交联 PAA/BF 纱线样品在转移过程中断裂，即后续有关的交联 PAA/BF 纱线数据消失，说明该纱线耐酸碱性较差。与此同时，交联 PAA/EG 和 PAA/BF/CNC 纱线样品的线型保持良好，在转回盐酸溶液 1h 后，因释放了大量的水分而变细、变短，即其质量膨胀分数减小至 562.5% 和 700.0%，长度膨胀分数减小至 −36.8% 和 8.5%。显然，交联 PAA/BF/CNC 纱线样品在酸、碱溶液中质量与长度膨胀的可逆性能得到了有力认证。当该纱线样品再次转入盐溶液 1h 后，其质量与长度膨胀分数再次减小至 463.5% 与 0%，而该数据与 PAA/BF/CNC 纱线样品初次浸入盐溶液 1h 后测得的数据（480% 与 0%）基本一致，不但进一步说明了该纱线样品突出的膨胀可逆性能，而且体现了交联 PAA/BF/CNC 纱线样品优异的交联稳固性与对强酸、碱、盐溶液的耐受性。而交联 PAA/EG 纱线样品在后续的盐水测试中，其质量与长度膨胀分数分别为 375.8% 与 −36.8%，远远小于该纱线在初次盐溶液实验中测得的数据（512.5% 与 0%），即 PAA/EG 纱线样品在强酸、碱、盐溶液耐受性测试过程中，存在质量方面的大幅损失，其长度甚至缩短至小于原始长度，无法实现纱线的膨胀可逆性，显然 PAA/EG 纱线在热处理过程中没有交联完全。

另外，通过对比 PAA/BF、PAA/BF/EG 与 PAA/BF/CNC 的膨胀参数可知，EG 的引入加速了 PAA/BF/EG 纤维纱线的膨胀与解体断裂，而 CNC 的引入同样增大了 PAA/BF/CNC 纤维纱线的质量膨胀分数，但有效限制了其长度的过度伸长，有效预防了其过度膨胀而线体强度大幅减弱导致的解体断裂问题。比较了 PAA/BF、PAA/EG 与 PAA/BF/EG 的膨胀参数后发现，单独引入 EG 的 PAA/EG 纤维纱线在强酸、碱、盐溶液中的耐久性优于单独引入 BF 的 PAA/BF 纤维纱线，但两者均优于同时引入 EG 和 BF 的 PAA/BF/EG 纤维纱线，即 BF 与 EG 的同时引入产生负面的相互影响，反而削弱了纱线的交联效果。进一步对比了 PAA/BF、PAA/EG、PAA/CNC 与 PAA/BF/CNC 的膨胀参数可知，作为单独使用的添加剂时，EG 是 PAA 最好的交联剂，不但可以使 PAA 更好地完成交联，有效增大 PAA/EG 的质量膨胀分数，还能进一步限制 PAA 过度伸长而导致后续的解体断裂；BF 只能使 PAA 完成部分交联，无法单独作为 PAA 的交联剂使用；而 CNC 的引入，则完全没有对 PAA 起到交联的作用；但 BF 和 CNC 的同时引入则产生了极为正面的相互影响，有效加强了纱线的交联效果，制得的 PAA/BF/CNC 纤维纱线不但具有优异的强酸、碱、盐溶液的耐受性，还可以实现强酸、碱、盐溶液中质量与长度的膨胀可逆性转换。综上所述，PAA/BF/CNC 静电纺丝纳米纤维纱线是本研究的目标产物，不但具有突出的力学拉伸强度，能够在热处理过程中产生正面相互影响成功交联，而且其交联纱线产品能够展现出卓越的强酸、碱、盐耐受性能，并实现在强酸、碱、盐溶液中质量与长度的膨胀可逆性转换。

图 7-5 显示了 PAA/BF/CNC 纤维纱线在经过热处理，浸入盐溶液，以及经历盐、酸、碱溶液循环测试 3h 并进一步真空干燥后的扫描电镜图像。由图 7-5 (a) 可知，经高温交联处理后，PAA/BF/CNC 纤维纱线的纤维直径并未发生明显变化，但纤维的整体排列更为紧密，体现为纱线径向的大幅收缩，其直径由最初的 $430\mu m$ 减小至 $354\mu m$。当交联 PAA/BF/CNC 纤维纱线浸入盐水中处理 1h 并进行真空干燥后，其表面的微观形貌如图 7-5(b) 所示。此时，PAA/BF/CNC 纱线中的纤维高度缠绕、收缩、交联成为一根直径为 $158\mu m$ 的线体，但仍然能在该 PAA/BF/CNC 线体表面观察到大量起伏的纤维结构，而伴随出现的白色斑块则是真空干燥过程中 PAA/BF/CNC 线体内部析出的 NaCl 晶体所致。图 7-5(c) 为 PAA/BF/CNC 线体在历经了 NaCl—HCl—NaCl—NaOH 溶液循环浸润测试 3h 后的扫描电镜图像。如图所示，PAA/BF/CNC 线体的直径增大至 $185\mu m$，线体表面的纤维结构依然存在，但与仅盐水处理的 PAA/BF/CNC 线体对比，其表面的纤维结构更为平整、舒缓。综上所述，交联 PAA/BF/CNC 纤维纱线不仅具有突出的质量与长度方面的膨胀可逆性，而且在多次酸、碱、盐溶液循环浸润测试后，其表面微观的纤维结构仍能保持良好。

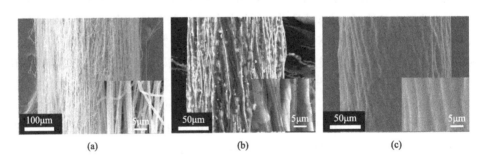

图 7-5　PAA/BF/CNC 纤维纱线扫描电镜图像

（a）经热处理；（b）浸入盐溶液并真空干燥；（c）浸入酸、碱、盐溶液循环 3 次并进行
真空干燥（试样在每个循环浸泡四种溶液，每种溶液中浸泡 15min，
顺序依次为盐—酸—盐—碱，历时共计 1h）

7.1.9　智能变色纱线的 pH 响应性分析

图 7-6 显示了交联 PAA/BF/CNC 纤维纱线经过不同 pH 值溶液浸泡 3h 后长度与颜色的变化图像。如图所示，当溶液 pH 值小于等于 3 时，交联 PAA/BF/

CNC 线体为深红色，随着溶液 pH 值的增大，该线体颜色略微变浅但不明显，且长度伸长极为缓慢，当 pH 为 3 时，其长度仅伸长 20%；随着溶液 pH 值增大至 5～7 时，交联 PAA/BF/CNC 线体的颜色由深红转变为浅红，其长度迅速伸长 51%～60%；而当溶液 pH 值大于等于 9 时，随着溶液 pH 值的增大，交联 PAA/BF/CNC 线体的颜色完全褪去消失至透明，其长度更是加速伸长，当 pH 为 13 时，其长度甚至可以伸长 90%。值得注意的是，上述交联 PAA/BF/CNC 线体的颜色与长度变化是完全可逆的，即将置于 pH=13 碱性溶液中的透明交联 PAA/BF/CNC 线体依次浸入 pH 值逐渐减小的酸性溶液中，其颜色会逐渐加深，由无色透明再次转变为深红色，而其长度亦会逐渐缩短至最初的长度，从而成功实现交联 PAA/BF/CNC 线体的颜色与长度的可逆性转换。

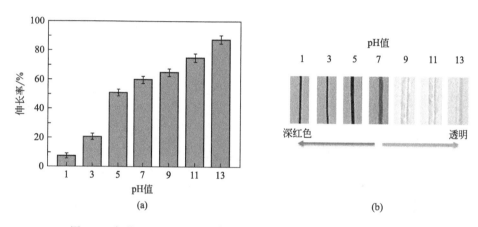

图 7-6　交联 PAA/BF/CNC 静电纺丝纱线经过浸入不同 pH 值溶液
3h 后长度（a）和颜色（b）变化图像

7.1.10　智能变色纱线的红外光谱分析

图 7-7(b) 与（c）显示了 PAA 纺丝液与 PAA/BF/CNC 纺丝液在波数范围分别为 4000～400cm^{-1} 与 2000～800cm^{-1} 内的光谱图，两者的振动吸收峰几乎一致，这是由于 BF 与 CNC 的添加量太低，不足 PAA 含量的 1%，吸收峰信号太弱。因此，笔者在不改变纺丝液化学反应的情况下，在保证 PAA 于反应过程中仍然过量的基础上，将 BF 与 CNC 的添加量扩大 10 倍测其红外光谱，如图 7-7 所示，以便有效研究 PAA/BF/CNC 静电纺丝纤维的化学组成与化学结构。由图 7-7(b) 可知，在 3141cm^{-1} 波数附近、1715cm^{-1} 波数附近和 1410cm^{-1} 波数附近显示了三种形状迥异的吸收峰，这三个峰分别源自聚丙烯酸中羧基的

COO—H 伸缩振动、C═O 伸缩振动和 COO—H 弯曲振动；而在 2967cm⁻¹ 波数附近和 1450cm⁻¹ 波数附近出现的两个吸收峰，则表明了聚丙烯酸中 C—H 的伸缩振动与弯曲振动；至于聚丙烯酸 C—O 的伸缩振动吸收峰，则在 1251cm⁻¹ 波数附近和 1173cm⁻¹ 波数附近有所体现。引入 BF 与 CNC 后，PAA/BF/CNC (2) 的红外光谱谱图亦相应做了很多改变。例如，3323cm⁻¹ 波数附近新出现的 N—H 伸缩振动吸收峰；1639cm⁻¹ 波数附近、1587cm⁻¹ 波数附近、1520cm⁻¹ 波数附近和 1450cm⁻¹ 波数附近新出现的苯环碳链 C═C、C—C 伸缩振动特征吸收峰；907cm⁻¹ 波数附近和 845cm⁻¹ 波数附近出现的苯环上═C—H、—C—H 弯曲振动吸收峰。而这些新出现的吸收峰，充分证明了碱性副品红（BF）与聚丙烯酸的成功结合。另外，1410cm⁻¹ 波数附近 COO—H 弯曲振动吸收峰的消失，1251cm⁻¹ 波数附近和 1173cm⁻¹ 波数附近 C—O 伸缩振动吸收峰的加强，以及 1373cm⁻¹ 波数附近和 1341cm⁻¹ 波数附近 O—H 弯曲振动吸收峰的出现，则进一步确定了纳米纤维素晶体（CNC）与聚丙烯酸的化学键合。综上所述，即可

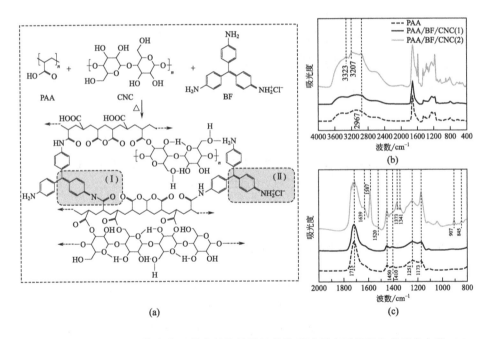

图 7-7 PAA/BF/CNC 静电纺丝纳米纤维纱线经热处理过程中可能发生的反应方程（a）
和 PAA 与 PAA/BF/CNC 纺丝液的红外光谱谱图 [（b）4000~400cm⁻¹；
（c）2000~800cm⁻¹。纺丝液 PAA/BF/CNC(2) 中 BF
与 CNC 的含量为 PAA/BF/CNC(1) 的
10 倍以便获得明显吸收峰信号]

推测 PAA、BF 和 CNC 经混合纺纱及热处理过程中会发生的化学反应方程式，如图 7-7(a) 所示。

7.1.11 智能变色纱线的颜色响应机理分析

碱性副品红（BF）分子的结构为三苯共轭体系，如图 7-8 所示，该共轭体系中的 3 个苯环并不在同一平面，且每个苯环都与中心碳原子（C14）所处平面存在一定夹角。研究表明，BF 分子的颜色并非仅由醌式结构（生色基）引起，共轭体系其实遍布了 3 个苯环，以 C14 为正电荷中心的正负电荷在 C 原子和 N 原子上间隔出现，形成了一个大共轭体系，甚至和苯环相连接的 N11、N24 原子也与苯环发生 p-π 共轭，而这两个氨基则成为 BF 的主色基。其中，最为关键的是 C14 原子具有双键特征，即当反应发生在 C14 原子上，颜色会立即消失，因为此时整个共轭体系会被彻底破坏，但这个位置存在较大空间位阻，反应物要靠近这个位置必须具有较小的体积和非常强的亲核性。另外，烯胺 N37 原子也有双键特征，若发生在 N37 原子上的反应破坏了其特性，届时整个共轭体系亦会被彻底破坏，使得 BF 颜色完全褪去。但若反应发生在 N11、N24 原子上，共轭体系基本不受影响，即颜色如常。

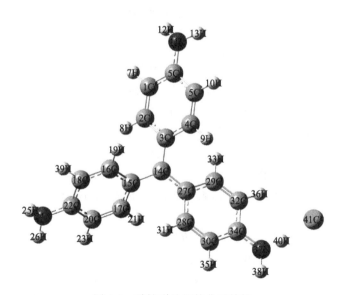

图 7-8　碱性副品红的分子结构

图 7-7(a) 显示了制备交联 PAA/BF/CNC 纳米纤维纱线过程中，聚丙烯酸（PAA）、碱性副品红（BF）与纤维素纳米晶体（CNC）之间可能发生的化学反

应方程式。通过上面对 PAA/BF/CNC 纺丝液红外光谱谱图的分析，可以断定 PAA 与 CNC 之间的酯化反应；当温度上升至 135℃后，剩余的大量羧基会进一步脱水形成酸酐；而 PAA 与 BF 之间的缩合反应，则可通过交联 PAA/BF/CNC 线体的颜色响应得以确定。图 7-9 展示了交联 PAA/BF/CNC 纤维纱线的颜色变化机理。如图 7-9 所示，将等量交联 PAA/BF/CNC 纤维纱线投入 pH 值不同的酸性与碱性溶液中。

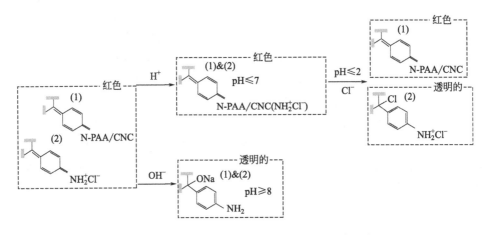

图 7-9　PAA/BF/CNC 静电纺丝纳米纤维纱线颜色
变化与 pH 响应机制示意图

① 当交联纱线投入酸性溶液（0＜pH≤7）中时，以 H_2SO_4 溶液为例，SO_4^{2-} 虽然会与交联 PAA/BF/CNC 中裸露的羟基与主色基氨基（N11、N24）进行作用，但并不会与中心碳原子（C14）发生反应，即以 BF 为基础的大共轭系统未被破坏，因此交联 PAA/BF/CNC 线体颜色如常，仍为深红色。

② 当交联纱线投入碱性溶液（7＜pH＜14）中时，以 NaOH 溶液为例，NaOH 会与交联 PAA/BF/CNC 内部具有双键特征的中心 C14 原子发生反应，彻底破坏以 BF 为基础的大共轭体系，使得交联 PAA/BF/CNC 线体由最初的深红色褪为无色。

③ 若将交联纱线投入的 H_2SO_4 溶液改为 HCl 溶液，且当 pH≤2 时，交联 PAA/BF/CNC 线体颜色则由深红色变为鲜红色。相关研究显示，具有体积小和亲核性强的 HCl 分子，除了可以与主色基氨基（N11、N24）反应外，更能轻易攻击 BF 带有双键特性的中心 C14 原子，破坏 BF 的大共轭体系，使 BF 褪为无色。而本实验制得的交联 PAA/BF/CNC 虽有所褪色，但仍保留鲜红颜色，表明了该交联 PAA/BF/CNC 中仅少部分以 BF 为基础的大共轭系统遭到破坏，大部分仍保留完好。其原因可归为两点：其一，BF 与 PAA 和 CNC 结合后，空间结

构更为复杂，中心 C14 原子附近的空间位阻加大，使 HCl 分子攻击难度更大；其二，BF 与 PAA 和 CNC 结合后，由于缩合反应的发生将以 BF 为基础的大共轭系统予以固定，使得 HCl 分子对中心 C14 原子的攻击无效。

7.1.12 智能变色纱线的耐强酸强碱性能分析

图 7-10 为交联后 PAA/BF/CNC 纤维纱线在盐水、氢氧化钠溶液、盐水、盐酸溶液中循环静置 20 个循环（每个循环 1h）的图像。如图 7-10 所示，在 1mol/L 盐水中，该交联 PAA/BF/CNC 纱线样品为一根颜色为深红色且较细的线；当转入 1mol/L 氢氧化钠溶液中后，该纱线由外部至内部，渐渐转变为一根透明无色，直径增大较粗的线；但若再将上述纱线样品放回 1mol/L 盐水中，该纱线颜色无变化，仍然为透明，但直径在小范围内缓慢减小；此时，若将该交联 PAA/BF/CNC 纱线样品放入 1mol/L 盐酸溶液中，会发现该纱线由外部至内部，快速转变为一根鲜红色，直径进一步减小较细的线；而当上述纱线样品放回 1mol/L 盐水中时，该纱线颜色进一步加深，转变为最初的深红色，完成一个循

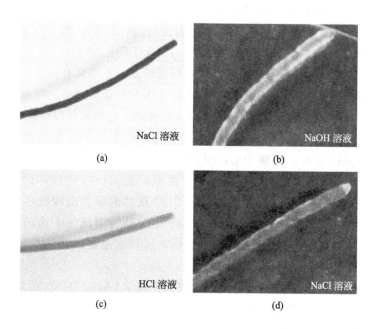

图 7-10　交联后 PAA/BF/CNC 静电纺丝纱线浸入 1mol/L NaCl(a)、1mol/L NaOH(b)、
1mol/L HCl(c)、1mol/L NaCl(d) 溶液中循环 20 个循环后的图像

试样在每个循环浸泡四种溶液，每种溶液中浸泡 15min，顺序依次为盐—碱—盐—酸，历时共计 1h

环。该循环实验可以持续数十次乃至上百次，而该图像为在第 20 个循环过程中所拍摄。研究表明，该交联 PAA/BF/CNC 静电纺丝纤维纱线不但可以对 pH 做出精确响应，还可以在数十次的强酸强碱实验中保持高度稳定状态。

综上，笔者做了以下工作：

① 以 PAA、BF、CNC、EG 和乙醇为原料，优化了 PAA、PAA/BF、PAA/EG、PAA/CNC、PAA/BF/CNC 和 PAA/BF/EG 共六种纺丝液配方。利用实验室自行搭建的静电纺丝设备，调节静电纺丝过程参数，制得了 PAA、PAA/CNC、PAA/BF、PAA/EG、PAA/BF/CNC、PAA/BF/EG 纤维纱线。

② 研究了上述六种 PAA 基纤维纱线的微观形貌，研究结果显示 PAA 基纺出纤维与相应纤维纱线的直径并非正相关关系，纱线产品的直径由纤维排列结构直接决定。研究结果显示，最终制得纱线的直径大小顺序如下：PAA/BF/EG < PAA/EG < PAA/BF < PAA/BF/CNC < PAA/CNC < PAA。

③ 上述六种 PAA 基纤维纱线的拉伸性能强弱顺序如下：PAA < PAA/EG < PAA/BF/EG < PAA/CNC < PAA/BF < PAA/BF/CNC。显然，EG 的添加促进了 PAA 的交联，却削弱了 PAA/EG 与 PAA/BF/EG 纤维纱线的拉伸性能，而不足 1% 添加量的 CNC 与 BF 却大大提高了 PAA/CNC、PAA/BF 与 PAA/BF/CNC 纤维纱线的拉伸性能，尤其是 PAA/BF/CNC 纤维纱线。

④ 交联 PAA 基静电纺丝纤维纱线的强酸/碱/盐溶液膨胀测试结果如下：PAA < PAA/CNC < PAA/BF/EG < PAA/BF < PAA/EG < PAA/BF/CNC。进一步证明了交联 PAA/BF/CNC 纤维纱线，不但具有优异的交联稳固性与强酸/强碱/盐溶液的耐受性，还具有卓越的酸/碱/盐溶液中的质量与长度膨胀可逆性，是本研究的目标产品——pH 响应性智能变色纳米纤维纱线。

⑤ 交联 PAA/BF/CNC 纤维纱线在不同 pH 值溶液中长度与颜色的变化结果如下：当 pH≤3 时，交联 PAA/BF/CNC 线体为深红色，随着溶液 pH 值的增大，线体颜色无明显变化，且长度伸长缓慢，至 pH＝3 时线体的长度仅伸长 20%；当 pH＝5～7 时，交联 PAA/BF/CNC 线体的颜色由深红色转变为鲜红色，长度迅速伸长 51%～60%；当 pH≥9 时，随着溶液 pH 值的增大，交联 PAA/BF/CNC 线体的颜色完全褪去至透明，其长度更是加速伸长，至 pH＝13 时线体的长度甚至可以伸长 90%。

⑥ 通过 PAA/BF/CNC 红外光谱，联合交联 PAA/BF/CNC 线体在强酸/强碱/盐溶液中的颜色变化，推断出制备交联 PAA/BF/CNC 纤维纱线内部，PAA、BF 与 CNC 之间的化学反应，以及交联 PAA/BF/CNC 线体在强酸/强碱/盐溶液中的颜色变化机理。

⑦ 研究了交联 PAA/BF/CNC 线体在强酸/强碱/盐溶液中持续数十次乃至上百次循环测试中的形态与颜色的变化。结果显示，该交联 PAA/BF/CNC 纤维

纱线总能对外界的 pH 变化做出精确响应，且保持高度稳定状态。

7.2　Janus 特殊润湿性 PVDF/MTMS/纳米纤维素复合薄膜

7.2.1　Janus 特殊润湿性薄膜及其液体智能单向传输性

　　Janus 对象具有不对称特性，其两侧的成分或结构不同，就像罗马的双面神 Janus 一样。自从 Cho 和 Lee 在 1985 年报道了第一个 Janus 粒子以来，人们对 Janus 材料的合成和表征进行了越来越多的努力。Janus 薄膜是一种典型的薄膜材料，每侧具有相反的特性，并且还允许相反的特性协同工作以实现独特的传输。值得注意的是，两者之间的相互关系使 Janus 薄膜比物理、化学和生物学中的常规均质薄膜更具通用性和前景。因此，它吸引了来自空气中雾气收集、油水分离、膜蒸馏、海水淡化、单向液体传输等各个研究和应用领域的众多专家和学者。设计具有高分离效率的纳米结构薄膜对于从溢油和化学品泄漏中回收油水混合物至关重要。与不混溶的油水混合物相比，乳化混合物更难分离。用于油水过滤和收集的薄膜的分离性能主要归因于表面润湿性和纳米结构。之前单一亲水或疏水性的薄膜极大地限制了同时分离各种油水混合物的过程。因此，寻找一种通用、简单的策略来制备具有特殊且相反的超润湿性能的 Janus 纳米纤维薄膜，对于实现两种类型的油水乳化液或混合物的可切换分离，满足多样化的实际需求具有重要意义。液体的自主和选择性单向传输对于许多应用至关重要。值得注意的是，Janus 薄膜提供了解决这一挑战的诱人机会，它可以通过不对称润湿性产生的内部驱动力促进所需的传输和可切换的分离，不需要外部能量的输入，吸引了越来越多的专家学者投入 Janus 薄膜的制备中。

7.2.2　Janus 特殊润湿性薄膜材料的经典制备方法

　　Janus 薄膜的经典制备方法主要有两种。为了更好地解释 Janus 薄膜的制作方法，我们将两层命名为 A 层和 B 层。对于非对称制作方法，是指分别制备薄膜的 A 层和 B 层，然后通过依次静电纺丝、依次真空过滤等技术将其结合在一起。另外，非对称修饰法也是获得 Janus 薄膜的重要方法，即通过单面光降解、单面光交联技术对制备好的基底进行单面装饰。纤维素是一种富含羟基的天然聚合物，具有良好的亲水性、纤维结构和可再生性。所获得的纤维素纸具有柔韧性，具有良好的空气和液体渗透性，并显示出优异的超亲水和水下超疏油性能。因此，作为基底，纤维素纸在分离和保护方面表现出广泛的应用前景。吴等开发了一种具有定向水传输功能的抗菌双层醋酸纤维素亚微电纺 Janus 薄膜。通常，大多数具有特殊润湿性能的材料在恶劣条件下的耐久性较差，在实际应用中存在局限性。这是因为材料的粗糙表面（具有微/纳米分级结构）在力学负载下经常会承受较高的局部压力，使其易碎且极易磨损。

因此，研究和开发具有相反超润湿性能的耐用 Janus 纤维素纳米复合薄膜是一个研究热点。在本研究中，具有纤维结构的超亲水纤维素纸作为底层，然后是 PU、PVDF 和疏水-SiO₂ 纳米颗粒通过高压喷涂和静电纺丝技术作为顶层依次进行表面负载。该策略将充分利用 PU、PVDF 和疏水-SiO₂ 的黏附性、疏水性和纳米结构的优势，以及纤维素纸的亲水性和纤维结构。为验证分层结构 Janus 纤维素纳米复合薄膜的实际应用，对其耐磨性、耐酸碱、过滤效果、分离机理、重复性、通量等进行了深入评价和分析。此外，样品的形貌、化学成分和超润湿性能已通过 FE-ESEM、EDX、FTIR、CA 等仪器进行系统的表征和探索。最终，制备了一种耐用的分层结构的 Janus 纤维素纳米复合薄膜，对各种油水混合物具有高选择性和高效率。值得注意的是，Janus 纤维素纳米复合薄膜在排除重力效应的情况下能够完成选择性单向传输，为油水分离的实际应用提供了一种很有前途的新型薄膜材料。

7.2.3　Janus 特殊润湿性 PVDF/MTMS/纳米纤维素复合薄膜的制备

笔者对 Janus 特殊润湿性纳米纤维素复合薄膜的制备方法如下。

（1）喷涂试剂的制备

试剂 A：在室温快速搅拌条件下，将 PU 加入丙酮中（配比为 1∶100）；3h 后，得到 PU 溶液。

试剂 B：环境温度下在快速搅拌条件下混合 PVDF(1g) 和 DMF(5.5mL)；24h 后，获得 PVDF 纺丝原液。

试剂 C：甲醇（67.2mL）、MTMs(13.62mL) 和草酸（7.2mL）在快速搅拌条件下混合 24h，然后将氨水（7.3mL）和蒸馏水（2.5mL）逐滴加入上述混合物中（15min 内）；老化 48h 后得到硅凝胶。此外，在室温下快速搅拌条件下，将硅凝胶加入甲醇（1∶10 的配制）中，以获得疏水性二氧化硅分散体。

（2）Janus 纤维素薄膜的组装

将纤维素纸（6cm×5cm）固定在薄板（12cm×12 cm）上，用喷枪喷涂试剂 A(15mL)3 次，置于阴凉通风处晾干。然后通过静电纺丝法将试剂 B 纺织到涂有 PU 的纤维素基底上。具体参数如下：针径（1mm）、电压（18kV）、注射速度（0.01mL/min）、接收距离（22cm）、持续时间（4h）、温度（28℃）和湿度（40%）。然后将涂有 PU/PVDF 的纤维素基底干燥 2h 以去除多余的溶剂，并进一步用喷枪喷涂试剂 C3～5 次（每次 3mL）。最后，将获得的样品在 60℃ 的烘箱中干燥，以获得分层结构的 Janus 纤维素纳米复合材料薄膜（见图 7-11）。

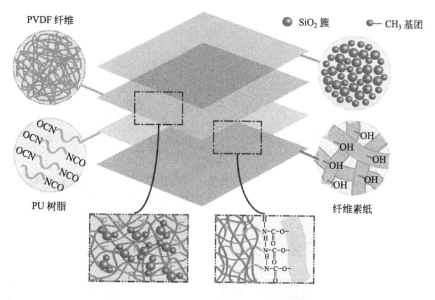

图 7-11　Janus 纤维素纳米复合薄膜示意图

7.2.4　Janus 特殊润湿性复合薄膜两侧的微观形貌分析

如图 7-12(a) 和 (a_1) 所示，纤维素基底由许多光滑且交错的纤维组成，这些微纤维形成许多小孔并允许空气和液体通过。使用高压气枪喷涂 PU 溶液后，纤维素原纤维表面出现许多微小的圆形斑点［见图 7-12(b_1)］，而纤维素基底的纤维和多孔结构没有可见的变化［见图 7-12(b)］。电纺 PVDF 层以大量纳米纤维和纳米球的形式存在，如图 7-12(c) 所示，由于 PU 树脂的黏合作用，其已均匀且紧密牢固地附着在纤维素基底的表面（在随后的摩擦试验中得到验证）。显然，PVD 层大大增加了基底表面的粗糙度，尤其是由 MTMS 制备的喷涂疏水硅凝胶［平均直径为 1.5nm，见图 7-12(d_1) 和 (e)］。制备的由纤维素微纤丝、PVDF 层和疏水性 SiO_2 组成的 Janus 纤维素纳米复合薄膜在 PU 存在下经液氮脆性破坏后，获得了横截面 SEM 图像。为了分析纤维素基底上的后处理表面层的厚度以及正反形态，在液氮条件下将其从基底上剥离。如图 7-12(d) 所示，PVDF/疏水-SiO_2 纳米复合层比纤维素层薄得多，纳米复合层的背面相当粗糙，充满了 PVDF 纳米球［见图 7-12(d_2)］，这增强了两层之间的结合，并优化了用于流体传输的薄膜微结构。图 7-12(f_1)～(f_2) 和图 7-13(a) 给出了 Janus 纤维素纳米复合薄膜（横截面）的 EDX 光谱（C/F/O/Si＝45.39/11.34/40.85/2.32）和图谱（氟和硅元素）。证实了聚偏氟乙烯/疏水二氧化硅纳米复合层在聚氨酯树脂存在下确实黏附在纤维素薄膜表面，非常薄，不会影响纤维素基底的微观结构和组成。

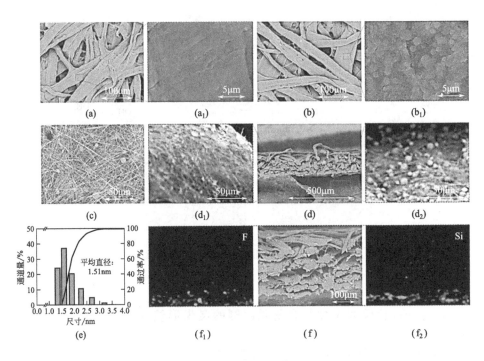

图 7-12 SEM 图像

(a) 和 (a_1) 原始纤维素纸；(b) 和 (b_1) 带有 PU 的纤维素纸；(c) PU/PVDF 纤维素薄膜；

(d) Janus PU/PVDF/疏水-SiO$_2$ 纳米复合纤维素薄膜；(d_1) 和 (d_2) 较大

版本图像 (d) 中的红色框；(e) MTMS 制备的疏水性 SiO$_2$ NPs 的尺寸分布；

(f) Janus 薄膜横截面的 SEM 图像；(f_1) 和 (f_2) 图像 (f) 的 EDX 映射

7.2.5 Janus 特殊润湿性复合薄膜的化学组成分析

通过 EDX 光谱和 FT-IR 光谱进一步分析了 Janus 纤维素纳米复合薄膜正面的化学组成。与横截面相比，正面的 EDX 光谱显示了图 7-13(b) 中提供的 C/F/O/Si(33.86/26.64/19.80/19.70) 的元素组成，这也令人信服地验证了疏水-SiO$_2$ NPs 的组合和 PVDF 以及 PU 在纤维素纤维上的参与。此外，在 Janus 纤维素纳米复合薄膜正面的 FT-IR 光谱中出现了三个新的特征峰［见图 7-13（c）］。具体而言，在 1739cm^{-1} 处出现了一个峰，源于 C═O 的伸缩振动；另一个峰值出现在 1332cm^{-1} 处，归因于 C═C 的伸缩振动，表明 PU 的成功引入；出现在 486cm^{-1} 处的其余峰归因于 Si—O—Si 的摇摆振动，表明 MTMS 已经转移到疏水二氧化硅簇，并在经历水解、氢键和缩合后附着到纤维素基底上。此外，图 7-13（c）中 2924cm^{-1} 和 2850cm^{-1} 处出现的两个峰对应于—CH$_2$ 的不对称和对称拉伸振动，这也证明了其他长碳链材料（PU/PVDF）的存在。此外，在 3422cm^{-1} 处纤维素分子中/之间氢键的宽峰（O—H 拉伸振动）变窄，并且在 1640cm^{-1} 处的特征峰（纤维素中的结晶水）得到右移。此外，纤维素基材在 1280cm^{-1}/1030cm^{-1}（C—O 拉伸振动）和 811cm^{-1}/669cm^{-1}（C—H 弯曲振动）处的特征峰消失［见图 7-13（d）］。这些变化表明分级结构的 PU/PVDF/疏水-SiO$_2$ 纳米复合薄膜确实黏附在纤维素基底上。

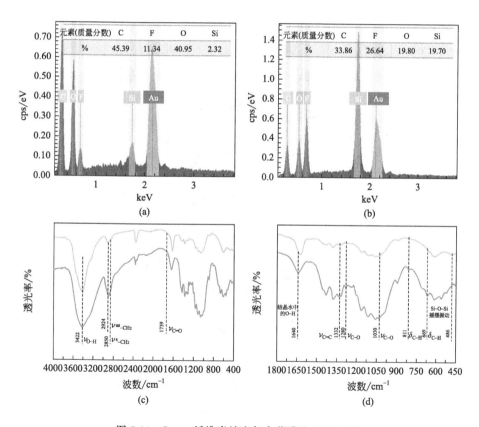

图 7-13 Janus 纤维素纳米复合薄膜的 EDX 光谱

（a）横截面；（b）正面；（c）和（d）Janus 纤维素纳米复合薄膜和原始纤维素薄膜的 FT-IR 光谱

7.2.6 Janus 特殊润湿性复合薄膜两侧的润湿性分析

在空气和水中各处理步骤后，原始纤维素薄膜和处理过的薄膜表面滴有水滴和油滴的照片如图 7-14 所示。在空气中，原始样品立即被水滴润湿，表现出超亲水性，水接触角（WCA）为 0°，而在 PU 涂覆后，它转变为疏水性，WCA 为 132°，如图 7-14(a) 所示。然后静电纺 PVDF 层黏附在涂有 PU 的纤维素薄膜上，使纤维素样品的 WCA 增加到 145°，喷涂疏水性硅凝胶使由 MTMS 制备的纳米复合薄膜的正面超疏水，显示出 153° 的 WCA 值。如图 7-14(b) 所示，在空气中，水滴（亚甲基蓝染色）可以立在所制备的纤维素薄膜的正面，而油（苏丹Ⅲ染色）可以立即扩散。同时，在空气中，水滴可以在 1s 内迅速在纤维素薄膜的表面上下落和反弹，其水滑动角（WSA）为 7°[见图 7-14(d)]，进一步证明了其显著的超疏水性和超亲油性。然而，如图 7-14(a) 所示，薄膜的反面保持亲水

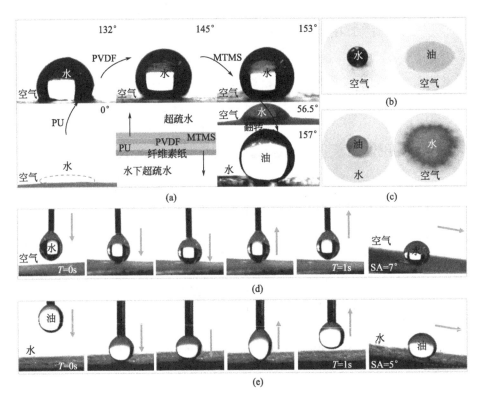

图 7-14　在每次喷涂处理前后纤维素纸正反面的静态水油（水下）接触角图（a），水滴和油滴浸入 Janus 纤维素纳米复合薄膜的正面（b）和反面（c），Janus 纤维素纳米复合薄膜的正面（d）和反面（e）的动态水和油（水下）接触角图像

性（WCA 为 56.5°）和水下超疏油性（油接触角 OCA 为 157°）。图 7-14(c) 进一步证明了这一点，例如，水滴（亚甲基蓝染色）可以立即在空气中扩散到纤维素薄膜的背面，而油（苏丹Ⅲ染色）可以在水下停留在其顶部。类似地，油滴可以在 1s 内迅速在纤维素薄膜的反面上下落和反弹，并且它的油滑动角（OSA）水下为 5°[参见图 7-14(e)]，这表明其优秀的亲水性和水下超疏油性。总之，在纤维素基材的两侧形成了相反的超润湿性能，确实实现了制备出 Janus 纤维素纳米复合薄膜。

7.2.7 Janus 薄膜的油水乳化液分离、液体单向传输与作用原理分析

用于评价 Janus 纤维素纳米复合薄膜分离效率的油水乳化液混合物，分别制备水包油与油包水两种类型的乳化液 [水包氯仿乳化液（C/W）、氯仿包水乳化液（W/C）、水包甲苯乳化液（T/W）、甲苯包水乳化液（W/T）、水包正己烷乳化液（H/W）、正己烷包水乳化液（W/H）、水包 1,2-二氯乙烷乳化液（D/W）、1,2-二氯乙烷乳化液包水乳化液（W/D）等]。将 Janus 纤维素纳米复合薄膜固定在由夹子固定的两个玻璃管之间 [见图 7-15(b)]，然后通过重力过滤各种油水混合物或乳化液。具体而言，当将 Janus 纤维素纳米复合薄膜的超疏水-超亲油侧朝上固定在上述装置中时，油包水乳化液（例如，W/C 乳化液、W/T 乳化液、W/D 乳化液、W/H 乳化液等）可以通过直接倒入玻璃管中进行选择性分离。相反，如果薄膜的超亲水-水下超疏油侧朝上固定到装置中时，水包油乳化液（例如，C/W 乳化液、T/W 乳化液、D/W 乳化液、H/W 乳化液等）也可以通过直接倒入玻璃管中进行选择性分离。Janus 纤维素纳米复合薄膜（顶部的正面）对油包水乳化液的分离效率通过使用以下方程计算 [式(7-8)]：

$$分离效率(\%) = 100 \times V_{t1}/V_{01}(\%) \tag{7-8}$$

式中，V_{01} 和 V_{t1} 分别为 Janus 纤维素纳米复合薄膜过滤前后的油体积。Janus 纤维素纳米复合薄膜（顶部反面）对水包油乳化液的分离效率通过利用以下方程 [式(7-9)] 计算：

$$分离效率(\%) = 100 \times V_{t2}/V_{02}(\%) \tag{7-9}$$

式中，V_{02} 和 V_{t2} 分别为 Janus 纤维素纳米复合薄膜过滤前后的水体积。

从图 7-15 中，我们发现最初的雾状乳化液通过分级结构的 Janus 纤维素纳米复合薄膜过滤过程后转变为清澈透明的液体。具体来说，将乳化液分别倒在薄膜的正面或反面，然后用量筒测量收集在底部瓶中的滤液 [图 7-15(b)]。比较分离前后乳化液的光学显微镜图像，经 Janus 薄膜反面过滤后，水中大量均匀分散的氯仿液滴消失 [见图 7-15(a)]，同时，正己烷中的水滴流过 Janus 薄膜的正面后也消失一部分 [见图 7-15(c)]，显示出优异的可切换的水/油分离性能。还介绍

仿生智能生物质复合材料制备关键技术 ◀◀

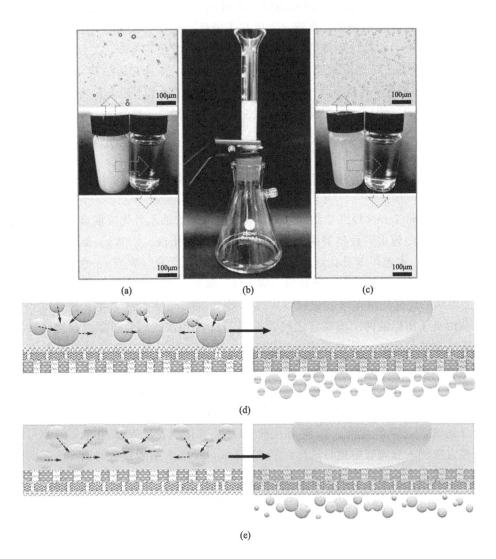

图 7-15　光学显微镜图像和实物照片

（a）过滤前后的 C/W 乳液；（b）水/油过滤装置；（c）过滤前后的 W/H 乳液；
Janus 纤维素纳米复合薄膜对油包水（d）和
水包油（e）乳液的分离机制

了在Janus 纤维素纳米复合薄膜两侧分离水/油乳化液的机理图。在通过 Janus 薄膜的正面（或反面）分离油包水（或水包油）乳化液的过程中，油（或水）会立即润湿并渗透薄膜，如图 7-15(d) 或（e）所示，而油（或水）相中的微米级水（或油）滴会被薄膜排斥，液滴会变形、移动并进一步聚结成立在顶部的较大的水（或油）滴。之后，通过简单的冲洗处理，这些较大的水（或油）液滴可以很容易地从 Janus 薄膜的正面（或反面）分离。最后，收集（或除去）油污染物。

如图 7-16(a) 和 (b) 所示，Janus 纤维素薄膜的正面和反面对油包水和水包油乳化液的分离效率已经通过式(7-8) 和式(7-9) 分别仔细评估。相比之下，我们发现在过滤中 Janus 纤维素纳米复合薄膜的反面在顶部时，其对水包油乳化液的分离效率优于顶部的另一面对油包水乳化液的分离效率，后者始终高于 90%[图 7-16(b)]。这是因为当水包油乳化液倾倒时，水首先润湿纤维素层，然后油被阻挡在纤维素层之外，而水由于重力和水的积累会渗透到聚偏氟乙烯层中。值得注意的是，PVDF 薄膜完全不吸水，可以有效减少过滤和分离过程中的水分损失。水处理材料能否重复使用是实际应用中的关键因素。因此，我们还讨论了 Janus 纤维素纳米复合薄膜的可重复性。Janus 纤维素薄膜的正面（或反面）过滤 10mL W/D（或 D/W）乳化液为一个循环，用 10mL

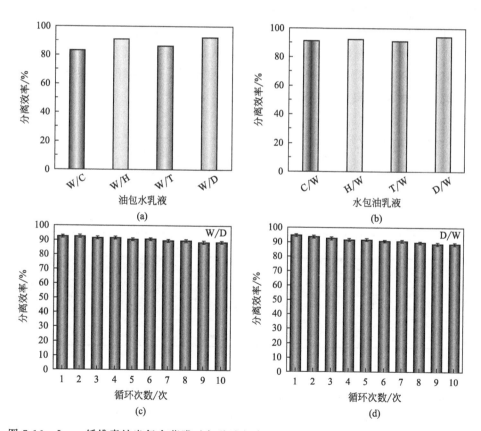

图 7-16　Janus 纤维素纳米复合薄膜对各种油包水（a）和水包油（b）乳化液的分离效率，
循环次数对膜正面（c）和反面（d）分离乳化液的效率的影响

1,2-二氯乙烷（或清水）清洗。然后继续下一个循环。重复此过程10次[见图7-16(c)和（d）]，Janus纤维素纳米复合薄膜对 W/D 和 W/D 乳化液的分离效率始终保持在88%以上，表明所制备的纳米复合薄膜具有优异的重复性和耐久性。同时，还评估了Janus纤维素薄膜对不同类型水/油乳化液的通量。结果表明，当Janus薄膜的正面在顶部过滤 W/D 乳化液时，重复10次循环后其通量为 $2195L/(m^2 \cdot h)$。如果将薄膜倒置，重复10次循环后其通量可达 $2238L/(m^2 \cdot h)$，用于过滤 C/W 乳化液。总之，上述观察充分说明了Janus纤维素薄膜对各种水/油乳化液的出色分离效率和耐久性。有趣的是，分层结构的Janus纤维素纳米复合薄膜可以实现对水/油混合物的选择性单向传输。具体来说，当将Janus纤维素薄膜折叠成一个船（正面在底部）漂浮在水/油混合物上时，染色的油从船底迅速吸收，收集的油逐渐将船染红，而水被完全阻挡在 PVDF/疏水-SiO_2 层之外，如图 7-17 所示。这归因于后处理纳米复合层的超亲油性和超疏水性，以及纤维素层在空气中的两亲性。然而，当Janus纤维素纳米复合薄膜的反面成为船底并被水预润湿时，由于其水下超疏油性，油没有渗入纤维素层，染色水因其亲水性而紧随移动的船。此外，后处理的纳米复合材料层由于其超疏水性也不会让水进入，从而使船的内部保持完全干燥，如图 7-17(b) 所示。显然，在排除重力效应的情况下，Janus纤维素纳米复合薄膜确实完成了水/油分离中的选择性单向传输。

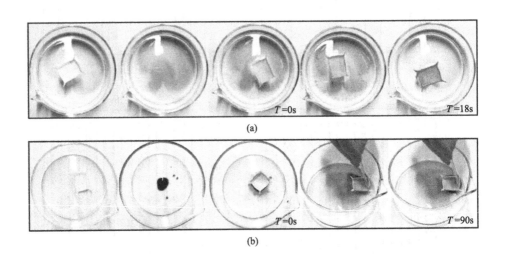

图 7-17 Janus 纤维素纳米复合薄膜折叠成船（尺寸为 $10mm \times 10mm \times 5mm$）后薄膜的反面在顶部，漂浮在 25mL 水和 1mL 油上（上相苏丹Ⅲ染色）(a)，以及薄膜的正面在顶部，漂浮在 25mL 油和 1mL 水上（上相亚甲基蓝染色）(b)

7.2.8　Janus 特殊润湿性复合薄膜的化学与力学稳定性分析

如图 7-18(a) 所示，在不同 pH 值的水溶液中浸泡 30min 后，Janus 纤维素薄膜的表面在喷涂和未喷涂 PU 的情况下均表现出疏水性能。在这两种情况下，薄膜的表面都是疏水的，而含 PU 的样品的 WCA（153°）总是高于不含 PU 的样品（148.5°）。此外，它们的 WCA 与处理液的 pH 值呈抛物线关系。具体而言，它们的疏水性在流体呈中性时最大，但随着浸渍液酸碱度的增加而逐渐降低；其对酸的阻隔性能普遍优于对碱的阻隔性能。对于用 PU 制备的 Janus 纤维素薄膜，即使在强酸/强碱溶液中浸渍后，其 WCA 始终大于 133°，表明其具有优异的化学稳定性。图 7-18(b) 记录了在以大约 7mm/s 的速度加载 100g、125g、150g、175g 和 200g 三次磨损处理后两种类型的 Janus 薄膜之间的 WCA 比较。同时，图 7-18(c) 和(d) 分别提供了两种类型样品在每次摩擦后的 WCA 变化。以上观察表明：a. 两种 Janus 薄膜的表面疏水性均随着加载质量和摩擦次数的增加而下降；b. 经过 PU 处理的 Janus 纤维素样品在整个摩擦过程中的耐磨性远好于没有喷涂 PU 的样品，即使在 200g 负载三次磨损处理后仍保持 130°的 WCA。

图 7-18(e) 显示了图 7-18(f) 中所述的在具有不同负载质量的磨损处理之前

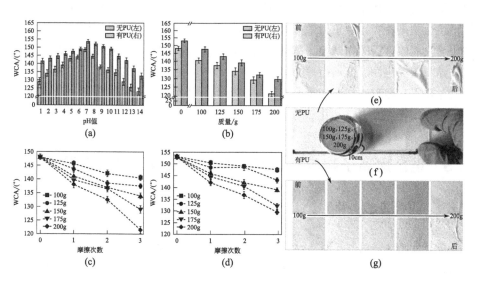

图 7-18　Janus 薄膜的耐用特性 [(a) 耐酸碱；(b) 耐磨性比较（三次）]，
未经 PU 处理 (d) 和经 PU 处理 (c) 的样品的耐磨性，不含 PU (e) 和
含 PU (g) 的样品在磨损试验后的照片，以及磨损程序图 (f) [加载质量
分别为 100g、125g、150g、175g 和 200g，移动速度约为 7mm/s，摩擦距
离设置为 10 cm]

和之后没有涂覆 PU 的 Janus 纤维素纳米复合材料薄膜的正面照片。最初，除了纳米复合材料层在 125g 的负载质量下从纤维素基材向上翘曲外，薄膜的正面相对平坦。随着测试负载的增加，PVDF/疏水-SiO$_2$ 层在样品移动过程中逐渐剥离，纤维素基底逐渐暴露。例如，复合材料层在加载 100g 时仅略微起皱和向上翘曲，但在加载 200g 时会完全从纤维素基底上剥离。如图 7-18(g) 所示，带有 PU 涂层的 Janus 纤维素纳米复合薄膜非常平整，摩擦前没有任何皱纹或翘曲。当对薄膜施加越来越大的质量和张力时，薄膜的表面经过磨损试验变得越来越粗糙，但没有发生严重的剥离现象。值得注意的是，PVDF/疏水-SiO$_2$ 纳米复合材料层会略微向上翘曲，直到在其表面加载 200g。显然，PU 的存在大大增强了纤维素微纤丝和纳米复合层之间的界面黏附，赋予 Janus 纤维素薄膜强大的力学稳定性。总之，其优异的化学和力学稳定性使所制备的分层结构 Janus 纤维素纳米复合薄膜的实际应用成为可能。

综上所述，笔者将 PU、PVDF 和疏水-SiO$_2$ NPs 组装在纤维素基底的顶部，以实现具有超疏水性（空气中的 WCA 和 WSA：153° 和 7°）和正面超亲油性的 Janus 纤维素纳米复合薄膜，和水下超疏油性（水下 OCA 和 OSA：157° 和 5°）相反。FE-ESEM、EDX 和 FT-IR 已被用于分析和确认 Janus 纤维素纳米复合薄膜的合成过程和化学成分。额外的评估结果表明，Janus 纤维素纳米复合薄膜可以在重力作用下成功分离油包水乳化液（顶部为正面）和水包油乳化液（顶部为背面）。值得注意的是，当排除重力效应时，薄膜也可以完成选择性的单向传输。此外，该复合薄膜能够克服磨损试验、酸碱漂洗，即使经过 10 次水/油乳化液过滤，仍表现出优异的超润湿性、分离效率和薄膜通量。显然，通过笔者的方法，在聚氨酯胶黏剂的存在下，超疏水层已经牢固地黏附到纤维素基底上，为我们在各种油水分离中的实际应用提供了力学和化学稳定的薄膜。

7.3 重金属离子响应智能变色纳米纤维素复合气凝胶

7.3.1 荧光传感器简介

荧光传感器是新型紫外光线传感器，灵敏度能够达到 $10^{-12} \sim 10^{-9}$ 的数量级，可以检测发射紫外光线的物质，如油脂、胶水、标签、木材、衣物、橡胶、油画、荧光墨水、荧光粉笔等。荧光传感器有很多优点，例如：体积很小，费用少，不受外界电磁场影响，灵敏度高，可远距离发光，全自动化，便于检测，无需预处理等。荧光分子传感器是当今化学学科的一个热点和前沿研究领域，在生命科学、环境科学和材料科学等领域有许多重要的应用，对亚微粒具有可视的亚纳米空间亚毫秒时间分辨率，可以实现分子和人的通信，引起人们极大的兴趣。

重金属离子如 Hg^{2+}、Cr^{3+} 等毒性很大，在自然界中蓄积会对生物体及环境造成严重的危害。因此，对废水中重金属离子进行定性、定量检测和吸附处理具有十分重要的研究意义。实验室中检测重金属离子的方法有很多种，例如电化学法、荧光检测法、原子荧光光谱法、发射光谱法、原子吸收法等。荧光分子传感器可以将微观的识别情况（例如对金属离子的识别）转换为荧光信号，该方法操作简单、价格低廉、灵敏度高、检测迅速，成为环境监测与治理领域的研究热点。Xue 等通过物理混合的方法，将罗丹明 B（SRhB）和木质硫酸酯（LS）作为电子受体和供体，构建荧光共振能量转移（FRET）系统；Ma 等将荧光染料异硫氰酸荧光素（FITC）和螺旋藻罗丹明衍生物（SRHB）分别连接到聚乙烯亚胺（PEI）和聚丙烯酸（PAA）上，将含电子供体和探针的聚电解质逐层沉积到带负电荷的聚合物粒子上，形成比率传感系统。Li 等根据罗丹明 B 衍生物的"off-on"机理，成功制备出了 5 种 Fe^{3+} 荧光探针（RhB-Gly、RhB-Ala、RhB-Try、RhB-Cys 和 RhB-His），并通过 NMR 和质谱仪对其进行了表征。赵秋媛等将谷胱甘肽（GSH）加入罗丹明 6G 衍生物（Rh6G2）中，研究并开发了一种新型荧光探针 Rh6G2-GSH，该荧光探针与 Hg^{2+} 识别时，在荧光强度及吸光度上会发生变化；谷浩等为拓展罗丹明 6G 酰肼（RH）的识别与传感应用范围，在乙醇/Tris-HCl 缓冲体系下，通过罗丹明 6G 酰肼的螺内酯环的开环与闭环来实现荧光转换，该荧光探针可以对 Fe^{3+}、Cr^{3+} 进行特异性选择识别。

7.3.2　内酰胺化罗丹明 6G/纳米纤维素复合气凝胶的设计思路

目前，国内外对闭环罗丹明衍生物作为荧光探针以及纳米纤维素复合材料的相关研究已取得一定进展，但如何将两者完成一体化组装及其应用潜能还需进一步努力与探索。另外，目前针对工业废水中的多种重金属离子，其监测与处理通常是分开进行的，一步完成重金属离子的指示和吸附处理极具挑战性。据此，笔者通过纳米纤维素/壳聚糖（CNF/CS）复合气凝胶基体的制备，进一步以聚乙烯醇（PVA）为载体，戊二醛（GA）为交联剂，将内酰胺化罗丹明 6G（SRh6G）引入 CNF/CS 基体，通过冷冻干燥技术制备重金属离子响应智能变色纳米纤维素复合气凝胶，如图 7-19 所示，以完成工业废水中重金属离子的指示与吸附的一步化处理。研究表明，该复合气凝胶具有密度低、变色指示快、吸附能力强等优点，在水中能够快速浸润且具有超亲水-水下超疏油特性，可用于含油废水中重金属离子的指示和吸附处理。另外，结果显示，制得的重金属离子响应智能变色纳米纤维素复合气凝胶具有优良的耐酸碱性、水下抗压性和吸附能力，在工业废水处理领域有非常广阔的应用前景。

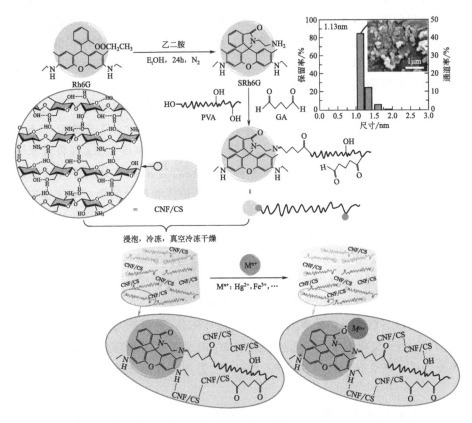

图 7-19　制备内酰胺化罗丹明 6G/纳米纤维素复合气凝胶的技术路线图

7.3.3　内酰胺化罗丹明 6G/纳米纤维素复合气凝胶的制备

（1）内酰胺化罗丹明 6G 的合成

在三口瓶中加入罗丹明 6G（0.5g）和无水乙醇（40mL），通入氮气以排空三口瓶中的空气，同时水浴加热。当温度达到 40℃时，添加乙二胺（1.4mL），随后继续提升反应体系温度。当温度达到 85℃时，在保持氮气通入以及温度不变的条件下，继续反应 10h。待反应结束后，将反应物在离心条件（10000r/min，3min）下反复离心 3 次，随后冷冻干燥 24h，即得到 SRh6G 白色粉末。

（2）纳米纤维素/壳聚糖复合气凝胶的制备

称取适量的壳聚糖（CS），然后将 CS 溶于 1%（体积分数）冰醋酸溶液中，磁力搅拌 45min，得到 CS 溶液。量取纳米纤维素悬浮液（制备方法详见 6.5.4）

与壳聚糖溶液，磁力搅拌形成均匀的混合物，室温下静置 30min 后，冷冻干燥 24h，即得到 CNF/CS 复合气凝胶。

（3）内酰胺化罗丹明 6G/纳米纤维素复合气凝胶的制备

称取聚乙烯醇（PVA，0.1g）和去离子水（98mL），混合后连续搅拌 2h，待完全溶解，得到 2%（质量分数）的 PVA 溶液。将 SRh6G（0.02g）加入 PVA 溶液（30mL）中，再量取并加入 120μL 的戊二醛，混合搅拌 30min。将制备好的 CNF/CS 复合气凝胶基体加入上述混合溶液中，浸泡处理 30min，再冷冻干燥 24h，最终得到内酰胺化罗丹明 6G/纳米纤维素复合气凝胶，即 SRh6G/CNF 复合气凝胶。

7.3.4　内酰胺化罗丹明 6G/纳米纤维素/壳聚糖复合气凝胶的制备

称取适量的 CS 溶于 1%（体积分数）冰醋酸溶液中，磁力搅拌 45min，得到 CS 溶液。量取 CNF 悬浮液与 CS 溶液，磁力搅拌形成均匀的混合物，将 7.3.3（1）中制备好的 SRh6G 添加到上述混合液中，混合液逐渐呈现淡粉色，再加入适量的 NaOH 溶液调至混合液为白色，室温下静置 30min 后，冷冻干燥 24h，即得到 CNF/CS/SRh6G 复合气凝胶。

7.3.5　智能变色纳米纤维素复合气凝胶的工艺优化研究

为探究不同浓度壳聚糖、纳米纤维素对制得复合气凝胶综合性能的影响，本课题组进行了如下研究。配制 1%（质量分数，下同）和 2% 的 CS 溶液，按照 CS 溶液与 CNF 分散液体积比 1∶10 与 1∶20，其他条件不变的情况下，分别制备 4 种 CNF/CS 复合气凝胶作为基体制备 SRh6G/CNF 复合气凝胶，来进行对照实验。这 4 种 SRh6G/CNF 复合气凝胶分别简称为 1(1%)∶10、1(1%)∶20、1(2%)∶10、1(2%)∶20 复合气凝胶。结果表明，1(1%)∶10、1(1%)∶20、1(2%)∶10、1(2%)∶20 复合气凝胶对水的最高吸附容量分别为 19.36g/g、17.00g/g、15.69g/g、16.70g/g，其良好的吸附性能源于 SRh6G/CNF 复合气凝胶的多孔结构，使其能吸收远大于自身质量的水。对比发现，1(1%)∶10 复合气凝胶的吸附能力优于其他 3 种复合气凝胶。材料的密度同样是评价其吸附能力的重要指标，结果显示 1(1%)∶10、1(1%)∶20、1(2%)∶10、1(2%)∶20 复合气凝胶的表观密度分别为 145.9238mg/cm³、151.3112mg/cm³、154.3368mg/cm³、158.2962mg/cm³，显然，吸附能力最佳的 1(1%)∶10 复合气凝胶密度最低，即在污水处理中，该 1(1%)∶10 复合气凝胶作为吸附剂将具有更好的吸附性能。

　　将上述 4 种复合气凝胶进一步进行水平振荡 30min，静置 24h 后观察发现，1(2%)∶20 复合气凝胶在水中解体最为严重，1(2%)∶10 和 1(1%)∶20 复合气凝胶次之，在水中呈现中度解体，而 1(1%)∶10 复合气凝胶即使经历多次水平振荡实验，亦不发生解体现象。将 CNF/CS/SRh6G 复合气凝胶与该 SRh6G/CNF 复合气凝胶同时投入水中进行持续水平振荡，对比结果发现，CNF/CS/SRh6G 复合气凝胶更早出现解体，其结构更为松软，而 1(1%)∶10-CNF/CS 基体制得的 SRh6G/CNF 复合气凝胶的结构更稳固。综上，浓度为 1%（质量分数）的壳聚糖溶液，按照壳聚糖溶液与纳米纤维素分散液体积比 1∶10，在其他条件不变的情况下，制备的 SRh6G/CNF 复合气凝胶在水中结构最稳定，不易发生解体，而且具备密度低、吸附能力强、水下结构稳定等优点。

7.3.6　智能变色纳米纤维素复合气凝胶的微观形貌分析

　　从图 7-20 中内酰胺化罗丹明 6G 的 SEM 图像与粒度分布图像可知，制得的 SRh6G 由于团聚而呈不规则块状，但待其分散后，其粒度分布均匀，平均粒径为 0.98nm。图 7-20(a) 为纳米纤维素气凝胶的 SEM 图像，经过不同程度的放大，在图中能够清晰地观察到纤维之间相互交织成网状缠结结构，形成大量孔隙结构，具有较高的比表面积，以及较好的柔韧性与弹性。由图 7-20(b) 可知，与 CNF 气凝胶相比，CNF/CS/SRh6G 复合气凝胶以片层结构自组装，并进一步形成了大量的十字花状交错网络结构。当放大倍数为 3000 倍时，在该复合气凝胶表面可以看到一些隆起的纳米、亚微米级的球形粒子，这应该是成功加载 SRh6G 所引起的，但 CNF/CS/SRh6G 整体复合仍然较为紧密。图 7-20(c) 为通过纳米纤维素/壳聚糖（CNF/CS）复合气凝胶基体的制备，进一步以 PVA 为载体，GA 为交联剂，将 SRh6G 引入 CNF/CS 基体制得 SRh6G/CNF 复合气凝胶的 SEM 图像。从图中可以清楚地观察到，该复合气凝胶由 CNF、CS、SRh6G、PVA 自组装的片层结构垂直整齐排列，犹如木材的导管，内部为相互连通、排布良好的三维多孔结构。对 SRh6G/CNF 复合气凝胶放大观察发现，片层结构表面粗糙，且均匀分布大量纳米、亚微米级孔隙结构；对其孔隙结构进一步放大，发现孔隙内部呈现粘连丝状结构，这为其良好的吸附能力、机械强度、抗压缩性、可回弹性与可重复使用性提供了重要支撑。对比 CNF/CS/SRh6G 复合气凝胶的蓬松结构，PVA 与 GA 的加入起到优良的载入与交联作用，赋予 SRh6G/CNF 复合气凝胶更好紧致、牢固的整体结构，为其一步完成重金属离子的指示和吸附处理做出良好铺垫。

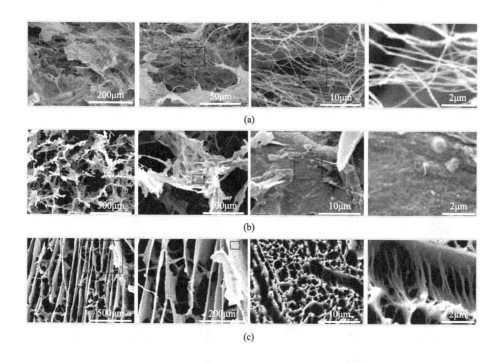

图 7-20　SEM 图

（a）纯纳米纤维素气凝胶；（b）CNF/CS/SRh6G 复合气凝胶；
（c）引入 PVA/GA 的 CNF/CS/SRh6G 复合气凝胶

7.3.7　智能变色纳米纤维素复合气凝胶的特殊润湿性能评价

本课题组采用接触角测量方法，研究了 SRh6G/CNF 复合气凝胶在空气中与水和油的润湿性行为。如图 7-21（a）所示，在空气中，当水滴（5μL）与 SRh6G/CNF 复合气凝胶表面接触时，在 0.04s 内立即被其吸收，与水的接触角为 0°。当水被油取代后，也能观察到类似的现象发生 [图 7-21（b）]。当将 SRh6G/CNF 复合气凝胶置于水下时，通过动态接触角测试实验可以发现，在 1s 时间内油滴能够在 SRh6G/CNF 复合气凝胶表面迅速回弹，并且始终保持球形状态，如图 7-21（c）所示。此时 SRh6G/CS/CNF 复合气凝胶在水下与油的静态接触角为 155°，如图 7-21（d）所示，这主要是由于 SRh6G/CNF 复合气凝胶的微/纳分级粗糙表面、微观多孔结构的毛细作用力，以及大量羟基与氨基的协同作用，赋予 SRh6G/CNF 复合气凝胶在空气中对水和油的超亲特性，以及在水中对油的超疏特性。SRh6G/CNF 复合气凝胶的特殊润湿性机理具体分析如下：

当 SRh6G/CS/CNF 复合气凝胶置于去离子水中时，其微/纳分级粗糙表面以及微观多孔结构很容易被水分子占据，此时，分布于复合气凝胶内部的羟基和氨基可以与水形成强烈的氢键。因此，当油滴滴于 SRh6G/CS/CNF 复合气凝胶表面时，在油滴与气凝胶界面之间形成一层超薄的水层，继而对油滴发生排斥，产生与油的超大接触角。此外，油滴在 SRh6G/CS/CNF 复合气凝胶表面呈球状且非常容易滚落，这将有效防止该复合气凝胶在污水检测和吸附过程中被其他油污所沾染。

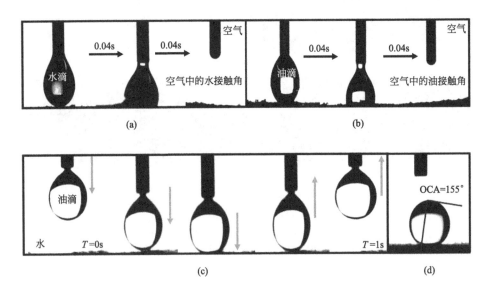

图 7-21　空气中水在 SRh6G/CNF 复合气凝胶表面的润湿行为（a），空气中油在 SRh6G/CNF 复合气凝胶表面的润湿行为（b），水下油在 SRh6G/CNF 复合气凝胶表面的动态润湿性行为（c），以及水下油在 SRh6G/CNF 复合气凝胶表面的接触角图像（d）

取 SRh6G/CNF 复合气凝胶分别浸入不同 pH 水溶液中处理 30min 以上，观察发现无解体现象出现；进一步用微量进样器在水下推进 1,2-二氯乙烷（5μL）置于复合气凝胶表面，利用接触角测量仪评估 pH 值对 SRh6G/CNF 复合气凝胶水下超疏油性能的影响。如图 7-22 所示，即使经过 pH 值为 1～14 水溶液的浸泡处理，SRh6G/CNF 复合气凝胶的特殊润湿性无明显变化，即该复合气凝胶在水下与油的接触角均在 155° 以上，呈现优异的水下超疏油性能；而在空气中也依然能够被水迅速润湿，呈现超亲水性能，即表明 SRh6G/CNF 复合气凝胶的结构与润湿性效果稳定，具有良好的耐酸碱性能。

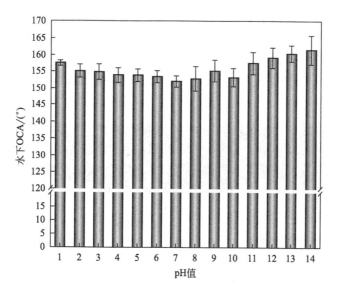

图 7-22　pH 对 SRh6G/CNF 复合气凝胶
水下超疏油性能的影响

7.3.8　智能变色纳米纤维素复合气凝胶的 pH 响应性能分析

在评估 SRh6G/CNF 复合气凝胶的结构与润湿 pH 稳定性过程中发现，SRh6G/CNF 复合气凝胶对强酸具有颜色响应性。如图 7-23（a）和（b）所示，SRh6G/CNF 复合气凝胶或向其滴入中性与弱酸性水溶液时，在自然日光下呈现淡黄色，而在紫外线（λ＝365nm）下无荧光现象；但随着滴入水溶液酸性增强，自水溶液 pH＝2 开始，SRh6G/CNF 复合气凝胶的颜色发生转变，滴加酸性溶液后其颜色迅速加深，最后 SRh6G/CNF 复合气凝胶在自然日光下呈现明显的橙红色，而在紫外线下呈现强烈的黄色荧光。为验证 SRh6G/CNF 复合气凝胶的颜色与荧光可回复性，本课题组向滴加了 pH＝1 的酸性水溶液的橙红色 SRh6G/CNF 复合气凝胶中滴加 pH＝14 的碱性水溶液，结果表明，复合气凝胶可以恢复成原始状态，重新变为不具荧光的淡黄色，如图 7-23（c）和（d）所示。结果显示，利用 pH＝1、pH＝14 水溶液对复合气凝胶进行酸碱测试实验可以重复完成不少于 17 次，即 SRh6G/CNF 复合气凝胶具有良好的 pH 响应可见-紫外双模式智能变色特性。同时，也说明 SRh6G/CNF 复合气凝胶可对强酸溶液进行吸附以及变色与荧光指示。

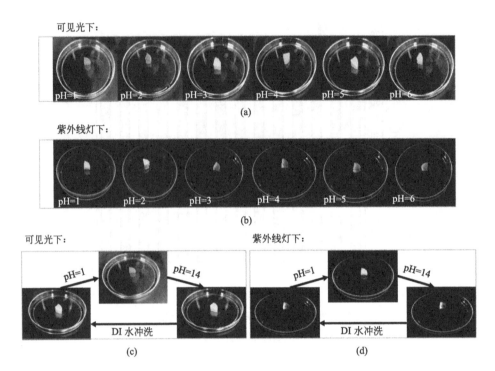

可见光下：

pH=1 pH=2 pH=3 pH=4 pH=5 pH=6

(a)

紫外线灯下：

pH=1 pH=2 pH=3 pH=4 pH=5 pH=6

(b)

可见光下：   紫外线灯下：

pH=1 → pH=14   DI 水冲洗   pH=1 → pH=14   DI 水冲洗

(c)   (d)

图 7-23 SRh6G/CNF 复合气凝胶对不同 pH 溶液的可见光下的变色图像（a）
和紫外线下的荧光变色图像（b）；通过 pH=1、14 的溶液和去离子水处理后，
气凝胶在可见光下（c）与紫外线下（d）的图像

7.3.9 智能变色纳米纤维素复合气凝胶的抗压缩性与可回弹性分析

本研究以 CNF/CS 为支撑骨架，SRh6G 为荧光探针，PVA 为载体，GA 为交联剂，制备了 SRh6G/CNF 复合气凝胶，计算其密度为 145.9238mg/cm³，可立于蒲公英花蕾的顶部 [图 7-24(a)]，质量十分轻盈。从图 7-24（b_1）～（b_3）可以看出，SRh6G/CNF 复合气凝胶的初始高度为 9mm，经按压达到极限形变高度 0.5mm，此时复合气凝胶压缩了其自身的 94.4%，撤去压力后，SRh6G/CNF 复合气凝胶能够恢复到初始高度 9mm，且保持着稳定的网络与孔隙结构。从图 7-24（c_1）～（c_4）可以看出，浸入水下初始高度为 9mm 的 SRh6G/CNF 复合气凝胶，负重 200g 时其高度压缩至 4mm，此时复合气凝胶压缩其自身的 55.6%，这意味着 CNF/CS 骨架的支撑作用，PVA、GA 的交联作用，增强了复合气凝胶的三维网络结构稳定性与压缩回弹性。

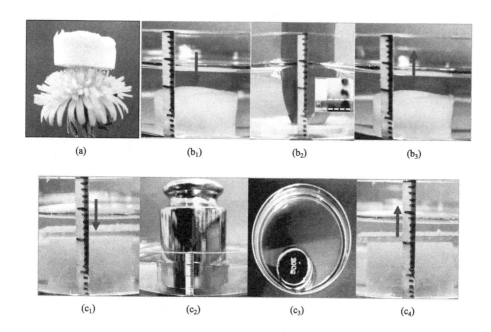

(a)   (b₁)   (b₂)   (b₃)

(c₁)   (c₂)   (c₃)   (c₄)

图 7-24 花蕾上的 SRh6G/CNF 复合气凝胶（a），SRh6G/CNF 复合
气凝胶在极限压力下的形变与恢复 [(b₁)～(b₃)]，以及 SRh6G/CNF
复合气凝胶在 200g 砝码下的形变与恢复 [(c₁)～(c₄)]

7.3.10 智能变色纳米纤维素复合气凝胶对不同重金属离子的识别

图 7-25 展示了 SRh6G/CNF 复合气凝胶对不同重金属离子的识别效果。如图 7-25(a) 所示，在自然日光下，通过肉眼可以观察到，不同重金属离子溶液滴加到淡黄色的 SRh6G/CNF 复合气凝胶上时会发生颜色变化，如：滴加了含有 Hg^{2+} 的溶液后，SRh6G/CNF 复合气凝胶变成了粉红色；而滴加了含有 Al^{3+}、Fe^{3+} 的溶液后，SRh6G/CNF 复合气凝胶分别变成橙黄色；而滴加了含有 Cu^{2+}、Ag^+ 溶液后的 SRh6G/CNF 复合气凝胶无明显颜色变化。如图 7-25(b) 所示，在紫外线下，通过肉眼也可以观察到，不同重金属离子溶液滴加到无荧光的 SRh6G/CNF 复合气凝胶上时会特异性出现荧光现象，如：滴加了含有 Al^{3+}、Fe^{3+} 溶液后的 SRh6G/CNF 复合气凝胶会出现强烈的黄色荧光；滴加了含有 Hg^{2+} 溶液后的 SRh6G/CNF 复合气凝胶会出现微弱的黄色荧光；而滴加了含有 Cu^{2+}、Ag^+ 溶液后的 SRh6G/CNF 复合气凝胶无荧光现象产生。即 SRh6G/CNF 复合气凝胶在可见光下的变色反应与在紫外线下的荧光现象基本一致，表

明该复合气凝胶可以简便地、快速地、有效地、可视化地实现对水环境中重金属离子的实时检测和吸附处理。与小分子溶液型荧光传感器相比，SRh6G/CNF 复合气凝胶可使检测过程更加直接、快捷、便携。

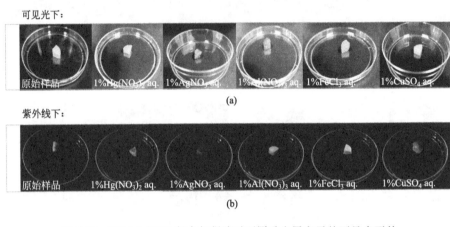

图 7-25　SRh6G/CNF 复合气凝胶对不同重金属离子的可见光下的变色情况（a）和紫外线下的荧光变色情况（b）

　　当向复合气凝胶滴加含有重金属离子的溶液后，以 Hg^{2+} 为例，Hg^{2+} 会诱导 SRh6G 开环，从无荧光现象转变为具有强烈黄色荧光的 Rh6G，不但吸附重金属离子，同时通过颜色与荧光现象的改变完成其指示与识别。受 SRh6G/CNF 复合气凝胶的 pH 响应可见-紫外双模式智能变色特性启发，向滴加重金属离子显色后的复合气凝胶上滴加碱性溶液，结果显示，SRh6G/CNF 复合气凝胶可恢复为淡黄色与无荧光显色状态。即显色的 SRh6G/CNF 复合气凝胶可以通过滴加碱性溶液，完成 SRh6G/CNF 复合气凝胶的再生，继续进行不同重金属离子的吸附与识别，展示了该复合气凝胶优异的重金属离子识别特性、便捷性、可修复与再生性及可重复使用效果。

　　综上，笔者介绍了重金属离子响应智能变色 SRh6G/CNF 复合气凝胶的制备方法，并对该材料的微观形貌、润湿性能、耐酸碱性能、重金属离子变色指示应用、智能响应变色效果、可修复性及重复使用效果进行了评估和分析。研究结果表明，该 SRh6G/纳米纤维素复合气凝胶适用于一步完成对废水中不同重金属离子的识别指示和吸附处理。此外，该智能变色纳米纤维素复合气凝胶具有密度低、变色快、灵敏度高、吸附能力强等优点；对强酸强碱溶液具有良好的化学稳定性，即使长时间浸泡也不会改变 SRh6G/CNF 复合气凝胶的三维网络结构与超亲水-水下超疏油性能。同时，该智能变色纳米纤维素复合气凝胶能够在水中即使经受 94.4% 的极限形变,依然能够完成全面恢复,展现出较好的抗压能力以及可回弹性。更值得注意的是,完成显色的 SRh6G/CNF 复合气凝胶可以通过滴加碱性溶液,完成其再生,继续进行不同重金属离子的吸附与识别,展示了该复合气凝胶优异的重金属离子识别特性、便捷性、可修复与再生性及可重复使用效果,有望广泛应用于污水中重金属离子的识别与吸附处理。

参考文献

[1] 李坚，孙庆丰，王成毓．木材仿生智能科学引论［M］．北京：科学出版社，2018.

[2] 李坚，孙庆丰，陈志俊．木竹材仿生与智能响应［M］．北京：科学出版社，2020.

[3] Barthlott W, Mail M, Bhushan B, et al. Plant surfaces: Structures and functions for biomimetic innovations［J］. Nano-Micro Letters, 2017, 9: 116-155.

[4] 江雷．仿生智能纳米界面材料［M］．北京：化学工业出版社，2007.

[5] 江雷．仿生智能纳米材料［M］．北京：科学出版社，2015.

[6] 张俐娜．纤维素科学与材料［M］．北京：化学工业出版社，2015.

[7] 俞书宏．低维纳米材料制备方法学［M］．北京：科学出版社，2019.

[8] 李坚，甘文涛，王立娟．木材仿生智能材料研究进展［J］．木材科学与技术，2021，35（4）：1-14.

[9] 李坚，孙庆丰．大自然给予的启发——木材仿生科学刍议［J］．中国工程科学，2014，16（4）：4-12.

[10] 吴义强．木材科学与技术研究新进展［J］．中南林业科技大学学报，2021，41（1）：1-28.

[11] 陈文帅，于海鹏，李勋，等．纳米纤维素机械法制备与应用基础［M］．北京：科学出版社，2014.

[12] 卢芸，李坚，孙庆丰，等．生物质纳米材料与气凝胶［M］．北京：科学出版社，2015.

[13] 朱翼飞．基于光场、电场响应的薄膜构建及生物分子调控和释放研究［D］．杭州：浙江大学，2019.

[14] 梁渝廷．温度、pH 双重响应性智能纳米纤维的制备及其药物缓释性能研究［D］．南宁：广西大学，2020.

[15] Li Hongda, Liu Zhixue, Jia Rulin. "Turn-on" fluorescent probes based on Rhodamine B/amino acid derivatives for detection of Fe^{3+} in water［J］. Spectrochim Acta, Part A, Spectrochim Acta A Mol Biomol, 2020, 247.

[16] 杨资．天然木材的功能化及其在水处理领域的应用研究［D］．兰州：兰州大学，2019.

[17] 谷浩，唐黄昊，弟江一，等．用于选择性识别 Fe^{3+} 和 Cr^{3+} 的罗丹明 6G 荧光探针［J］．天津师范大学学报，2021，41（1）：29-33.

[18] Li Chunmei, Wu Junqi, Shi Haoyuan, et al. Fiber-based biopolymer processing as a route toward sustainability［J］. Advanced Materials, 2021, 2105196.

[19] PEI L F, JIANG L L, HOU X G, et al. Applicaton of nanoadsorbent in wastewater treatment of heavy metals and organic matter［J］. China Metallurgical, 2018, 28（8）: 1-5.

[20] 蔡晓慧．$g-C_3N_4/rGO$、MOF/wood 复合材料的设计、合成及其应用研究［D］．兰州：兰州大学，2018.

[21] Guo R X, Cai X H, Liu H W, et al. In situ growth of metal-organic frameworks in three-dimensional aligned lumen arrays of wood for rapid and highly efficient organic pollutant removal［J］. Environmental Science & Technology, 2019, 53（5）: 2705-2712.

［22］ 何帅明 . 有机废水降解的催化剂的合成及其催化反应机理研究［D］. 广州：华南理工大学，2019.

［23］ 王浩 . 生物质基功能化油水分离材料的制备及其催化性能研究［D］. 石河子：石河子大学，2018.

［24］ Fu Q L, Ansari F, Zhou Q, et al. Wood nanotechnology for strong, mesoporous, and hydro-phobic biocomposites for selective separation of oil/water mixtures［J］. ACS Nano, 2018, 12（3）: 2222-2230.

［25］ CHAO W X, WANG S B, LI Y D, et al. Natural sponge-like wood-derived aerogel for solar-assisted adsorption and recovery of high-viscous crude oil［J/OL］. Chemical Engineering Journal, 2020, 400: 12586.

［26］ 刘忠明 . 刺激响应型纤维素基气凝胶构筑及药物缓释性能研究［D］. 西安：陕西科技大学，2021.

［27］ 梁渝廷 . 温度、pH 双重响应性智能纳米纤维的制备及其药物缓释性能研究［D］. 南宁：广西大学，2020.

［28］ Zhu M, Li Y, Chen G, et al. Tree-inspired design for high-efficiency water extraction［J］. Advanced Materials, 2017, 29（44）: 1704107.

［29］ Kuang Y, Chen C, He S, et al. A high-performance self-regenerating solar evaporator for continuous water desalination［J］. Advanced materials, 2019, 31（23）: 1900498.

［30］ 丁彬，俞建勇 . 功能静电纺纤维材料［M］. 北京：中国纺织出版社，2019.

［31］ Chao W, Li Y, Sun X, et al. Enhanced wood-derived photothermal evaporation system by in-situ incorporated lignin carbon quantum dots［J］. Chemical Engineering Journal, 2021, 405: 126703.

［32］ He F, Han M, Zhang J, et al. A simple, mild and versatile method for preparation of photo-thermal woods toward highly efficient solar steam generation［J］. Nano Energy, 2020, 71: 104650.

［33］ Liu Xiaolin, Liang Xin, Hu Yubing, et al. Catalyst-free spontaneous polymerization with 100% atom economy: Facile synthesis of photoresponsive polysulfonates with multifunction-alities［J］. JACS Au, 2021, 1, 3: 344-353.

［34］ Zhu M, Li Y, Chen F, et al. Plasmonic wood for high-efficiency solar steam generation［J］. Advanced Energy Materials, 2018, 8（4）: 1701028.

［35］ 何星桦，栾云浩，李宇航，等 . 磁性疏水性纤维素纳米纤丝气凝胶的制备及性能研究［J］. 中国造纸学报，2021，36（4）: 33-37.

［36］ 何盛，徐军，吴再兴，等 . 毛竹与樟子松木材孔隙结构的比较［J］. 南京林业大学学报，2017，41（2）: 157-162.

［37］ Wang C, Zhang M, Xu Y, et al. One-step synthesis of unique silica particles for the fabrication of bionic and stably superhydrophobic coatings on wood surface［J］. Advanced Powder Technology, 2014, 25（2）: 530-535.

［38］ 李坚，张明，强添刚 . 特殊润湿性油水分离材料的研究进展［J］. 森林与环境学报，2016，36（3）: 257-265.

［39］ 张明 . 超疏水性棉织物的合成与应用研究［D］. 哈尔滨：东北林业大学，2014.

［40］ Zhang M, Wang S L, Wang C Y, et al. A facile method to fabricate superhydrophobic cotton fabrics［J］. Applied Surface Science, 2012, 261: 561-566.

［41］ 张明，张文博，时君友，等 . 高强度超疏水性杨木表面的构建［J］. 科技导报，2016，34（19）：149-153.

［42］ Zhang M, Wang C, Wang S L, et al. Fabrication of coral-like superhydrophobic coating on filter paper for water-oil separation［J］. Applied Surface Science, 2012, 261: 764-769.

［43］ 张明，王成毓 . 超疏水 SiO_2/PS 薄膜于木材表面的构建［J］. 中国工程科学，2014，16（4）：56-59.

［44］ Yang Pei, Zhu Ziqi, Zhang Tao, et al. Orange-emissive carbon quantum dots: Toward application in wound pH monitoring based on colorimetric and fluorescent changing［J］. Small, 2019, 15（44）: 1902823.

［45］ Zhang M, Li J, Zang D, et al. Preparation and characterization of cotton fabric with potential use in UV resistance and oil reclaim［J］. Carbohydrate Polymers, 2016, 137: 264-270.

［46］ Zhang M, Xu Y, Wang S L, et al. Improvement of wood properties by composite of diatomite and "phenol-melamine-formaldehyde" co-condensed resin［J］. Journal of Forestry Research, 2013, 24（4）: 741-746.

［47］ 王书良 . 超疏水木质基表面的仿生合成及其性能研究［D］. 哈尔滨：东北林业大学，2013.

［48］ 于倩倩 . 纤维素基油水分离复合材料的制备及性能表征［D］. 哈尔滨：东北林业大学，2021.

［49］ 包文慧 . 基于磁控溅射构建木质纳米复合材料及其功能化研究［D］. 哈尔滨：东北林业大学，2018.

［50］ Bao W H, Zhang M, Jia Z, et al. Cu thin films on wood surface for robust superhydrophobicity by magnetron sputtering treatment with perfluorocarboxylic acid［J］. European Journal of Wood and Wood Products, 2018, 76（6）: 1595-1603.

［51］ 管浩 . 高弹木材海绵的制备及其油水分离性能研究［D］. 北京：中国林业科学研究院，2019.

［52］ Di X, Zhang W, Jiang Z, et al. Facile and rapid separation of oil from emulsions by hydrophobic and lipophilic $Fe_3O_4/sawdust$ composites［J］. Chemical Engineering Research & Design, 2018, 129: 102-110.

［53］ 张文博 . 特殊润湿性生物质材料的制备及在油水分离上的应用［D］. 哈尔滨：东北林业大学，2017.

［54］ Di Xin, Zhang Wenbo, Zang Deli, et al. A novel method for the fabrication of superhydrophobic nylon net［J］. Chemical Engineering Journal, 2016, 306: 53-59.

［55］ Usman M, Ahmed A, Yu B, et al. Simultaneous adsorption of heavy metals and organic dyes by beta-Cyclodextrin-Chitosan based cross-linked adsorbent［J］. Carbohydr Polym, 2021, 255（117486）.

［56］ Liu C, Luan P, Li Q, et al. Biopolymers derived from trees as sustainable multifunctional materials: A review［J］. Advanced Materials, 2020.

［57］ Fu Q, Ansari F, Zhou Q, et al. Wood nanotechnology for strong, mesoporous, and hydrophobic biocomposites for selective separation of oil/water mixtures［J］. ACS Nano, 2018, 12（3）: 2222-2230.

［58］ Sun J, Guo H, Ribera J, et al. Sustainable and biodegradable wood sponge piezoelectric nanogenerator for sensing and energy harvesting applications［J］. ACS Nano, 2020.

［59］ 刘永壮 . 低共熔溶剂对木质资源组分高效分离和转化利用［D］. 哈尔滨：东北林业大学，2019.

［60］ 杜西领 . 载银木质纳米复合材料的制备及其水处理应用［D］. 吉林：北华大学，2021.

［61］ Kolesnyk I, Kujawa J, Bubela H, et al. Photocatalytic properties of PVDF membranes modified with g-C₃N₄ in the process of Rhodamines decomposition [J]. Separation and Purification Technology, 2020, 250 (117231).

[62] Zhong Y, Mahmud S, He Z, et al. Graphene oxide modified membrane for highly efficient wastewater treatment by dynamic combination of nanofiltration and catalysis [J]. Journal of Hazardous Materials, 2020, 397 (122774).

[63] 张明. 仿生制备特殊润湿性和 pH 响应智能型复合材料研究 [D]. 哈尔滨：东北林业大学, 2018.

[64] Ma Chao, Zeng Fang, Wu Guangfei, et al. A nanoparticle-supported fluorescence resonance energy transfer system formed via layer-by-layer approach as a ratiometric sensor for mercury ions in water [J]. Anal Chim Acta, 2012, 734.

[65] Wang Y, Zhang Y, Wang J. Nano spinel CoFe₂O₄ deposited diatomite catalytic separation membrane for efficiently cleaning wastewater [J]. Journal of Membrane Science, 2020, 615 (118559).

[66] Lu W, Duan C, Liu C, et al. A self-cleaning and photocatalytic cellulose-fiber-supported "Ag @ AgCl @ MOF-cloth" membrane for complex wastewater remediation [J]. Carbohydrate Polymers, 2020, 247 (116691).

[67] Liu Y N, Qu R, Li X, et al. A bifunctional β-MnO₂ mesh for expeditious and ambient degradation of dyes in activation of peroxymonosulfate (PMS) and simultaneous oil removal from water [J]. Journal of Colloid and Interface Science, 2020, 579 (412-424).

[68] 李子程, 李攻科, 胡玉玲. 刺激响应聚合物在生物医药中的应用 [J]. 化学进展, 2017, 29 (12): 1480-1487.

[69] Liu Y, Yang H, Ma C, et al. Luminescent transparent wood based on lignin-derived carbon dots as a building material for dual-channel, real-time, and visual detection of formaldehyde gas [J]. ACS Applied Materials & Interfaces, 2020, 12 (32): 36628-36638.

[70] Liu S, Tso C Y, Lee H H, et al. Self-densified optically transparent VO₂ thermochromic wood film for smart windows [J]. ACS Applied Materials & Interfaces, 2021, 9 (2): 2210-2217.

[71] Mi R, Li T, Dalgo D, et al. A clear, strong, and thermally insulated transparent wood for energy efficient windows [J]. Advanced Functional Materials, 2020, 30 (1): 1907511.

[72] Rao A N S, Nagarajappa G B, Nair S, et al. Flexible transparent wood prepared from poplar veneer and polyvinyl alcohol [J]. Composites Science and Technology, 2019, 182: 107719.

[73] Sandt J, Marie M, Kenji C, et al. Stretchable optomechanical fiber sensors for pressure determination in compressive medical textiles [J]. Advanced Healthcare Materials, 2018, 7 (15): 1800293.

[74] Li H, Guo X, He Y, et al. A green steam-modified delignification method to prepare low-lignin delignified wood for thick, large highly transparent wood composites [J]. Journal of Materials Research, 2019, 34 (6): 932-940.

[75] Xia Q, Chen C, Li T, et al. Solar-assisted fabrication of large-scale, patternable transparent wood [J]. Science Advances, 2021, 7 (5): eabd7342.

[76] Qiu Z, Wang S, Wang Y, et al. Transparent wood with thermo-reversible optical properties based on phase-change material [J]. Composites Science and Technology, 2020, 200: 108407.

[77] Yuan H, Ren T, Luo Q, et al. Fluorescent wood with non-cytoxicity for effective adsorption and sensitive detection of heavy metals [J]. Journal of Hazardous Materials, 2021,

416: 126166.

[78] Zhang M, Wang C, Wang S, et al. Fabrication of superhydrophobic cotton textiles for water-oil separation based on drop-coating route [J]. Carbohydrate Polymers, 2013, 97: 59-64.

[79] Zhang M, Zang D, Shi J, et al. Superhydrophobic cotton textile with robust composite film and flame retardancy [J]. RSC Advances, 2015, 5: 67780-67786.

[80] Zhang M, Pang J, Bao W, et al. Antimicrobial cotton textiles with robust superhydrophobicity via plasma for oily water separation [J]. Applied Surface Science, 2017, 419: 16-23.

[81] 甘文涛. 仿生构建木基磁性材料及其功能的研究 [D]. 哈尔滨：东北林业大学, 2019.

[82] 邸鑫. 植物纤维基疏水/亲油材料制备及油水分离性能研究 [D]. 哈尔滨：东北林业大学, 2020.

[83] LvWeiyang, Mei Qingqing, Xiao Jianliang, et al. 3D multiscale superhydrophilic sponges with delicately designed pore size for ultrafast oil/water separation [J]. Advanced Functional Materials, 2017, 27 (48): 1704293.

[84] Li J, Kang R, Tang X, et al. Superhydrophobic meshes that can repel hot water and strong corrosive liquids used for efficient gravity-driven oil/water separation [J]. Nanoscale, 2016, 8 (14): 7638-7645.

[85] Yang Jing, Li Hao nan, Chen Zhi xiong, et al. Janus membranes with controllable asymmetric configurations for highly efficient separation of oil-in-water emulsions [J]. Journal of Materials Chemistry A, 2019, 7 (13): 7907-7917.

[86] Dai Jiangdong, Chang Zhongshuai, Xie Atian, et al. One-step assembly of Fe (Ⅲ)-CMC chelate hydrogel onto nanoneedle-like CuO@Cu membrane with superhydrophilicity for oil-water separation [J]. Applied Surface Science, 2018, 440: 560-569.

[87] KuangYudi, Chen Chaoji, Chen Guang, et al. Bioinspired solar-heated carbon absorbent for efficient cleanup of highly viscous crude oil [J]. Advanced Functional Materials, 2019, 29 (16): 1900162.

[88] Zhang S, Jiang G, Gao S, et al. Cupric phosphate nanosheets-wrapped inorganic membranes with superhydrophilic and outstanding anticrude oil-fouling property for oil/water separation [J]. ACS Nano, 2018, 12 (1): 795-803.

[89] Kim D, Cha J, Lim J, et al. Colorimetric dye-loaded nanofiber yarn: Eye-readable and weavable gas sensing platform [J]. ACS Nano, 2020, 14: 16907-16918.

[90] Peng Z, Lin Q, Tai Y, et al. Applications of cellulose nanomaterials in stimuli-responsive optics [J]. Journal of Agricultural and Food Chemistry, 2020, 68: 12940-12955.

[91] Zheng Y, Panatdasirisuk W, Liu J, et al. Patterned, wearable UV indicators from electrospun photochromic fibers and yarns [J]. Advanced Materials Technology, 2020, 2000564.

[92] Liu J, Gao Y, Wang H, et al. Shaping and locomotion of soft robots using filament actuators made from liquid crystal elastomer-carbon nanotube composites [J]. Advanced Intelligent Systems, 2020, 2: 1900163.

[93] Dang W, Manjakkal L, Navaraj W, et al. Stretchable wireless system for sweat pH monitoring [J]. Biosensors and Bioelectronics, 2018, 107: 192–202.

[94] Liu C, Luan P, Li Q, et al. Biopolymers derived from trees as sustainable multifunctional materials: a review [J]. Advanced Materials, 2020, 2001654.

[95] Wu Ming bang, Hong Yong ming, Liu Chang, et al. Delignified wood with unprecedented anti-oil properties for the highly efficient separation of crude oil/water mixtures [J]. Journal

of Materials Chemistry A, 2019, 7 (28): 16735-16741.

[96] Ying Ting, SuJiafei, Jiang Yijing, et al. A pre-wetting induced superhydrophilic/superlipophilic micro-patterned electrospun membrane with self-cleaning property for on-demand emulsified oily wastewater separation [J]. Journal of Hazardous Materials, 2020, 384: 121475.

[97] Nam Changwoo, Li Houxiang, Zhang Gang, et al. Practical oil spill recovery by a combination of polyolefin absorbent and mechanical skimmer [J]. ACS Sustainable Chemistry & Engineering, 2018, 6 (9): 12036-12045.

[98] Shin Jung Hwal, Heo Jun-Ho, Jeon Seunggyu, et al. Bio-inspired hollow PDMS sponge for enhanced oil-water separation [J]. Journal of Hazardous Materials, 2019, 365: 494-501.

[99] Huang Wei, Zhang Lin, Lai Xuejun, et al. Highly Hydrophobic F-rGO@ Wood Sponge for Efficient Clean-Up of Viscous Crude Oil [J]. Chemical Engineering Journal, 2019, 123994.

[100] Hao Wentao, Xu Jian, Li Ran, et al. Developing superhydrophobic rock wool for highviscosity oil/water separation [J]. Chemical Engineering Journal, 2019, 368: 837-846.

[101] Zhang M, Wang C Y, Ma Y H, et al. Fabrication of superwetting, antimicrobial and conductive fibrous membrane for removing/collecting oil contaminants [J]. RSC Advances, 2020, 10: 21636-21642.

[102] Chen Y P, Dang B K, Jin C D, et al. Processing lignocellulose-based composites into an ultrastrong structural material [J]. ACS Nano, 2019, 13 (1): 371-376.

[103] Cao W T, Chen F F, Zhu Y J, et al. Binary strengthening and toughening of MXene/ cellulose nanofiber composite paper with nacre-inspired structure and superior electromagnetic interference shielding properties [J]. ACS Nano, 2018, 12 (5): 4583-4593.

[104] Song J W, Chen C J, Zhu S Z, et al. Processing bulk natural wood into a high-performance structural material [J]. Nature, 2018, 554: 224-228.

[105] Shao C Y, Wang M, Meng L, et al. Mussel-inspired cellulose nanocomposite tough hydrogels with synergistic self-healing, adhesive, and strainsensitive properties [J]. Chemistry of Materials, 2018, 30 (9): 3110-3121.

[106] Liu H, Chen C, Wen H, et al. Narrow bandgap semiconductor decorated wood membrane for high-efficiency solar-assisted water purification [J]. Journal of Materials Chemistry A, 2018, 6: 18839-18846.

[107] Zhang Y, Wang C W, Pastel G, et al. 3D wettable framework for dendrite-free alkali metal anodes [J]. Advanced Energy Materials, 2018, 8: 1800635.

[108] Chen W S, Yu H P, Lee S Y, et al. Nanocellulose: a promising nanomaterial for advanced electrochemical energy storage [J]. Chemical Society Reviews, 2018, 47: 2837-2872.

[109] Wan C C, Jiao Y, Liang D X, et al. A geologic architecture system-Inspired micro-/nano-heterostructure design for high-performance energy storage [J]. Advanced Energy Materials, 2018, 33 (8): 1802388.

[110] 梁涛. 纳米纤维素酯化改性及其应用性研究 [D]. 无锡: 江南大学, 2018.

[111] Chen Xiao, Chen Chuntao, Zhang Heng, et al. Facile approach to the fabrication of 3D cellulose nanofibrils (CNFs) reinforced poly (vinyl alcohol) hydrogel with ideal biocompatibility [J]. Carbohydrate Polymers, 2017, 173 (1): 547-555.

[112] Yang Jun, Zhao Jing jing, Xu Feng, et al. Revealing strong nanocomposite hydrogels rein-

forced by cellulose nanocrystals: Insight into morphologies and interactions [J]. ACS Applied Materials &Interfaces, 2013, 5 (24): 12960-12967.

[113] Zhang Tiantian, Cheng Qiaoyun, Ye Dongdong, et al. Tunicate cellulose nanocrystals reinforced nanocomposite hydrogels comprised by hybrid cross-linked networks [J]. Carbohydrate Polymers, 2017, 169: 139-148.

[114] Wang W, Fang Y, Ni X, et al. Fabrication and characterization of a novel konjac glucomannan-based air filtration aerogels strengthened by wheat straw and okara [J]. Carbohydrate Polymers, 2019, 224: 115129.

[115] Wang Y, Feng R, Wang R, et al. Enhanced MS/MS coverage for metabolite identification in LC-MS-based untargeted metabolomics by target-directed data dependent acquisition with time staggered precursor ion list [J]. Analytica Chimica Acta, 2017, 992: 67-75.

[116] Chen H, Ma Y, Lin X, et al. Preparation of aligned porous niobium scaffold and the optimal control of freeze-drying process [J]. Ceramics International, 2018, 44 (14): 17174-17179.

[117] Kar Chiew Lai, Lai Yee Lee, Billie Yan Zhang Hiew, et al. Environmental application of three-dimensional graphene materials as adsorbents for dyes and heavy metals: Review on ice-templating method and adsorption mechanisms [J]. Journal of Environmental Sciences, 2019, 79 (5): 174-199.

[118] Zhan Wenwen, Sun Liming, Han Xiguang. Recent progress on engineering highly efficient porous semiconductor photocatalysts derived from metal-organic frameworks [J]. Nano-Micro Letters, 2019, 11 (1): 5-32.

[119] Xu L, Li Y, Gao S, et al. Preparation and properties of cyanobacteria-based carbon quantum dots/polyvinyl alcohol/nanocellulose composite [J]. Polymers, 2020, 12 (5): 1143.

[120] Zhou B, Zhang Z, Li Y, et al. Flexible, robust and multifunctional electromagnetic interference shielding film with alternating cellulose nanofiber and mXene layers [J]. ACS Applied Materials & Interfaces, 2020, 12 (4): 4895-4905.

[121] Zhang D Y, Zhang X Q, Yao X H, et al. Microwave-assisted synthesis of PdNPs by cellulose solution to prepare 3D porous microspheres applied on dyes discoloration [J]. Carbohydr Polym, 2020, 247.

[122] Zhang N, Yang N, Zhang L, et al. Facile hydrophilic modification of PVDF membrane with Ag/EGCG decorated micro/nanostructural surface for efficient oil-in-water emulsion separation [J]. Chem Eng J, 2020, 402.

[123] Zhang J, Huang D, Wu G, et al. Highly-efficient, rapid and continuous separation of surfactant-stabilized oil/water emulsions by selective under-liquid adhering emulsified droplets [J]. J Hazard Mater, 2020, 400.

[124] Chen M, Shang R, Sberna P M, et al. Highly permeable silicon carbide-alumina ultrafiltration membranes for oil-in-water filtration produced with low-pressure chemical vapor deposition [J]. Sep Purif Technol, 2020, 253.

[125] Tang F, Wang D, Zhou C, et al. Natural polyphenol chemistry inspired organic-inorganic composite coating decorated PVDF membrane for oil-in-water emulsions separation [J]. Mater Res Bull, 2020, 132.

[126] Zang D, Zhang M, Liu F, et al. Superhydrophobic/superoleophilic corn straw fibers as effective oil sorbents for the recovery of spilled oil [J]. Journal of Chemical Technology & Bio-

technology, 2016, 91（9）: 2449-2456.

[127] Panahi S, Moghaddam M K, Moezzi M. Assessment of milkweed floss as a natural hollow oleophilic fibrous sorbent for oil spill cleanup [J]. J Environ Manage, 2020, 268.

[128] Zhang M, Wang C. Fabrication of cotton fabric with superhydrophobicity and flame retardancy [J]. Carbohydrate Polymers, 2013, 96: 396-402.

[129] Ahuja D, Kumar L, Kaushik A. Thermal stability of starch bionanocomposites films: Exploring the role of esterified cellulose nanofibers isolated from crop residue [J]. Carbohydr Polym, 2021, 255（117466）.

[130] Cheng B W, Li Z J, Li Q X, et al. Development of smart poly（vinylidene fluoride）-graft-poly（acrylic acid）tree-like nanofiber membrane for pH-responsive oil/water separation [J]. Journal of Membrane Science, 2017, 534: 1-8.

[131] 李子程, 李攻科, 胡玉玲. 刺激响应聚合物在生物医药中的应用 [J]. 化学进展, 2017, 29（12）: 1480-1487.

[132] 张明, 石燕花, 杜西领, 等. 聚丙烯酸/木质纳米纤维素晶体/碱性副品红复合纤维材料的制备与 pH 响应性能研究 [J]. 化工新型材料, 2021, 49（5）: 175-179.

[133] Zhang M, Shi Y H, Wang R J, et al. Triple-functional lignocellulose/chitosan/Ag＠TiO₂ nanocomposite membrane for simultaneous sterilization, oil/water emulsion separation, and organic pollutant removal [J]. Journal of Environmental Chemical Engineering, 2021, 9: 106728.

[134] Mehmet Evren Okur, Ioannis D Karantas. Recent trends on wound management: New therapeutic choices based on polymeric carriers [J]. Asian Journal of Pharmaceutical Sciences, 2020, 15（6）: 661-684.

[135] Zhang M, Yang Q F, Gao M, et al. Fabrication of Janus cellulose nanocomposite membrane for various water/oil separation and selective one-way transmission [J]. Journal of Environmental Chemical Engineering, 2021, 9: 106016.

[136] 李东平. 壳聚糖基温度/pH 响应智能水凝胶的制备及其药物缓释性能研究 [D]. 威海: 山东大学, 2017.

[137] 蔡少凡. 基于 pH 响应的荧光纳米硅球的制备及应用 [D]. 保定: 河北大学, 2017.

[138] Koh A, Kang D, Xue Y G, et al. A soft, wearable microfluidic device for the capture, storage, and colorimetric sensing of sweat [J]. Science Translational Medicine, 2016, 8: 1-13.

[139] Xiao Y Y, Gong X L, Kang Y, et al. Light-, pH-and thermal-responsive hydrogels with the triple-shape memory effect [J]. Chemical Communications, 2016, 52: 10609-10612.

[140] 陈柳, 张兵, 张奇, 等. 具有 pH 响应性的双网络水凝胶的合成与性能研究 [J]. 弹性体, 2017, 27（2）: 19-22.

[141] Zhang M, Liang D X, Jiang W, et al. Ag＠TiO₂NPs/PU composite fabric with special wettability for separating various water-oil emulsions [J]. RSC Advances, 2020, 10: 35341-35348.

[142] Wang Z, Song S, Yang J, et al. Controllable Janus porous membrane with liquids manipulation for diverse intelligent energy-free applications [J]. J Membr Sci, 2020, 601: 117954.

[143] Zhou S, Liu F, Wang J, et al. Janus membrane with unparalleled forward osmosis performance [J]. Environ Sci Technol Lett, 2019, 6（2）: 79-85.

[144] Li T, Liu F, Zhang S, et al. Janus PVDF membrane with extremely opposite wetting

surfaces via one single step unidirectional segregation strategy [J]. ACS Appl Mater Interfaces, 2018, 10 (29): 24947-24954.

[145] 张明，杜西领，时君友，等. 功能化木材在水污染净化领域的研究进展 [J]. 生物质化学工程，2021, 55 (2): 60-70.

[146] Lv Y, Li Q, Hou Y, et al. Facile preparation of an asymmetric wettability Janus cellulose membrane for switchable emulsions' separation and antibacterial property [J]. ACS Sustain Chem Eng, 2019, 7: 15002-15011.

[147] 李霜训. 基于罗丹明 B 结构修饰的 pH 荧光探针的合成及应用研究 [D]. 泸州：西南医科大学，2017.

[148] 谭凯月. 罗丹明 B 类和萘酰亚胺类荧光探针的合成及性能研究 [D]. 湘潭：湘潭大学，2017.